자연에 대한 온전한 이해3

이론 물리학, 옴에서 아인슈타인까지

Intellectual Mastery of Nature: Theoretical Physics from Ohm to Einstein,
Volume 2: The Now Mighty Theoretical Physics 1870~1925
by Christa Jungnickel and Russell McCormmach

본 책은 (재)한국연구재단의 지원으로 한국문화사에서 출간, 유통을 한다.

2부 이제는 막강해진 이론 물리학, 1870~1925년

1

우리 부모님께

한국연구재단 학술명저번역총서 서양편·727

자연에 대한 온전한 이해:
이론 물리학, 옴에서 아인슈타인까지
2부 이제는 막강해진 이론 물리학, 1870~1925년

3

발 행 일 2015년 1월 2일 초판 인쇄
2015년 1월 7일 초판 발행

원 제 Intellectual Mastery of Nature:
Theoretical Physics from Ohm to Einstein,
Volume 2: The Now Mighty Theoretical Physics 1870~1925
지 은 이 크리스타 융니켈(Christa Jungnickel)
러셀 맥코마크(Russell McCormmach)
옮 긴 이 구 자 현
책임편집 이 지 은
펴 낸 이 김 진 수
펴 낸 곳 **한국문화사**
등 록 1991년 11월 9일 제2-1276호
주 소 서울특별시 성동구 광나루로 130 서울숲IT캐슬 1310호
전 화 (02)464-7708 / 3409-4488
전 송 (02)499-0846
이 메 일 hkm7708@hanmail.net
홈페이지 www.hankookmunhwasa.co.kr

책값은 뒤표지에 있습니다.

잘못된 책은 바꾸어 드립니다.

ISBN 978-89-6817-104-8 94420
ISBN 978-89-6817-101-7 (세트)

이 도서의 국립중앙도서관 출판예정도서목록(CIP)은
서지정보유통지원시스템 홈페이지(http://seoji.nl.go.kr)와
국가자료공동목록시스템(http://www.nl.go.kr/kolisnet)에서
이용하실 수 있습니다.(CIP제어번호: CIP2014034182)

'한국연구재단 학술명저번역총서'는 우리 시대 기초학문의 부흥을 위해
한국연구재단과 한국문화사가 공동으로 펼치는 서양고전 번역간행사업입니다.

■ 역자 서문

『자연에 대한 온전한 이해: 이론 물리학, 옴에서 아인슈타인까지』*Intellectual Mastery of Nature: Theoretical Physics from Ohm to Einstein*의 한국어판이 나오기까지 어려운 일이 많았다. 힘든 만큼 일에는 보람이 있어 역자의 지적 여정에 하나의 이정표를 남기는 경험이 되었다. 19세기부터 20세기 초까지 독일 물리학의 가장 중요한 시기에 물리학이 어떻게 독일적 맥락에서 형성되었는지를 새로운 접근법으로 살핌으로써 기념비적인 저작이 된 책을 번역할 수 있었던 것은 특권이었다.

20세기 초 현대 물리학은 양자 역학과 상대성 이론이라는 양대 기둥에 의해 우뚝 섰다. 그 이론들이 독일적 맥락에서 주로 이루어졌다는 것은 이러한 놀라운 성과를 이룩하기 위해 독일인들이 불과 한 세기 전의 미약했던 물리학의 토대 위에서 어떠한 노력을 기울였는가에 의문을 품게 한다. 그런 점에서 이 책은 기존의 연구와는 차별되는 접근법, 즉 과학 내적 흐름보다는 제도적 흐름에 주목함으로써 탁월한 이론 물리학의 성과들이 어떻게 독특한 배경 속에서 출현하게 되었는가를 서술한다. 이 책은 19세기와 20세기 초를 거치면서 물리학 교과서에서 흔히 접하는 상당수 물리학자들의 개인적인 면모를 볼 수 있는 남다른 즐거움을 선사한다. 교과서에서 위대한 물리학의 창조자로 나오는 이들이 현대 사회의 어떤 물리학자보다도 어려운 연구 형편에서 연구에 매진하여 이룩해낸 위대한 성과를 현재 우리가 접하고 있다는 사실을 통해 독자들은 큰 감동을 느낄 것이다. 인력과 지식이 원만하게 흐를 때 그 사회의 과학은 성공적으로 발전할 수 있다는 것도 배우게 될 것이다. 또한 독자들은 두 저자가 탁월한 연구를 수행하기 위해 참고한 방대한 자료에 놀라고 이러한 대단한 저작이 나올 수 있도록 여러 가지로 지원한 사회의 지적 배경에 또한 부러운 시선을 보내게 될 것이다.

이제 우리나라도 과학의 수혜자 지위에서 과학의 창조자로서 지위로 서서히 나아가고 있다. 이 시점에서 과학의 발전에 대한 이러한 심오한 논의는 우리나라 과학 종사자들의 과학에 대한 관점을 새롭게 하는 데 보탬이 되리라고 기대해 본다. 책의 존재 의미는 적절한 독자를 만날 때 실현될 수 있다. 이 번역서가 과학자를 비롯한 많은 지식 대중에게 사랑받으며 한국어의 지적 풍요를 확대하는 책이 되기를 바란다. 이 책의 번역 출판을 지원해준 한국연구재단에 감사한다. 또한 책이 나오기까지 여러 차례의 교정으로 큰 도움을 준 아내 최윤정에게 감사하며, 마지막으로 멋진 책이 나오도록 꼼꼼하고 진지하게 책을 만들어 준 한국문화사 여러분의 노고에도 감사를 드린다.

2013년 12월 1일

천성산 기슭에서 구자현

■ 서문

『자연에 대한 온전한 이해』의 1부에서 우리는 1800년부터 1870년까지 독일에서의 물리학의 발전을 분석했다. 그 분석에서 우리는 부분적으로 자율적인 이론 분야를 포함하는 물리학이라는 전문 분야가 점진적으로 등장하는 것을 보여주었다. 2부에서 우리는 1870년 이후의 분석을 지속할 것이다. 이전처럼 우리는 물리학자들의 업무 활동에 대해 가능한 한 온전한 설명을 제공함으로써 이 일을 할 것이며, 몇몇 영방국가의 물리학의 제도적 틀 안에서, 개별적으로 또는 집단적으로 물리학자들을 자세히 살필 것이다. 우리는 이 시기에 설립된 전문화된 이론 물리학 연구소에서 일하는 물리학자들에게 특별한 관심을 둘 것이며 이 연구소들에서 그들이 한 이론적 연구와 그것이 실험 물리학과 맺은 관계를 분석할 것이다. 이전처럼 우리는 우리의 설명을 주로 독일 물리학에 대한 광범한 기록 보관소 자료에 기초할 것이다. 여기에서 다시 우리는 이 책이 한 권의 책이며 단지 편의를 위해 2부로 나누었음을 강조한다. 전체 연구의 목표와 접근법에 대해서는 1부의 서문을 보면 된다.

1920년대 중반 원자 물리학의 주요 발전에 대한 짤막한 논의까지 이 책에 포함하겠지만, 우리의 고유한 연구는 1915년경까지 살피는 것으로 마감할 것이다. 1915년에 헤르만 폰 헬름홀츠의 제자이자 주로 이론 물리학에서 수행한 연구로 그 직전에 노벨상을 받은 뷔르츠부르크 대학의 물리학자 빈Wilhelm Wien은 이 분야에 대한 자부심과 특별한 애착을 가지고 이렇게 말했다. 지성의 창조력을 무엇보다도 우선적으로 의존하는, “이론 물리학의 위대한 대가들은 가장 위대한 과학자이기도 했다.” 그는 이론 물리학은 이제 “분리된 과학”으로 인식되게 되었으나 “더 확실하게 일체로서” 실험 물리학과 결합된 과학이라고 말했다. 빈은 “이제는 막강해진 이론 물리학”에 대해 이야기했다.

■ 감사의 글

우리 연구에 크게 두 번의 지원금을 내어준 미국 국립과학재단National Science Foundation과 이 책이 나오게 될 연구의 연구 계획서를 평가할 때 지지해 준 여러 과학사학자에게 감사한다. 우리는 특히 마틴 클라인Martin J. Klein과 토머스 쿤Thomas S. Kuhn의 격려와 도움에 감사한다. 자신이 소장하고 있는 원고와 사진의 사용을 허락해 준 분들께 감사드리고 우리 연구를 도운, 이곳과 외국의 여러 원고 컬렉션의 기록 관리자archivist들과 사서들에게 감사하고 싶다.

■ 차례

• 일러두기 •

1. 논문이나 기사는 「 」로, 책은 『 』로, 신문이나 잡지는 《 》로 표기했다.
2. 로마자 서지사항을 그대로 쓴 부분은 책 제목을 기울임꼴(이탤릭체)로 표기했다.
3. 옮긴이 주는 [역주]로 표기했다.
4. 고유명사는 외래어 표기법에 따랐고, 일부는 학계에서 통용되는 바에 따라 표기했다.

1권 차례

2권 차례

4권 차례

룬트
코펜하겐
킬
로스토크
프라너커
그로닝엔
라이덴
하데비크
위트레흐트
오스나브뤼크
린텐
헬름슈테트
뮌스터
베를린
파더보른
비텐베르크
괴팅겐
뒤스부르크
뢰벤
카셀
할레
라이프치히
쾰른
마르부르크
에르푸르트
본
헤어본
풀다
예나
기센
마인츠
밤베르크
트리어
뷔르츠부르크
에를랑엔
하이델베르크
알트도르프
슈투트가르트
잉골슈타트
스트라스부르
튀빙겐
딜링거
란츠후트
프라이부르크
뮌헨
바젤
취리히
잘츠부르크
인스부르크
베른

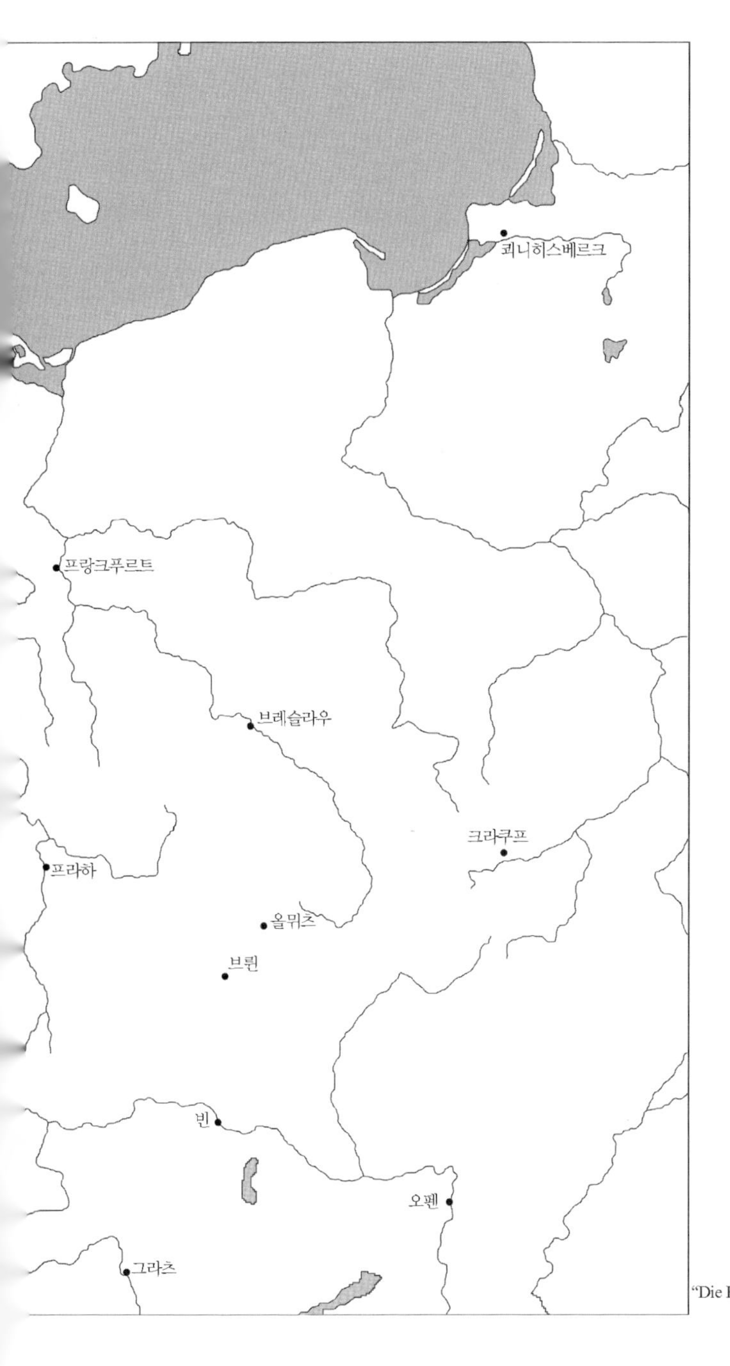

20세기 초의
독일 대학들
지도 원본:
Franz Eulengburg,
"Die Frequenz der deutschen Universitäten."

2부 이제는 막강해진 이론 물리학, 1870~1925년

19세기의 마지막 33년간 독일의 정치적 지형도는 슐레스비히와 홀슈타인을 놓고 덴마크와 벌인 전쟁으로 시작된 일련의 전쟁의 결과로 변화되었다. 프로이센과 오스트리아는 덴마크와 싸우기 위해 동맹했으나 곧 서로 전쟁을 벌였다. 프로이센은 승리를 거두었고 몇몇 영방국가를 병합했다. 거기에는 슐레스비히-홀슈타인, 헤센-카셀, 괴팅겐 대학이 있는 하노버, 그리고 마인 강변의 프랑크푸르트가 있었다. 오래된 독일 연방은 오스트리아가 독일에서 배제되면서 와해되었고 북부 독일의 독립 국가들은 프로이센의 영도 아래 새로운 신독일 연방으로 뭉쳤다. 프로이센의 총리인 비스마르크가 오스트리아와의 전쟁에서 프로이센의 대의로 내건 독일의 통일 가도에 남아있던 문제는, 1870년부터 1871년까지의 보불전쟁에서 해결되었다. 그 결과는 1871년에 선포된 통일된 독일, 즉 제국Reich이었다. 그것은 이전에 독립해 있었던 다수의 영방국가가 결합해 이루어졌다. 그 영방국가들은 왕국 넷, 대공국 다섯, 공국과 공국령이 열셋, 자유도시 셋, 그리고 프랑스가 할양하고 정복 영토로 취급된 알자스-로렌이었다.

독일 통일 이후 대학들은 계속 개별 영방국가의 통제를 받았다. 우리 연구와 관련해 1866년에 프로이센이 병합한 국가들이 대학에 미친 가장 두드러진 효과는 달라진 행정 정신이었다. 가령, 물리학자들은 이전처럼 정부 부처에 길고 개인적인 설명을 써보내는 대신에 관료주의적 격식으로 연구소의 활동을 보고했다. 전쟁은 물리학에 몇 가지 혼란을 야기했다. 가령, 새로운 베를린 물리학 연구소의 건축은 재정적 어려움으로 몇 년 늦추어졌다. 또한 보불전쟁으로 스트라스부르 대학이 독일의 대학 생활에 편입되어 구체적 이익을 가져 왔다. 정치적 이유로 그 대학은 대단한 물리학 연구소를 완비한 비싼 진열장으로 취급되었다. 그러나 전쟁과 독일 통일은 물리학자들의 업무 생활에는 별로 영향을 미치지 않았다. 물리학은 근대 독일에서 점차 많이 그리고 다양하게 요구되는 훈련을 통해 전문가 집단에게 교육되었다. 물리학은 소수의 물리학자 지망생에게도 교육되었지만 약간의 차이가 있었다. 물리학 덕택에 그들은 교사직뿐 아니라 그밖에 적지만 점점 많아지는 일자리를 얻을 수 있었다. 물리학은 화학이 오랫동안 그랬던 것처럼 자연 지식의 진보뿐 아니라 산업과 상업에 관련된 과학이 되기 시작했다. 물리학은 더욱 넓은 연구소에서 가르쳐지고 실행되면서 세계가 존경하고 본받고자 하는 탁월함을 갖춘 독일이라는 명성에 기여했다. 물리학의 어떤 분야에서는 뛰어난 연구에 대한 기대를 뛰어넘어 출중한 성취가 몇몇 물리학자의 손에서 나와 그 분야를 향상시켰다.

13 《물리학 연보》와 다른 학술지의 물리 연구, 1869년부터 1871년까지

기고자와 내용

우리는 이 장에서 1869년부터 1871년 사이에 출판된 《물리학 연보》*Annalen der Physik*에 대해 논의하려고 한다. 이 시기는 독일의 지도급 물리학 학술지를 오랫동안 편집해온 포겐도르프J. C. Poggendorff가 일을 그만둘 때가 다가온 시점이다. 그가 이 학술지를 편집한 지 50주년이 되는 1874년까지 그는 이 학술지 150권을 세상에 내놓았다.[1] 관습적으로 인용되는 형태로 《포겐도르프의 연보》는 독일 물리학과 동의어가 되었다.

자연스레 독일인 저자들의 연구가 《물리학 연보》의 더 많은 지면을 차지하게 되었고 외국 저자들의 연구는 더 적어졌다. 또 화학 분야의 연구, 특히 유기화학 분야의 연구가 다른 전문화된 학술지로 빠져나가면

---

[1] 포겐도르프가 여러 해 동안 내어 놓은 《물리학 연보》의 각 권들에는 2천 명 이상의 저자들이 쓴, 거의 9,000편에 이르는 논문과 보고서가 게재되었다. 매년 그는 30명의 새로운 저자들의 연구를 출판했다. 그의 성취의 수치는 포겐도르프의 편집 50주년을 기념하는 *Jubelband*에 바레틴(W. Baretin)이 게재했다. W. Baretin, "Ein Rückblick," *Ann.* (1874): ix~xiv 중 xii~xiii. 우리는 《물리학 연보》를 다시 우리의 조사를 위한 주요 참고 자료로 사용한다.

서 자연스레 《물리학 연보》가 취급하는 연구는 점차 물리학이 중심이 되었다.[2] 그러나 그 학술지에 제출되는 연구 분야가 제한되었다 하더라도 연구는 양적으로 늘어났고 포겐도르프는 때때로 보충권을 내놓곤 했다. 편집 일을 마감할 즈음에 포겐도르프는 《물리학 연보》에 게재되지 않은 최신 연구에 대한 짧은 보고서들을 실으려고 정기적인 보충집 『보충권』*Beiblätter*을 출간하기 시작했다.

포겐도르프의 시대인 19세기 중반을 넘어서자 《물리학 연보》는 독일 국내와 국외에서 이루어지는 물리학 연구의 기록을 독일 곳곳에서 구해 볼 수 있게 해주었다. 독일의 독자들은 포겐도르프에게 거의 학술지 30권 분량의 외국 연구를 소개받았다. 패러데이Michael Faraday의 연구만으로 2권 이상의 분량이 채워졌고, 르뇨Victor Regnault의 논문은 수백 쪽을 차지하고 있었으며, 다른 외국의 실험 연구자들의 연구도 수백 쪽을 차지했다. 마찬가지로 중요한 것은 《물리학 연보》가 외국 과학자들에게 독일의 과학 연구에 대해 알려준 것이다. 《물리학 연보》가 외국 도서관에 비치되는 데에는 시간이 오래 걸렸다. 설사 외국의 도서관에 비치된다 하더라도 페이지들이 붙은 채로 방치되기 일쑤였다. 《물리학 연보》는 외국인의 연구가 독일어로 번역된 것이 아니면 거의 게재하지 않았기 때문이었다.[3]

포겐도르프는 그의 학술지를 모든 물리학자에게 개방했고, 실험 연구에 가장 큰 가치를 두었지만, 이론 연구도 환영했다.[4] 클라우지우스

---

2 Baretin, "Johann Christian Poggendorff," *Ann.* 160 (1877): v~xxiv 중 xi.

3 물리학자 벤첸베르크(J. F. Benzenberg)는 1815년에 파리를 여행하다가 길베르트(L. W. Gilbert)의 《물리학 연보》가 학사원 도서관에는 소장되지 않고 왕립 도서관에는 있지만 그 페이지들이 잘리지 않은 채 붙어 있는 것을 발견했다. Benzenberg, *Ueber die Daltonsche Theorie* (Düsseldorf, 1830), 서문.

4 Baretin, "Poggendorff," xii. 포겐도르프의 후임자인 구스타프 비데만은 이론과 실

Rudolpf Clausius의 연구 중 다수는 전적으로 이론적이고 종종 아주 수학적이었지만 거의 예외 없이 포겐도르프의 학술지에 제일 먼저 게재되었다. 클라우지우스의 논문이 거의 모두 1년 안에 영국의 대표적 학술지인 《철학 잡지》*Philosophical Magazine*에 번역되어 실린 점은 《물리학 연보》가 외국에서 어떤 주목을 받았는지 알려준다.

《물리학 연보》는 독일 대학과 기술 연구소들의 물리학자들이 볼 수 있었고 많은 김나지움 도서관에도 들어갔다.[5] 독일 물리학자들은 《물리학 연보》를 그들 분야의 필수 불가결한 자원으로 간주했다. 1877년에 포겐도르프가 사망한 후, 베를린 물리학회는 그 학술지에 대해 공식적 책임을 지겠다고 공언했다. 그 표지에는 이제 그 학회, "특히" 헬름홀츠 Hermann von Helmholtz가 공조한다는 것이 언급되었다. 새로운 편집자는 다시 실험 물리학자인 비데만Gustav Wiedemann이 되었지만 헬름홀츠에게 이론 물리학에 대해 자문하도록 함으로써 이 독일의 지도급 학술지는 이제 실험 논문과 이론 논문이 각자 각 분야의 전문가에게 심사받아야 할 필요가 있음을 받아들였다.

1869년부터 1871년 사이에 출간된 《물리학 연보》는 10권으로 장정되어 있는데 각 권이 상당히 두꺼워서 그 총 분량이 약 6,500쪽에 달한다. 그 지면의 약 3분의 1은 외국인의 연구가 차지하고 있는데 번역이 필요한 경우에는 독일어로 번역되어 실렸다. 외국인의 연구 중에서 절반은 오스트리아-헝가리, 스위스, 네덜란드의 저자들이 투고했는데, 그곳의 물리학자들은 독일의 물리학자들과 긴밀한 관계를 맺고 있었다.[6] (이

험이 《물리학 연보》 안에서 결합되었다고 말했다. Wiedemann, "Vorwort," *Ann.* 39 (1890); i~iv.

[5] Emil Frommel, *Johann Christian Poggendorff* (Berlin, 1877), 67.

몇몇 나라에 있는 교원 자리를 옮겨다니는 물리학자들도 있었다.[7]) 영국 Britain과 다른 몇 안 되는 유럽의 국가들이 《물리학 연보》에 실린 외국인 기고의 나머지 부분을 차지했다.[8]

독일의 《물리학 연보》 기고자들은 1869년부터 1871년 사이에 100명을 훌쩍 넘었다. 몇몇 정부 관리와 소속이 없는 소수를 제외하면 그들 모두는 교육 기관들과 어떤 식으로든 연결되어 있었다. 그중에는 대학이나 기술학교의 물리학 연구소 소장이자 물리학 정교수인 19명이 포함되어 있었다.[9] 또한 이들과 비슷한 수의 부교수, 사강사, 조수, 학생이 포함

---

6 이 나라 중 《물리학 연보》에 발표한 논문의 총 수가 가장 많은 나라는 오스트리아-헝가리, 스위스, 네덜란드의 순이다.

7 1869년부터 1871년까지의 어떤 시기에 쿤트(Kundt)와 프리드리히 콜라우시는 취리히에 있었다. 그들은 《물리학 연보》에 스위스에서 실제로 낸 기고 중 상당 부분을 차지했다.

8 《물리학 연보》에 논문을 게재한 이들이 속한 다른 나라는 영국, 덴마크, 스웨덴, (서)러시아, 프랑스, 이탈리아, 벨기에이다. 1869년에서 1871년 사이에 포겐도르프는 신대륙 아메리카와 다른 지역에서 출간된 물리학에 대해서 아무런 언급을 하지 않았다. 이 사이 어느 해에는 아르헨티나에서 세계를 여행 중인 베를린 출신의 젊은 물리학자가 그에게 보낸 일련의 짧은 논문이 게재되었다. 그는 마그누스의 조수였다.

9 1869년에서 1871년 사이에 《물리학 연보》에 게재된 쪽수가 많은 순서로 19명의 연구소 소장들을 나열하면, 베촐트(Wilhelm von Bezold, 뮌헨), 뷜너(Adolph Wüllner, 본과 아헨), 히토르프(Wilhelm Hittorf, 뮌스터), 로멜(Eugen Lommel, 에를랑겐), 마이어(O. E. Meyer, 브레슬라우), 마그누스(Gustav Magnus, 베를린), 클라우지우스(Rudolph Clausius, 뷔르츠부르크와 본), 쿤트(August Kundt, 뷔르츠부르크), 리스팅(J. B. Listing, 괴팅겐), 로이쉬(Eduard Reusch, 튀빙겐), 베츠(Wilhelm Beetz, 뮌헨), 부프(Heinrich Buff, 기센), 뮐러(Johann Müller, 프라이부르크), 크노블라우흐(Hermann Knoblauch, 할레), 베버(Heinrich Weber, 브라운슈바이크), 키르히호프(Gustav Kirchhoff, 하이델베르크), 멜데(Franz Melde, 마르부르크), 도베(Heinrich Wilhelm Dove, 베를린), 베버(Wilhelm Weber, 괴팅겐)이다. 도베는 베를린에서 물리학 정교수였고 프로이센 국립 기상학 연구소의 소장이었는데, 1870년 마그누스 사후에 1년 동안 베를린 대학 물리학 연구소를 임시로 담

되었고, 그들의 연구는 연구소 소장들의 연구만큼의 지면을 차지했다.[10]

당했기에 이 목록에 포함되었다.

1869년에서 1871년 사이에 《물리학 연보》에 게재하지 않은 대학 연구소 소장들은 파일리치(Ottokar von Feilitzsch, 그라이프스발트), 슈넬(Karl Snell, 예나), 카르스텐(Gustav Karsten, 킬), 노이만(Franz Neumann, 쾨니히스베르크), 항켈(Wilhelm Hankel, 라이프치히), 욜리(Philipp Jolly, 뮌헨)이다. 로스토크(Rostock) 대학에는 물리학 교수가 없었다. 항켈을 제외하고는 그들은 어떤 물리학 학술지에도 논문을 싣지 않았고, 기껏해야 다른 분야의 학술지에 이따금 논문을 실었다. 항켈은 작센(Sachsen) 과학 학회의 《논문집》(*Abhandlungen*)에 정기적으로 결정의 열전기적 연구에 관해 게재했다. 1876년부터 그는 《물리학 연보》에 이 자료를 다시 게재했다.

10 그들은 주로 최근에 졸업한 사람들이었고 그들의 연구가 드러내는 이론적 탁월성은 적절하게 훈련받은 물리학자가 알아야 하는 지식에 대한 당대의 이해를 표현했다. 그들 대부분은 강의나 연구를 통해서 이후 그들이 경력을 쌓는 동안 이론 물리학과 긴밀하게 관련되곤 했다. 1870년경에 갓 시작한 물리학자들에게는 이론 물리학이 다양한 기회를 점점 많이 제공했다.

1869년에서 1871년 사이에 《물리학 연보》에 게재한 물리학 부교수 3명인 콜라우시(Friedrich Kohlrausch), 크빙케(Georg Quincke), 죄프리츠(Karl Zöppritz) 중에서 크빙케와 죄프리츠는 그 당시에 대학 부교수 자리에서 수리 물리학을 가르쳤다. 이 기간에 《물리학 연보》에 논문을 낸 최소 여덟 명의 사강사들 대부분은 이론과 긴밀한 연관을 맺고 있었다. 포이스너(Wilhelm Feussner)는 마르부르크에서 50년간 이론 물리학을 가르쳤는데 1880년부터는 부교수로서, 1908년부터는 명예 정교수로서 가르쳤다. 나르(Friedrich Narr)는 뮌헨에서 1886년부터 그의 경력 끝까지 부교수로서 그 과목을 가르쳤다. 케텔러(Eduard Ketteler)는 본(Bonn)에서 부교수로서 1872년부터 그의 경력의 거의 마지막인 1889년까지 이론 물리학을 가르쳤다. 쾨니히스베르크의 존케(Leonhard Sohncke)와 베를린의 바르부르크(Emil Warburg)는 둘 다 이론 물리학을 가르쳤지만(바르부르크는 이론 물리학 부교수였다) 그들은 경력 대부분 동안 실험 물리학을 가르치는 강의를 맡았다. 그래도 그들은 자신의 연구에서 이론 물리학과 관계를 맺고 있었다. 존케는 이론적인 결정(結晶) 물리학에서 프란츠 노이만이 지향하는 바를 발전시켰고 바르부르크는 이론에 가장 능통한 독일의 실험 물리학자에 속했다. 헤르비히(Hermann Herwig)는 대학 경력이 아주 짧았다. (그는 다름슈타트에서 물리학 교수였던 30대에 사망했다.) 그가 괴팅겐에서 받은 학위 논문은 수학에 관한 것이었으며, 뒤이어 실험 물리학에서 연구하면서 이론적 관심을 보였다. 륄만(Richard Rühlmann)은 대학에서 경력을 이어가지 못했지만 김나지움의 물리학 및 수학 교사가 되었다. 부데(Emil Budde)는 어느 것도 지속하지 못했지만 항상 연구를 근근이 이어갔고, 1870년에 첫 논문을 쓸 때처럼 그의 연구의 많은 부분은 순수하게 이론적이었다.

이 기간에 가장 많은 논문을 쓴 《물리학 연보》의 기고자 중에는 프로이센 과학 아카데미 물리학자가 두 사람 있었다. 그들은 연구소가 없는 대학 물리학 정교수이기도 했다.[11] 나머지는 중등학교와 하급 기술학교의 교사들이었고, 그들은 《물리학 연보》에 논문을 내는 모든 교원 중 대략 3분의 1을 차지했다.

1869년부터 1871년 사이에 《물리학 연보》에 실린 독일 논문들의 주제는 주로 물리학이었지만 완전히 그런 것은 아니었다. 물리학과 화학을 명확히 구별한다면 물리학 논문에 대한 화학 논문의 비율이 수년에 걸쳐 낮아졌지만, 결정학, 생리학 그리고 그밖에 이른바 물리학의 경계 영역들처럼 화학은 계속해서 《물리학 연보》의 실질적인 관심 영역이었다.[12] 오직 순수수학만이 그 관심 영역 밖에 있었다.[13]

1869년부터 1871년 사이에 《물리학 연보》에 게재한 최소 6명의 학생이나 조수 중에서 단지 둘만이 대학 경력을 이어갈 수 있었다. 글란(Paul Glan)은 1870년에 베를린에서 졸업하고 그 후에 헬름홀츠의 조수가 되었는데 1875년부터 그의 생애 끝까지 사강사로서 베를린에서 이론 물리학을 계속 가르쳤다. 리케(Eduard Riecke)는 1871년에 괴팅겐을 졸업하고 같은 해에 그곳에서 조수와 사강사가 되었다. 그리고 나서 1873년에 부교수로 임명되고 1881년에 실험 물리학 정교수로 임명되고서, 포크트(Woldemar Voigt)가 괴팅겐으로 옮겨 올 때까지 이론 물리학 정규 강의를 개설했다. 그의 연구는 그의 경력 내내 이론 중심이었다.

11 그 두 물리학자는 리스(Peter Riess)와 편집자 자신인 포겐도르프였다. 그들이 《물리학 연보》에 게재한 분량은 논문을 가장 많이 쓰는 연구소 소장인 베촐트나 빌너와 비슷한 정도다.

12 화학 교사들의 논문은 《물리학 연보》에서 물리 교사들이 낸 논문의 5분의 1 분량을 차지했고, 결정학, 광물학, 지질학 교사들의 논문은 물리 교사들이 낸 논문의 3분의 1 분량을 차지했다. 생리학 선생들도 논문을 많이 냈다. 별로 논문이 없는 이들은 우주 물리학자, 수학자, 의사, 약사였다. 흔히 물리학이 아닌 분야의 교사들이 《물리학 연보》에 기고한 논문은 물리학 교사들이 기고한 양의 3분의 2를 차지했다.

13 수학과 물리학의 연관성이 알려져 있음에도 대학 소속 수학자 중 두 명만이 1869년에서 1871년 사이에 《물리학 연보》에 게재했다. 그들은 물리학만큼이나 수학에도 속하는 주제인 역학에 관한 논문을 각자 하나씩 게재했다. 수학 학술지는

연구소 소장들의 연구

연구소 소장들은 자신들의 연구 방향으로 연구를 진척시킬 수단과 독립된 환경이 있었다. 1869년부터 1871년 사이에는 다른 때와 마찬가지로 그들의 연구 방향은 좀처럼 일치하지 않았고 결과적으로 그들의 연구는 뭉쳐놓고 보면 물리학의 분야 대부분을 포괄했다. 히토르프Wilhelm Hittorf는 기체 속의 전기 전도에 대한 논문만 출간했고, 리스팅J. B Listing은 광학 기구에 대해서만 출간했다. 로이쉬Eduard Reusch는 한 실험 기구에 대해 설명한 적이 있고, 족집게로 산탄散彈 총알을 집을 때 어떤 일이 생기는지에 대해 설명한 적도 있지만 그것들을 제외하면 결정에 대한 논문만 출간했고, 마이어O. E. Meyer는 영국 물리학자들에 대해 논박한 적이 있지만, 주로 공기의 마찰에 대해서 출간했다. 뷜너Adolph Wüllner는 그의 학생 중 하나의 연구를 지지하기 위해 비판적 언급을 하기도 했지만 주로 기체의 스펙트럼(빛띠)에 대해서 출간했으며, 로멜Eugen Lommel은 기구들에 대한 간단한 설명을 제시한 적이 있지만 주로 빛의 흡수와 형광에 대해서 출간했다. 쿤트August Kundt는 1870년에 독일에서 연구소 소장이 되자 곧 비정상 분산이라는 새로운 분야의 연구를 시작했지만 그가 외국에서 시작한 음향학 연구도 지속했다. 논문을 가장 많이 쓸 뿐 아니라 다재다능한 연구자인 베촐트Wilhelm von Bezold는 전기에 관한 다양한 주제와 그 분야 밖의 몇 가지 주제에 대해서 연구했다.

통상적으로 연구소 소장들은 《물리학 연보》의 달갑지 않은 투고자처럼 어떤 현상의 가능한 원인 중 어느 것이 "실재"인지를 "기회와 기구"

따로 있었고 수학자들은 물리학자들이 점점 더 자신의 것이라고 간주하게 된 학술지인 《물리학 연보》가 필요하지 않았다.

의 부족 때문에 결정할 수 없노라는 핑계를 댈 수는 없었다.[14] 연구소 소장들의 관점에서 그들은 결코 꼭 맞는 종류의 기구들을 충분히 갖지는 못했지만, 실험 연구에서 이용하는 것이 충분히 가능한 물리 기구실을 관리하고 있었다. 이론 연구에서 그들은 종종 기구 이론을 취급했으므로 여기에서도 연구소 소장들은 자신의 물리 기구실의 기구들을 사용했다.

1869년과 1871년 사이에 연구소 소장들의 연구는 《물리학 연보》의 독자들에게 연구가 이론적 부문과 실험적 부문으로 나뉘어 있다는 암시를 주지 않았다. 다만 클라우지우스, 키르히호프Gustav Kirchhoff, 베버Wilhelm Weber만이 《물리학 연보》에 순수 이론 논문을 쓰는 저자였고 뒤의 둘은 각각 단 하나의 논문만 냈다. 다른 연구소 소장들인 마이어, 베촐트, 쿤트, 로멜은 그들의 실험 연구를 약간의 수학적 이론과 함께 제시했고 나머지 대부분은 약간의 이론적 관심을 드러냈다. 일반적으로 연구소 소장들의 연구에서 이론적 논의와 실험적 논의는 함께 나타났고 그 균형은 물리학자마다, 다루는 문제마다, 조금씩 달랐다.

실례로 기체의 전기 전도에 대한 실험 연구를 통해서 히토르프는 전기 과정의 역학적 설명에 더 접근했으면 했고, 마지막 무게 없는 입자[15]인 두 가지 전기 유체를 물리학에서 제거하려 했다.[16] 로멜은 가장 발전

---

[14] Overzier, 139: 651~660 중 660. 《물리학 연보》에 발표된 아주 많은 논문을 언급하기 때문에 이 장의 나머지에서는 매우 축약된 형태로 인용할 것이다. 즉 "저자의 성, 권수, 쪽수"만 표시한다. 다른 출전을 명시하지 않으면 학술지는 항상 《물리학 연보》이고 권수는 모두 1869년부터 1871년까지 3년간에 해당한다.

[15] [역주] '무게 없는 입자'라는 개념은 라플라스 학파가 뉴턴주의의 기치를 내걸고 뉴턴의 『광학』(*Opticks*)의 질문 31번에 나오는 대로 중력처럼 수학화가 가능한 힘을 상정해 자연 현상을 설명하려고 도입한 개념으로, 무게는 없고 성질만 갖는 입자를 지칭한다. 전기, 자기, 열, 연소 같은 현상들이 이러한 입자를 상정해 연구되었고 19세기 초까지 있었던 이러한 시도에 대한 반동으로 새로운 설명을 추구하는 기류가 19세기에 걸쳐 일어났다. 여기서 전기의 무게 없는 입자 두 가지는 전기의 이유체론에서 이야기하는 수지전기(음전기)와 유리전기(양전기)를 지칭한다.

한 물리 분야로 간주한 광학을 완성하려 했다. 회절(에돌이, inflection)[17], 복굴절(두번꺾임), 원형 편광, 그밖에 다른 복잡한 빛에 관한 현상들은 역학적 원리로 설명되어 왔지만 형광은 그리 되지 못했다. 로멜은 엽록소에 빛이 작용할 때 일어나는 현상이나 그와 밀접하게 관련된 현상들을 그가 역학적으로 설명했듯이 이제 형광을 역학적으로 설명하려고 시도했다. 그러고 나서 그는 자신의 이론을 위해 필요한 실험을 수행했다.[18] 연구소 소장들은 일반적으로 어떤 물리 "상수"의 측정과 다른 물리량에 따른 그 상수의 변화를 포함하는 실험을 《물리학 연보》에 보고했다. 상수는 종종 이론적으로 유도된 방정식에 들어갔으므로 상수의 행동을 측정하는 것은 이론을 완성하는 길이 될 수도 있고, 이론을 시험하는 길이 될 수도 있었다.[19] 어떤 실험은 기하학적 "도형"을 그려내거나 분석하는 것을 포함했고, 그 타당성을 보이려면 이론적 설명이 필요했다.[20] 흡수와 방출에 대한 다른 실험들은 물질과 에테르의 관계에 대한 이론적 사고에서 유래하기도 했고 새로운 이론적 사고를 떠오르게 하기도 했다.[21]

---

[16] Hittorf, 136: 1~31, 197~234 중 223.

[17] [역주] inflection을 회절(에돌이, diffraction)의 의미로 처음 쓴 사람은 뉴턴이었다. 그는 1704년에 나온 그의 광학책 *Opticks: Or a Treatise of the Reflections, Inflections, and Colours of Light*, reprinted ed. (Prometheus Books; 2003)에서 다양한 빛의 현상 중 하나로 inflection을 다루고 있다.

[18] Lommel, 143: 26~51, 568~585 중 30~34.

[19] 가령, 쿤트는 파장에 따른 굴절률(꺾임률)의 변화에 대해서 조사했고, O. E. 마이어는 온도나 압력에 따라, 공기의 내부 마찰력 상수가 어떻게 변하는지를 조사했다. 143: 14~26. 키르히호프는 철의 자화 상수가 자화력의 세기에 따라 변하는 것을 이론적으로 연구했다. 보충권, 5: 1~15.

[20] 가령, 베촐트는 "전기 먼지 도형"(140: 145~159)과 "리히텐베르크(Lichtenberg) 도형"(144: 337~363, 526~550)에 대해서 연구했다. 멜데와 쿤트는 "소리 도형" (Melde, 139: 485~493; Kundt, 137: 456~470, 140: 297~305)에 대해서 연구했다.

[21] 예를 들면, 마그누스는 복사열에 대해서(139: 431~457, 582~593) 쿤트는 비정상 분산(142: 163~171), 로멜은 엽록소와 빛의 관계에 대해(143: 568~585) 연구했다.

연구소 소장들이 《물리학 연보》에 제출한 연구 중 새로운 실험 결과를 포함하지 않으면서 새로운 이론적 사고를 담고 있는 연구는 적었다.[22] 그 새로운 사고들은 특정한 현상이나[23] 특정한 법칙의 요소들과 관계가 있었다.[24] 이러한 순수한 이론적 연구 중에서 열 이론에 대한 클라우지우스의 역학적 연구는 물리학의 기초를 쌓는 데 가장 중요했다.[25] 볼츠만Ludwig Boltzmann은 이미 그와 같은 기초적 문제를 연구해 왔다. 일반적으로 볼츠만과 클라우지우스의 의견 교환과 더불어 그들의 비판과 우선권 주장을 통해, 1870년 전후의 《물리학 연보》는 엄밀한 이론적 논조를 띠게 되었기에 열의 본성에 대한 격의 없는 언급들을 게재하기에는 부담스러운 곳이 되었다.[26] 다양한 주제에 대해 연구하던 물리학자들은 열 원리의 보편성 때문에 볼츠만과 클라우지우스의 진술들을 접하게 되었

---

[22] 이렇게 순수하게 이론적인 논문들은 연구소 소장들이 《물리학 연보》에 게재한 논문 중 단지 8분의 1만을 차지했다.

[23] 가령, 동전기 아크, 형광, 유도 자기 현상을 각각 베촐트(140: 552~560), 로멜(143: 26~51), 키르히호프(보충권 5: 1~15)가 연구했다.

[24] 빌헬름 베버는 전기 작용의 기본 법칙 중 퍼텐셜의 존재에 관심이 있었고 (136: 485~489) 베촐트는 광측정의 법칙과 중력의 법칙 사이의 유비에 관심이 있었으며 (141: 91~94) 클라우지우스는 열 이론의 2번째 법칙의 기초가 되는 역학적 원리에 관심이 있었다(142: 433~461).

[25] Clausius, 141: 124~130, 142: 433~461.

[26] 클라우지우스의 연구 때문에 루트비히 볼츠만은 《물리학 연보》에 우선권 주장을 게재하게 되었다(143: 211~230). 이것은 《물리학 연보》에 게재된 다른 이들의 논문에 대한 반응으로 이 기간에 《물리학 연보》에 낸 볼츠만의 논문 중 하나이다. 그는 이 당시에 오스트리아에서 연구했고 그의 연구 중 대부분을 오스트리아에서 출간했다.

슈테틴(Stettin) 중등학교 교사인 모스트(Robert Most)는 열 이론의 제2법칙의 "간단한 증명"으로 볼츠만을 화나게 했다. 모스트는 제2법칙이 제1법칙보다 "더 간단하다"고 보았기 때문이다(136: 140~143). 볼츠만은 모스트가 처음부터 dQ/T가 완전 미분이라고 가정한 것을 지적했다. 그래서 모스트가 제2법칙을 증명하기는 "당연히 어렵지 않았다"(137: 495). 모스트가 자신의 증명에 대해 명쾌하다고 간주한 것을 볼츠만은 단순하게 틀렸다고 간주했다(140: 635~644).

다. 그들은 가능하다면 그 진술들을 반박했고, 사정이 여의치 않으면 무시했기에, 이에 대한 그들의 비판을 《물리학 연보》나 다른 곳에 게재해야 했다.[27]

실험 연구

《물리학 연보》에는 실험실에서 주의 깊게 준비한 현상에 대한 관찰과 함께 자연에 대한 우연적인 관찰에 대한 보고서notice를 게재하는 것이 여전히 가능했다. 가령, 요한 뮐러Johann Müller는 우박을 동반한 폭풍이 치는 동안 우박 알갱이에서 극성을 보겠다는 생각을 하게 되었고 그는 자신이 알게 된 것, 즉 각각의 우박 알갱이가 다양한 방향을 가리키는 많은 얼음 조각으로 구성되어 있다는 것을 《물리학 연보》에 보고했다. 그러나 우박 폭풍이 쳤을 때 관측을 준비하고 있던 것이 아니었기에 그는 철저한 연구를 수행할 처지가 아니었다.[28] 연구소의 소장으로서 뮐러는 《물리학 연보》에 지면을 보장받았고, 서로 다른 주제를 다루는 3쪽 분량의 보고서를 《물리학 연보》에 계속해서 보냈다. 또 다른 기고자는 그의 보고서를 "그날 밤, 내가 일을 마치고 창문으로 걸어가다가 보게 된 것은"으로 시작했다. 이어서 그는 놀라운 천둥과 번개에 대한 관찰을 보고했다.[29] 또 다른 기고자는 프랑크푸르트 시내와 주변을 걷다가 뻐꾸기 소리의 두 종류의 음이 만드는 음정, 리듬, 음고를 주의 깊게 오랫동

---

[27] 가령, 베촐트가 전기 콘덴서에 대한 그의 연구와 연관해 그렇게 했고(137: 223~247) 클라우지우스는 이에 대해 응수했다(139: 276~281).

[28] Johann Müller, 144: 333~334.

[29] Hoh, 138: 496.

안 들었다. 그 소리는 모든 어린이가 알고 있고 베토벤이 전원 교향곡에 삽입한 새소리였다고 그는 말했다.[30] 포겐도르프는 우연적인 단순한 관찰을 존중했다. 그 자신도 한 프랑스 학술지에서 프랑스에서는 "흔하지 않은 강설snowfall"에 대한 설명을 발췌하기도 했다. 어떤 노인의 기억에 따르면 그와 같은 강설은 1804년인가 1805년에 한 번 있었다고 했다.[31]

그렇다고 해서 이상하거나 매력적인 현상이 1870년경 《물리학 연보》에 게재된 논문의 통상적인 소재는 아니었다. 이 학술지에는 실험 장치와 그것의 사용법에 대한 깔끔한 묘사가 훨씬 잘 어울렸다. 때때로 장치는 시범 실험에서 사용되기 위한 것이었다. 적어도 부분적으로는 그러했다. 프리드리히 콜라우시Friedrich Kohlrausch는 "강의"에 필요한 사항들을 마음에 두고 있었다. 포겐도르프는 강의실의 먼 구석에서도 보이는 효과를 낼 수 있는 강력한 장치를 소개했다. 뮐러는 자기의 역제곱의 힘에 관해 쿨롱[32]의 실험보다 "훨씬 단순한" 실험적 증거를 제시했다. 그 증거는 물리학의 진보보다는 교육에 더 관계가 깊었다.[33] 그러나 일반적으로 장치는 엄밀히 말하면 연구에서 사용하려는 것이었다. 연구 주제가 매우 다양했으므로 장치도 그러했다. 1870년을 중심으로 10년간 《물리학 연보》의 색인은 100종 이상의 장치와 기구를 열거했다. 그중에는 진

---

30 Oppel, 144: 307~309.

31 Poggendorff, 139: 510~511.

32 [역주] 프랑스의 토목공학자이자 물리학자인 쿨롱(Charles A. de Coulomb, 1736~1806)은 공병 학교에서 역학 이론, 공학 기술을 공부했고 마찰에 관한 폭넓은 연구를 했다. 그는 놋쇠나 철 등의 가는 금속 줄의 비틀림 탄성을 연구해 1785년에 전하 사이의 척력이 거리의 제곱에 반비례한다는 쿨롱의 법칙을 발견했다. 1787년에는 중력에 대해서도 역제곱의 법칙을 실험적으로 확립했다. 전하량의 단위인 '쿨롬'(C)은 그의 공적을 기리려고 이름 붙인 것이다.

33 Friedrich Kohlrausch, 136: 618~625 중 625; Poggendorff, 141: 161~205 중 203; Johann Müller, 136: 154~156.

자, 파이프, 프리즘, 그리고 실험과 수학적 이론 간의 접촉점이었던 다수의 측정 기구가 포함되었다. 기구의 이름은 종종 "meter"(계)로 끝났는데, 이것은 그 기구들이 측정을 하기 위한 것임을 나타냈다. 가령, Barometer(기압계), Kaloriemeter(열량계), Elektrometer(전위계) 등이 그것이다. 《물리학 연보》는 프리드리히 콜라우시가 베버의 "meter"들, 가령, Bifilargalvanometer(두 가닥 검류계), Bifilardynamometer(두 가닥 동력계), Magnetometer(자력계) 등을 써서 수행한 측정으로 채워졌다.[34] 다른 기구의 이름은 종종 "skop"(스코프)로 끝났다. 물리학자가 측정을 할 뿐 아니라 현상이나 측정기의 수치를 "보아야" 할 필요가 있음을 나타냈다. 가령, Chromatoskop(크로마토스코프)[35], Chronoskop(극미시간측정기), Elektroskop(검전기), Erythroskop(에리트로스코프)가 그것이다. 《물리학 연보》의 각 호 말미에 접어 넣은 두꺼운 페이지들에는 그 호에 보고된 연구에서 연구자가 사용한 장치를 정교하게 묘사한 그림이 실려 있었다.

장치를 써서 연구할 현상처럼 장치 자체도 정확하게 이해되어야 했다. 장치는 상호 작용하는 자연의 부분이며 같은 물리적 원리를 따라 작동되었다. 보통 그 원리들은 알려진 것으로 가정되었으나 항상 그런 것은 아니었다. 원리가 알려지지 않았다면, 장치는 자연과 마찬가지로 그 자체가 이론적 연구의 대상이었다.[36]

---

[34] Friedrich Kohlrausch, 138: 1~10, 142: 418~433, 547~559.

[35] [역주] 크로마토스코프는 여러 가지 색의 광선을 혼합하는 장치이다.

[36] 빌헬름 홀츠(Wilhelm Holtz)의 "전기기계"에 대한 포겐도르프의 기술에서. 그는 그 기계가 "이론적 중요성"이 있다고 믿었다. 왜냐하면 그것은 "이론적으로" 설명되지 않는 데다 "선험적"으로 알 수 없는 특성이 있었기 때문이었다.
[역주] 홀츠는 1865년에 강력한 유도 기계를 발명했다. 그것은 고정 디스크와 그 앞에 배치된, 그것보다 약간 큰 회전 디스크로 이루어졌다. 고정 디스크의 뒷면에는 두 개의 종이판이 지름의 반대편에 부착되어 유도기의 역할을 하게 되어 있었고 종이판에서 고정 디스크의 넓은 창들을 통해 튀어나온 하나 또는 그 이상의

장치는 종종 단순한 기하학적 형태를 띠었다. 그런 식으로 만드는 것이 더 쉽고 관찰과 측정을 용이하게 해주었으며, 그런 기하학적 형태는 또한 시험하거나 확장할 이론적 법칙의 수학적 해解에 해당했다. 가령, 두 개의 수은조水銀槽가 수평의 유리 모세관(실관)으로 연결되어 있는 장치를 가지고 바르부르크Emil Warburg는 수은의 압력과 유속의 관계를 측정했다. 마찰성 유체에 대한 헬름홀츠의 최신 이론에 따르면 이 수은은 겹겹으로 평행하게 배열된 속이 빈 원통들의 모양으로 원형 단면의 관을 통과해서 흐르는 것으로 이해될 수 있었다. 마찰 때문에 수은 원통들은 관의 벽에 가까울수록 더 천천히 움직여야 했다. 바르부르크는 흐름과 압력에 관한 이론적 공식과 자신의 측정 결과를 비교함으로써 그 유리에 인접한 수은 원통이 이전의 연구에 기초한 예상과는 달리 전혀 움직이지 않는다는 결론을 내렸다. 두 번째 예로 쿤트는 몇 밀리미터 떨어진 두 고체 평행판 안에 끼워진 공기 중에서 유발되는 가장 강한 공명음[37]을, 판 위에 쌓인 먼지를 이용해 단순한 기하학적 도형으로 가시화하는 방법을 얻어냈다. 그는 이 "공기 판" 문제를 "완전히 이해할" 수학적 이론을

침이 그 침의 맞은편에서 도는 회전 디스크의 뒷면 가까이에 위치해 있었다. 고정 디스크의 유도기와는 반대편을 향하는 회전 디스크의 앞쪽에는 일련의 침이 달린 두 개의 전하 수거기가 회전 디스크의 앞면에서 전하를 수거해 기계의 단자로 보내주게 되어 있었다. 1867년에 홀츠는 두 개의 평행판이 짧은 간격을 두고 반대 방향으로 도는 새로운 유도 기계를 만들었다. 여기에서는 4개의 수거침이 절연 지지물에 올려졌다. 수거침은 둘씩 짝을 지어 디스크의 직경의 반대편에 위치했다. 출력은 짝지어 있는 서로 연결된 침들 사이에서 나왔다. 이것은 이전의 홀츠 기계에서 유도기가 있는 판이 또 하나의 회전판으로 대치된 것에 해당했다. 여기에서 두 디스크는 서로에 대해 유도기 역할을 하게 되어 있었다.

[37] [역주] 공명음은 공명하는 음으로서 여기에서는 특정한 진동수를 갖는 소리가 두 평행판 사이의 공기층에서 증폭되는 현상을 말한다. 이렇게 공명이 일어나면 일정한 진동수를 갖는 정지파가 형성되어 그에 따라 먼지가 일정한 간격으로 모이는 것을 통해 공명음의 파장과 진동수를 알 수 있었다.

약술했다. 그는 진동하는 막이라는 2차원 문제에 맞도록 소리의 전파를 설명할 미분 방정식을 구체화했고 결론적으로 공기 판의 진동은 막의 진동의 반대라는 것을 밝혔다.[38] 곧, 막이 정지해 있는 곳에서 공기 판은 운동하고 막이 움직이는 곳에서 공기 판은 정지해 있다. 바르부르크와 쿤트의 장치에서 간단한 기하학적 형태를 갖는 원통과 판은 수학적 이론을 통해 그 현상들을 즉각적으로 해명하는 것을 가능하게 해주었다.[39]

실험 연구자들은 공통적으로 그들이 연구하는 어떤 현상들은 여전히 이해가 불충분해 기존의 이론으로는 설명할 수 없다고 생각했다. 가령, 뷜너의 가스 스펙트럼(빛띠)은 아주 복잡했다. 상이한 압력의 수소를 담고 있는 관들로 전류를 통과시켜서 그는 네 종류의 스펙트럼(빛띠)을 얻었다. 방출과 흡수에 대한 키르히호프의 이론적 법칙은 스펙트럼(빛띠) 사이의 관계를 이해하는 데 도움이 되지 않았으므로, 뷜너는 직접, 즉 실험을 통해 그 문제에 접근했다.[40] 또 하나의 예를 들면, 부프Heinrich Buff는 수력학적 압력 실험은 복잡하기에, 확장된 수학적 이론이 그 주제에 관한 정확한 그림을 제시하지 못한다고 생각했다. 그는 실험을 써서 "그 현상의 사실들"을 결정하는 일에 착수했다.[41] 실험 연구자들은, 아직도 실험

---

[38] [역주] 이와 같은 판의 진동은 기본적으로 클라드니(Chladni)의 판의 진동에서 비롯된 많은 실험 연구와 이에 대한 이론 연구에서 비롯된 것이다. 18세기 말에 클라드니가 금속판에 모래를 뿌려 놓고 판의 가장자리를 바이올린 활로 문지르면 모래가 아름다운 무늬로 정렬된다는 것을 보고했다. 이것은 과학적 관심을 크게 불러일으켰고 파리 과학 아카데미는 이 도형을 수학적으로 해석할 것을 공모에 붙였다. 제르맹(Sophie Germain)이 미분 방정식을 수립해 해를 구해 상금을 받았으나 나중에 키르히호프가 그 오류를 수정했다. 이러한 연구가 토대가 되어 고체와 유체의 진동을 미분 방정식으로 풀어 내는 문제가 수리 물리학자들의 큰 관심을 끌었다.

[39] Warburg, 140: 367~379; Kundt, 137: 456~470.

[40] Wüllner, 137: 337~361 중 347~348.

[41] Buff, 137: 497~517 중 497.

을 통해서 정돈하고 있는 현상에 대해, 비판 받을 것을 알고도 과감하게 이론적 지식을 주장했다.[42]

이론 연구

1840년대처럼 1869년부터 1871년 사이에 《물리학 연보》에서 독일 물리학자들은 종종 영국과, 무엇보다도, 프랑스의 이론적 연구를 언급했다. 그들은 프랑스의 광학 이론, 특히 코시A. L. Cauchy와 프레넬A. J. Fresnel의 이론에 관심이 많았다.[43] 그들은 이론 물리학의 거의 모든 분야에서 푸아송S. D. Poisson의 기여를 인식했고 가끔 푸아송의 이론이 지닌 결함에 대해서도 인식했다.[44] 라플라스P. S. Laplace는 여전히 그의 모세관(실관) 이론으로 《물리학 연보》에 논문을 실었다.[45] 독일 물리학자들은 영국의 이론 중에서 영Thomas Young, 패러데이Michael Faraday, 그린[46], 스토크스G. G.

---

[42] 마그누스는 경험적 근거 없이 단순하게 기체 이론에서 일반화를 이끌어 내는 진술을 했다고 비판을 받았다. 139: 150~157 중 152~153.

[43] 코시의 굴절 이론(Jochmann, 136: 561~588)과 분산 이론(Ketteler, 140: 1~53, 177~219), 프레넬의 굴절을 알아내기 위한 공식(Lamansky, 143: 663~643)과 빛 세기를 알아내기 위한 공식(Kurz, 141: 312~317), 에테르 끌림에 대한 그의 가설(Ketteler, 144: 109~127, 287~300, 363~375, 550~563).

[44] 푸아송의 음향학 이론(Kundt, 137: 456~470), 모세관 이론(Quincke, 139: 1~89; J. Stahl, 139: 239~261), 탄성 이론(쿤트가 스위스에 있을 때 쿤트의 학생이었던 하인리히 슈네벨리가 쓴 Heinrich Schneebeli, 140: 598~621), 진자(흔들이) 운동 이론(O. E. Meyer, 142: 481~524), 자기 이론(Kirchhoff, 보충권 5: 1~15), 지구 온도에 관한 이론(Frölich, 140: 647~652), (만약 *Journal für die reine und angewandte Mathematik*이 여기에 포함된다면) 열 이론(Lorberg, 71: 53~90), 유체 동역학 이론(O. E. Meyer, 73: 31~68)

[45] 모세관 이론(J. Stahl, 139: 239~261; Quincke, 139: 1~89)에 더불어 그의 전기 동역학(Hittorf, 136: 1~31, 197~234)도 다루어졌다.

Stokes, 맥스웰James Clerk Maxwell의 이론을 언급했다.[47]

1869년부터 1871년 사이에 새로워진 것은 독일 물리학자들이 독일의 이론적 출전을 의지하는 범위가 넓어졌다는 것이었다. 그들은 이전의 독일의 이론적 연구를 인용했다. 가우스Carl Friedrich Gauss의 모세관(실관) 이론[48], 빌헬름 베버의 파동, 소리, 전기 동역학에 관한 연구[49], 노이만 Franz Neumann의 결정학, 광학, 모세관(실관), 자기에 관한 연구가 그것이다.[50] 그러나 그들이 가장 많이 인용한 독일의 이론적 연구는 종종 최신

---

46 [역주] 영국의 수학자인 그린(George Green, 1793~1841)은 빵 제조업에 종사하면서 수학을 독학했다. 그는 학자들과 교류가 없었기에 연구가 알려지지 않다가 그 일부가 우연히 어떤 학자에게 발견되어 윌리엄 톰슨에 의해서 세상에 알려지게 되었다. 그는 전자기 현상의 수학적 이론을 만들려고 시도하면서 퍼텐셜 함수를 도입해 '그린의 정리'(적분 정리)를 유도했다. 이로써 그는 전자기학의 해석적 취급에 결정적으로 기여했으며 퍼텐셜 이론을 수학에 편입시켰다.

47 영의 모세관 이론(Quincke, 139: 1~89; Paul du Bois-Reymond, 139: 262~275), 전하가 분자의 배열 상태에서 유발되는 것으로 보는 패러데이의 이론(Knochenhauer, 138: 11~26, 214~230), 스토크스의 마찰 유체 이론(Warburg, 139: 89~104, 140: 367~379), 그린과 스토크스의 진자(흔들이) 운동에 관한 이론(O. E. Meyer, 142: 481~524), 맥스웰의 색 이론(J. J. Müller, 139: 411~431, 593~613)과 전자기 이론(Kirchhoff, 보충권 5: 1~15).

48 Paul du Bois-Reymond, 139: 262~275; J. Stahl, 139: 239~261; Boltzmann, 141: 582~590.

49 빌헬름 베버의 파동 연구(Quincke, 139: 1~89, Kundt, 140: 297~305, Matthiessen, 141: 375~393), 소리 연구(Warburg, 136: 89~102, 137: 632~640, 139: 89~104, J. J. Müller, 140: 305~308), 전기 동역학에 관한 연구(Wilhelm Weber, 136: 485~489, 베버는 20여 년 전에 전기 동역학과 관련해 《물리학 연보》에 낸 자신의 출판물에 주목했다).

50 프란츠 노이만의 이론적 연구는 1869년부터 1871년 사이에 독일 물리학에 간접적으로 귀속되었다. 그는 오래전에 논문 발표를 멈추었지만 그의 연구는 그가 스스로 발표하지 않았던 사례에서도 사용되고 인용되었다. 쿠르츠(August Kurz)는 오래 되긴 했지만 1834년의 결정학에 대한 노이만의 실제 출판물을 인용했다(141: 312~317). 그러나 요흐만(Emil Jochmann)은 얼마간 노이만과 함께 연구한 빌트(Heinrich Wild)가 스위스에서 발표한 논문에서 금속의 반사에 대한 노이만 공식을 발견했다. 요약문에서 요흐만은 노이만 공식의 가정들에 대한 유도나 진술이

연구였다. 키르히호프의 폭넓고 영향력 있는 기여는 음향학, 열, 수력학, 탄성, 전기 이론을 포함했다.[51] 클라우지우스의 연구는 열의 역학적 이론과 기체 운동론을 포함했다.[52] 실제로 클라우지우스는 물리학의 이 분야들을 아주 독보적으로 발전시켰으므로, 그가 이용한 유일한 자료는 자신이 이전에 수행한 연구 결과일 때가 많았다.[53] 독일의 다른 이론적 기여 중에서[54] 헬름홀츠의 것이 단연 가장 많이 인용되었는데, 그중에서도 그의 음향학에 대한 연구가 가장 빈도가 높았다. 그리고 다른 분야, 즉 수력학, 색 이론, 기하학, 동전기학에 대한 연구도 마찬가지로 인용되었

출간된 적이 없다고 생각한 것으로 보인다. 그는 노이만 공식이 노이만의 다른 광학 연구의 가정, 곧 에테르는 상이한 매질에서 같은 밀도를 가지지만 다른 탄성을 가진다는 생각에 의지하고 있다고 가정했다(136: 561~588). 크빙케는 역시 노이만과 함께 연구한 적이 있었는데 하나의 유체가 다른 유체로 퍼지는 것을 지배하는 모세관 법칙을 진술했다. 그는 노이만이 그런 생각을 처음으로 한 사람이라고 생각했다(139: 1~89). 뒤부아레몽(Paul du Bois-Reymond)도 노이만과 약간의 시간을 함께 보낸 적이 있었는데 이 법칙을 "모세관 현상의 제3 주요 법칙"이라고 불렀고 1859년에 나온 자신의 학위 논문이 그 법칙을 포함하는 유일한 출판물이라고 생각했다(139: 262~275). 리케(Riecke)는 타원체의 자기(磁氣)에 관한 노이만의 법칙은 검증했지만 그에 대한 노이만의 어떤 출판물도 언급하지 않았다(141: 453~456).

[51] 키르히호프의 음향학 연구(Seebeck, 139: 104~132), 열(Wullner, 137: 337~361; Magnus, 139: 431~457, 582~593, Lommel, 143: 26~51), 유체 동역학(Paul du Bois-Reymond, 139: 262~275), 탄성(Adolf Seebeck, 139: 104~132, Schneebeli, 140: 598~621), 전기(Knochenhauer, 보충권 5: 146~166).

[52] Budde, 141: 426~432, 144: 213~219; Narr, 142: 123~158; Hansemann, 144: 82~108; Bezold, 137: 223~247; Recknagel, 보충권 5: 563~591.

[53] Clausius, 141: 124~130, 142: 433~461.

[54] 가령, 리만의 전기에 대한 연구(Bezold, 137: 223~247), 기하학(J. J. Müller, 139: 411~431, 593~613), 크뢰니히(Krönig)의 운동 이론 연구(Hansemann, 144: 82~108; Recknagel, 보충권 5: 563~591), 카를 노이만의 광학 연구(Ketteler, 140: 1~53, 177~219)와 전기 동역학 연구(Wihelm Weber, 136: 485~489). 만약 *Journal für die reine und angewandte Mathematik*이 여기에 포함된다면, 요흐만과 로르베르크(Lorberg)의 전기 동역학에 대한 최신의 이론적 연구도 포함된다(Helmholtz, 72: 57~129).

다.[55] 엄밀한 이론에 대한 독일의 기여는 자세하게 예시될 수 있다. 《물리학 연보》의 한 저자는 그의 주제인 리히텐베르크 도형[56]의 형성에 사용되는 전기력은 "단지 정전기적 원격 작용, 즉 베버의 기본 법칙의 첫 항만"을 포함한다고 진술했다.[57] 다시 말하면, 그는 베버가 유도하고 테스트한 법칙을 일반 법칙으로 간주했고 쿨롱의 정전기 법칙을 단지 그 일반 법칙의 첫 번째 항으로 간주했다. 외국의 이론적 연구에 대한 독일의 의존성은 25년 전에 비해 상당히 줄어들었다.

1869년에서 1871년 사이에 출간된 연구들은 이론과 실험에서 비슷한 추진력을 드러냈다. 이론에서는 현상을 가장 작은 부분과 작용의 수준에서 이해하려 했고 실험에서는 점점 더 적은 공간, 시간, 에너지에 도달하려 했다. "밀리미터"가 여전히 대부분의 물리학에서 측정 욕구를 만족시켰지만 새로운 현미경이 얻을 수 있는 강력한 확대능으로 현미경학과 물리 광학에서 더 작은 단위, 즉 밀리미터의 1,000분의 1인 "미크론"을 측정할 수 있게 되었다.[58] 강력한 확대능 덕택에 신체의 미세한 조직과 구조를 포함해 이전에는 풀리지 않던 문제들이 이제는 접근이 가능해졌

---

55 헬름홀츠의 음향학 연구(Warburg, 139: 89~104; Adolf Seebeck, 139: 104~132; Sondhauss, 140: 53~76, 219~241; Glan, 141: 58~83; Lommel, 143: 26~51; Boltzmann과 Töpler, 141: 321~352), 유체 동역학 연구(Warburg, 140: 367~379; Paul du Bois-Reymond, 139: 262~275), 색 이론과 기하학 연구(J. J. Müller, 139: 411~431, 593~613), 동전기학 연구(Bernstein, 142: 54~88)가 인용되었다.

56 [역주] 사진 건판을 금속판 위에 올려놓고 이것에 전극을 연결하고 사진 건판의 윗면에 다른 작은 전극을 놓아서, 양극 사이에 방전을 일으킨 후에 현상을 관찰해 보면 화려한 모양의 도형이 얻어진다. 윗면이 양극일 때에는 이 극을 중심으로 나뭇가지 모양으로 갈라진 방사 모양이 나타나고 음극일 때에는 원형이 나타난다. 1777년에 독일의 리히텐베르크가 발견했다.

57 Bezold, 144: 337~363, 526~550 중 535.

58 Listing, 136: 467~472.

다.[59] 실험 역학에서 극히 짧은 시간 간격을 잴 수 있는 새로운 방법이 탄성 충돌의 지속 시간이라는, 이전에는 풀리지 않던 문제를 풀어 내는 데 결정적으로 기여했다.[60] 하늘의 별 하나에서 지구가 받는 아주 작은 양의 열[61]과, 공기가 청각의 감각역threshold[62]에서 귀에 해주는 믿을 수 없을 정도로 작은 일[63]은, 이 기간에 《물리학 연보》가 자주 보고한 작은 양量들의 예였다. 분자를 개별적으로 보거나 만지는 것은 불가능했지만 가정assumption의 도움으로 분자 간의 상호 작용력의 작용 범위[64]와 분자들의 진동의 폭이라는 작은 수치를 측정할 수 있었다.[65]

그들이 연구하고 있는 현상에 대해 논의하면서 독일의 물리학자들은 통상적으로 "분자"에 대해 언급했다. 그들에게 "분자"는 어떤 때에는 단순히, 생각할 수 있는 한 가장 작은 입자를 의미했지만, 다른 때에는

---

59 Listing, 136: 473~479.

60 슈네벨리는 충돌의 법칙이 17세기부터 알려져 있었지만 충돌의 실제 과정은 짧은 충돌 지속 시간 때문에 "오히려 신비"로 남아있었다고 설명했다. 그는 새로운 방법을 사용해 강철 원통과 구의 충돌 시간을 결정했다. 원통이 고정된 막대와 충돌할 때 그 시간은 0.00019초였다(143: 239~250).

61 영국에서 윌리엄 허긴스(William Huggins)는 지구가 개별적인 별에서 받는 매우 작은 양의 열을 민감한 검류계와 다양한 열전쌍 열(列)로 이루어진 장치를 사용해 결정하려는 그의 시도를 《물리학 연보》에 보고했다(138: 45~48).

62 [역주] 사람이 들을 수 있는 가장 작은 세기의 소리를 말한다.

63 그라츠에서 볼츠만과 아우구스트 퇴플러는 새로운 광학 스트로보스코프 방법을 사용한 소리 진동의 실험 연구를 《물리학 연보》에 보냈다. 그들은 청각의 한계에서 공기가 귀에 해준 역학적 일은 초당 1/3,000,000,000 킬로그램-미터라고 결정했다(141: 321~352 중 352).

64 크빙케는 유리, 은, 물, 몇몇 다른 물질에 대해 분자력의 작용 반경이 매우 작지만 0은 아니며 0.000050mm, 즉 근사적으로 빛의 평균 파장의 10분의 1의 차수를 가진다고 결정했고(137: 402~414 중 413), 베를린의 뤼트게(Robert Lüdtge)도 이 결과를 수용했다(139: 620~628 중 620).

65 볼츠만과 퇴플러는 청각의 한계에서 공기 입자의 진동 폭은 녹색 빛의 파장의 약 10분의 1 정도임을 결정해 청각 기관이 얼마나 민감한가를 보여주었다(141: 321~352 중 349~352).

뭔가 좀 더 정확한 것, 가령 원자의 구조화된 집단을 지칭했다.[66] 그들은 분자에 관련된 추론을 다수의 익숙한 물질적 현상, 가령, 액체의 액체 위에서의 운동, 액체의 고체 위에서의 운동, 고체의 기체를 통과하는 운동, 기체, 액체 및 고체의 내부 마찰 등을 이해하기 위해 필수불가결한 것으로 간주했다. 그들은 종종 전기, 빛, 복사열이 물체를 통과할 때 무엇이 일어나는지 설명하고, 무엇보다도 물체의 열적 관계를 설명하기 위해서 분자 작용을 사용했다. 좋은 이론이 어떤 현상과 일치하지 않는 곳에서 분자 행동은 그 이유를 설명해줄 수도 있었다.[67] 1870년경에 대부분의 물리학 연구소에서는 분자 작용의 효과가 실험적으로 이론적으로 모두 연구되었다. 분자 행동의 개념이 실험적 추론에 정성적으로 개입했고[68] 물리 이론의 가정에 수학적으로 개입했다.[69]

물리학자들은 어떤 이론적 문제에 접근하면서 물질의 연속체 관점을 사용했다.[70] 그러나 많은 문제에 대해서는 띄엄띄엄 떨어진 분자의 관점을 적용했는데 그 관점은 이론 물리학 연구 방법에 관해 깊은 뜻을 함축한 것이었다. 그런 문제들과 관련해서 이러한 함축을 깊이 생각한 볼츠

---

[66] 로멜은 그가 "분자"라는 용어를 "화학적 의미"로 사용하고 있었다고 설명했다. 즉, 분자는 그것의 본성과 수와 상대적인 위치에 의해 특성화되는 원자들의 집단이다(143: 568~585 중 573). 부데(Budde)의 출발점은 가장 단순한 기체의 "분자"는 두 개의 원자로 구성된다는 지식이었다(144: 213~219).

[67] 구스타프 한제만(Gustav Hansemann)이 시도한 적이 있다(144: 82~108).

[68] 요흐만은 코시의 반사 이론이 얇은 금속 시트(sheet)에서 반사와 굴절에 대한 관찰과 어긋나는 것을, 금속 표면의 "분자적" 특성이 광학 상수에 영향을 주기 때문인 것으로 보았다(보충권 5: 620~635 중 632~633).

[69] 가령, "기체의 내부 조성"의 이론적 탐구에서 그렇게 했다(Hansemann, 144: 82~108).

[70] 가령, 진동하는 현의 이론은 분자력보다는 현의 부피 요소의 분석에 기초해 제시되었고(Reinhold Hoppe, 140: 263~271), 유도 자기 이론은 자화된 물체의 부피 요소와 표면 요소의 분석에 기초해 제시되었다(Kirchhoff, 보충권 5: 1~15).

만은 적어도 엄밀한 유도 과정이 포함되는 곳에서는 물리학자들이 미적분학 즉, 뉴턴 이후의 엄밀 과학의 언어를 포기해야 할 것이라고 생각했다.[71] 물리학자들은 보통 분자는 관성을 갖는 물질의 작은 조각이어서 그것의 운동은 역학의 법칙의 지배를 받는다고 보았다. 그들은 분자적 개념과 역학적 개념이라는 양대兩大 개념을 물리학에 일관된 방향을 제시하려면 함께 고려해야 하는 것으로 간주했다. 어떤 저자에 따르면, 물리학은 모든 현상을 "순수한 역학적 개념"으로 환원하기를 추구하며 분자의 역학적 운동을 써서 모든 문제를 풀어 내는 것이 "물리학의 최종적이고 지고한 임무"였다.[72] 영Young의 모세관(실관) 이론은 그 이론에 들어가는 상수들에 "정확한 역학적 · 분자이론적 의미"를 부여하지 못했기 때문에 결함이 있는 것으로 판단되었다. 그러한 의미가 존재한다는 확신은 모세관(실관) 현상을 분자력이 일으킨다는 이해에서 얻어졌다.[73] 모세관(실관) 현상처럼 광학에서도 어떤 이론이 광학의 상수들에 "이론적 기초를 제공"하지 못한다면, 즉 분자적 · 역학적 고찰에 의해 그것을 전개할 수 없다면, 그 이론에는 결함이 있는 것으로 판단되었다. 광학적 흡수, 분산, 비정상 분산[74]은 물체의 분자들과 에테르의 입자들 사이에 작용하

---

[71] 가우스의 방법에 의지해 슈탈(J. Stahl)은 모세관(실관) 현상의 기본 방정식을 얼마 전에 유도했다. 볼츠만에 따르면, 슈탈의 유도는 가우스 방법의 결함도 공유했다. 그 방법은 모든 분자의 쌍에 대해 적분함으로써 유한합(finite sum)을 계산하는 것이었다. 이 과정은 각 분자가 주어진 분자들에서 얼마나 멀리 떨어져 있는가와 무관하게 각 분자가 그 합의 극히 작은 부분에만 기여한다고 가정한다. 볼츠만은 이웃하는 분자의 기여가 유한할 것으로 보이므로 적분의 사용은 여기에서 정당화되지 않는다고 추론했고, 오직 유한한 합만을 사용하고 적분 기호 $\int$를 $\sum$ 기호로 대치해서 어떻게 모세관(실관) 이론을 전개할지 보여주었다(141: 582~590).

[72] 여기에서 헬름홀츠의 말을 되풀이하면서, 슈뢰더(Heinrich Schröder)는 기체의 고체나 액체에 대한 작용을 분자 운동으로 설명하는 것은 시기상조여서 이제 물리학의 지고한 임무를 포기해야 한다고 말했다(보충권 5: 87~115 중 114~115).

[73] Lüdtge, 139: 620~628 중 620.

는 힘에 의해 설명되었다. 이 힘과 이 힘에 의해 일어나는 운동은 질점 mass point[75] 역학의 통상적인 운동 법칙에 의해 분석되었다.[76] 기체 운동론에서 기체의 행동은 분자가 용기 벽이나 다른 분자와 역학적으로 충돌하는 것으로 분석되었고, 십중팔구 분자의 회전과 내부 진동에 의해서도 분석되었다.[77] 분자적 고찰은 열 이론[78], 전기 이론[79] 및 물리학의 다른 분야의 이론에 등장했다.

1869년에서 1871년 사이에 이론들을 고안하는 물리학자들에게 에너지 보존 원리에 호소하는 것은 제2의 천성이 되어 있었다. 그 원리를 무시하는 이론은 진지하게 고찰될 수 없었다. 에너지 보존 원리는 이미 권위 있는 학설로 수용되었기 때문에 《물리학 연보》의 한 저자는 코시의 이론에서 유도되는 빛의 흡수에 대한 모든 설명을 배격했다. 왜냐하면, 그 이론은 활력living force[80]의 원리에 어긋나기 때문이었다.[81] 힘 대신

---

[74] [역주] 가시광선에서는 파장이 짧을수록 굴절률(꺾임률)이 증가하는 정상 분산의 특성이 나타나지만 흡수대에서는 파장의 증가에 대해 굴절률(꺾임률)이 감소하는데, 이를 비정상 분산이라고 한다.

[75] [역주] 질점이란 질량을 갖는 점으로서 부피가 없기에 회전이나 내부 진동 효과가 나타날 수 없는 이상화된 개념이다.

[76] Ketteler, 140: 1~53, 177~219 중 200; Lommel, 143: 26~51; Sellmeyer, 143: 272~282; Glan, 141: 58~83.

[77] Hansemann, 144: 82~108; Recknagel, 보충권 5: 563~591; Narr, 142: 123~158.

[78] 클라우지우스의 격리(disgregation)의 중심 개념이 분자 배열과 관련되었다 (Budde, 141: 426~432).
[역주] disgregation은 클라우지우스가 1862년에 정의한 것으로 분자가 서로 떨어져 있는 정도를 지칭하는 것이다.

[79] 전하를 분자의 독특한 배치로 보는 패러데이의 전하 개념이 소개되었다 (Knochenhauer, 138: 11~26, 214~230).

[80] [역주] 활력은 라틴어로 vis viva에 해당하는 것으로 라이프니츠가 제안한 것이다. 물체의 속도의 제곱과 물체의 질량을 곱한 값에 해당하는 것으로 운동 에너지의 2배의 크기를 갖는 개념이다. 에너지 고찰에 있어서 미시적으로 물체의 내부 에너지로 바뀐 부분까지 포함하는 개념으로 이 시기에 널리 사용되었다.

에 퍼텐셜을 점점 더 많이 쓰게 되면서 물리학의 모든 분야에서 문제를 에너지 측면에서 올바르게 공식화하는 것이 용이해졌다.[82] 이러한 에너지 고찰에는 최소 작용의 원리[83]나 물리계에서 에너지의 행동을 지배하는 유사한 원리를 통해 이론을 전개하려는, 당시 학자들의 관심이 관련되어 있었다.[84]

기타 학술지

학회와 아카데미의 회보나 (더 긴 저작으로 엮인) 논문 모음집에서도 역시 종종 물리학자들의 연구를 게재했다. 통상적으로 회보들은 전문화되지 않았다. 프로이센 과학 아카데미의 수학·물리 부문과 철학·역사 부문은 진지한 학문적 작업을 위해서는 따로 모였지만 그들의 회보는 모든 주제, 즉 바티칸의 필사본과 전기 기계를 나란히 다루었다.[85] 굳이 분류될 일이 있었다면 그것들은 전문화된 학술지에 게재될 때만 분류되

---

[81] Glan, 141: 58~83 중 74.

[82] 빌헬름 베버는 전기 작용에 대한 그의 기본 법칙이 퍼텐셜에서 유도될 수 있다는 것을 보였다(136: 385~389). 퍼텐셜에 의해 전개된 다른 이론의 예는 베촐트의 전기 이론(137: 223~247), 광측정 이론(141: 91~94)과 키르히호프의 자기 이론(보충권, 5: 1~15)이 있다.

[83] [역주] 물리계가 변천할 때 작용(action)이 최소가 되는 경로를 따라 움직인다는 법칙으로, 뉴턴의 운동 방정식을 다른 방식으로 정식화한 것으로 볼 수 있다. 모페르튀(P. L. M. Maupertuis)가 개념적 기초를 놓았고 해밀턴(W. R. Hamilton)이 일반화했다. 가장 간단한 작용의 정의는 물체가 가진 운동량과 그 운동량을 가진 채로 이동한 작은 거리를 곱한 것이다.

[84] 예를 들면, Clausius, 142: 433~461 중 449; Boltzmann, 143: 211~230 중 220, 228.

[85] 프로이센 과학 아카데미 회보의 정식 명칭은 *Monatsberichte der königlich preussischen Akademie der Wissenschaften zu Berlin*이다.

었다. 프로이센 아카데미가 출간한 물리학 논문은 거의 모두 실험에 관한 것이었고 이는 그 논문의 저자를 살펴봐도 예상되는 것이었다. 저자로는 마그누스[86], 포겐도르프, 도베Heinrich Wilhelm Dove, 리스Peter Riess, 로이쉬Reusch가 포함되어 있었다. 이 시기에 이 아카데미에 낸 헬름홀츠의 논문 한 편도 실험 논문이었다. 키르히호프는 거기에 이론 논문 1편을 게재했는데, 그는 그 논문을 수학 학술지에도 게재했다. 이 아카데미가 출간한 다른 물리학 논문 거의 전부가 《물리학 연보》에도 게재되었다. 베츠Beetz와 베촐트가 바이에른Bayern 과학 아카데미 회보에 게재하려고 그 아카데미에 제출한 다수의 논문도 마찬가지였다.[87] 괴팅겐 과학회의 회보에 발표된 상당한 분량의 물리 연구는 실험과 이론의 범위를 포괄했다. 라이프치히나 본Bonn이나 다른 곳의 해당 학회도 모두 물리학 논문을 게재했다.

《물리학 연보》가 수리 물리학 논문을 게재하기에 항상 적합한 곳은 아니라는 것은 널리 알려져 있었다. 베촐트는 그의 광학적 착각에 대한 실험 연구를 《물리학 연보》에 게재했지만, 《물리학 연보》의 독자가 수학적 유도를 좋아하지 않는다고 생각했기에 그 연구의 수학적 이론은 다른 곳에 게재했다.[88] 파운들러Leopold Pfaundler는 기체의 분자 운동론의

---

86 [역주] 독일의 물리학자이자 화학자였던 마그누스(Gustav Magnus, 1802~1870)는 19세기 전반기에 유럽 화학계를 지배한 베르첼리우스(Berzelius), 그리고 파리에서 게이뤼삭(Gay-Lussac)에게 화학을 배웠다. 1845년에 베를린 대학의 물리학 교수가 되었고, 1870년에 사망하자 그 자리를 헬름홀츠가 이어받았다. 독일 자연철학의 전성기에 실험파의 기수가 되어 자택을 실험실로 개방했다. 그는 공기 온도계의 연구, 셀렌과 텔루르 등의 화학적 특성 연구를 수행했고 역학, 수력학, 열학 등에 관심이 있었다. 회전하는 공이 커브를 그리는 원리를 설명해주는 마그누스 효과는 유체 동역학의 두드러진 성과였다.

87 바이에른 과학 아카데미 회보의 정식 명칭은 *Sitzungsberichte* der *königlich bayerischen Akademie der Wissenschaften zu München*이다.

88 Bezold, 138: 554~560.

기본 방정식에 대한 클라우지우스의 유도는 《물리학 연보》의 많은 독자, 특히 적분을 알지 못하는 화학자에게는 너무 어렵다고 생각했다. 그래서 그는 그 방정식에 관한 더 간단한 유도를 《물리학 연보》에 게재했다.[89]

물리학자들은 수학적으로 더 엄밀한 연구일 경우에는 종종 물리학자들이 수학자들과 공유하는 학술지에 게재했다. 그들의 연구는 그런 학술지에 물리적 문제, 보통은 역학적 문제에 대한 수학자들의 연구와 나란히 게재되었다. 그 문제들에 나타난 우선적인 관심은 수학적인 것이었지 물리적인 것이 아니었다. 1869년에서야 출간되기 시작한 《수학 연보》 *Mathematische Annalen*는 약간의 수리 물리학도 포함했는데 그 대부분은 공동 창간자인 카를 노이만[90]이 쓴 것이었다.[91] 《수학 및 물리학 잡지》 *Zeitschrift für Mathematik und Physik*에는 더 많은 수리 물리학 논문이 게재되었다. 독일과 오스트리아의 몇몇 물리학 연구소 소장들이 1869년부터 1871년 사이에 이 학술지에 논문을 냈지만 그들의 주된 연구는 여기에 발표하지 않았다.[92] 《수학 및 물리학 잡지》의 기고자 대부분은 중등학

---

[89] Pfaundler, 144: 428~438.

[90] [역주] 카를 노이만(Carl Neumann, 1832~1925)은 프란츠 노이만의 아들로서 바젤 대학, 튀빙겐 대학, 라이프치히 대학 등에서 수학 교수를 역임했다. 기하 광학, 퍼텐셜 이론 등 수리 물리학 방면에서 많은 업적을 남겼다. 또 뉴턴 역학의 바탕인 관성의 법칙에 관해 그 성립 조건을 검토하고 공간 내의 고립 물체의 운동을 인식하기 위해 기준 절대 좌표계를 상정하는 알파(α) 축계 이론을 제시했다. 수학 분야에서는 적분 방정식의 창시자로 알려져 있으며 노이만 급수나 노이만 경계 조건 등에 그의 이름이 붙어 공적이 기념되고 있다. 그는 클렙쉬와 함께 1869년에 수학 전문 학술지인 《수학 연보》를 창간했다.

[91] 카를 노이만은 그의 새로운 학술지인 《수학 연보》에 다수의 짧은 보고서를 게재했고 실질적인 수리 물리학 논문은 하나만 발표했는데, 그것은 결정 광학에 관계된 것이었다(1: 325~328). 카를 폰 데어 뮐(Carl von der Mühll)은 기센에 있는 그의 동료 알렉산더 브릴(Alexander Brill)처럼(1: 225~252), 수리 물리학 논문을 그 학술지에 게재했다(2: 643~649).

교나 하급 기술학교의 교사들이었다. 그들의 논문 중 몇몇은 직접 교육에 관련된 것이어서 교과서 간의 차이에 대한 비판 같은 것들을 다루었고 다른 것들은 고급 물리학에 관계된 것이었다. 몇몇 예외가 있지만, 이 논문들의 성격은 수학적이었다.

더 중요한 수리 물리학 논문들은 베를린의 수학자들이 편집하는《순수 및 응용 수학 학술지》*Journal für die reine und angewandte Mathematik*에 게재되었다. 1869년부터 1871년 사이에 이 학술지는 역학과 전기에 관한 물리학자들의 이론적 연구를 게재했다. 수학자들이 역학은 광범하게, 전기는 점점 더 많이 다루고 있었기에, 그 학술지에 논문을 게재하는 물리학자들은 독자가 수학적 능력뿐 아니라 어느 정도 흥미도 있음을 확신할 수 있었다. 그러나 그들은 독자의 물리학에 대한 관심이 그렇게 크지는 않으리라 생각했다. 실례로, 키르히호프는 이상적인 비압축성 유체에 대한 어떤 가정들의 수학적 결과를 유도했지만 그와 관련된 물리적 실재에 대해서는 전혀 언급하지 않았다.[93]《순수 및 응용 수학 학술지》의 다른 논문들은 물리적 문제들은 논의했지만 새로운 실험은 아무것도 제시하지 않았다.

《순수 및 응용 수학 학술지》에 게재된 자신들의 연구에 대해 물리학자들은 그들이 수학자들과 공통의 토대에 서 있음을 시인했다. 가령, 어떤 물리학자는 초월 함수 형태의 근들을 포함하는 4차 선형 편미분 방정식의 해解라는 계산 결과에 "특별한 관심"을 환기했다.[94] 또 다른 물리학

---

92 클라우지우스와 베촐트는《수학 및 물리학 잡지》에 짧은 보고서를 게재했고 로멜은 어떤 수학적 방법에 관한 "기본적 제시"를 게재했다. 볼츠만은 앙페르의 법칙에 관한 논문을 게재했는데 그것은 그 분량이나 실험적 본성으로 볼 때 예외적인 경우였다. 그러나 그것은 전년도에『빈 아카데미 회의록』(*Sitzungsber. Wiener Akad.*)에 게재된 논문을 재출간한 것이었다.

93 Kirchhoff, *Journal* 70: 289~298.

자는 함수의 급수 전개와 미분 방정식에 대한 출전을 수학적 문헌에서 인용했다.[95]

수학자들이 지속적으로 그들의 방법과 이론을 일반화하듯이 물리학자들도 《순수 및 응용 수학 학술지》에 게재하는 연구에서 그렇게 했다. 실례로 키르히호프는 윌리엄 톰슨[96]과 테이트[97]가 유체에 잠긴 채 회전하는 물체의 운동을 취급한 것을 일반화했고[98] 불연속 유체의 운동을 다루는 헬름홀츠의 방법을 일반화했다.[99] 볼츠만은 움직이는 유체 안에 있는 두 고리 사이의 겉보기 힘에 대한 키르히호프의 유도를 일반화했다. 로르베르크Hermann Lorberg는 도체 내부의 전기 운동에 대한 키르히호프의 방정식을 일반화했고 헬름홀츠는 두 전류 요소에 대한 노이만의

---

94 O. E. Meyer, *Journal* 73: 31~68 중 33.

95 Lorberg, *Journal* 71: 53~90.

96 [역주] 영국의 물리학자인 톰슨(William Thomson, 1824~1907)은 켈빈 경(Lord Kelvin)으로도 불린다. 글래스고 대학과 케임브리지 대학을 우수한 성적으로 졸업하고 프랑스의 실험 연구자 르뇨에게 배운 뒤 글래스고 대학 자연철학 교수가 되어 평생 머물렀다. 열역학 제2법칙의 수립에 기여했고, 카르노의 원리와 르뇨의 실험 원리에 입각한 열역학 온도 눈금을 제안해 절대 온도 단위 켈빈(K)으로 이름을 남기게 되었다. 전자기학과 역학 일반에서도 중요한 업적을 남겼고, 대서양에 전신을 가설할 때 과학적 이론을 자문해 기여했으며 전신 사업에서 계속된 공로로 켈빈 남작의 작위를 받았다.

97 [역주] 영국의 물리학자이자 수학자인 테이트(Peter Guthrie Tait, 1831~1901)는 케임브리지 대학을 졸업하고 벨파스트의 퀸즈 대학 수학 교수(1854)를 거쳐 에든버러 대학 자연철학 교수(1860)가 되어 평생을 그곳에 머물렀다. 초기에는 해밀턴이 창시한 4원수를 연구했는데 이것은 뒤에 깁스나 헤비사이드 등에 의한 벡터 해석의 확립에 도움을 주었다. 그 뒤에는 물리학적 문제에 관심을 두고 기체의 운동 법칙을 다루었고 열전기, 열역학 등을 연구했다. 윌리엄 톰슨과 공동 저작한 『자연철학논고』(1867)를 출간한 후 열전기와 열전도율의 연구에 몰두했다.

98 키르히호프는 물체가 자신의 축 주위에서 회전하지 않는다는 구속 조건과 그 축이 고정된 평면에 평행하다는 구속 조건을 완화하면, 더 일반화된 운동이 타원 적분에 이르지만, 그래도 그 문제는 풀린다는 것을 입증했다(*Journal* 71: 237~262).

99 Kirchhoff, *Journal* 70: 289~298.

퍼텐셜을 일반화했다.[100] 그런 식으로 수학에서처럼 물리학에서도 정리가 일반화일수록 그것은 더 강력하다고 인정되었다.

오랫동안 그랬던 것처럼 1869년부터 1871년 사이에 전기는 독일에서 이루어진 연구의 첫째 가는 주제였다.[101] 전기 작용의 본성도 탐구 주제 중 하나였다. 《물리학 연보》는 에테르와 물질의 상호 작용에 대한 연구를 많이 포함했지만 에테르 자체 내의 작용에 대한 연구는 거의 포함하지 않았다.[102] 소리굽쇠가 어떻게 근처에 있는 연기와 불꽃을 교란하는지 독자들은 알게 되었고 베를린 물리학자들은 시범 실험을 통해 이를 보았다. 이것은 인력과 척력이 공기나 에테르 안의 운동에서 비롯되지 원격 작용에서 비롯되지 않음을 암시했다.[103] 그러나 물리학자들은 암시만 가지고는 이 근본적인 논점을 쉽게 받아들이려고 하지 않고 더 확실한 것을 요구했다. 맥스웰이 원격 작용을 에테르의 작용으로 대치한 것에 대해 독일 물리학자들은 《물리학 연보》에 실은 논문에서 아직 거의 주목하지 않았다. 키르히호프는 전기적 양들과 자기적 양들에 대한 방정식들

---

[100] 볼츠만은 고리의 원형 단면에 대한 키르히호프의 가정을 완화했다(*Journal* 73: 111~134). 로르베르크는 도체 안의 전기에는 바깥의 힘이 작용하지 않는다는 키르히호프의 가정을 완화했다(*Journal* 71: 53~90). 헬름홀츠의 일반화된 퍼텐셜은 하나의 전류가 닫혀 있을 때 노이만의 퍼텐셜로 환원된다(*Journal* 72: 57~129).

[101] 10년간의 《물리학 연보》 색인집이 이것을 보여준다. 색인에서 어느 한 단(column) 전체나 그 이상을 차지하는 항목이 있는 주제 중 절반이 전기에 관한 것이었다. 빛이나 열의 주제는 전기에 비해 한참 뒤처져 있었다. 1860년을 중심에 두고 10년간의 색인을 살펴보거나 1870년을 중심에 두고 10년간의 색인을 살펴보아도 이 비율은 마찬가지이다.

[102] 물리학자들은 광파에서 에테르의 진동이 편광면 안에 있는지 그것에 수직인지에 대해 여전히 논쟁을 벌이고 있었다. Jochmann, 136: 561~588을 보라.

[103] 베를린의 중등학교 교사인 셸바흐(K. H. Schellbach)는 그의 실험을 크빙케, 포겐도르프, 마그누스에게 보여주었다. 마그누스는 분명히 그와 함께 일하는 젊은 물리학자들에게 그 실험에 대해 알렸을 것이다(139: 670~672).

을 유도했는데 그 방정식들은 1865년에 나온 맥스웰의 전자기장(마당) 방정식들과 동등했다. 그러나 그가 연구하는 대상은 유도 자기의 영향을 받는 철이지 자유 에테르가 아니었고, 푸아송의 자기 이론을 따르고 있었으며 맥스웰의 유도를 사실상 인정하지 않았다.[104]

1869년부터 1871년까지 독일 물리학자들이 전기 작용이 매질 속에서 전달되는 양상을 고찰한 곳은 《물리학 연보》가 아니라 《순수 및 응용 수학 학술지》였다. 이러한 선택은 이 당시에 그 주제가 수학적 성격을 지닌 것임을 반영하는 것이었다. 여기에서 키르히호프는 유체 안의 고리들에 작용하는 압력과 닫힌 전류에 작용하는 전기 동역학적 힘 사이의 유비를 발전시켰다.[105] 여기에서도 볼츠만은 키르히호프의 유비를 더 자세히 살폈다.[106] 헬름홀츠는 이 연구에서 가장 영향력이 있었는데 물체들 사이의 매질을 검토했고 그와 함께 매개된 전기 작용에 대한 패러데이와 맥스웰의 관점을 검토했다. 헬름홀츠는 분극된 매질에 대한 맥스웰의 이론이 푸아송 유형의 원격 작용 이론과 동일한 방정식을 내놓음을 인식했다.[107] 키르히호프와 달리, 그는 이 형식적인 인식에서 멈추지 않았고

---

104 Kirchhoff, 보충권 5: 1~15.

105 Kirchhoff, *Journal* 71: 263~273. 키르히호프는 무한하고 마찰이 없는 비압축성 유체 안에 놓여 있는, 무한히 작은 원형 단면을 가진 임의의 형태의 두 고리를 연구했다. 유체의 운동에 대한 친숙한 가정을 사용함으로써 그는 유체의 운동 에너지가 두 전류의 전기 동역학적 상호 작용에 대한 앙페르 법칙의 퍼텐셜과 같은 형태를 가짐을 보였다. 고리들은 "겉보기" 힘 또는 압력을 서로에게 미치는데, 그 힘은 고리를 통해 전류가 흐르게 하려면 고리에 작용해야 할 힘과 같다

106 볼츠만은 겉보기 유체 힘과 앙페르의 힘의 형태상의 동등성에 대한 키르히호프의 결론이 일반적으로 유효하지 않다는 것을 지적하고, 그 유비의 전기적 측면에 대해 상당한 논의를 할애했다(*Journal* 73: 111~134).

107 Helmholtz, *Journal* 72: 57~129; Hermann von Helmholtz, *Wissenschaftliche Abhandlungen*, 3 vols. (Leipzig, 1882~1895), 1: 545~628에 재인쇄 되었다. 특히 556~558쪽에서 논의된다(이후로 이 책은 *Wiss. Abh.*로 인용하겠다).

그것의 물리적 결론을 끌어냈다. 그는 맥스웰의 "놀라운 결과", 즉 유전체에서의 전기적 교란은 횡파로서 광속으로 전달된다는 것과 "이 결과가 물리학의 차후 발전을 위해 지닐 수 있는 비범한 의미"에도 주목했다.[108]

[108] Helmholtz, *Wiss. Abh.* 557.

14 헬름홀츠, 키르히호프와 베를린 대학의 물리학

헬름홀츠, 물리학자가 되어 프로이센으로 옮기다

1870년대와 1880년대에 독일에서 이론 물리학의 발전에 가장 영향력이 컸던 물리학자는 헬름홀츠였다. 그의 영향력은 베를린 대학 물리학 연구소의 소장이라는 그의 두드러진 지위, 그 연구소에서의 그의 연구와 강의, 독일 물리학계에서의 그의 명성에서 비롯되었다. 이것들 때문에 이론 물리학에 대한 그의 관점이 물리학 교수 임명에 영향을 미칠 수 있게 되었다. 독일의 가장 유명한 과학자가 그의 경력의 한가운데에서 우선적으로 이론 물리학을 강의하고 연구할 뿐 아니라 독일에 이론 물리학을 수립하는 데 몰두했다는 것은 이론 물리학에 아주 중요했다.

헬름홀츠의 이름은 1868년에 프로이센의 대학 중 하나인 본 대학의 물리학 교수직 후보 명단에 처음 나타났다. 이것은 부분적으로는 다른 과학 분야들을 통합한 과학자라는 그의 명성 때문이었고, 수리 물리학자로서의 명성 때문이기도 했다. 플뤼커Julius Plücker가 사망하자 본 대학의 수학자 루돌프 립시츠Rudolph Lipschitz는 주도적으로 본 대학에 헬름홀츠를 초빙하려고 노력했다. 그는 헬름홀츠의 "위대한 지성"이 지닌 "독특한 자질"을 강조했다. 그는 본 대학 교수진이 임명권을 쥔 프로이센 교육부 장관에게 "[헬름홀츠의] 연구의 어떤 기본적 개념들은 무기적 자연의 과학과 유기적 자연의 과학의 공통적인 영역에 속한다"는 것을 명쾌히 해야 한다고 주장했다. 헬름홀츠의 개념들이 이렇게 공통 영역에 속하는 것은 헬름홀츠가 과학 연구를 시작할 때부터, 즉 1847년에 나온 힘의 보존에 관한 그의 논문에서부터 분명했다. 헬름홀츠에 대한 립시츠의 설명은 본 대학에 있는 과학자들에게 강한 인상을 주지 못했다. 그들은 헬름홀츠를 우연히 두 전문 분야에 종사하게 된 전문가로 기술하기를 더 선호했다. 그들은 그를 "물리 생리학의 영역에서 고전적인 탐구"를 수행한 점과 "순수 물리학, 특히 수학적 방면에서" 탁월한 성취를 이룬 점에서 그를 추천했다. 립시츠는 이것이 헬름홀츠의 중요성에 대한 잘못된 이해에 기초해 있다고 생각했기에 언짢아 했다.[1] 헬름홀츠는 20년 동안 생리학을 가르쳐왔지만 물리학은 항상 그가 가장 좋아하는 분야였다. 헬름홀츠는 본 대학 감독관에게 이렇게 말하며 그의 일을 그의 주된 관심사와 일치시킬 기회가 왔다고 기뻐했다. 그는 자신의 생리학의 성과가 모두 물리학을 기초로 한 것이었지만 그의 생리학 학생들은 이런 부분을 따라갈 만큼 충분히 수학과 물리학을 알지 못했기에 자신의 연구의 정수를 학생들에게 가르칠 수 없다고 말했다. 그럴지라도 헬름홀츠는 물리학에서 그가 여전히 뭔가를 이룰 수 있다고 생각했다. 왜냐하면 독일에서 생리학은 번성하고 있지만 물리학은 그렇지 못했기 때문이었다. 그는 독일의 몇 안 되는 위대한 물리학자들이 그들의 경력 마지막에 와 있고

---

[1] Rudolf Lipschitz, "Entwurf eines Votums der mathematisch-naturwissenschaftlichen Section," 날짜 미상 [1868]; 자연 과학부에서 작성한 초고, 역시 날짜 미상 [1868]; Lipschitz, "Separatvotum," 1868년 7월 13일 자; Plücker Personalakte, Bonn UA.

그들의 자리를 대신할 새로운 세대가 아직 형성되지 못했다고 말했다. "모든 엄밀한 과학의 진정한 기초"인 물리학은 더는 진보하지 않고 있었고 특히 "수리 물리학"에서는 더욱 그러했다. 그의 가르침을 통해서 학생들이 물리학에 필요한 연구를 수행하게 된다면, 그는 생리학에서 그가 이루기를 희망한 어떤 것보다 더 중요한 일을 성취하게 되는 셈이었다. 그가 본 대학에 오게 된다면, 그 목표를 실현하기 위해서 그는 실험 물리학뿐 아니라 "수리 물리학"도 가르치기를 원한다고 했다.[2]

헬름홀츠가 물리학으로 옮겨갈 것은 확실해 보였다. 왜냐하면 프로이센이 헬름홀츠를 프로이센의 대학 중 하나로 데려감으로써 "영광의 표식"을 얻으려고 했기 때문이었다.[3] 그러나 프로이센 교육부는 협상을 끌었고 결국에 헬름홀츠에게 충분히 매력적인 제안을 하는 데 실패했다. 헬름홀츠는 당분간 계속 하이델베르크 대학에 생리학 교수로 있었다.[4]

1870년에 프로이센은 뛰어난 물리학자를 찾다가 다시 헬름홀츠에게 눈을 돌렸다. 헬름홀츠의 친구이자 그 당시 베를린 대학의 총장이었던 뒤부아레몽Emil du Bois-Reymond은 그에게 마그누스의 사망 소식을 알렸고

---

[2] 헬름홀츠가 본 대학 감독관인 베젤러(Beseler)에게 보낸 편지, 날짜 미상 [1868년 여름]. Leo Koenigsberger, *Hermann von Helmholtz*, 3 vols. (Braunschweig: F. Vieweg, 1902~1903), 2: 115~116 중 116에 인용. 생리학자 루트비히(Carl Ludwig)에게 보낸 편지에 헬름홀츠가 물리학과 생리학을 비교하는 부분이 더 나온다. 그는 물리학은 "완전히 독립적인 판단"에 따라 "모든 부분"을 강의할 수 있는 반면, 생리학의 조작과 방법은 분산되어 있어서 자신이나 어떤 다른 사람도 더는 그 전체를 따라갈 수 없을 것이라고 했다. 헬름홀츠가 루트비히에게 보낸 편지, 1869년 1월 27일 자. Koenigsberger, *Helmholtz*, 2: 118~119 중 119에 인용.

[3] 본 대학 감독관 베젤러가 프로이센 문화부 장관 뮐러(Mühler)에게 보낸 편지, 1868년 8월 4일 자. Koenigsberger, *Helmholtz*, 2: 116에 인용.

[4] 1868년 12월 28일 이전에 헬름홀츠는 본 대학의 물리학 교수직과 3,600탈러의 월급을 주겠다는 제안을 받았다. 1869년 1월 3일 이전에 그는 그 제안을 거절했다. Helmholtz Personlakte, 1858/1907, Bad. GLA, 76/9919.

헬름홀츠가 마그누스의 뒤를 이어 베를린 물리학 연구소의 소장이 되기를 희망한다고 했다.[5] 헬름홀츠는 이미 이전에 본 대학으로 가는 임명 결정이 나기를 기다릴 때부터 다시 물리학 연구와 수학 연구에 "몰두해 왔다"고 대답했다. 결과적으로 그는 이제 본 대학에서 부를 때보다 물리학을 훨씬 더 잘 알게 되었고 생리학에는 무관심해졌으며 이제는 "수리 물리학"에만 관심을 두게 되었다고 했다. 그러나 헬름홀츠는 자신이 수리 물리학 분야에서 인정받는 자격을 갖춘 물리학자라고 생각하지는 않았다. 키르히호프가 그런 물리학자였기에 헬름홀츠는 베를린 대학에는 그가 필요하며 결국 키르히호프가 선택될 것이라고 생각했다. 헬름홀츠는 스스로 하이델베르크 대학에서 키르히호프의 자리를 이어받는 것으로 만족하겠다고 생각했다. 그것은 그냥 한 교수직에서 다른 교수직으로 옮기는 것을 의미하는 것이었다. 그는 뒤부아레몽에게 베를린 대학에 키르히호프가 확실히 임명되도록 할 수 있는 노력을 다하라고 요청했다. 무엇보다도 프로이센의 교육부 관리들이 키르히호프에게 접근하지 못하도록 하라고 주의를 주었다. 그렇게 하지 않으면 그들이 걸림돌이 되어 키르히호프를 설득해 베를린 대학으로 옮기게 하는 것은 불가능할 것이 뻔했기 때문이었다.[6]

베를린 철학부는 둘 중에서 헬름홀츠를 더 "생산적"이고 "더 명석하며 더 보편적"이라고 간주했다. 그러나 그들은 헬름홀츠의 예상대로 키르히호프를 더 선호했다. 키르히호프는 정규 교육을 받았고 경험도 있는

---

5 에밀 뒤부아레몽(Emil du Bois-Reymond)이 헬름홀츠에게 보낸 편지, 1870년 4월 4일 자, Koenigsberger, *Helmholtz*, 2: 178에 인용.

6 헬름홀츠가 뒤부아레몽에게 보낸 편지, 1870년 4월 7일 자와 5월 17일 자, STPK, Darmst. Coll. F 1 a 1847. 헬름홀츠와 뒤부아레몽은 자금이 모자라서 프로이센이 크빙케와 같은 2류 물리학자를 임명할지도 모른다고 걱정했다.

물리학자였다. 게다가 그는 헬름홀츠보다 초보자의 실습을 감독하는 데 더 능숙했고 그의 강의는 "명쾌함과 세련됨"의 모범이었다. 일반적으로 그는 "강의에 대한 애정"이 더 컸다.[7] 그리하여 키르히호프가 그 자리를 제안받았다. 키르히호프는 그 자리를 거절했고, 그것은 뒤부아레몽에게 설명한 대로 주로 그의 건강을 확신할 수 없어서이기도 했지만 하이델베르크 대학의 업무 환경을 좋아했기 때문이기도 했다. 바덴 내무부는 키르히호프를 하이델베르크 대학에 붙들어두기 위해 그의 근무 조건을 더 개선했다.[8] 헬름홀츠는 키르히호프의 결정이 또한 키르히호프 특유의 변화에 대한 거부감, 특히 일하는 습관이 변하는 것에 대한 거리낌을 표현한 것이라고 추측했다.[9] 키르히호프로서는 헬름홀츠가 자기 다음으로 베를린 대학의 자리를 제안받을 것이라는 점을 알고서 위로를 받았다.

헬름홀츠는 베를린 대학의 교수직을 차지할 물리학자가 감당해야 할 엄청난 직무를 충분히 인지했기에 그 자리를 차지하는 것에 대해서 모순 감정을 느꼈다. 그는 베를린 대학에서는 가르치는 일을 아주 잘할 수 있다는 것을 알았으므로 그 일에 끌렸다. 거기에서 그는 자신이 가르칠 수 있는 가장 좋은 것을 전수할 학생을 많이 얻게 될 것이기 때문이었다. 그러나 그는 물리 실험실을 만드느라 중요하지 않은 일에 시간을 소모하고 베를린 대학의 교수에게 기대되는 많은 외부적인 임무를 수행하려면

---

7 베를린 대학 철학부가 프로이센 문화부에 보낸 키르히호프 추천서, 날짜 미상 [1870], Koenigsberger, *Helmholtz*, 2: 179~180에 인용.

8 키르히호프가 뒤부아레몽에게 보낸 편지, 1870년 6월 9일 자. SPTK, Darmst. Coll. 1924~1955. 하이델베르크 대학에 남으려고 키르히호프는 조수를 고용할 연구소의 예산을 늘리고 그의 월급도 올릴 것을 요구했다. 바덴 내무부는 1급 학자로서 키르히호프의 "중요성"을 고려해 두 가지 요청을 "적절한" 것으로 간주했다. 바덴 내무부, 1870년 6월 10일 자, Kirchhoff Personalakte, Bad. GLA, 76/9961.

9 헬름홀츠가 뒤부아레몽에게 보낸 편지, 1870년 5월 17일 자.

자신의 연구가 실질적으로 중단될 것임을 알고 주저했다.[10] 그럼에도 뒤부아레몽은 헬름홀츠를 설득했고, 헬름홀츠는 이에 응해 베를린 대학의 물리학 교수직을 수락할 조건들을 제시했다. 이번에는 프로이센 교육부가 그 조건들을 받아들일 준비가 되어 있었다.[11]

헬름홀츠의 요구 조건은 이전 수십 년간 물리학자들이 서서히 달성한 대학 물리학의 필요 사항을 집합적으로 제시한 것이라 할 수 있었다. 첫째, 헬름홀츠는 정부에게 충분한 월급뿐 아니라, 교육, 자신의 연구 및 실제적인 학생 실습에 필요한 모든 것을 갖춘 새로운 물리학 연구소를 자신을 위해 설립해 줄 것을 약속해 달라고 했다.[12] (건물의 신축을 확실히 하기 위해 그는 먼저 텅 빈 건축 대지를 요구했다. 그는 건물이 있는 대지가 선택될 경우에 오래된 구조물이 철거되지 않고 새 건물에 은근슬쩍 통합될 것을 우려했다.)[13] 둘째, 그는 혼자서 연구소와 기구 소장품을 관할하고 다른 물리 교원들이 어느 범위까지 어떤 조건으로 그것들을 사용하도록 허락할지도 자신이 결정할 권한을 달라고 교육부에 요청했다. 그는 동시에 그 당시 베를린 대학의 원로 물리학자인 도베를 배려하겠다고 약속했다. 두 번째 조건의 일부는 연구소 강당을 오직 그만 사용할 수 있도록 준비해 두어 복잡한 실험 장치를 설치하고 그대로 유지할 수 있도록 해달라는 것이었다. 그의 세 번째 조건은 연구소에 연구소 소장의 거주 시설을 갖추는 것이었다. 추가로 헬름홀츠는 새로운 연구소가 완성되기 전에 즉시 연구를 시작할 수 있게 해주기를 원했다.

---

[10] 헬름홀츠가 뒤부아레몽에게 보낸 편지, 1870년 5월 17일 자.

[11] 헬름홀츠가 뒤부아레몽에게 보낸 편지, 1870년 6월 12일 자, 6월 25일 자, 7월 3일 자, STPK, Darmst. Coll. F 1 a 1847.

[12] 헬름홀츠가 뒤부아레몽에게 보낸 편지, 1870년 6월 12일 자.

[13] 헬름홀츠가 뒤부아레몽에게 보낸 편지, 1871년 2월 14일 자, STPK, Darmst. Coll. F 1 a 1847.

그래서 그는 대학 근처에 자신의 물리 연구와 몇몇 학생과 핵심 조수들의 연구를 위해 방을 임대해줄 것을 요청했다.[14]

새로운 연구소의 건축은 헬름홀츠가 프로이센 정부와 협상하는 동안에 발발한 보불전쟁 때문에 연기되어야 했다. 헬름홀츠는 일단 국가 재정이 정상으로 돌아오면, 건축이 진행될 것임을 재확인받았다. 1870년 12월에 그는 베를린 대학의 자리를 수락했다.[15] 들어본 적이 없는 일이 일어났다고 뒤부아레몽은 생각했다. 의학과 생리학 교수가 독일에서 가장 중요한 물리학 교수직에 임명된 것이다.[16] 헬름홀츠는 50세였고 이제부터 그의 생애 마지막까지 그의 주된 분야는 물리학이었다.

곧 헬름홀츠는 베를린에서 물리학에 적합한 훈련과 실행에 대한 사신의 견해를 알릴 행사를 열었다. 헬름홀츠는 프로이센 과학 아카데미에서 그의 전임자 마그누스에 대해 연설하면서 좋은 실험 연구자는 철저한 이론적 훈련이 필요하며 좋은 이론 연구자는 폭넓은 실행적 훈련이 필요하다고 말했다.[17] 그는 베를린 대학의 그의 학생들에게 실험적 접근법과 이론적 접근법의 보완적 성격에 대한 그의 관점을 각인시켰다. 이 학생 중 하나였던 빌헬름 빈Wilhelm Wien은 이론 물리학과 실험 물리학을 합쳐

---

14 헬름홀츠가 뒤부아레몽에게 보낸 편지, 1870년 6월 12일 자.

15 헬름홀츠가 뒤부아레몽에게 보낸 편지, 1870년 10월 17일 자, STPK, Darmst. Coll. F 1 a 1847; Koenigsberger, *Helmholtz*, 2: 186.

16 Koenigsberger, *Helmholtz*, 2: 187에서 인용.

17 Hermann von Helmholtz, "Gustav Magnus, In Memoriam," in *Popular Lectures on Scientific Subjects*, trans. E. Atkinson (London, 1881), 1~25 중 19. 헬름홀츠는 종종 이론 물리학과 실험 물리학이 분리되어서는 안 된다는 의견을 재차 표명했다. 가령, 1874년에 존 틴들(John Tyndall)의 *Fragments of Science* 독일어 번역판 머리글에서 그랬다. "The Endeavor to Popularize Science," in *Selected Writings of Hermann von Helmholtz*, ed. R. Kahl (Middletown, Conn.: Wesleyan University Press, 1971), 330~339 중 337에 재인쇄.

서 "하나의 위대한 과학"을 만들려고 노력한 것을 헬름홀츠의 특별한 공로로 간주했다.[18] 헬름홀츠는 학부와 정부 부처들에게도 그의 관점을 각인시켰다. 자주 임용에 대한 조언 요청을 받으면서 헬름홀츠는 이론적 지식을 잘 갖춘 물리학자들을 추천했다. 그는 성공적인 강사가 되기 위해서는 실험적 주제에서도 물리학자는 이론 물리학의 개념을 명쾌하게 서술할 수 있어야 하며, 효과적으로 물리학 연구소의 실험 시설을 사용할 줄 알아야 하고 물리학의 실험적 방법뿐 아니라 수학적 방법도 자유자재로 구사해야 한다고 믿었다. 헬름홀츠는 1877년부터 비데만이 편집하게 된 《물리학 연보》에 실릴 이론 물리학에 관한 논문들을 심사했다.[19] 그 자신의 실험 연구와 정밀 측정 방법에 대한 그의 연구는 항상 이론에 연관되어 있었다.

헬름홀츠의 전기 동역학

헬름홀츠는 1870년경에 하이델베르크에서 시작해 베를린에 와서 처음 몇 년 동안 계속하여 전기 동역학에 대한 집중적인 연구를 수행했다.[20] 힘의 보존에 대한 그의 초기 연구처럼 이 연구는 그의 생리학 연구에서 시작되었다. 신경 충동의 전파에 대한 그의 연구를 해석하기 위해 그는 연장된 도체에서 전류의 운동, 특히 불완전한 회로, 즉 열린 회로의 유도 전류를 이해할 필요가 있었다. 프란츠 노이만, 베버, 맥스웰의 이론 모두가 닫힌 회로를 포함하는 대부분의 전기 실험에 대해 설명했지만

---

[18] Wilhelm Wien, "Helmholtz als Physiker," *Naturwiss*. 9 (1921); 694~699 중 697.

[19] Koenigsberger, *Helmholtz*, 2: 233~234.

[20] Koenigsberger, *Helmholtz*, 2: 170.

그 이론들은 아직 열린 회로에 대해서는 검증되지 않았고, 헬름홀츠가 보였듯이 그에 대해서 그 이론들은 각기 다른 결과를 예상했다. 헬름홀츠는 모두 세 개의 이론으로 된 법칙을 단일한 수학적 표현으로 만들면서 각자를 상수로 구별되게 하여 그 이론들 사이에서 실험적 판단이 어떻게 가능한지 보여주었다.[21]

1870년에 전기 동역학의 기초에 대한 그의 첫 논문에서 헬름홀츠는 그의 이론의 직접적인 물리적 유래와 궁극적 목표를 설명했다. 그는 도체의 내부에서 전기의 흐름을 이해하기 위해서 키르히호프가 3차원 도체에 대해 세기가 변하는 전류의 운동 방정식을 구성한 것을 모두 살폈다. 그 방정식들을 그의 문제에 적용하자 물리적으로 받아들일 수 없는 결과가 나왔다. 그 발견 후에 헬름홀츠는 베버의 이론으로 옮겨갔으나 그 이론도 틀렸다고 확신했다. 왜냐하면 그 이론은 도체 안에서 정전기의 불안정한 평형을 유발했고 일반적으로 에너지 원리에 어긋나기 때문이었다. 작은 전류에 대해서 카를 노이만의 이론은 베버의 이론과 일치하므로 같은 비판을 받을 수밖에 없었다. 그와 달리 프란츠 노이만의

[21] 1870년 초에 헬름홀츠는 전기 동역학에 대한 그의 이론에 대한 발표 중 첫 번째 문헌을 출간했다. "Ueber die Gesetze der inconstanten elektrischen Ströme in körperlich ausgedehnten Leitern," in *Verh. Naturhist.-med. Vereins zu Heidelberg* 5: 84~89; Helmholtz, *Wiss. Abh.* 1: 537~544에 재인쇄. 같은 해에 그는 뒤이어 그 이론의 첫 부분을 발표했다. "Ueber die Bewegungsgleichungen der Elektricität für ruhende leitende Körper," *Journ. f. d. reine u. angewandte Math.* 72 (1870); 57~129; Helmholtz, *Wiss. Abh.* 1: 545~628에 재인쇄. 우리의 논의는 이 논문을 가리킨다. 헬름홀츠의 전기 동역학 이론은 다음에서 논의된다. A. E. Woodruff, "The Contributions of Hermann von Helmholtz to Electrodynamics," *Isis* 59 (1968): 300~311, 특히 300, 302; M. Norton Wise, "German Concepts of Force, Energy, and the Electromagnetic Ether: 1845~1880," in *Conceptions of Ether: Studies in the History of Ether Theories 1740~1900*, ed. G. N. Cantor and M. J. S. Hodge (Cambridge: Cambridge University Press, 1981), 269~307 중 295~301.

유도 법칙은 이러한 비판을 받지 않을 수 있었고 맥스웰의 유도 법칙도 여전히 탐구될 필요가 있었다.

헬름홀츠는 두 전류 요소에 대한 유도 법칙의 가장 일반적인 형태를 얻어냈다. 그 식은 닫힌 전류의 경우에는 프란츠 노이만의 법칙으로 환원되는 것이었다. 거리 r만큼 떨어져 있고, 각각 세기 i와 j의 전류가 흐르는 두 선형 도체 s와 σ의 길이 요소 Ds와 $D\sigma$ 사이의 노이만의 퍼텐셜은

$$-A_{ij}^{2}\frac{\cos(Ds, D\sigma)}{r}DsD\sigma$$

이다. 여기에서 A는 정전 단위계에서 수치상 빛의 속도의 역수와 같은 상수이다.[22] 완전 미분complete differential을 구성하기 위해, 헬름홀츠는 두 요소의 끝점에만 의존하는 또 하나의 항을 포함했다. 이는 전기의 불균등 분포와 전류 요소의 끝에 작용하는 힘을 인정하는 것이었다.

$$-\frac{1}{2}A^{2}\frac{ij}{r}[(1+k)cos(Ds,\ D\sigma)+(1-k)cos(r,\ Ds)cos(r,\ D\sigma)]DsD\sigma$$

여기에서 k는 조건부 상수이다.[23] 이 완전 미분은 수학상으로 $k=1$에 대해서는 프란츠 노이만의 이론으로, $k=0$에 대해서는 맥스웰의 이론으로, $k=-1$에 대해서는 베버와 카를 노이만의 이론으로 환원된다. 헬름홀츠는 선형 요소들에 대한 퍼텐셜을 3차원 전류에 대한 퍼텐셜로 확장해 이 일반적인 경우에 대한 전기 운동 방정식을 유도했다.

1874년에 헬름홀츠는 비판에 답하면서 왜 자신의 이론을 퍼텐셜 법칙

---

22 Helmholtz, "Bewegungsgleichungen," 562~563.

23 Helmholtz, "Bewegungsgleichungen," 567.

에 의해 구성했는지 설명했다. "퍼텐셜 법칙은 실험적으로 알려진 전기 동역학의 전 영역인 기동ponderomotive[24] 작용과 기전electromotive 작용을 다루기 위해 비교적 단순한 하나의 동일한 수학적 표현을 사용한다. 그리고 그 식은 기동 작용의 영역에서, 퍼텐셜 개념의 도입으로 정전 이론과 자기 이론이 얻게 된 것과 마찬가지로 대단한 단순성과 명확성을 얻게 해준다. 나 자신이 이에 대한 증인이다. 30년 동안 나는 퍼텐셜 법칙 이외에 다른 기초 원리를 적용해 본 적이 없었고 아주 복잡한 전기 동역학 문제들에서 나의 길을 찾기 위해, 때때로 심지어 이전에 밟아본 적이 없는 토대 위에서도, 다른 원리를 요구해 본 적이 없기 때문이다."[25] 그 단순성과 명확성 때문에 퍼텐셜 법칙은 올바른 법칙이 될 가능성이 가장 컸다. 그러나 다른 법칙들과 같이 그 법칙도 역시 실험에 의해 검증될 필요가 있었고 그것이 헬름홀츠가 수행한 일련의 탐구에서 주된 목적이었다. 그 탐구 중에서 1870년의 논문은 단지 첫 테이프를 끊은 것뿐이었다.[26]

헬름홀츠가 그의 전기 동역학 이론에서 끌어낸 첫 결과는, 베버의 유도 법칙에 따라 k가 음수일 때, 그 법칙은 전기 운동의 연속적 증가를 허용하여 무한한 속도와 무한한 전기 밀도에 도달한다는 것이다. 즉, 베

24 [역주] 이 단어는 "무게를 움직일 수 있는"이라는 뜻이다. 질량을 갖는 것을 움직이게 만드는 성질을 갖는다는 의미이다. 이는 "pondero"가 weight(추, 무게)를 의미하기 때문이다. electromotive가 "기전(起電)의"로 번역되어 "전기를 일으키는"의 의미로 해석되듯이 ponderomotive는 "기동(起動)의"로 번역하여 "(물체의) 운동을 일으키는"의 의미로 해석하는 것이 좋겠다.

25 Helmholtz, "Kritisches zur Elektrodynamik," *Ann.* 153 (1874): 545~556; *Wiss. Abh.* 1: 763~773 중 772.

26 Helmholtz, "Versuche über die im ungeschlossenen Kreise durch Bewegung inducirten electromotorischen Kräfte," *Ann.* 158 (1875): 87~105; *Wiss. Abh.* 1: 774~790 중 787에 재인쇄.

버의 법칙은 에너지 원리와 충돌을 일으킨다. 이는 헬름홀츠가 이전에 이미 지적한 결과이다. 헬름홀츠는 가능한 한 "사실의 기저"에 가까이 머물기를 원했기에, 다른 사람들은 단지 생각만 해볼 뿐이었지만, 실험으로 자신의 이론적 논의를 따라갔다. 그의 실험적 사례는 대전된 동심의 구형 껍질들의 팽창과 수축에 의해 유도되는, 도체 구에서 전기의 방사상의 운동이었다. k가 음수일 때 그는 이 운동이 불안정함을 보였다. 이론적 고찰과 실험적 사례가 모두 음수 k는 수용할 수 없다는 그의 결론을 지지했다.[27] 헬름홀츠는 베버의 법칙이 거리뿐 아니라 운동에 의존하기 때문에 난점이 생긴다고 보았다. 헬름홀츠 자신의 법칙은 운동에 의존하지 않았다.

경합하는 법칙 중 어느 것이 옳으냐는 물음에 답하기 위해 헬름홀츠는 k가 감지될 만한 결과를 내어 k의 값을 결정해주는 실험을 찾으려 했다. 닫힌 회로에 대해서는 k가 방정식에서 사라지므로 결정은 열린 회로에서 나와야 했다. 헬름홀츠는 무한 도체의 한 점에서 퍼지는 전기의 방정식으로 관심을 돌렸다. 저항이 무시할 만하다면, 전기는 $c/\sqrt{2} \cdot 1/\sqrt{k}$의 속도의 종파로 움직일 수 있었다. 여기에서 c는 베버의 법칙에 들어가는 상수이다. 맥스웰의 이론에서는 $k=0$이므로 종파는 무한한 속도를 갖는다. 반면에 프란츠 노이만의 이론에서 $k=1$이므로 종파는 $c/\sqrt{2}$의 속도를 갖는다. 이 값이 빛의 속도에 매우 가깝다고 키르히호프가 말한 것을 헬름홀츠는 주목했다. 그러고 나서 헬름홀츠는 긴 도선의 실제적인 사례를 이론적으로 탐구했다. 무한한 원통에서 전기 파동의 경로를 고찰한 헬름홀츠는, k에 의존하는 종파의 속도가 관계되는 전기

---

[27] 헬름홀츠는 키르히호프가 베버의 유도 법칙에서 그의 방정식 계를 유도했지만 키르히호프의 결과는, 키르히호프가 그 방정식들을 적용한 방식 때문에, 이 법칙과 관련하여 헬름홀츠가 내린 결론에 영향을 받지 않는다는 것을 주목했다.

실험에서 물리학자들은 보통 이 속도를 고려할 필요를 느끼지 않을 것이며, 특별히 정밀한 시간 차이를 측정할 수단을 사용하지 않는다면 종파의 속도값을 결정할 수도 없을 것이라고 추론했다.[28]

헬름홀츠는 맥스웰의 이론을 검토하고, 다른 이론들과 비교하여 그 이론의 전망을 평가하면서 1870년 논문을 마무리 지었다. 패러데이와 다른 이들의 연구에서 그는 대부분의 물리 매질이 자화磁化될 수 있다는 것과 자기 분극과 유사한 유전 분극[29]의 상태가 전기 절연체에서 일어난다는 것을 알고 있었다. 그는 빛 에테르[30]가 자화 가능하며 빛 에테르가 패러데이가 생각하는 의미에서 유전체라고 가정할 근거가 있다고 보았다.[31] 맥스웰의 이론은 유전체 매질 속의 전기적 교란이 횡파로 전파되며 공기 중에서 그 속도가 빛의 속도라는 "놀라운 결과"를 내놓는다.[32] "이후 물리학의 전반적인 발전"에 이 결론이 가질 수 있는 "큰 중요성" 때문에 헬름홀츠는 자화 가능하고 유전 분극이 가능한 매질이 존재하는 경우에 대해 그의 일반적인 유도 법칙을 탐구했다.[33] 그의 결론은 이러했

---

[28] Helmholtz, "Bewegungsgleichungen," 554~556, 603~611.

[29] [역주] 전기 절연체는 유전체라고 할 수 있는데, 유전율이라는 특성이 있어서 유전 분극이 일어나는 정도를 나타낸다. 이는 전기장 속에 놓인 유전체가 전기장의 영향을 받아 일종의 변위가 발생하는 것을 지칭한다. 이 개념을 사용하여 평행판 축전기에 들어가는 여러 가지 재료에 따라 축전기 용량이 달라지는 이유를 설명할 수 있다.

[30] [역주] 패러데이와 맥스웰은 장(마당, field)을 통하여 전기력과 자기력이 전달된다고 보았기 때문에 매질이 필요했는데, 이 매질의 역할을 하는 것을 빛 에테르라고 보았다.

[31] Helmholtz, "Bewegungsgleichungen," 556~557, 612.

[32] [역주] 맥스웰의 이론이 지시하는 광속으로 퍼져나가는 전자기적 교란은 곧 전자기파를 의미한다. 전자기파가 처음으로 예견되었고 이것의 속력이 광속이라는 것에서, 빛이 전자기파의 일종임이 추론된다.

[33] Helmholtz, "Bewegungsgleichungen," 557.

다. “유전체 안에서 전기의 운동과 광학적 에테르의 운동 사이의 놀라운 유비 관계는 맥스웰의 가설들의 특별한 형태에 의존하지 않으며, 원격 전기 작용이라는 오래된 관점을 유지한다 하더라도 이 두 운동은 본질적으로 유사한 방식으로 발생한다.”[34] 또한 먼 거리에서 유한한 속력으로 전기 작용이 일어난다는 것을 수용하는 것은 “기존의 전기 동역학 이론의 기초에서 근본적인 변화 없이 가능”해 보인다.[35]

전기 동역학 이론 몇몇을 검토할 실험을 고안하는 문제는 만만치 않았지만 헬름홀츠는 1870년 이후에 이 문제에 한없는 노력을 퍼부었다. 하이델베르크를 떠나 베를린으로 가기 전에도 그는 이 실험 연구를 수행했고 그 연구 결과를 가지고 1871년 5월에 프로이센 과학 아카데미에 새롭게 선출된 정회원으로서 자신을 소개했다. 이 연구에서 그는 전기 동역학적 작용의 전파 속도를 검토했고 그 목적을 달성하기 위해 정확한 측정을 했다.[36] 4년 후 헬름홀츠는 전기 동역학에 대한 또 하나의 실험 논문을 출간했다. 그 연구는 그에게 많은 노력이 필요한 것이었고 처음에는 실험실에서 그와 함께 실험을 수행할 젊은 실험 연구자들이 부족했다. 게다가 교육부가 새 연구소를 지어주겠다고 확실하게 약속했지만 1878년까지는 임시 시설에서 일해야 했기에 그에게는 어려움이 더 많았

---

34 [역주] 헬름홀츠의 전자기 이론의 결론은, 그가 맥스웰의 이론에 상당히 우호적이었으나 당시 독일에서는 맥스웰 이론이 수용되지 않는 상황이었으므로 독일의 원격 작용론을 여전히 포기하지 않으려 했음을 나타낸다. 그렇지만 이러한 헬름홀츠의 연구는 맥스웰 이론이 함축한 뜻을 독일에 널리 알리는 역할을 했고 무엇보다도 그의 제자인 헤르츠에게 맥스웰이 예견한 전자기파를 검출하도록 영감을 주는 데 중요한 기여를 하게 된다.

35 Helmholtz, “Bewegungsgleichungen,” 558, 628.

36 Hermann von Helmholtz, “Ueber die Fortflanzungsgeschwindigkeit der elecktrodynamischen Wirkungen,” *Sitzungsber. preuss. Akad.*, 1871, 292~298; *Wiss. Abh.* 1: 629~635에 재인쇄.

다. 그가 예견했듯이 1872년 가을에 설계도가 준비되면서 시작된 연구소 건립에 관련된 많은 문제에 대응하느라 그는 연구할 시간을 거의 낼 수 없었다.[37] 1873년 초에 그는 한 편지에서 "벌써 베를린의 분주함이 나를 매우 피곤하게 합니다. 학기가 끝나면 또 다른 사람을 만날 필요 없이 조용한 장소에서 내 생각을 추스를 수 있었으면 합니다."라고 말했다.[38]

헬름홀츠는 1870년대 초에 실험 연구에 자주 관여했지만 그 연구를 항상 출간하지는 않았다. 가령, 1873년 초에 그는 일련의 실험을 수행할 계획을 세웠다. 그러나 본 실험에 앞서 예비 실험 연구에 오히려 많은 시간이 들었다. 한참이 지난 후에 그는 결국 그 연구가 실행 가능성이 없다는 것을 알았다.[39] 그는 1875년 초에 한 동료에게 보낸 편지에서 "지난 몇 달 동안 끝이 열린 원호 모양의 도체에서의 유도에 대한 실험을 수행해왔다"라고 말했다. 이 실험에서 그는 "주위의 절연체의 영향에 의해서만 설명이 되는" 현상을 관찰했다고 말했다. 이것에서 그는 금속 도체를 둘러싼 절연 매질의 행동을 이론적으로 탐구하게 되었다.[40] 그는 퍼텐셜 이론이 오직 도체 안에서의 전기 운동과 도체들의 원격 작용만을 설명한다면 그 이론은 실험적 사실과 모순이 된다고 단언했다. 그가 가장 신뢰한 법칙이 실망을 안겨다 준 것이었다. 그러나 그가 패러데이나 맥스웰이 한 것처럼 절연체 안에서 절연체의 유전 분극을 초래하는 전기

---

37 Heinrich Rubens, "Das physikalische Institut," in Max Lenz, *Geschichte der Königlichen Friedrich-Wilhelms-Universität zu Berlin*, 4 vols. in 5 (Halle a. d. S.: Buchhandlung des Waisenhauses, 1910~1918) 3: 278~296 중 284.

38 헬름홀츠가 크납(Knapp)에게 보낸 편지, 1873년 1월 5일 자. Koenigsberger, *Helmholtz* 2: 219에 재인용.

39 Hermann von Helmholtz, "Vergleich des Ampère'schen und Neumann'schen Gesetes für die elektrodynamischen Kräfte," *Sitzungsber. preuss. Akad.*, 1873, 91~104; *Wiss. Abh.* 1: 688~701 중 701.

40 헬름홀츠가 한 "동료"에게 보낸 편지, 1875년 2월 8일 자, ETHB, Hs 87~402.

동역학적 작용과 함께 전기 운동이 일어날 수 있다고 가정한다면, 퍼텐셜 법칙은 실험 결과에 일치하도록 보완될 수 있었다. 퍼텐셜 법칙이 맥스웰의 이론과 일치하는 제한적인 경우에는 맥스웰이 알아챘듯이 열린 전류가 절대로 존재할 수 없다. 왜냐하면 도체 표면에 전기의 축적을 초래하는 도체 안의 모든 전기 운동은 둘러싼 절연체로 계속 전달되어 유전 분극으로 이루어진 등가의 운동을 일으킬 것이기 때문이다.[41] 헬름홀츠는 1871년과 1875년 사이에 전기 동역학에 대한 실험 연구를 전혀 출간하지 않았지만 그는 이 시기에 그가 출간한 이론적 논의들을 실험을 위한 제안에 자주 관련지었다. 그는 자신이 상상한 실험 장치와 거기서 그가 기대하는 결과를 자세하게 서술했다.

헬름홀츠의 실험실에서 이루어진 전기 동역학 연구

마그누스의 교수직을 이어받을 후임자를 기다리는 동안, 도베Dove는 임시로 베를린 물리학 연구소의 지휘를 맡고 있었다. 도베는 여전히 마그누스의 집에 있었던 물리학 실험실을 대학에 있는 물리학 장치와 합쳐야 한다고 주장했다. 압력을 받은 대학은 연구소로 사용될 수 있는 빈 방 몇 개를 용케 찾아냈다. 이 연구소는 마그누스 개인의 기구 소장품들과 그가 대학에 남긴 많은 장서로 더 좋아졌다. 헬름홀츠가 1871년에 도착했을 때 6개의 방이 추가되었고 때로는 15명이나 되는 학생과 조수들이 여전히 비좁은 공간에서 연구를 하고 있었다.[42] 연구소를 방문한

---

41 Helmholtz, "Versuche," 787~788.

42 Rubens, "Das physikalische Institut," 283~284.

물리학자 슈스터Arthur Schuster에게는 헬름홀츠와 그의 학생들 간의 작업 관계가 인상적이었다. 그들은 오래된 연구소에서 그런 관계를 "가르치는 실험실teaching laboratory의 이상理想"으로 간주하면서 잘 해나가고 있었다.[43]

헬름홀츠 연구소의 초기에 그 연구소를 방문한 또 한 명의 방문자는 볼츠만이었다. 볼츠만은 그 연구소에서 절연체가 유도 작용에 미치는 영향에 관해 헬름홀츠가 제기한 질문과 관련이 있는 실험을 수행했다.[44] 헬름홀츠는 그의 1870년 논문에서 정전기력이 절연체에 영향을 미쳐서 절연체 안에서 유전 분극을 유발한다는 알려진 사실에서, 절연체가 도체 안의 전류에서 생겨나는 유도 작용의 전달에 영향을 미칠 가능성이 있음을 추론할 수 있다고 주장했다.[45] 볼츠만은 정전기력과 관련해서 유전 분극 문제를 다루기 시작했고, "중간의 절연층들 때문에 콘덴서의 용량에 생기는 변화"를 탐구했다. 그 연구는 "상당히 광범하고 시간을 많이 소모하는 탐구"였지만 그는 헬름홀츠와 가능한 한 긴밀하게 의견을 나누기 위해서 그 연구에 더 많이 힘을 쏟았다고 했다. 또한 그렇게 하는 이유는 "그 주제에 아주 관심이 많아서라기보다는" 수리 물리학자가 실험을 할 수 있다는 것을 증명하고 싶었기 때문이라고도 했다.[46] 그렇지만 실제로 볼츠만은 그 주제에 충분히 흥미를 느꼈기에 오스트리아로 돌아간 후에도 그 주제에 대한 연구를 지속했다. 그는 "상이한 재료의 삽입층

---

[43] Arthur Schuster, *The Progress of Physics During 33 Years* (1875~1908) (Cambridge: Cambridge University Press, 1911), 16~18, 인용은 17. 나중에 슈스터가 헬름홀츠의 연구소로 돌아갔을 때 거기에는 더는 "가구도 별로 없는 비좁은 방 몇 개"가 아니라 넓은 새 연구소 건물에 엄청나게 많은 개인 연구실이 있었다. 그는 "이전에 거기서 느낀 온정과 과학적 정신"을 그리워했다(p. 17).

[44] 볼츠만은 "소장"(아마도 슈테판(Stefan))에게 보내는 편지에서 베를린에서의 그의 연구에 대해 설명했다. 1872년 2월 2일 자, STPK, Darmst. Coll. 30.7.

[45] Helmholtz, "Bewegungsgleichungen," 612.

[46] 볼츠만이 "소장"에게 보낸 편지, 1872년 2월 2일 자.

들 때문에 유발되는 콘덴서 용량의 변화가 정말로 그 재료의 작은 부분들의 전기화electrification에서 유래하는 것인지, 아니면 단지 전기가 공기를 통과할 때와는 다른 방식으로 그 재료를 통과할 때 작용하기 때문인지 결정"하기를 원했다. 그는 전자가 옳다는 것을 발견했고 세부 사항을 헬름홀츠에게 보고했다. 또한 그는 측정 결과를 정리하다가 그가 베를린에서 몇 가지 재료의 유전 상수로 얻었던 값들이 "모두 굴절률(꺾임률)의 제곱과 근사적으로 같다"는 것을 발견했다. 이것은 바로 맥스웰의 이론이 요구하는 것과 일치했고 볼츠만은 헬름홀츠에게 "저의 실험에서 맥스웰 이론이 입증되었음을 인정하지 않을 수 없습니다."라고 써 보냈다.[47]

볼츠만은 헬름홀츠의 기구들, 특히 톰슨의 새로운 검류계와 전위계의 정밀성에 매혹되었다. 그는 그 기구들의 더 상세한 사항을 알고자 그라츠에서 헬름홀츠에게 편지를 보냈고, 그 결과로 그 기구 중 하나에 대해 정확한 설명을 그의 논문들에서 제시할 수 있었고 다른 기구는 스스로 만들 수 있었다.[48] 헬름홀츠는 볼츠만의 연구에 대한 설명을 전해 듣고 그에 대한 응답으로 "매우 좋은 성과가 있을 것"이 확실한 실험들을 제안했다. 볼츠만의 고백으로는 헬름홀츠는 그가 과학적 문제에 대해 논의할 수 있는 유일한 사람이었다.[49]

---

47 볼츠만이 헬름홀츠에게 보낸 편지, 1872년 11월 1일 자. 전체 편지가 Gisela Buchheim, "Zur Geschichte der Elektrodynamik: Briefe Ludwig Boltzmanns an Hermann von Helmholtz," *NTM* 5 (1968): 125~131 중 126~127에 게재되었다.

48 볼츠만이 헬름홀츠에게 보낸 편지, 1872년 11월 1일 자와 20일 자, 1874년 2월 26일 자. 모두 Buchheim, "Briefe Boltzmanns an Helmholtz," 126~129에 있다.

49 볼츠만이 헬름홀츠에게 보낸 편지, 1874년 2월 26일 자. 또한 Ludwig Boltzmann, "Experimentaluntersuchung über die elektrostatische Fernwirkung dielektrischer Körper," *Sitzungsber. Wiener Akad.* 68 (1873): 81~155; Ludwig Boltzmann, *Wissenschaftliche Abhandlungen*, ed. Fritz Hasenöhrl, 3 vols. (Leipzig: J. A. Barth, 1909), 1: 472~536 중 480 (이후로는 *Wiss. Abh.*로 인용). Engelbert Broda, *Ludwig Boltzmann. Mensch, Physiker, Philosoph* (Vienna: F. Deuticke, 1955), 27.

열린 전류에 대한 다른 전기 동역학적 이론들을 실험적으로 검토할 때 부딪히는 주된 어려움은 관찰할 전기 동역학적 작용이 측정하기에는 너무 짧은 시간 동안 발생한다는 것이었다. 이 어려움을 피하려고 헬름홀츠는 (닫힌 전류의) 전류 요소와 (열린 전류의) 전류 말단 사이의 상호 작용에 대한 실험을 고안했다.[50] 실험을 한 그의 학생 실러Nikolaj Schiller는 지시에 따라 자화된 닫힌 강철 고리를 매달아 사용했다. 그는 그 강철 고리를 도선으로 감고 적당한 상자에 넣었다. 그는 금속 침을 만들어 전기가 주변 공기로 흘러나가게 했다. 그는 자화된 고리의 수직면 중 하나를 향하여 금속 침을 움직여서 금속 침의 작용을 시험했다. 헬름홀츠의 퍼텐셜 법칙에 따르면 이 운동이 그 고리를 편향시켜야 하는데 그런 일이 생기지 않았다. 오래지 않아 실러는 모스크바에서 더 나은 장비로 그 실험을 반복했지만 여전히 부정적인 결과만을 얻었다. 헬름홀츠와 마찬가지로 그는 열린 회로의 끝에는 전자기력이 없어서 퍼텐셜 법칙에서의 추론이 틀렸거나 그 실험에서 열린 전류는 없다는 결론에 도달했다. 열린 전류가 없다고 결론지을 경우에는 실험 장치가 도체의 금속 부분에 있는 전류의 작용을 받을 뿐 아니라 대류 전류[51] 때문에 둘러싼 매질의 유전 분극이 시간에 따라 변하는 것에도 영향을 받을 것이었다.[52]

---

50 Helmholtz, "Versuche," 777~780.

51 [역주] 전자가 공간을 실제로 흘러가서 생기는 전류를 대류 전류라 한다. 보통 기체 또는 액체 속의 이온화 전류를 일컫는다.

52 Nikolaj Schiller, "Elektromagnetische Eigenschaften ungeschlossener elektrischer Ströme," *Ann.* 159 (1876): 456~473, 537~553 중 457~459. 헬름홀츠도 "Versuche," 780~781에서 실러의 연구에 관해 설명했다. 실러는 헬름홀츠의 전기 동역학의 몇몇 측면에 대해 연구했고, 그중 몇몇을 그의 논문 "Einige experimentelle Untersuchungen über elektrischen Schwingungen," *Ann.* 152 (1874): 535~565에 열거했다. 그는 "교류의 끝에서 교대하는 정전기 전하"를 관찰하는 헬름홀츠의 방법을 사용하여 "교류의 이론적 법칙"을 탐구했다(p. 535). 그는 유전 상수와 굴절률 사이의 관계에 대한 맥스웰의 예측을 채택하여 몇몇 절연체에 대해 굴절률을 결정

실러의 실험은 대류 전류가 도체 안의 전류와 동일한 전기 동역학적 작용을 일으킨다는 증거, 곧 기대하던 긍정적인 증거를 내놓지 않았다.[53]

1876년에 헬름홀츠는 미국의 물리학자 로울랜드[54]가 이러한 "긍정적인 증거"를 낼 수 있는 실험의 완성된 설계도를 가지고 그의 연구소를 찾아왔다고 프로이센 아카데미에 보고했다. 로울랜드는 그의 실험에서 금박을 붙인 에보나이트 원반을 대전시켜 회전시킴으로써 "전기화된 무게 있는 물체"의 운동이 자석 바늘의 진동으로 검출될 수 있는 전자기력을 만들어낸다는 것을 입증했다. 전기 동역학의 이론에 대한 이 실험들의 의미와 관련하여 헬름홀츠는 그 실험이 맥스웰과 베버와 자신의 퍼텐셜 이론 중 어느 것이 옳은지를 판가름하지는 않지만 자신의 실험처럼 퍼텐셜 이론이 절연체의 유전 분극을 고려해야 한다는 것을 입증해준다고 덧붙였다.[55]

1878년에 그 오래되고 갑갑한 연구소는 마침내 텅 비게 되었다. 연구

했다(p. 559). 그리고 유도 나선(spiral) 옆에 절연 물질이 있는 것이 그 나선의 전기 진동에 어떤 영향을 미치는지를 발견하려고 노력했다(p. 563). 헬름홀츠는 한 동료에게 이 실험에 대해 설명했다. 1875년 2월 8일 자, ETHB, Hs 87~402.

53 Hermann von Helmholtz, "Bericht betreffend Versuche über elektromagnetische Wirkung elektrischer Convection, ausgeführt von Hrn. Henry A. Rowland," *Ann.* 158 (1875): 487~493; *Wiss. Abh.* 1: 791~797 중 791.

54 [역주] 미국의 물리학자 로울랜드(Henry Augustus Rowland, 1848~1901)는 철, 강철, 니켈의 자기적 특성을 연구하면서 본격적인 물리 연구를 시작했다. 그의 연구는 맥스웰의 칭찬을 받았고 그는 미국에서 가장 촉망받는 실험 물리학자로 명성을 얻었다. 그는 1875년에 신설한 존스 홉킨스 대학에서 물리학 교수가 되었고 1년간 유럽의 실험실들을 시찰하며 장치를 사들였다. 이로써 갖춰진 훌륭한 실험 장비들은 존스 홉킨스 대학을 세계적인 실험 물리학의 중심지 중 하나로 빠르게 성장시켰다. 로울랜드는 원반과 함께 도는 전하가 자기 효과를 발휘한다는 것을 발견했고 옴의 값과 열의 일당량을 정밀하게 측정했다. 로울랜드는 미국 물리학회의 창립자이자 첫 회장이었다.

55 Helmholtz, "Bericht," 796~797.

소는 슈스터에 따르면 과학적으로 생산적인 분위기를 갖춘 곳이었지만 카이저[56]에 따르면 그렇지 않았다. 카이저에게 그곳은 "참혹했고" 그곳에서의 생활은 고독했다. 헬름홀츠의 조수였던 카이저는 손수레에 책과 장치를 실어서 새로운 연구소로 운반하고 방에 장치를 설치하고 그 장치들과 연구소 도서관 책의 목록을 만들며 여러 날을 보냈다.[57] 새로운 연구소는 강의실이 두 개였는데, 큰 것은 200명 이상의 수강생들을 수용할 수 있었고, 작은 것은 60명을 수용했다. 큰 실험실 하나는 초보자의 실습에 배정되었고, 또 하나는 자기와 동전기 연구에 배정되었다. 추가로 23개의 작은 실험실, 또는 "작업실"이 학생들을 위해 마련되어 있었고, 그중 몇몇은 특수한 목적을 위해 설계되었다. 가령, 9개는 광학 연구를 하려고 준비되었고 4개는 정밀 측정을 하는 데, 하나는 역학 및 음향학 실습을 하는 데 준비되었다. 그 연구소에는 큰 방 두 개로 이루어진 도서관이 있었는데 그중 하나는 베를린 물리학회의 모임 장소로 사용되었다. 또한 그 연구소에는 기구들을 보관할 통상적인 보관실과 기술실 등이 있었다. 새 연구소에는 헬름홀츠에게 조수가 둘(나중에는 셋)이 있어서 하나는 그가 실험 강의를 준비하는 것을 돕고, 나머지는 학생들의 실험실 실습을 도왔다. 조수들에게는 기계공이나 잡역부 같은 연구소의 다른 고용인들처럼 연구소 안에 자신의 작업실과 숙소가 배정되었다. 헬름홀츠의 주거 공간을 포함한 그의 구획은 연구소에 인접한 곳에 있었다.[58]

---

[56] [역주] 독일의 물리학자 카이저(Heinrich Kayser, 1853~1940)는 음파의 특성에 대해 연구했다. 파수(wave number)의 단위에 그의 이름을 붙여 그 공적이 기념되고 있다. 룽에(Carl Runge)와 함께 화학 원소의 스펙트럼에 대해서 연구했다.

[57] Heinrich Kayser, "Erinnerungen aus meinem Leben," 1936, 93~94, 96. American Philosophical Society Library, Philadelphia의 타자기로 친 원고.

[58] Albert Guttstadt, ed., *Die naturwissenschaftlichen und medicinischen Staatsanstalten Berlins* (Berlin, 1886), 140~148 중 144~147. 헬름홀츠가 새로운

이 넓고 잘 갖춰진 연구소는 전기 동역학을 연구하는 헬름홀츠의 학생 중 가장 중요한 학생인 헤르츠Heinrich Hertz와 같은 독립적인 학생 연구자들에게 유익을 주었다.

헬름홀츠와 키르히호프의 명성을 듣고 베를린으로 마음이 끌린[59] 헤르츠는 물리학 연구소가 새로운 건물로 옮겨간 직후에 거기에 도착했다. 헤르츠는 움직이는 전기의 관성에 대한 현상懸賞 문제가 게시판에 붙어 있는 것을 보고 그 문제가 그의 전공에 "다소" 근접해 있다고 판단했다. 그는 그 문제를 연구하기 위해 헬름홀츠의 실험 실습 과목을 수강 신청했다. 헬름홀츠는 관련된 문헌을 추천하면서 그를 격려했고 1주일 후에 헤르츠는 연구를 시작할 준비를 갖추고 다시 헬름홀츠를 찾아갔다. 헬름홀츠는 그를 그의 조수에게 데려갔고, 그에게 연구를 시작할 가장 좋은 방법을 말해 주었고, 어떤 기구가 필요할지 알려주었다. 게다가 그는 헤르츠에게 작은 개인 작업실을 할당해 주었고 본인이 원할 때 오고 갈 수 있도록 허락해 주었다. 헤르츠는 새로운 연구소 안에 있는 모든 것이 "멋지게 갖추어져" 있는 것을 보았다. 검류계는 벽에 붙박이로 설치된 철제 캐비닛 안에 든든하게 서 있었고, 망원경은 나사로 모든 방향으로 조정할 수 있어서 "책을 받치는 것보다 더 편리했다." 연구소 안에서 보낸 그의 날들은 다음과 같이 지나갔다. "매일 아침 나는 흥미로운 강의를 듣고, 실험실로 가서, 잠시 쉰 후에 거기에 4시까지 머무른다. 그 후에

연구소로 이사하기 전후에는 우리가 여기에서 언급한 것보다 더 많은 학생이 그의 실험실에서 공부하고 있었다. 그중 전기 동역학과는 다른 분야에서 연구하는 학생도 다수 있었다. 구트슈타트의 글에는 여전히 불완전하지만 더 충실한 학생 명단이 나와 있다. Guttstadt, 141~143.

[59] Philipp Lenard, "Einleitung," in Heinrich Hertz, *Gesammelte Werke*, vol. 1, *Schriften vermischten Inhalts*, ed. Philipp Lenard (Leipzig, 1895), ix~xxix 중 xii (이후로는 *Ges. Werke*로 인용).

나는 집이나 독서실에서 연구한다." "헬름홀츠는 매일 몇 분의 짬을 내어 방문하여 연구 주제에 관심을 보이며 매우 친절히 대해준다." 그의 방에 있는 철제 캐비닛은 헤르츠가 처음 생각한 것만큼 튼튼하지 않았기에 그는 석제 기둥을 쓸 수 있는 다른 방으로 옮겼다. 연구소는 헤르츠가 스스로 준비할 수 없는 것은 공급해 주었지만 가능한 한 자신의 실험 준비는 스스로 할 것을 기대했다. 그는 많은 시간을 코르크를 깎거나, 도선을 줄로 자르거나 그밖에 "별로 교육적이지 않은 일"을 하면서 보냈다. 그는 스스로 장치를 만들었고, 가능하면 자신의 기구를 사용했다. 실험 자체와 관련해서 헬름홀츠는 헤르츠가 실험을 시작할 때 부딪힐 주된 어려움에 대해서 그에게 경고했으나 3주 안에 헤르츠는 그 어려움을 극복했다. 그의 실험 목표는 어떤 현상이 일어나지 않는다는 것을 보이는 것이었다. 그는 부모에게 보낸 편지에서 뭔가가 일어나기를 기대하는 것보다 "전반적으로 덜 재미있지만 그런 것이 그 일의 성격"이라고 적었고, "제가 정밀도를 확보할 수 있는 한도까지 현재의 이론은 완전히 입증되었습니다"라고 적었다.[60]

헤르츠의 연구는 1차 전류가 흐르기 시작하거나 멈출 때 2차 전류를 측정함으로써 전기가 관성을 갖는지 결정하는 것이었다. 그가 알아낸 것들은 무게가 있는 물질처럼 전기가 관성을 갖는다고 주장한 베버의 전기 동역학보다는 헬름홀츠의 것을 지지했다.[61] 헤르츠는 할당된 시간

---

[60] Lenard, "Einleitung," xii~xiv. 레나르트는 헤르츠가 가족에게 보낸 생생한 편지를 인용한다. 우리 인용문들은 거기에서 따온 것이다. 헤르츠는 그의 "Vita," 1883년 3월 14일 자, LA Schleswig-Holstein, Abt. 47.7 Nr. 8에서 더 간략하게 베를린에서의 그의 연구에 대해 설명한다.

[61] Heinrich Hertz, "Versuche zur Feststellung einer oberen Grenze für die kinetische Energie der elektrischen Strönmung," *Ann.* 10 (1880): 414~448; *Ges. Werke*, 1: 1~36에 재인쇄.

의 3분의 1만 써서 끝낸 이 첫 번째 실험 연구로 학부상faculty prize을 수상했다. 그 연구는 그가 박사학위를 받고 헬름홀츠의 조수가 된 1880년에 처음 출간되었다. 헤르츠는 전기에 대한 또 다른 문제를 시도해 보라는 헬름홀츠의 권유를 거절했다. 그 문제는 헬름홀츠가 프로이센 과학 아카데미를 통해서 제안한 것인데 분명히 헤르츠를 염두에 두고 한 것이었다. 이 문제는 맥스웰 이론과 그에 대한 헬름홀츠의 해석이 옳다는 것, 특히 유전체가 전기 동역학적 작용에 미치는 영향과 관계되어 있었다. 그 실험상의 난점들이 당시에 헤르츠에게는 극복할 수 없는 것으로 보였다.

헬름홀츠는 그의 학생들과 방문 연구자들에게 실험 아이디어나 연구소의 시설 그 이상을 제공했다. 그는 그들에게 자신이 중요한 물리 문제를 풀고 있다는 확신을 심어주었다. 볼츠만, 실러, 로울랜드는 모두 전기동역학에 대한 헬름홀츠의 아이디어에 대해 생각하면서 독일을 떠났다. 맥스웰의 이론에 대한 헬름홀츠의 형식화를 통해 초기 접근법을 정한 헤르츠는 1888년에 맥스웰의 이론을 옹호하는 결정적인 실험 검증까지 하게 되었다.

베를린의 키르히호프

헬름홀츠는 베를린에 왔을 때, 규정된 대형 실험 물리학 강의와 실험실 실습 과정(이를 위해 그는 주중에는 하루에 5시간, 토요일에는 3시간씩 실험실을 학생들이 사용할 수 있게 개방했다)과 일반적인 주제의 비정기적 대중 강연뿐 아니라 생리 광학과 생리 음향학에 대한 강의를 계속했다. 추가로 그는 수강생들이 적어도 미분과 적분을 통해서 수학을 알기를 기대하면서 매 학기 1주일에 3, 4번씩 이론 물리학에 대해 강의했다.[62] 베를린 대학에서 이론 물리학을 제대로 가르치려면 그 과목에 대한 정교수가 필요하다고 그가 판단한 것은 이론 물리학에 대한 그의 강조와 맥을 같이하는 것이었다. 이러한 판단은 프로이센 정부도 수긍한 결론이었다.[63]

다시 한 번 그들은 키르히호프에게 눈을 돌렸다. 그는 1870년에는 베를린 대학의 자리를 거절했고, 1874년에는 바덴 정부가 월급을 또 한 번 인상하고 또 하나의 직함을 주자 뷔르츠부르크의 자리를 거절했으며[64], 같은 해에 베를린에서 새로운 국립 태양 관측소를 맡아달라는 요청을 받았으나 거절했다.[65] 같은 해에 그는 다시 베를린으로 오라는 요청을 받았다. 프로이센 과학 아카데미에서 온 것이었는데 이번에는 그가 수락했다. 키르히호프를 잃을 지경에 이르자 하이델베르크 대학은 그를 대신하여 헬름홀츠를 영입하려는 계획을 세웠다. 그러나 프로이센이 헬름홀츠의 여건을 개선했고 헬름홀츠와 키르히호프는 다시 같은 곳에서 가르치게 되었다. 그들은 이전에 하이델베르크에 명성을 가져다준 것처럼, 이번에는 10년 동안 베를린에 명성을 안겨주었는데, 둘 다 이론 물리학에 종사하면서 그렇게 했다.[66]

키르히호프가 프로이센 아카데미와 관련 맺게 된 것은 꽤 오래전의 일이었다. 그것은 그가 통신 회원이 된 1861년까지 거슬러 올라간다.

---

62 베를린 대학, Index Lectionum, 1871년 직후 몇 년간.

63 Max Planck, "Das Institut für theoretische Physik," in Lenz, *Berlin* 3: 276~278 중 276.

64 바덴 내무부, 1872년 2월 12일 자. Kirchhoff Personalakte, Bad. GLA, 76/9961.

65 바덴은 키르히호프를 지키기 위해서 다시 그의 급료를 올렸다. 바덴 내무부, 1874년 3월 10일 자, Kirchhoff Personalakte, Bad. GLA, 76/9961.

66 키르히호프가 에밀 뒤부아레몽에게 보낸 편지, 1874년 10월 30일 자, 11월 18일 자, 12월 13일 자, 17일 자. STPK, Darmst. Coll. 1924.55.

"수리 물리학"에 대한 그의 연구는 수학과 물리학 양쪽에서 탁월한 것으로 인정받았기에 이 아카데미는 그가 수학을 담당하게 할지 물리학을 담당하게 할지 판단하기 어려웠다. 물리학자들의 동의를 얻어 그들은 수학 쪽으로 그를 받아들이기로 결정했다.[67] 1870년에 프로이센 과학 아카데미는 키르히호프를 "외국인" 회원으로 선출함으로써 그의 가치를 인정했다. "고체 탄성, 전기, 유체 동역학의 전문 분야"에서 "수리 물리학"에 대한 그의 기여를 인정했기 때문이었다. 비록 그가 이런 기여를 하지 않았다 하더라도 그의 복사열 법칙은 1급의 물리학자의 자리를 그에게 보장해 주었을 것이라고 그의 지지자들은 말했다.[68] 1874년에 프로이센 과학 아카데미는 키르히호프에게 아무런 강의 의무가 부여되지 않는 전임 유급 연구원 자리를 제안했다.

과거에 키르히호프가 하이델베르크를 떠나기를 꺼린 이유 중 하나는 그가 수학자 쾨니히스베르거Leo Koenigsberger와 함께 하이델베르크에서 "수리 물리학 교실"을 만들어냈기 때문이었다. 그 당시 쾨니히스베르거는 드레스덴으로 오라는 제안을 수락한 상태였고, 쾨니히스베르거가 떠날 허락을 받으면 다음 기회에 키르히호프 자신도 하이델베르크를 떠날 것이라고 경고했음에도 바덴 정부 부처는 아직도 쾨니히스베르거를 잡아두기 위해 아무것도 하지 않은 상태였다.[69] 키르히호프는 쾨니히스베르거가 없으면 하이델베르크는 수리 물리학 강의를 하면서 그가 의지한

---

67 "Wahlvorschlag für Gustav Robert Kirchhoff (1824~1887) zum KM," 1861년 6월 24일 자, in *Physiker über Physiker*, ed. Christa Kirsten and Hans-Günther Körber (Berlin: Akademie-Verlag, 1975), 75~76.

68 "Wahlvorschlag für Gustav Robert Kirchhoff (1824~1887) zum KM," 1870년 3월 10일 자, in *Physiker über Physiker*, 77~79.

69 Emil Warburg, "Zur Erinnerung an Gustav Kirchhoff," *Naturwiss*. 13 (1925): 205~212 중 211.

상급의 수학 전공 학생들을 더는 유치하지 못할 것이기에 그가 "가장 가치 있게 여기던" 교육 부문이 퇴보할 것이라고 이미 그 부처에 경고했다.[70] 이런 관심을 고려하여 프로이센은 프로이센 아카데미의 이전 제안을 그를 베를린 대학에 초빙하면서 수정했고 키르히호프는 베를린 대학에 새로 수립된 "수리 물리학" 정교수로 임용되었다. 그의 급료는 부분적으로 프로이센 아카데미에서 지급되었다. 1875년에 키르히호프는 베를린 대학으로 자리를 옮겼다. 비록 그곳 학부가 원해서 그가 그곳에 가게 된 것은 아니었지만 그는 그들이 자신을 친절하게 맞아주기를 소망했다.[71]

베를린 대학과의 협상 중에 키르히호프는 자신이 "이론 물리학"만 강의하기를 원한다는 것을 분명히 했다.[72] 1875년의 여름에 그는 역학 강의로 베를린 대학에 이론 물리학 과정을 도입했다. 처음에는 14명의 학생으로 시작했지만, 그의 학급은 몇 주 후에 31명으로 커졌다. 역학 강의의 후속 강의인 수리 광학은 겨울 학기에 56명의 학생을 불러들였다. 이 인원수에 대해 키르히호프는 "매우 만족"했다.[73]

키르히호프는 경력의 초기였던 1840년대에 연구를 하면서 꿈꾸었던 이론 물리학 분야에, 그의 경력이 거의 끝나가는 1870년대에 이르러서야 자리를 잡았다. 베를린 대학에서는 물리 교육의 필요성 때문에 그 자리

---

70 키르히호프가 바덴 내무부에 보내는 편지, 1874년 12월 16일 자, Kirchhoff Personalkarte, Bad. GLA, 76/9961.

71 키르히호프가 에두아르트 첼러(Eduard Zeller)에게 보내는 편지, 1875년 1월 5일 자, Tübingen UB, Md 747/373.

72 프로이센 문화부는 키르히호프에게 규정된 강의를 할 필요가 없다고 했다. 키르히호프가 에밀 뒤부아레몽에게 보낸 편지, 1874년 12월 13일 자.

73 키르히호프가 쾨니히스베르거에게 보낸 편지, 1875년 5월 1일과 26일 자, SPTK, Darmst. Coll. 1922.87. 키르히호프가 로베르트 분젠(Robert Bunsen)에게 보낸 편지, 1875년 11월 25일 자, Heidelberg UB.

를 만들었고 때마침 키르히호프는 건강이 좋지 않았기에 그 자리로 가는 것이 합리적이었다. (옴Georg Simon Ohm이 그의 경력 끝에서 건강이 나빠지자 역시 이론 물리학 교수 자리를 얻는 것이 합리적이었던 것과 비슷했다.) 키르히호프는 괴팅겐의 리스팅 이후 독일에서 이론 물리학 정교수가 된 두 번째 사람(옴까지 세면 세 번째 사람)이었다. 리스팅처럼 키르히호프는 아주 특별한 상황에서 그 자리를 얻었다.[74] 그러나 리스팅과 달리 그는 뛰어난 이론 물리학자였다. 그렇기에 키르히호프가 베를린으로 자리를 옮긴 것은, 독일에서 학문 분야로서 이론 물리학의 인지도가 제고되었다는 의미도 있었다.

어떤 전문 분야는 그 분야를 정의하는 일군一群의 지식과 수단이 필요한 만큼 그 분야의 지속을 보장하기 위해서 젊고 재능 있는 과학자를 유인할 수 있는 자리도 필요하다. 다음 세대에 독일에서 이론 물리학자의 첫 번째 대표자인 플랑크[75]는 키르히호프가 실험 물리학의 자리와 동급인 이론 물리학 교수 자리를 차지한 바로 그때 대학 공부를 시작했다. 베를린 대학에서 키르히호프의 강의를 들었던 플랑크 같은 이론 물리학자 지망생에게 키르히호프의 예는 통상적인 경로를 보여준 것은 아니었지만 신생 전문 분야에서 경력의 최종 목표가 어떤 것인지를 보여주었다.

---

[74] [역주] 4장과 6장에 자세하게 언급되어 있다.

[75] [역주] 독일의 물리학자 플랑크(Max Planck, 1857~1848)는 베를린 대학에서 박사 학위를 받고 뮌헨 대학과 베를린 대학에서 가르쳤다. 1900년에 흑체 복사를 설명하는 방정식을 제시함으로써 양자 물리학을 시작했다. 그는 흑체로부터 빛이 일정한 기본 에너지 값의 정수배로만 방출된다는 가정에 의해, 관찰된 결과를 제대로 설명하는 식을 얻어냈다. 무명의 아인슈타인을 발굴해 내는 데 결정적으로 기여했으며 1918년에 노벨 물리학상을 받았다.

15 이론 물리학 부교수직의 개설

1870년 이후 독일 대학의 이론 물리학에서 두드러진 제도적 발전은 이론 물리학 부교수 자리의 창설이었다. 1870년대와 1880년대에 물리학 연구소에서의 활동이 많아지고 실험 강의의 학생 수가 증가하자, 이론 물리학의 정규 강의를 보통 더 젊은 두 번째 물리학자에게 맡기는 제도가 거의 모든 독일 대학에서 도입되었다. 그것은 기센 대학에서 더 일찍 시행된 제도였다. 독일 대학의 약 3분의 1에서 이 제도는 정규 제도로 시행되었다. 이론 물리학 강의를 담당하는, 봉급을 받는 부교수 자리가 만들어졌다. 처음에 그 자리들은 새로운 전공 분야를 인정해 주려는 것이 아니라 단지 물리학 정교수를 지원하려고 만들어졌다. 그 자리들은 머지않은 미래에 실험 물리학 정교수가 되는 것을 궁극적 목표로 생각하는 젊은 물리학자들을 위한 과도기적 자리로 계획되었다. 그 목표를 추구하려면 그들은 실험 연구를 할 필요가 있었다. 그래서 이론 물리학 교수 자리가 생길 때 새 연구소도 함께 개설되는 경우는 거의 없었지만 그 자리를 차지한 사람은 일반적으로 물리학 연구소의 시설을 소장의 허락 속에서 제한적으로 사용할 수 있었다.

프로이센 대학들의 새로운 부교수직

1870년과 1890년 사이에 존재하게 된 새로운 부교수 자리의 대부분은 프로이센의 대학들에 있었다. 새로운 자리 중 몇 자리는 특별하게 이론 물리학을 가르치도록 지정되지 않았으므로 그 자리들은 단지 중복 임용이라는 프로이센의 오래된 관행을 이어가는 것이라고 생각될 수도 있다. 그러나 그것은 그렇지 않다. 그렇게 지정되든 그렇지 않든 새로운 부교수 자리는 예외 없이 정교수와 **경쟁**하기보다는 정교수의 업무를 **보완**하기 위해 사용되었고 이런 인식 위에서 정부 부처는 어떤 논란이 있더라도 정교수를 지원했다. 이 제도는 다른 곳에서 그랬듯이 프로이센에서도 이런 식으로 시행되었다.

대학 물리학을 적절하게 조직하는 것은 새로운 대학에서 새로 임명된 교수진과 새 연구소 시설이 있을 때 가장 잘 실현될 수 있었다. 프로이센이 프랑스와의 전쟁에서 획득한 스트라스부르 대학의 물리학 연구소는 1870년대 초에 물리학자들을 훈련하는 모델이 되었다.

스트라스부르 대학 최초의 물리학 정교수이자 물리학 연구소 소장은 베를린 대학의 마그누스 실험실에서 학생으로서 대단한 실험 기술을 획득한 쿤트August Kundt였다. 그러나 그는 같은 시기에 이론 물리학을 똑같이 철저하게 훈련받지 못했기에 편향된 교육을 후회하고 실험과 이론 물리학의 균형을 옹호하게 되었다. 그의 경력의 말미에 그는 현대의 실험 물리학자는 연구를 할 문제를 선택하는 데 이론을 인도자로 삼을 때에만 성공을 기대할 수 있다고 말했다.[1]

---

1 August Kundt, "Antrittsrede," *Sitzungsber. preuss. Akad.*, 1889, pt. 2, 679~683 중 682. Wilhelm von Bezold, "Gedächtnissrede auf August Kundt," *Verh. phys. Ges.* 13 (1894): 61~80.

처음부터 스트라스부르 물리학 연구소는 이론 물리학을 가르치는 역할이 분리되어 있었다. 쿤트의 이전 학생이자 마그누스의 실험실에서 그와 협력 연구를 한 바르부르크Emil Warburg는 1872년에 이론 물리학 부교수로 임명되었고 쿤트는 이론 물리학 강의를 완전히 그에게 맡겼다.[2] 스트라스부르 대학에서 머문 시기에는 그의 강의뿐 아니라 연구도 이론적이었으므로 그 시기는 바르부르크의 경력에서 이론 물리학자에 근접한 유일한 시기였다. 스트라스부르에서 다시 쿤트와 함께하게 되면서 바르부르크는 기체의 운동 이론을 공동 연구하게 되었다. 이 연구는 쿤트가 음속을 측정하는 간단한 방법을 발견한 것이 토대가 되었다.[3] 그 방법을 응용하면서 바르부르크는 이론 연구를 수행했다.[4] 바르부르크가 1876년에 스트라스부르를 떠나 프라이부르크 대학의 물리학 교수직으로 옮기자 또 한 명의 쿤트의 제자이자 조수였던 뢴트겐W. C. Röntgen이 그의 자리를 이어받았다. 뢴트겐의 자리는 실험 물리학자인 브라운Ferdinand Braun과 빌헬름 콜라우시Wilhelm Kohlrausch가 이어받았고 그 둘은 빠르게 정교수 자리로 옮겨갔다. 그다음에 그 자리는 1884년에 최초로 두드러진 이론 물리학자인 콘Emil Cohn에게 돌아갔는데 그도 역시 이전에

---

2 Eduard Grüneisen, "Emil Warburg zum achtzigsten Geburstage," *Naturwiss*. 14 (1926): 203~207. *Deutscher Universitäts-Kalender* (1872~1876) (Berlin, 1872~ [반년마다 출간])

3 [역주] 쿤트가 고안한 음속을 측정하는 간단한 방법은 쿤트의 관(tube)을 이용하는 것이다. 쿤트의 관은 공기가 들어 있는 폐관의 한쪽에 금속 막대를 넣고 막대의 중간을 고정한 후에 관 밖에 있는 막대의 끝을 진동시켰을 때 관 내부의 공기 진동의 파장을 관 내부에 뿌려놓은 석송 가루의 분포를 이용하여 측정하게 되어 있었다. 금속 막대가 만드는 진동수를 알 수 있기 때문에 그 진동수가 관 내부 공기의 진동수와 같다는 것을 알게 되면 파장과 진동수에서 음속을 알 수 있게 된다.

4 Friedrich Paschen, "Gedächtnisrede des. Hrn. Paschen auf Emil Warburg," *Sitzungsber. preuss. Akad.* (1932), cxv~cxxiii, 중 cxvii.

쿤트의 학생이었다. 콘은 30년 이상 스트라스부르 대학 부교수 자리에서 이론 물리학을 가르쳤는데 그것은 부교수 자리의 원래의 취지[5]에 반하는 기록이었다.[6]

프로이센 정부 부처는 스트라스부르 대학에서 한 것처럼 쾨니히스베르크 대학에서도 1876년 또는 직후에 공식적인 부교수 자리를 설치했고 1877년에 마르부르크 대학에 다시 그런 자리를 만들었다.[7] 다른 대학들, 특히 물리학 정교수가 우선적으로 이론 물리학자이거나 이론 물리학을 가르치는 데 본인이 관심이 있었던 곳에서는 새로운 부교수 자리는 담당 분야가 정해지지 않은 채 유지되었다. 그런 식으로 젊은 학자가 어디에서 필요한가에 따라 이론 물리학뿐 아니라 물리학 교과 과정의 다른 부분들을 가르치는 데 그들을 활용할 수 있었다. 그러나 이러한 대학들에서 정교수 자리를 실험 연구자가 차지했을 때에는 그들도 스트라스부르 대학의 모범을 따랐다.

본 대학이 그런 경우였다. 1872년에 본 대학에서 자신이 스스로 요청해 사강사에서 부교수로 승진한 적이 있었던 케텔러Eduard Ketteler는 1874년에 정부 부처가 새로 만든 유급 부교수 자리를 받았다. 케텔러는 실험실 실습 과정을 운영하는 본 대학의 정교수인 클라우지우스를 돕는 자리

---

5 [역주] 원래의 이론 물리학 부교수 자리는 젊은 물리학자가 정교수 자리로 가기 전에 거치는 과도적 자리였는데, 콘은 30년 이상을 그 자리에 머물렀기에 본래 그 자리의 취지와는 맞지 않았다.

6 *Festschrift zur Einweihung der Neubauten der Kaiser-Wilhelms-Universität Strassburg* (Strassburg, 1884), 143.

7 *Catalogus professorum academiae Marburgensis*, ed. F. Gundlach (Marburg: Elwert, 1927), 394~395. 헬름홀츠가 프로이센의 장관 팔크(Falk)에게 보낸 편지, 1877년 5월 10일 자, SPTK, Darmst. Coll. 1912.236. 프로이센 문화부가 마르부르크 대학 감독관에게 보낸 편지, 1880년 4월 15일 자, Marburg, Bestand 310 Acc. 1975/42 Nr. 2037. 우리는 19장에서 쾨니히스베르크 대학 부교수 자리를 포크트(Voigt)가 차지한 사례를 자세히 논의할 것이다.

에 약간의 봉급을 추가로 받기로 하고 고용되었다. 자기가 좋아서 이론 물리학자를 자처하는 클라우지우스는 실험 물리학뿐 아니라 이론 물리학도 강의했다. 그와 더불어 케텔러도 이론 물리학을 강의했다.[8]

클라우지우스가 사망하자 케텔러는 일시적으로 실험 물리학 강의와 물리학 연구소의 소장직을 맡게 되었고 그로써 정식 승진이 가능한 입지를 확보했다. 철학부는 본 대학의 이론 물리학을 강화하기 원했기에 그들이 클라우지우스의 자리를 다시 채우는 문제에 봉착했을 때 이론 물리학 정교수 자리를 개설할 때라고 판단했다. 그들은 이론 물리학을 강화하려는 요구를 뒷받침하려고 그들보다 앞서 물리학에 자리를 두 개 개설한 대학들을 언급했다. 즉, 베를린 대학은 도베와 마그누스를 임용했고, 그 뒤를 이어 헬름홀츠와 키르히호프를 임용했다. 괴팅겐 대학은 베버와 리스팅을 임용했고 그 뒤를 이어 리케Eduard Riecke와 포크트Woldemar Voigt를 임용했다. 또 쾨니히스베르크 대학은 노이만Franz Neumann과 모저Moser를 임용했다. 본 대학 철학부는 스트라스부르 대학의 제도를 본받아 강의 책임과 시설을 나누어 맡을 것을 제안했다. 즉, 두 교수 중 하나는 이론 및 실험 물리학의 일반 기초를 강의하고 실험 물리학을 강의하며 물리학 실험실에서 실습을 지도하고, 다른 교수는 이론 물리학의 개별 분야들을 강의한다. 그리고 앞의 교수는 물리학 연구소를 책임지고 뒤의 교수는 그 연구소에서 자신이 실험 연구를 할 방들을 받기로 한다.[9] 그

---

8 프로이센 문화부 장관이 본 대학 감독관 베젤러(Beseler)에게 보낸 편지, 1872년 11월 11일, 1874년 3월 9일 자와 더불어 1870년부터 1889년까지 케텔러의 자리에 대한 세부 사항들을 다루는 여러 점의 편지와 교수진 의사록. Ketteler Personalakte, Bonn UA.

9 프로이센 문화부가 본 대학 감독관인 그란트너(Grandtner)에게 보낸 편지, 1888년 10월 24일 자, Ketteler Personalakte, Bonn UA. 립시츠(Lipschitz)가 본 대학 철학부 학부장 루베르트(Lubbert)에게 보낸 편지, 1888년 11월 10일 자, Akten d. Phil.

학부가 이론 연구자를 위해 염두에 둔 자리는 실험 연구자 자리보다 하급이었다. 사실상 이론 연구자는 강의를 할 공간과 장비를 얻으려면 실험 연구자에 의존하게 되어 있었다. 전반적으로 어느 쪽 교수도 그 제도가 마음에 들 수는 없었다. 어찌 되었든 그것은 아주 짧은 기간만 시행되었다.

정부 부처가 헤르츠를 본 대학의 실험 물리학 교수직에 임명한 1889년 1월의 같은 날에 정부 부처는 케텔러를 이론 물리학 정교수로 임명했다. 헤르츠는 자신이 클라우지우스의 교수직을 얻게 되므로 "강의와 실습에서 실험 물리학을 담당하고 물리학 연구소를 이끄는" 의무를 져야 한다고 들었다. 케텔러는 이론 물리학만을 할당받아서 어려움을 미연에 회피했다. 헤르츠와 정부 부처 간의 협약으로 케텔러는 헤르츠에게서 연구소의 방 두 개를 얻게 되어 있었다. 그러나 정부 부처는 베를린을 제외하면 괴팅겐 대학처럼 이미 오랫동안 그렇게 해왔던 곳을 제외하고는 어디서든, 물리학 정교수 자리 둘을 계속 유지하는 데 거의 관심이 없었다. 1889년 10월에 케텔러는 뮌스터 대학에서 물리학 정교수 자리를 받았고 그가 본 대학에서 차지하고 있던 자리는 원래대로 하급인 부교수 자리로 되돌아갔다.[10]

헤르츠는 본 대학에 비게 된 부교수 자리를 이론 물리학 부교수 자리라고 설명했다. 그러나 그는 그런 지칭이 오해받는 것을 원하지 않았다.[11] 헤르츠는 후보자를 추천해 달라고 부탁한 이론 연구자 포크트에게

Fak., Bonn UA.

[10] 프로이센 문화부가 헤르츠에게 보낸 편지, 1889년 1월 18일 자, Hertz Personalakte, Bonn UA. 프로이센 문화부가 케텔러에게 보낸 1889년 1월 18일 자 편지와 본 대학 감독관 그란트너에게 보낸 1889년 10월 19일 자 편지, 둘 다 Kettler Personalakte, Bonn UA. 헤르츠가 포크트에게 보낸 편지, 1890년 2월 1일과 6일 자, Voigt Papers, Göttingen UB, Ms. Dept.

다음과 같이 썼다. "우리가 어쩔 수 없이 그 자리에 대해 생각하는 것과는 조금 다르게 당신이 그 자리를 이해하고 계신 것을 당신의 편지에서 알게 되었습니다. 이론 물리학 정교수는 거의 없으니, 전적으로 이론 물리학에 헌신하면서 '이론 물리학 정교수 자리'를 얻을 준비 단계로 이론 물리학 부교수 자리를 생각하는 누군가를 추천해달라고 요구할 수는 없겠습니다. 대신에 그 자리는 임용자가 기본적으로 이론 물리학을 가르치게 되어 있는 물리학 부교수 자리인 것입니다. 그러므로 실험 영역에서 거둔 성취를 고려할 것이지만 우리는 후보자가 이것을 감당할 수 있어야 한다고 생각합니다." 헤르츠는 이러한 자신의 입장을 뒷받침하기 위해 브레슬라우 대학에서는 이론 물리학 교수 자리에 임용하기 위해 이론 물리학의 연구 성과가 전혀 없는 물리학자를 원했다고 들었음을 언급했다.[12]

헤르츠가 채용한 물리학자인 로르베르크Hermann Lorberg[13]는 그 자리를 어떤 종류든 정교수 자리로 가는 디딤돌로 활용할 수 있으리라 생각하지 못했을 것이다. 그는 50대 말이었고 스트라스부르에서 사강사가 된 1889년까지 거기에서 중등학교 교사였다. 그는 그 과목을 가르칠 수 있는 사람의 자질에 대해 헤르츠가 기술한 것에 꼭 들어맞았다. 그는 전기동역학에 대한 다수의 이론 물리학 논문을 출간한 바 있었고 중등학교에서 쓸 물리학 교재를 출간하기도 했다. 로르베르크는 부교수로서 첫 학

---

[11] [역주] 포크트는 본 대학의 부교수 자리가 이론 물리학에 헌신하는 연구자가 정교수가 되기 전에 거쳐갈 자리라고 생각한 반면에, 헤르츠는 이론 물리학 부교수 자리라고 해서 이론 물리학을 주로 연구하는 연구자를 쓰겠다는 것이 아니라 실험 연구자라 하더라도 이론 물리학을 가르칠 수 있으면 된다고 생각했다.

[12] 헤르츠가 포크트에게 보낸 편지, 1890년 2월 1일과 6일 자.

[13] 본 대학 감독관이 로르베르크에게 보낸 편지, 1890년 6월 20일 자와 다른 문서들, Lorberg Personalakte, Bonn UA.

기를 보내려고 본으로 오기 전에 헤르츠에게 "당신이 강의하려고 예약해 놓지 않으셨다면 '전기 이론의 영역에서 최근의 연구' 또는 물리 화학에 관한 주당 2시간의 공개 강의 과정뿐 아니라 '정전기와 자기 이론'에 관한 주당 4시간의 강의 과정을 맡으면 좋고, 립시츠 교수가 강의하기를 원하지 않는다면 역학적 열 이론이나 역학에 대한 사설 강의 과정을 맡을 수 있으면 가장 좋겠습니다."[14]라고 정중하게 써보냈다. 두 번째 물리학 교수 자리에 통상적으로 고용되는 사람보다 훨씬 더 나이가 든 로르베르크는 처음에는 일시적으로 임용되었으나 나중에 그것은 영구직이 되었다. 헤르츠가 오래 병을 앓는 동안과 나중에는 로르베르크 자신이 병을 앓는 동안 로르베르크는 본 대학에서 그의 경력 끝까지 이론 물리학 부교수였다.

브레슬라우 대학과 할레 대학의 부교수 자리는 본 대학의 자리가 1890년 이전에 그랬던 것과 마찬가지로 탄력적으로 유지되었다. 레나르트[15]가 1894년에야 브레슬라우 대학 부교수로 임용되었을 때 아직도 "물리학 정교수가 맡은 교육을 그와 더 세부적으로 합의해 보완함으로써 강의와 실습"에서 물리학을 가르치는 일로 그의 임무는 정의되었다.[16] 할레 대학은 이전부터 이론 물리학 사강사였던 오베르벡Anton Oberbeck을 1878년에 부교수로 임용했다. 1884년에 오베르벡은 카를스루에 종합기술학교에서 임용 제안을 받았기에 할레 대학의 이론 물리학 정교수로 승진했지만 본 대학의 케텔러처럼 이듬해에 다른 대학에 물리

---

14 로르베르크가 헤르츠에게 보낸 편지, 1890년 7월 14일 자, Ms. Coll., DM, 2971.

15 [역주] 레나르트(Philipp Lenard, 1862~1947)는 음극선 연구에서 금속박을 통해 음극선을 음극선관 밖으로 끌어낼 수 있는 '레나르트 창'을 개발해 1905년에 노벨 물리학상을 받았다. 그는 광전 효과를 연구하여 입사광을 세게 하면 방출 전자 수는 증가하지만 에너지는 증가하지 않는다는 것을 발견했다.

16 *Chronik der Königlichen Universität zu Breslau* 1894~1895, 6~7.

학 정교수로 갔다. 할레 대학에서 그의 자리는, 정교수 자리가 아니라 개인 정교수[17] 자리였는데, 도른Ernst Dorn이 물려받을 때도 그러했다. 아마도 도른이 이미 이전 자리에서 정교수였고 강등될 수 없었기 때문이었을 것이다. 도른이 1895년에 할레 대학에서 실험 물리학 정교수가 되었을 때 두 번째 자리는 부교수 자리로 되돌아갔고 그 자리를 차지한 슈미트Karl Schmidt는 "도른 교수와 더 특수한 합의에 따라" 이론 물리학을 가르치는 일을 맡았다.[18]

독일 기타 지역의 새로운 이론 물리학 교수 자리

프로이센이 아닌 다른 독일 지역의 대학 중에서 단 두 곳이 이 시기에 이론 물리학 부교수 자리를 확보했다. 1886년에는 뮌헨 대학이, 1889년에는 예나 대학이 그렇게 했다. 이 새로운 자리들은 비교적 늦게 만들어졌는데 아마도 이 대학들과 라이프치히 대학은 이론 물리학을 교육할 공식적 제도를 만들기 전에 얼마 동안 정규적이고 경쟁력 있는 이론 물리학 교육을 누린 대학이었기 때문일 것이다.

라이프치히 대학은 1867년에 이론 물리학자 폰 데어 뮐Karl Von der Mühll

---

[17] [역주] 개인 정교수란 특수한 경우에 개인에게만 부여되는 정교수 자리를 의미한다. 이것은 그 자리를 맡은 사람이 그만두게 되면 그 자리는 사라지고 후임자를 뽑지 않는다는 의미로 임시로 설치한 특수한 자리임을 의미한다. 이론 물리학자 중에는 이렇게 개인 정교수로 이론 물리학 또는 두 번째 물리학 정교수 자리를 차지한 사람들이 있었다. 이렇게 맡았던 이론 물리학 개인 정교수 자리가 공석이 되면 대학은 이론 물리학 부교수를 뽑아서 그 역할을 대신하게 하는 것이 일반적이었다.

[18] 이것과 할레 대학에서 이론 물리학의 전개에 대한 다른 정보를 할레 대학에서 얻었다. 할레 대학 기록 보관소 소장인 슈바베(H. Schwabe) 박사에게 감사한다.

을 데려왔다. 그 당시에 수학 및 물리학 학생들이 약 40명이나 되어서 교원을 충분히 확보해야 했을 때 수학 교수진이 그 구성원 중 하나를 잃었기 때문이었다. 폰 데어 뮐이 수학과 이론 물리학을 함께 가르치겠다고 하자 교수진이 그를 받아들였다. 물리학 정교수인 항켈Wilhelm Hankel은 자신의 정규 과목뿐 아니라 수리 물리학도 가르쳤는데 또 한 명의 물리학자가 부담을 일부 담당하게 되자 좋아했다.[19] 1872년에 폰 데어 뮐은 "물리학" 부교수로 승진했지만 계속 이론 물리학과 수학을 가르쳤다. 그는 "이론 물리학", 탄성 이론, 퍼텐셜 이론, 역학과 광학의 주제들, 전기 동역학, 역학적 열 이론을 포함하는 상당히 포괄적인 프로그램을 개설했고 수학 세미나의 지도에도 참여했다. 여기에서 그는 물리학에 관련된 과목들을 담당했다.[20] 이후 비데만Eilhard Wiedemann이 두 번째 부교수로서 라이프치히 대학의 폰 데어 뮐과 함께하게 되었고, 1878년부터 1886년까지 역시 수리 물리학을 가르쳤다.[21] 폰 데어 뮐은 독창적인 연구를 거의 하지 않았는데, 특히 물리학은 거의 연구하지 않아서 십중팔구 결함이 있었기에, 이론 물리학 분야에서 공식적인 인정을 받지 못하고 거의 20년 동안 라이프치히 대학의 그의 자리에 머물러 있었다. 1889년 마침내 그는 고국 스위스로 돌아가 그곳 대학에서 자리를 잡았다.[22]

---

[19] 폰 데어 뮐이 프란츠 노이만에게 보낸 편지, 1867년 11월 29일 자, Neumann Papers, Göttingen UB, Ms. Dept.

[20] 작센 교육부가 라이프치히 대학 철학부에 보낸 문서, 1872년 12월 19일 자와 폰 데어 뮐의 강의에 대한 클라인(Felix Klein)의 보고서, 1886년 3월 15일 자, Von der Mühll Personalakte, Leipzig UA, Nr. 759.

[21] 작센 교육부가 라이프치히 대학 철학부에 보낸 문서, 1878년 2월 1일 자와 비데만의 강의에 대한 철학부의 보고서 초안, 1878년 1월 28일 자, Eilhard Wiedemann Personalakte, Leipzig UA, Nr. 1060.

[22] 카를 노이만(Carl Neumann)은 20여 년간 폰 데어 뮐이 성취한 교육의 공로를 기려 그를 명예 정교수로 승진시키려는 의향을 가지고 1886년 5월 8일에 라이프치히

1880년대 초에 헨 대학에는 이론 물리학을 담당한 두 명의 사강사, 플랑크Max Planck와 그래츠Leo Graetz가 있었다. 플랑크가 떠난 후에 1886년에 뮌헨 대학은 정규적인 자리를 설립했다. 물리학 사강사 나르Friedrich Narr는 "이론 물리학 전문 분야"의 정규 강의를 담당하고 연구소의 실습 과정과 세미나를 지도하는 임무를 띤 부교수로 임용되었다.[23]

우리는 예나 대학의 자리가 만들어지는 사례를 기술함으로써 이론 물리학을 가르치는 비공식적이지만 만족스러운 제도가 정규적인 부교수 자리로 전환되는 과정을 예시하려고 한다. (그 과정은 장소마다 다양하다.) 예나 대학에서 물리학은 상당히 늦은 1880년대에 주로 아베Ernst Abbe의 주도하에 선진 조직을 확보했다. 1880년대 초에 예나 대학의 실험 물리학 교수 자리와 물리학 연구소를 설립하는 일을 도운 후에 아베는 1889년에 이론 물리학 부교수 자리를 개설하기 위한 협상에 돌입했다.

아베가 예나 대학의 물리학과 관계를 맺고 이 대학 물리학의 후진성을 인식하게 된 것은 학생 시절부터였다. 그는 1857년에 공부하러 예나에 갔지만 그가 원하는 수학과 물리학 교육을 받을 수 없었기에 공부를 계속하러 괴팅겐으로 갔다. 1863년에 예나 대학의 물리학 정교수 슈넬Karl Snell의 제안으로 아베는 예나 대학으로 돌아가 사강사가 되었고 대학은 그가 괴팅겐 대학으로 돌아가는 것을 막기 위해 봉급을 주었다. 예나 대학에서 가르친 첫 학기에 아베는 물리학 강의의 기초가 되는 수학 과

대학에서의 그의 활동에 대해 보고했다. 그러나 그가 언급한 출판물은 세 편뿐이었고 그는 폰 데어 뮐의 생산성의 결여를 시인했다. 작센 교육부가 라이프치히 대학 철학부에 보낸 문서, 1889년 1월 5일 자. 둘 다 Von der Mühll Personalakte, Leipzig UA, Nr. 759에 있다.

[23] 바이에른 내무부가 뮌헨 대학 평의회에 보낸 문서, 1886년 8월 2일 자, Munich UA, E II-N, Narr.

정인 퍼텐셜 이론과 정적분 과정을 개설했다. 아마도 학생들이 준비가 덜 되었기에 이 과정들에는 겨우 두 명 또는 세 명만이 등록했다. 다음에 역학과 측정 기구에 대한 과정들에서는 좀 더 학생이 많아졌다. 첫 번째 실험실 실습 과정인 "물리 실험을 하는 방법"에는 17명이나 되는 학생이 들어와서 두 반으로 나누어 가르쳐야 했다. 사강사 2년 차에 그는 슈넬에게서 실험 물리학 강의도 넘겨받았다. 아베가 필요한 기구가 무엇이든 슈넬은 그 대학의 거의 쓸모 없어진 물리학 기구실에 있는 오래된 기구들의 남은 부품을 써서 그것을 조립하거나 자신의 허락을 받아 주문하는 것을 허락했다. 측정 기구에 대한 과목을 교육하기 위해 아베는 기구 대부분을 "지역의 기계공"인 차이스Carl Zeiss에게 제작을 의뢰했고 이것은 예나 대학에서 자연 과학, 특히 물리학의 미래를 위해 아주 주요한 협력의 시작이었다. 1870년에 아베는 부교수로 승진했고 1876년에는 과학 파트너로 차이스의 회사에 들어가서 차이스와의 계약하에 정교수직을 그만두는 데 동의했으며, 1878년에 베를린 대학의 광학 교수직에 대한 제안을 거절한 대가로 명예 정교수가 되었다.[24]

비록 아베는 실험 물리학과 이론 물리학을 모두 가르치면서 시작했지만 예나 대학에서의 그의 "임무"를 "이론 물리학 강의로 수리 물리학 분야에서 행하는 동료들의 교육"를 지원하는 것으로 생각하게 되었다.[25] 그는 그 과목[26]을 가르칠 공식적 자리를 할당받지 못했지만 그의 관심 영역에서 빠진 주제들을 그의 강의에 포함함으로써 할 수 있는 한 완벽

---

24 Felix Auerbach, *Ernst Abbe, sein Leben, sein Wirken, seine Persönlichkeit* (Leipzig: Akademische Verlagsgesellschaft, 1918), 52~56, 69~72, 111, 114~124, 133~134.

25 아베가 예나 대학 감독관에게 보낸 편지, 1889년 6월 12일 자, Jena UA, Bestand C, Nr. 445.

26 [역주] 이론 물리학을 가리킨다.

하게 학생들의 필요를 충족하려고 노력했다. 그러나 광학에서 그의 연구는 점점 그를 전문화시켜서, 그의 다른 임무에 들이는 시간을 줄이는 것으로는 이론 물리학 중 다른 분야의 강의를 준비할 시간을 확보할 수 없었다. 그는 광학을 제외한 이론 물리학을 가르치는 것에서 물러나기를 희망하며 1889년에 이론 물리학 교수 자리를 분리할 것을 제안했다.

그 요청에서 아베는 "대학에서 물리 교육이 성취해야 하는 목적들"의 범위처럼 물리학은 계속 확장되고 있다고 했다. 그는 몇 년 전부터 실험 물리학과 물리학 연구소를 위한 자금을 확보하기 어려워졌기에 예나 대학이 물리학의 최신 성과에 보조를 맞출 수단을 확보할 수 없는 것을 우려했다.[27] 그는 자신의 자리가 다른 사람으로 채워지지 않는다면 그가 가르친 이론 물리학이 아무리 적더라도 이론 물리학을 담당할 사람이 없어졌다는 것이 예나 대학 물리학 과정의 심각한 손실이 될 것이라고 했다. 또한 물리학 정교수나 수학 동료가 그를 대신하면 물리학 교과 과정 중 똑같이 중요한 다른 관심 분야를 신경쓸 수 없을 것이라고 했다. 모든 대학에서 "기초 강의와 실험실 실습만으로도 충분히 부담을 느끼는 첫 번째 물리학 정교수 자리에 추가하여" 적어도 세세하고 두드러지게 수학적인 취급을 받아야 하는 더 중요한 물리학의 분과들에 대한 **정규** 강의를 맡을 특별한 자리들을 시급히 마련해야 했다. 그러한 강의가 없이는 김나지움 교사 지망생조차 국가시험이 그들에게 요구하는 지식을 확보할 기회를 얻지 못하게 될 것이었다. 그러한 강의를 개설하지 않음으로써 "시대의 요구"에서 뒤떨어지는 것은, 특히 물리학 학생 수가 줄어들고 작은 대학들이 장비를 잘 갖춘 더 큰 대학들과 경쟁하기가 어

[27] 아베가 바인홀트(A. F. Weinhold)에게 보낸 편지, 1881년 2월 17일과 1882년 2월 13일 자, Ms. Coll. DM, 1959~2.

려운 때에는, 예나 대학처럼 작은 대학에는 해가 될 것이라고 했다.[28]

아베는 명예교수였기에 통상적으로 새 자리를 만들기 위한 요청을 발의하는 학부에서 발언권이 없었지만 그의 요청은 호의적인 감독관에게 항상 우호적으로 받아들여졌다. 감독관은 가능한 한 빨리 새로운 자리를 확보하고 사람을 데려와 아베의 추가 강의 부담을 덜어주려 했다. 예나 대학 철학부에서 부교수 자리가 필요하다고 의견을 개진하자 감독관은 그 자리에 채용할 후보자들을 추천해 달라고 요청했다.[29]

아베의 제안을 알게 되자 학부는 이론 물리학을 가르칠 자리의 필요성에는 동의했지만 대학 평의회가 정식 절차대로 후보자를 지명하라고 학부에 요청할 때까지 그 일에 착수하기를 거부했다. 형식에 대한 고집은 단지 변명임을 감독관은 재빨리 알아챘다. 이미 아베와 물리학 정교수 빙켈만Adolph Winkelmann은 사적으로 협의하여 새로운 자리에 올 가장 바람직한 후보자로 브레슬라우 대학의 사강사 아우어바흐[30]를 뽑아놓았는데 철학부는 아우어바흐가 유대인이라서 그를 원하지 않았고 그에 대한 공식적인 반대 사유로 그가 승진이나 교수 자리의 제안을 받지 못한 채 10년을 사강사로 지낸 것을 들고 나왔다. 감독관은 아우어바흐가 여러 해 사강사로 있었던 것은 그의 무능을 반영하는 것이 아니라 그의 유대인 혈통으로 "쉽게" 설명될 수 있다고 했다. 그는 당시 프로이센은 그곳

---

[28] 아베가 예나 대학 감독관에게 보낸 편지, 1889년 6월 12일 자.

[29] 예나 대학 감독관 에겔링(Eggeling)이 철학부 학부장에게 보낸 문서, 1889년 6월 14일 자, 새로운 부교수 자리를 설치할 협상에 관한 에겔링의 보고서 초안, 1889년 7월 8일 자, Jena UA, Bestand C, Nr. 445.

[30] [역주] 독일의 물리학자 아우어바흐(Felix Auerbach, 1856~1933)는 생물학적 반엔트로피(anti-entropy)로서 '엑트로피'(ectropy) 개념을 도입했다. 그는 브레슬라우 대학에서 키르히호프, 베를린 대학에서 헬름홀츠에게 배웠다. 1875년에 모음의 본성에 대한 논문으로 박사학위를 받았다.

의 유대인 사강사가 쉽게 승진하지 못하는 것으로 유명하다고 말했다. 이러한 논거는 반유대주의를 옹호하는 교수들의 생각을 바꾸지 못했다. 대학의 규정은 감독관이 학부의 의견을 무시하지 못하게 되어 있어서, 아우어바흐를 찬성하는 더 많은 전문가 증언을 먼저 모으지 않고 절차를 서두르다가는 공식적인 투표에서 빙켈만의 후보자가 패퇴할 것이 확실했다.[31]

아우어바흐의 임용이 결과적으로 늦어지자 철학부는 그들의 목적을 달성하기 위해 부교수 자리의 성격에 대한 일반적인 인식을 이용했다. 그들은 아마도 그 자리가 오랫동안 적당히 봉급이 나오는 부교수 자리로 남아있을 것이며 그 자리는 물리학자로 성장할 젊은이들이 몇 년을 머물 과도기적 자리로 생각되어야 한다고 주장했다. 더 나아가서 그들은 학부들과 정부 부처들의 편견을 고려해 볼 때 아우어바흐 같은 유대인 물리학자는 영구적으로 머물 것이 확실한데 그는 실험 연구 수단을 얻으려면 물리학 연구소의 소장에게 의존할 것이므로 그런 사람을 고용하는 것은 바람직하지 않을 것이라고 주장했다. 베를린의 쿤트가 예나 대학에 추천한 디테리치Conrad Dieterici나 할박스Wilhelm Hallwachs 같이 경력을 막 시작하는 젊은 물리학자들이 아우어바흐 같은 기성 물리학자보다 이런 과도기적 자리에 더 적절하다고 했다. 더욱이 쿤트의 조수였던 젊은 물리학자들이 쿤트와 연줄이 있으므로 그들은 예나에서 오래 머물지 않을 것이 확실했다. 그들은 확실히 쿤트의 "권위적 영향력"의 혜택을 받을 것이고

---

[31] 예나 대학 철학부 학부장이 감독관 에겔링에게 보낸 편지, 1889년 6월 26일 자. 슈뢰터(H. Schroeter)가 토마에(Thomae)에게 보낸 편지, 1889년 6월 24일 자(발췌); 감독관 에겔링의 보고서, 1889년 7월 8일 자; Jena UA, Bestand C, Nr. 445. 빙켈만(Adolph Winkelmann)이 철학부 학부장에게 보낸 편지, 1889년 6월 25일 자, "Allgemeine Fakultätsacten," Jena UA, Nr. 621a.

곧 좋은 자리로 옮길 것이었다.[32]

결국 그 임용 문제는 예나 대학의 물리학의 필요에 맞추어 결정되었다. 아베와 빙켈만은 대학의 교수 임용 결정에서 첫 번째 고려 사항은 후보자의 자질이어야 한다고 믿었기에 계속 아우어바흐를 뽑자는 주장을 굽히지 않았다.[33] 아우어바흐에 대한 그들의 판단은 헬름홀츠와 클라우지우스의 평가와 일치했다. 그들의 평가에 대해서 아베와 빙켈만은 알지 못했지만, 2년 전 브레슬라우 대학의 교수진이 아우어바흐의 부교수 승진을 제안한 문서를 프로이센 정부 부처가 고려할 때 두 전문가의 평가가 제시된 적이 있었다. 헬름홀츠와 클라우지우스는 둘 다 아우어바흐를 강력하게 추천했고 그의 승진은 완전히 정당하다고 단언했지만 받아들여지지 않았다.[34] 빙켈만과 그의 동료 몇 명이 부탁한 아우어바흐의 평가는 역시 만족스러웠는데 특히 아우어바흐의 선생으로서의 능력에서 더욱 그러했다. 그 평가는 강의에서 "물리 수학적 문제들"을 제시하는 아우어바흐의 솜씨에 대한 빙켈만의 깊은 인상을 확증해 주었다. 그들은 아우어바흐가 브레슬라우 대학의 물리학 정교수나 부교수보다 더 많은 학생을 강의로 불러모았다고 보고했고 아우어바흐가 심지어 학생들이 독립적인 과학 연구에 흥미를 갖게 하는 데 성공했다고 언급했다.[35]

---

32 쿤트가 빙켈만에게 보낸 편지, 1889년 7월 1일 자(발췌)와 감독관 에겔링의 보고서, 1889년 7월 8일 자, Jena UA, Bestand C, Nr. 445.

33 감독관 에겔링의 보고서, 1889년 7월 8일 자.

34 클라우지우스가 그라이프(Greiff) 소장에게 보낸 편지, 1887년 8월 15일 자와 헬름홀츠가 프로이센 문화부 장관 고슬러(Gossler)에게 보낸 편지, 1888년 2월 10일 자, SPTK, Darmst. Coll. 1913.51.

35 빙켈만이 (아마도 감독관에게) 받은 아우어바흐의 추천서들에 대한 그의 보고서가 실려 있는 간단한 기록들, 1889년 6월 28일 자; 브레슬라우 대학의 에르트만(Erdmann)의 추천서, 1889년 6월 26일 자(발췌); 감독관 에겔링의 보고서, 1889년 7월 8일 자; Jena UA, Bestand C, Nr. 445.

이 정보를 토대로 아베와 빙켈만은 아우어바흐가 그들과 서신을 주고받은 사람들이 추천한 다른 후보자 중 누구보다 훨씬 능력과 성취가 뛰어남이 입증되었다고 주장했다.[36] 철학부는 빙켈만이 받은 아우어바흐의 추천서 더미 앞에서 울며 겨자 먹기로 아우어바흐를 "만장일치로" 받아들이게 되었고 1889년 9월에 아우어바흐는 예나 대학 최초의 이론 물리학 공식 담당자로 임용되었다.[37]

새로운 이론 물리학 교수 자격 요건

헤르츠가 포크트에게 기술했듯이 이 시기에 두 번째 물리학 교수 자리에 전문가를 뽑지 않는 실제적인 좋은 이유들이 있었다. 당시 많은 물리학자의 눈에 가장 자질이 뛰어난 젊은 물리학자는 이론 연구자 자리나 실험 연구자 자리의 요구 조건을 똑같이 충족할 필요가 없었다. 1884년에 그라이프스발트 대학의 물리학 교원 임용에 대한 견해를 요청받은 헬름홀츠는 수리 물리학에 대한 특별 강의를 하는 것이 바람직하다는 견해를 밝혔다. 의학생, 미래의 정부 관리, 약사 지망생들이 출석하던 실험 물리학 강의는 "자연법칙의 온전하고 엄밀한 구성"을 소개할 곳이 아니었다. 그런 구성은 "수학적 형식화를 요구하고 종국에는 미래의 교사나 수학자가 될 학생들에게 제공될만한 강의였다." 대학이 물리학 선생을 두 명 둘 여유가 없다면, 적절하게 자질을 갖춘 한 명의 물리학자로

---

36 감독관 에겔링의 보고서, 1889년 7월 8일 자.

37 칼포프스키(Kalkowsky) 학부장의 예나 대학 철학부의 회의록, 1889년 8월 7일 자와 정부 부처가 "전체 대학"에 보낸 문서, 1889년 9월 27일 자, "Allgemeine Fakultätsacten," Jena UA, Nr. 621a.

충분할 것이라고 했다. 즉, 헬름홀츠에 따르면 "물리 이론의 수학적 제시에 광범한 지식"을 가진 물리학자이며 동시에 "경험이 있는 실험 연구자"이면 족했다. (헬름홀츠는 그 문제가 물리학 강의를 수학자에게 맡기는 것으로는 해결되지 않는다고 생각했다. 왜냐하면 수학자들은 "방정식과 현실과의 관계까지 관심을 두지 않고 물리 문제를 단지 수학적 방법을 적용하는 활용에로 취급하는 경향이 있기" 때문이었다.) 헬름홀츠는 모든 훌륭한 물리학자가 수학적 이론에서 독창적인 연구를 수행할 능력을 갖추기를 기대하지는 않았다.[38]

"온전한 물리학자"에 대한 헬름홀츠의 인식은 종종 암묵적으로 다른 물리학자를 평가하는 데 영향을 미쳤듯이 대학교수 후보자를 평가하는 데도 영향을 미쳤다. 빈자리가 이론 물리학이든 실험 물리학이든, 평가 대상이 된 후보자의 성취와 특성은 거의 같았다. 특히 이론 물리학 교수 후보자들에게 실험 연구자의 능력을 입증하기를 기대했다. 가령, 1887년에 클라우지우스는 아우어바흐의 연구를 분야별로 논의했고 아우어바흐의 "확실한 지식", "열렬한 과학적 추구", 실험 솜씨와 부지런함, 헬름홀츠 같은 다른 이들의 이론을 실험으로 입증하는 데 성공한 것, 그리하여 그가 연구하는 물리학의 영역에서 기존 지식을 확장하고 온전케 한 것을 언급했다.[39] 이론 연구자 자리에 볼츠만은 실험 연구자이자 "이론 연구자"로 한 후보자를 추천했다.[40] 크빙케Georg Quincke는 1896년에 하이델베르크 대학의 이론 물리학 교수 후보자로 레나르트를 고려할 때 "가

---

[38] 헬름홀츠가 프로이센의 정부 부처 관리 알트호프(Althoff)에게 보낸 편지, 1884년 5월 18일 자, STPK, Darmst. Coll. F 1 a 1847.

[39] 클라우지우스가 소장 그라이프(Greiff)에게 보낸 편지, 1887년 8월 15일 자.

[40] 볼츠만이 쾨니히스베르거(Leo Koenigsberger)에게 보낸 편지, 1899년 6월 3일 자, STPK, Darmst. Coll. 1922.93.

장 넓은 분야들에서 관심을 끌고 있었던" 레나르트의 음극선에 관한 최근 출판물에 강한 인상을 받았다. 그는 헤르츠의 『역학』을 출판하면서 편집 역할을 수행할 정도의 수학적 능력을 갖추었다는 증거로 충분하다고 생각했다.[41] 우리의 예상대로 헬름홀츠는 이론 연구자 자리에 누군가를 고려할 때 이론 연구만큼 실험 연구에 많은 무게를 실었다. 1877년에 어떤 자리에 채용하려고 브라운Braun을 평가할 때 헬름홀츠는 "훌륭하고 철저한 이론에 대한 지식"뿐 아니라 실험 연구자로서 브라운이 성취한 일들에 대해 말했다.[42] 그리고 헬름홀츠는 주로 실험 연구와 관련해서 아우어바흐를 칭찬하고 그의 이론 및 수학 능력은 임용에 적절치 않다고 생각했지만 이론 연구자 자리에 그를 추천했다.[43]

이론 물리학 교수 후보자를 심사할 때 실험과 이론 능력을 동등하게 강조하는 것은 후보자가 실험 교수 자리로 언젠가 옮겨갈 수 있는 능력이 있음을 젊은 물리학자의 장래 고용주에게 확신시키는 것 이상의 의미가 있었다. 이때부터 실험 물리학 교수 후보자를 평가할 때에는 물리학의 양쪽을 모두 강조하는 비슷한 행태가 나타나며 이는 온전한 물리학자의 이상이 존재함을 나타낸다. 실험 물리학 교수 후보자가 물리학에서 수학적 방법을 취급하거나 심지어 이해하는 데 결함이 있다고 생각되면, 그의 성공 확률은 줄어들 수 있었다. 헬름홀츠는 자신의 실험 연구에 대해 어떤 후보자가 출간한 "이론적 논의"가 "거의 이해 가능하지도 않고 모호하고 제멋대로인 것으로 보이기" 때문에 그를 반대했다. 헬름

---

41 크빙케와 쾨니히스베르거가 바덴 교육부에 보낸 편지, 1896년 6월 11일 자, Heidelberg UA.

42 헬름홀츠가 프로이센 문화부 장관 팔크(Falk)에게 보낸 편지, 1877년 5월 10일 자, STPK, Darmst. Coll. 1912.236.

43 헬름홀츠가 프로이센 문화부 장관 고슬러(Gossler)에게 보낸 편지, 1888년 2월 10일 자, STPK, Darmst. Coll. 1913.51.

홀츠는 그런 후보자의 특성으로 보건대 그가 강의에서 "현상에 대한 일반적 법칙의 이론적 구성에 대한 명쾌하고 선명한 진술"을 바람직한 모습으로 제시할 수 있을지 의문을 표했다.[44] 크노블라우흐와 욜리는 멜데가 실험 연구 능력뿐 아니라 이론적 및 수학적 능력 때문에 정교수로 승진할 만하다고 주장했고,[45] 마르부르크 대학 교수진도 이들과 동일하게 실험과 이론이 결합된 능력을 근거로 멜데의 후임이 될 후보자들을 추천했다.[46]

전문가가 이론 물리학을 담당하다

1870년과 1890년 사이에 프로이센의 대학 중 이론 물리학 부교수 자리를 확보한 마지막 대학인 킬 대학에서 그 자리를 개설한 사람과 최초로 임용된 두 사람은 그 새로운 자리를 다르게 해석했다. 즉, 이론을 위해 특화된 자리로 그 자리를 본 것이다. 1882년 가을에 킬 대학은 그 대학의 수학 교육의 결함과 연관하여 수리 물리학을 담당할 새로운 자리를 설치할 것을 고려했다. 킬의 수학자 포흐하머L. A. Pochhammer는 수학과 수리 물리학을 결합한 정교수 자리를 만들자는 제안에 반대했다. 왜냐하면 그 자리는 궁극적으로 수학의 두 번째 자리를 앗아갈 것이기 때문이었다. 누가 그 자리를 차지하든 기초 수학을 가르치는 데에는 별로 관심

---

44 헬름홀츠가 알트호프(Althoff)에게 보낸 편지, 1884년 5월 18일 자.
45 "Separatvotum," 1866년 2월 16일 자, STA, Marburg, Bestand 305a, 1864~1866 Melde.
46 마르부르크 대학 철학부가 감독관에게 보낸 문서, 1900년 11월 12일 자, STA, Marburg, Bestand 310 Acc. 1975/42.

이 없을 것이고 그것은 수학에 사강사가 거의 없었던 킬 대학에 중요한 손실을 의미했다. 수리 물리학이 독립된 큰 과목이고 그 대표자는 자연스럽게 그 과목에 머물기를 원할 것이므로 포흐하머는 수리 물리학만 담당하는 부교수 자리를 설치해야 한다고 촉구했다.[47]

1882년 12월에 킬 대학 철학부는 "이론" 물리학 부교수 자리를 신청하면서 그들의 요청에 대해 다음과 같은 근거를 제시했다. 과거에는 수학과 물리학 선생들의 과목들이 아직 충분히 제한되어 있어서 그들에게 이론 물리학을 강의할 시간이 있었기에 그들은 이론 물리학을 강의할 전문가가 필요하지 않았다. 이제 이론 물리학은 많은 대학에서 필수적인 진문 교과로 인식되었고, 항상 그런 것은 아니었지만, 두 번째 물리학 교수 자리를 통해서 교육되었다. 이론 물리학은 수학과 자연 과학의 연결고리이자 둘을 모두 풍요롭게 하는 가치를 인정받았다. 이론 물리학은 수학 전공 학생들에게 추상적인 그들의 수학적 지식을 사용할 수 있게 해 주었기에 그들이 너무 편협해지는 것을 방지해 주었다. 또한 자연과학 전공 학생들은 이론 물리학을 공부할 때 수학 지식을 완성하려는 동기를 부여받았고, 또한 그들이 의학부에서 배울 과목들처럼 다른 과학 과목을 공부할 준비가 더 잘 되게 해주었다. 마지막으로 철학부는 이론 물리학자를 원하는 실제적인 이유가 있었다. 물리학 정교수가 시험에 참석할 수 없을 때에 언제든 그의 분야를 책임질 누군가가 있어야 했다.[48]

킬 대학 감독관은 킬 대학에서 파프가 몇 개의 과학 과목을 모두 가르

47 쇠네(Schöne)가 알트호프에게 보낸 편지, 날짜 미상 [1882]와 포흐하머가 쇠네에게 보낸 편지, 1882년 10월 14일 자, DZA, Merseburg.

48 킬 대학 철학부가 프로이센 문화부 장관 고슬러에게 보낸 문서, 1882년 12월 14일 자, DZA, Merseburg.

쳤던 때 이후 자연 과학이 성장했으므로 교수가 한 분야 이상의 과학을 가르칠 수 없게 되었다는 의견과 함께 철학부가 이론 물리학 부교수 자리를 요청했음을 전달했다. 그는 이론 물리학 부교수 자리를 설치할 긴급한 필요가 있는지는 알지 못했지만 그 시점에서 카르스텐Gustav Karsten이 킬 대학에서 물리학을 가르치는 유일한 선생이며 그가 이론 물리학의 광범한 강의들을 개설할 수 없을 것이라는 점은 알고 있었다. 그는 결정을 정부 부처에 맡겼다. 정부 부처는 킬 대학에 수학 전공 학생이 40명밖에 없음을 주목하면서 학부의 요청이 정당하지만 유급 사강사가 해답이라고 판단했다. (최근 몇 년간 사강사 레온하르트 베버Leonhard Weber가 이론 물리학 분야들에 관한 강의를 개설해 왔는데 이제는 그만둔 상태였다.) 어쨌든 정부 부처는 1884~1885학년도 예산안에 그 부교수 자리를 만들 예산을 넣기로 했다.[49]

그들이 킬 대학에 채용한 사람은 헤르츠Heinrich Hertz였다. 그는 원래 공학자가 될 생각이었는데 중등학교를 마치고 마인 강변의 프랑크푸르트에서 건설 공학자들을 위해 일하다가 여가 시간에 뷜너Wüllner의 물리학 교재를 읽었다. 자연 과학에 대한 관심이 다시 생긴 그는 프랑크푸르트 물리학회의 강의에 출석했고 곧이어 짧은 기간 드레스덴 종합기술학교의 학생으로 있었다. 그는 이번에는 수학을 가장 좋아하는 과목으로 여겼다. 1년의 군복무 후에 그는 뮌헨 종합기술학교에 들어갔고 그 학교에서 곧 자신이 물리학을 훨씬 좋아하고 공학 대신에 물리학을 그의 전문 직업으로 삼기를 원함을 알게 되었다. 그는 계획 변경을 아버지에게

---

49 킬 대학 감독관 몸젠(Mommsen)이 프로이센 문화부에게 보낸 문서, 1882년 12월 27일 자, DZA, Merseburg.

허락해 달라고 하면서 자신이 공학자로서 행복했을지 모르지만 제본공이나 목공, 아니면 "다른 평범한 직장인"이어도 그랬을 것이라고 했다. 공학은 그가 별로 관심이 없는 실용적 재능과 실용적 지식에 의존하지만 과학은 그에게 평생의 연구와 중요한 과학자가 될 가능성을 약속해 준다고 설명했다.[50]

뮌헨에서 헤르츠는 대학과 종합기술학교 사이를 자유롭게 오가며 실험 실습을 했다. 종합기술학교의 기술 물리학 교수인 베촐트는 헤르츠에게 너무 일찍 물리학으로 전향하지 말고 먼저 수학 교육을 잘 받으라고 충고했는데 그것이 당시에는 상식이었다.[51] 헤르츠는 뮌헨 대학의 물리학 교수인 욜리Philipp Jolly의 충고를 받아서 라그랑주, 라플라스, 푸아송이 쓴 고전적인 프랑스 저작들로 역학과 수학을 독학으로 공부했다. 라그랑주는 "끔찍하게 추상적"이고 더 최근의 저자들은 거의 도움이 되지 않는다는 것을 알게 된 헤르츠는 "당시 수학의 개별적 부분들을 서로 관련지어" 파악하는 것을 단념했다. 그는 자연에서 모든 것이 제대로 이해되면 수학적이라고 믿었고, 동시에 비유클리드 기하학, 4차원 또는 그 이상의 차원의 기하학, 타원 함수(그가 뮌헨에서 출석한 특별 강의의 주제)와, 일반적으로 1830년경부터 계속되고 있는 새로운 수학이 자체

---

[50] 헤르츠가 부모에게 보낸 편지, 1877년 11월 1일, 7일, 25일 자, Heinrich Hertz, *Erinnerungen, Briefe, Tagebücher*, ed. J. Hertz, 2d rev. ed. By M. Hertz and C. Süsskind (San Francisco: San Francisco Press, 1977), 62~72.

[51] 가령, 헬름홀츠는 장차 물리학자가 될 그의 아들 로베르트가 막 대학 공부를 시작할 시점에 물리학을 공부하기 전에 수학을 공부하라고 충고했다. 헬름홀츠는 자신이 수학을 어떻게 공부했는지 말했다. "수학에 관한 한 나의 관심은 오직 수학의 응용, 특히 수리 물리학의 응용을 통해서 발전했다. 내가 수학에 대해 알고 있는 모든 것은 때때로 물리학에 응용하려고 공부한 것이었다. 그러나 그것은 시간이 많이 걸리고, 그렇게 해서는 아주 느리게 온전한 지식에 도달하게 된다." Anna von Helmholtz, *Anna von Helmholtz. Ein Lebensbild in Briefen*, ed. Ellen von Siemens-Helmholtz, vol. 1 (Berlin: Verlag für Kulturpolitik, 1929), 249.

로는 "아무리 아름다울지라도 물리학자에게는 별 가치가 없다"라고 생각했다.[52]

뮌헨에서 1년을 보낸 후 헤르츠는 다른 곳으로 가기를 간절히 원했다. 종합기술학교의 물리학 교수인 베츠Wilhelm Beetz는 그가 선택하는 어느 대학이든 물리학 연구소를 찾아낼 수 있을 것이라고 말했다. 그는 라이프치히 대학과 "클라우지우스가 있는" 본 대학을 고려하다가 베를린 대학으로 가기로 결정했다. 거기에서 그는 헬름홀츠의 수리 음향학 강의와 키르히호프의 역학 강의를 수강했다. 후자는 그에게 새로울 것이 없었기에 그는 가끔 그 강의를 건너뛰곤 했다. 그의 주된 관심은 실험 물리학이었고 우리가 보았듯이 그 분야에서 그는 처음부터 성공을 거두었다. 그는 석 달 후에 자석 사이에서 회전하는 구 안에서의 전기 전도에 관한 순수한 이론적 문제로 학위 논문을 썼다.[53] 졸업 후에 헤르츠는 3년 동안 헬름홀츠의 조수로 있었고 일반 물리학과 열 이론에 관계된 실습을 감독하고 전기 동역학과 탄성학 문제들에 대한 자신의 실험 및 이론 연구를 수행했다.[54] 그가 자신의 이력서vita에서 설명했듯이 베를린 시절 그의 독립적인 연구의 "일부는 이론에 더 치우쳤고 일부는 실험적 특성을 가진 것이었다. 그 연구들은 더 큰 목적을 체계적으로 추구하면서 시작된 것이 아니라 스승과 동료에게서 풍부하게 받은 우연적인 자극에서 시작된

---

[52] 헤르츠가 부모에게 보낸 편지, 1877년 11월 25일 자, Hertz, *Erinnerungen*, 68~72 중 70. Max Planck, "Gedächtnissrede auf Heinrich Hertz," *Verh. phys. Ges*. 13 (1894): 9~29, 재인쇄는 Max Planck, *Physikalische Abhandlungen und Vorträge*, 3 vols. (Braunschweig: F. Vieweg, 1958), 3: 268~288 중 277 (이후로는 *Phys. Abh.*로 인용).

[53] Heinrich Hertz, *Ueber die Induction in rotierenden Kugeln* (Berlin, 1880). 헤르츠가 부모에게 보낸 편지, 1878년 11월 4일 자, Hertz, *Erinnerungen*, 114~116.

[54] Hertz, "Vita," 1883년 3월 14일 자, LA Schleswig-Holstein, Abt. 47.7 Nr. 8.

것들"이었다.[55] 이 기간에 그는 10여 편의 논문을 출간했고, 그 논문들은 더 좋은 일자리를 약속해 주는 인상적인 성취였다.

킬 대학에 이론 물리학 사강사로 물리학자를 임용할 즈음에 프로이센 정부 부처는 헬름홀츠, 키르히호프, 수학자 바이어슈트라스Karl Weierstrass에게 조언을 구했다. 그들은 정부 부처에는 헤르츠에 대해 말했고 헤르츠에게는 킬 대학 학부가 부교수직을 요청했으니 그 자리를 만들 돈이 마련되는 2년 후에는 그 자리로 승진할 수 있으리라고 말했다. 그들은 또한 헤르츠에게 그 임용의 복잡성에 대해 말했다. 킬 대학 철학부는 부교수를 원했으므로 그들은 사강사를 못마땅하게 여길 수도 있었고 킬 대학 물리학 교수 카르스텐Gustav Karsten은 베를린 대학 교수진을 싫어하여 그들의 추천을 평가절하하곤 했다. 헬름홀츠는 수리 물리학자가 실험 연구를 할 수단을 가져야 한다고 믿었기에 그 일자리가 그리 탐탁지 않았다. 헤르츠가 킬 대학에서 그런 것을 전혀 얻지 못할 것이기 때문이었다. 그러나 헤르츠가 원했으므로 헬름홀츠는 그에게 그 일자리를 거절하라거나 수락하라고 조언하지 않았다. 대신에 그는 헤르츠에게 킬 대학으로 가서 직접 그 학부의 분위기와 정부 부처의 의도를 파악하라고 조언했다.[56]

헤르츠는 다른 연구자들과 "자신의 능력을 비교"할 수 있는 베를린이 물리학의 중심지라는 그의 믿음에도 불구하고, 옮길 준비가 되어 있었다. 그는 강의를 시작하기를 원했고 베를린에는 이미 너무 많은 사강사가 있었다.[57] 킬 대학의 일자리는 그에게 해결책처럼 보였다. 그는 킬

---

55 Hertz, "Vita," 1883년 3월 14일 자.

56 헤르츠가 부친에게 보낸 편지, 1883년 3월 1일 자, Hertz, *Erinnerungen*, 176~178.

대학의 교수진이 그들의 교과 과정에서 공백이 채워지기만 해도 기뻐하고 그 목적을 달성할 수 있으면 사강사로 만족할 것을 알았다. 그리고 정부 부처는 헤르츠가 물리학에 대한 철저한 지식을 갖췄을 뿐 아니라 충분한 수학 교육을 받았기에 정부 부처의 대학 관리 알트호프Friedrich Althoff가 "소위 이론 물리학자"라고 부르는 것이 요구하는 조건을 충족한 것을 흡족해했다.[58]

일단 킬 대학에 임용되자, 헤르츠는 이론 물리학을 강의하면서 다양한 주제에 대한 이론적 연구를 수행했다. 킬 대학에 온 이후 그의 일기장의 내용은 그가 맥스웰의 전기 동역학을 읽었고 꾸준하게 전기 동역학 문제들을 연구했음을 보여준다. 이것의 결과는 전기 동역학의 기초에 대한 비판적이고 이론적인 1884년 연구였고 그 논문에서 헤르츠는 맥스웰의 이론은 자체로 불완전성의 증거를 포함하지 않지만 그 이론에 대립하는 전기 동역학은 그러하다고 결론지었다.[59]

헬름홀츠와 클라우지우스, 그리고 전기 동역학 이론을 연구하는 다른 물리학자들처럼 헤르츠는 가능한 곳에서는 전통적인 동역학 원리들을 유지했다. 닫힌 전기 흐름과 자기 흐름을 알아낼 방정식을 분석하기 위

---

57 헤르츠가 부모에게 보낸 편지, 1881년 3월 8일과 1883년 2월 17일 자, Hertz, *Erinnerungen*, 144, 172~174.

58 헤르츠가 킬 대학 철학부에 보낸 편지, 1883년 3월 14일 자, LA Schleswig-Holstein, Abt. 47.7 Nr. 8. 헤르츠가 알트호프에게 보낸 편지, 1883년 3월 15일 자와 알트호프가 여백에 쓴 메모, DZA, Merseburg.

59 헤르츠의 일기 내용, 1884년 1월부터 7월까지, Hertz, *Erinnerungen*, 188~194. Heinrich Hertz, "Über die Beziehugen zwischen den Maxwell'schen elektrodynamischen Grundgleichungen und den Grundgleichungen der gegnerischen Elektrodynamik," *Ann*. 23 (1884): 84~103, reprinted in *Ges. Werke* 1: 295~314 중 313~314.

해 그는 에너지 보존 원리, 작용과 반작용의 등치, 작용의 중첩을 끌어왔다. 그는 여기에다 패러데이와 맥스웰의 이론과 베버의 이론, 그리고 다른 대립하는 전기 동역학 이론들에서 모두 묵인하고 있다고 그가 믿은 "전기력의 단일성"과 "자기력의 단일성"이라는 두 "원리"를 추가했다.

헤르츠는 그가 생각하는 "전기력의 단일성"의 의미를 이렇게 예시했다. 마찰 막대가 대전된 나무 조각을 끌어당기는 힘은 변화하는 자석이 도체에 전류를 유도하는 힘과 같은 힘이라는 것이다. 두 경우 모두에서 힘은 전기력이고 그 힘으로 변화하는 자석이 대전된 나무 조각을 끌어당기고 작용과 반작용의 원리에 의해 대전된 나무는 변화하는 자석을 끌어당긴다는 것이 유도된다. 또한 변화하는 자석이 또 하나의 변화하는 자석을 서로의 자기력뿐 아니라 전기력으로도 끌어당긴다는 것이 유도된다. 기존의 전기 동역학에 의해서는 자기력만이 인식되었다.[60] 헤르츠는 고리형 자석과 세기가 변하는 닫힌 전류에 대해 이 분석을 수학적으로 수행하고 되풀이하는 과정에 의해 "맥스웰 방정식"에 도달했다.[61] 그는 "만약 전자기의 통상적인 체계와 맥스웰의 체계 사이에서 선택해야 한

---

60 Planck, "Hertz," 278~279.

61 헤르츠의 전기 동역학의 수학적 분석의 출발점은 헬름홀츠의 것처럼 노이만의 "벡터 퍼텐셜"이었다. 헤르츠는 그것을 전기 흐름과 자기 흐름에 적용하여 전기 퍼텐셜과 자기 퍼텐셜을 얻었다. 변하는 전기 흐름 밀도와 자기 흐름 밀도의 이 퍼텐셜들의 함의를 추적하다가 헤르츠는 기존의 전기 동역학에서 벗어났다. 그는 작은 수정항이 A^2의 차수의 기동 작용(pondermotive action)을 설명할 식에서 필요하다는 것을 보여주었다. 여기에서 $1/A$는 $c/\sqrt{2}$와 같고 c는 베버의 상수인데 광속과 같다. 그다음에 그는 에너지 보존 원리에 의해 이 항이 유도 작용에서 또 하나의 수정을, 그리고 기동 작용에 의해 또 하나의 수정을 포함한다는 것을 보여주었다. 궁극적으로 이런 식으로 헤르츠는 A의 차수가 증가하는 수정항들이 수렴하는 무한급수에 도달했다. 그 급수는 자유 공간에서 $1/A$의 속도로 퍼지는 파동의 표준 방정식을 만족하는 전기 및 자기 퍼텐셜을 내놓는다. 전기력 E와 자기력 H는 퍼텐셜들과 마찬가지로 동일한 파동 방정식을 만족시키고 헤르츠는 맥스웰의 방정식 계와 동등한 방정식 계에 도달했다.

다면, 후자가 틀림없이 선호될 것"라고 추론했다.[62] 헬름홀츠처럼 헤르츠는 전기 동역학에서의 혼돈을 이론적 분석에 의해 해결하려고 노력했는데 여기에서는 충돌하는 이론들보다 상위의 원리들에 호소하는 방법을 썼다.[63]

헤르츠의 1884년 전기 동역학 이론 비교 연구는 볼츠만이나 로르베르크 같은 이들의 관심을 약간 끌었지만 추정컨대 헤르츠 자신 이외의 전기 동역학 연구에 많은 영향을 주지는 못했다. 플랑크는 이 연구에 대해 논평하면서 그 연구가 끌어낸 관심은 너무 적었는데 그 이유는 특히 그 논문이 1급 이론 연구 논문이었기 때문이라고 말했다. 그 논문은 헤르츠가 이후에 수행한 실험 연구만큼이나 방식상 인상적이었지만 그의 실험 연구가 그것을 잠식해버렸다.[64] 헤르츠는 동전기력과 정전기력의 단일성을 부인한 헬름홀츠의 이론에서 이 나중의 실험 연구를 시작했지만

$$\nabla^2 H - A^2 \frac{d^2}{dt^2} H = 0,\ \mathrm{div}H = 0$$

$$\nabla^2 E - A^2 \frac{d^2}{dt^2} E = 0,\ \mathrm{div}E = 0$$

(벡터 표시법은 헤르츠의 것이 아니라 현대적인 것을 따랐다.) 헤르츠는 또한 전기력과 자기력을 혼합하는 1차 미분 방정식을 적었다. 이 논문에서 전기력과 자기력의 방정식은 처음으로 "대칭적인 형태"로 표현되었다. Salvo D'Agostino, "Hertz's Researches on Electromagnetic Waves," *HSPS* 6 (1975): 261~323 중 291.

62 Hertz, "Über die Beziehungen," 313.

63 [역주] 헤르츠는 장(마당) 개념을 기본으로 한 맥스웰의 전자기학이 원격 작용을 바탕으로 한 대륙의 전자기학보다 우월하다는 것을 이론적 추구를 통해서 발견하게 된다. 이러한 과정은 그가 1888년에 맥스웰의 방정식에서 논리적으로 유도되는 전자기파의 존재를 실험적으로 검출하는 쾌거를 이룰 이론적 토대가 된 작업이었다.

64 Planck, "Hertz," 278; Max Planck, "James Clerk Maxwell in seiner Bedeutung für die theoretische Physik in Deutschland," *Naturwiss*. 19 (1931): 889~894, reprinted in *Phys. Abh*. 3: 352~357 중 356.

그 연구를 하는 도중에 1884년의 힘의 단일성의 원리를 연상시키는 장(마당)의 단일성에 대한 이해로 나아갔다.[65]

헤르츠는 킬 대학에서 쉬지 않았다. 그는 스스로 경비를 들여 자신의 집에 실험실을 차렸지만 그것이 연구소 같지는 않았다. 그가 연구에 이용할 수단은 열악했고 짤막한 길이의 백금선이나 유리관을 얻는 데 무한한 시간이 걸리는 것 같았다.[66] 그는 항상 이론 연구뿐 아니라 실험 연구도 해왔고 그러한 방식을 계속하기를 원했다. 그는 자신을 이론 전문가로 보지는 않았지만 그가 킬 대학에 계속 있을 것이라면 확실히 강의에서나, 그리고 정황상, 연구에서도 십중팔구 이론 전문가가 되어야 할 것 같았다.

1884년 11월에 정부 부처는 킬 대학 철학부에 계획대로 헤르츠를 이제 이론 물리학 부교수로 삼으라고 제안했고 12월에 철학부는 정부 부처에 동의한다는 보고서를 보냈다. 헤르츠는 카를스루에 종합기술학교가 그에게 일자리를 제안하면(그럴 가능성이 알려져 있었다) 그에게 보상이 제시될 수 있도록 학부가 이런 식으로 투표했다고 생각했다. 헤르츠는 그의 업무 여건을 개선하기를 원했고 카를스루에 종합기술학교가 물리학 정교수 자리와 멋진 물리학 연구소 소장직을 제안하자 주저 없이 수락했다. 그는 킬 대학 철학부 학부장에게 "거의 다른 선택의 여지가 없다"고 "확신"했다고 말했다.[67]

헤르츠는 큰 기대를 하는 동료에게 카를스루에 일자리를 얻은 "행운"

---

65 D'Agostino, "Hertz's Researches," 295, 322.

66 헤르츠가 부모에게 보낸 편지, 1883년 10월 27일 자, Hertz, *Erinnerungen*, 186.

67 헤르츠가 모친에게 보낸 편지, 1884년 12월 6일과 12일 자와 1884년 12월의 일기장 내용, Hertz, *Erinnerungen*, 198~200.

에 대해 편지에 썼다. 헤르츠는 일자리 문제에서 한 사람의 성공은 또 한 사람에게 성공을 앗아가는 "자기중심적인" 일이라고 생각했다. 헤르츠는 그의 성공이 헬름홀츠나 키르히호프 같은 "권위자"들의 눈에 들었기 때문이라고 했다.[68]

새 이론 물리학 부교수 자리를 채우기 위해 킬 대학 철학부는 플랑크를 추천했는데 그에게 그들은 헤르츠만큼 많은 신뢰를 두었다. 이론 물리학의 젊은 선생 중에서 플랑크는 "가장 오래 가장 성공적인 활동"을 해왔다는 명성이 있었고 철학부는 그의 강의만큼 그의 출판물에 깊은 인상을 받았다.[69] 정부는 그들의 선택을 승인했고 플랑크를 1885년 5월에 그 자리에 임용했다. 플랑크는 모든 수리 물리학을 가르치기로 했고 필요하면 실험 물리학을 돕기로 했다.[70]

킬 대학으로 옮기는 것은 헤르츠보다 플랑크의 연구 방향과 잘 맞았

---

68 헤르츠가 엘자스(Elsas)에게 보낸 편지, 1885년 1월 10일과 26일 자, Ms. Coll. DM, 3089, 3090.

69 감독관은 1885년 1월 2일에 그 학부에서 보내는 또 하나의 제안을 정부 부처에 알렸다. 감독관은 2월에 학부가 플랑크를 추천한 것에 동의했다. 킬 대학 감독관 몸젠(Mommsen)이 프로이센 문화부 장관 고슬러에게 보낸 문서, 1885년 2월 12일 자와 킬 대학 철학부 학부장이 고슬러에게 보낸 문서, 1885년 2월 13일 자, DZA, Merseburg.

70 1885년 4월에 킬 대학은 "이론 물리학 부교수"를 위한 예산으로 추가된 3,060마르크를 받았다. 2,400마르크는 봉급이고 660마르크는 임대료였다. 플랑크는 같은 날 뮌헨에서 프로이센 문화부 관리인 알트호프(Friedrich Althoff)를 만나서 계약서에 서명했는데 그에 따르면 플랑크는 봉급으로 2,000마르크를 받고 추가로 660마르크를 받았다. 즉, 플랑크는 대학이 그에게 줄 봉급으로 정부에서 받는 것보다 400마르크를 적게 받았다. 정부 문서, 1885년 4월 10일 자. 프로이센 문화부 장관이 플랑크에게 보낸 편지, 1885년 5월 2일 자, DZA, Merseburg. 킬 대학 감독관 몸젠이 킬 대학 철학부에 보낸 편지, 1885년 5월 6일 자, LA Schleswig-Holstein, Abt. 47.7 Nr. 8.

다. 또한 플랑크는 어려서 킬에서 자랐기에 킬로 가는 것은 그가 잘 알고 있는 곳으로 옮기는 것이었다. 그의 가족은 킬에서 뮌헨으로 이사한 것이다. 뮌헨에서 그의 아버지는 대학에서 법학을 가르쳤고 플랑크는 김나지움을 다녔다. 그는 일찍이 음악에서 경력을 쌓을 생각을 해보았지만 작곡에 재능이 없다고 판단했다. 그는 인문학도 고려해 보았고 나중에는 그런대로 괜찮은 문헌학자나 역사학자가 될 수 있을지도 모른다고 생각했다.[71] 뮌헨 대학의 학생으로 그는 수학 강의에 출석했고 그 강의들이 그를 엄밀 자연 과학으로 기울게 했다. 그는 "순수하게 수학적인 토대 위에서는 자연히 풀릴 수 없는 세계관에 관한 질문들에 깊은 흥미를 느꼈기에" 수학보다 물리학을 좋아했다고 회고했다.[72] 그는 사망하기 얼마 전에 자신이 물리학에 헌신하기로 "처음에 결심"한 이유는, 사고의 법칙들이 외부 세계에서 우리가 받는 인상들과 조화를 이루며, 우리는 순수한 사고를 통해 그런 법칙들을 발견할 수 있다는 것을 깨달았기 때문이라고 적었다.[73]

플랑크는 틀림없이 헤르츠와 같은 충고를 받았다. 왜냐하면 얼마간 욜리 밑에서 물리학을 공부한 후에 그도 공부를 계속하기 위해 뮌헨을 떠나 베를린으로 갔기 때문이다. 베를린에서 플랑크는 헬름홀츠와 키르

---

[71] Armin Hermann, *Max Planck in Selbstzeugnissen und Bilddokumenten* (Reinbek b. Hamburg: Rowohlt, 1973), 11. Max Born, "Max Karl Ernst Ludwig Planck 1858~1947," *Obituary Notices of Fellows of the Royal Society* 6 (1948): 161~188, reprinted in Max Born, *Ausgewählte Abhandlungen, ed. Akademie der Wissenschaften in Göttingen*, 2 vols. (Göttingen: Vandenhoeck und Ruprecht, 1963), 2: 626~646 중 627.

[72] 플랑크가 슈트라서(Josef Strasser)에게 보낸 편지, 1930년 12월 14일 자, Hermann, *Planck*, 11에서 인용.

[73] Max Planck, *Wissenschaftliche Selbstbiographie* (Leipzig: J. A. Barth, 1948), 7~34 중 7 (여기서부터 *Wiss. Selbstbiog.*로 인용), 재인쇄는 *Phys. Abh.* 3: 374~401.

히호프를 보았고 그들은 세계적인 명성으로 그에게 강한 인상을 남겼기에 이제 뮌헨의 물리학은 단지 "지역적 중요성"만 있었다는 것을 깨달았다. 그러나 헬름홀츠와 키르히호프의 강의에서 플랑크는 "주목할 만한 소득"을 얻지 못했다. 헬름홀츠는 강의 준비를 하지 않았기에 계속 사실을 확인하기 위해 강의 노트를 보아야 했고, 계산에서 자주 틀렸으며, 그 모두는 플랑크에게 그가 학생들만큼 따분해한다는 인상을 남겼다. 헬름홀츠의 학급은 점차 줄어들어 셋만 남았고 플랑크가 그중 하나였다. 대조적으로 키르히호프는 그의 강의를 마지막 세부 사항까지 계획을 세웠고 그것을 흠 없는 문장으로 전달했으며 암기된 교재를 읊는 것 같았다. 이런 이유로 플랑크에게는 그의 강의가 헬름홀츠의 강의만큼 지루했다.[74]

플랑크는 할 수 없이 헬름홀츠와 키르히호프, 그리고 다른 최근의 대가들의 저작에서 물리학을 배우게 되었다. 플랑크가 학위 논문을 쓴 것은 무엇보다도 클라우지우스의 글에서 제안된 주제에 대해서였다. 그는 1879년에 학위 논문을 뮌헨에서 제출했다. 그는 우리가 주목했듯이 이론 물리학 사강사로서 초조하게 교수 자리를 기다리면서 뮌헨에 계속 머물렀다. 임업 아카데미에서 물리학을 가르쳐 달라는 초빙을 받았을 때 그는 그 문제를 헬름홀츠와 논의하기 위해 베를린으로 갔다. 플랑크가 선호하는 분야인 이론 물리학 일자리들에 대한 헬름홀츠의 예상은 낙관적이었다.[75] 그래서 플랑크는 뮌헨에서 기다렸고 때마침 킬 대학이 헤르츠

---

74 그 교재는 키르히호프 자신의 것이었다. 플랑크의 설명, *Wiss. Selbstbiog.*, 8~9는 키르히호프의 동급생 그래츠(Leo Graetz)의 언급과 같다. 그래츠는 그 당시에 한 친구에게 키르히호프의 역학 강의가 그의 교재를 그대로 반복한 것이라고 편지에 썼다. 그래츠가 아우어바흐에게 보낸 편지, 1877년 5월 6일 자, Auerbach Papers, STPK.

75 Hermann, *Planck*, 18.

가 비운 자리에서 이론 물리학을 가르쳐 달라고 그를 초청했다. (플랑크가 그의 과학 자서전을 쓰게 되었을 때, 그는 물리학에서의 성취를 제때에 인정받는 기회에 대해 비관적으로 바뀌어 있었다. 그는 킬 대학의 제안이 오히려 그의 아버지가 카르스텐Gustav Karsten의 가까운 친구였다는 정황 덕택이었지 그의 과학적 연구 덕택이었다고 판단하지 않았다.)[76]

킬 대학은 헤르츠만큼 플랑크에게도 더 좋은 일자리를 얻기 위한 디딤돌이었다. 그러나 킬 대학 이후에 그들의 경력은 그들의 관심이 갈라진 만큼 갈라졌다. 헤르츠는 실험 물리학 일자리로 옮겼고 플랑크는 또 다른 이론 물리학 교수 자리로 옮겼다. 킬 대학에서 플랑크가 할당받은 강의는 그의 연구 관심사와 일치했다. 그가 나중에 말했듯이 그는 "독자적인"sui generis 이론 물리학자였다.[77]

1889년 2월에 플랑크는 베를린 대학에 같은 직급, 즉 이론 물리학 부교수로 자리를 옮겼다. 킬 대학 학부는 그 자리를 다시 채워야 했는데 그러기가 쉽지 않을 것임을 깨달았다. 그들이 고를 사강사는 많았지만 거의 모두가 실험 물리학에서 명성을 얻고 있었다. 부분적인 이유는 대학들이 이론 물리학 정교수 자리를 가진 경우가 거의 없었기에 젊은 물리학자들이 그 분야에서 승진의 기회가 거의 없기 때문이었다.

킬 대학 학부는 이론 물리학에 경험이 있는 몇 안 되는 사강사 중 하나로 채용자를 결정했다. 그는 플랑크와 함께 뮌헨 대학에서 여러 해 동안 이론 물리학을 가르친 적이 있었던 그래츠였다. 그래츠는 연구 중에 순수하게 이론적인 문제들과 관련된 실험 문제에 종사했기에 훌륭하게 자질을 갖춘 것으로 보였다.[78] 그러나 프로이센 정부 부처가 그래츠에게

[76] Planck, *Wiss. Selbstbiog.* 13.
[77] Planck, *Wiss. Selbstbiog.* 16.

만족하지 못하자 킬 학부는 그래츠의 임용을 계속해서 요청하면서 추천서에 아우어바흐를 추가했고 그다음 순서로 쾨니히Arthur König를 추가했다. 정부 부처는 킬에 "유대적Jewish 요소를 증가시키기"를 원하지 않았기에 여전히 불만스러워 했고 단순하게 적절한 젊은 물리학자가 없다고 주장했다. 더욱이 그들은 늙은 카르스텐이 도움이 필요할 때에는 실험 물리학에 도움을 주어야 할 것이므로 나이 든 물리학자가 어쨌든 필요하다고 주장했다. 그들은 레온하르트 베버Leonhard Weber를 임용했고 그 자리의 봉급을 플랑크가 받았던 봉급의 2배로 올려 일반적으로 부교수가 받는 것보다 많아지게 했다. 1892년 9월에 카르스텐이 실험 물리학 강의의 부담을 면제해 달라고 요청했을 때 그는 베버가 그처럼 강의들을 넘겨받는다 해도 베버에게 그렇게 힘든 일은 없으리라 생각했다. 이론 물리학에는 학생이 별로 없었기 때문이었다.[79]

카르스텐은 베버가 정식으로 그의 뒤를 잇기를 원했지만 그런 생각은 킬에서 환영받지 못한다는 것이 드러났다.[80] 대신에 베버는 개인 정교수

---

78 프로이센 문화부 장관 고슬러가 킬 대학 감독관 몸젠에게 보낸 편지, 1889년 1월 4일 자와 킬 대학 철학부의 추천서, 1889년 2월 25일 자, DZA, Merseburg.

79 카르스텐은 베버의 시간 중 일부가 이론 물리학의 "그런 강의들"을 하는 데 필요하다고 말했다. 프로이센 문화부가 킬 대학 감독관에게 보낸 편지, 1889년 3월 2일 자, 킬 대학 철학부가 고슬러 장관에게 보낸 문서, 1889년 3월 16일 자. 고슬러가 킬 대학 감독관에게 보낸 편지, 1889년 7월 16일 자. 고슬러가 국무 및 재정부 장관 숄츠(v. Scholz)에게 보낸 편지, 1889년 7월 16일 자, 감독관이 고슬러에게 보낸 편지, 1889년 7월 31일 자. 고슬러가 국왕에게 보낸 편지, 1889년 8월 15일 자, 카르스텐이 킬 대학 감독관에게 보낸 편지, 1892년 9월 17일 자; 모두 DZA, Merseburg.

80 수학자 포흐하머(L. A. Pochhammer)는 그가 낸 시험들에서 베버에게 배운 물리학 학생들이 제대로 준비가 되지 않은 것을 알게 되었다. 기술 물리학 사강사인 하겐(Ernst Hagen)은 베버의 물리학 실험실을 오늘날 본받지 말아야 할 실험실의 모형이라고 불렀다. Charlotte Schmidt-Schönbeck, *300 Jahre Physik und Astronomie an der Kieler Universität* (Kiel: F. Hirt, 1965), 100.

자리와 물리학 연구소에서 대기 물리학을 연구할 방 몇 개를 제공받았다.[81] 그는 1919년까지 킬 대학에서 이론 물리학을 계속 가르쳤다.

킬 대학은 독일 물리학의 중심들에서 멀리 떨어진 작은 대학이었고 비슷한 프로이센의 대학들처럼 주로 베를린에만 관심을 집중하는 정부 부처에게 물질적으로 소홀하게 취급당했다. 카르스텐이 소장을 맡으면서 킬 물리학 연구소는 반세기 동안 실험 연구에서 의미 있는 성과를 거의 내지 못했다. 그러나 독일 대학에서 이론 물리학이 확립되는 과정에서 킬 대학은 한 부분을 담당했다. 킬 대학의 이론 물리학 교수 자리는 독일 이론 물리학에 크게 기여하는 두 인물인 헤르츠와 플랑크의 초기 경력을 진척시켰던 것이다.

헬름홀츠는 그가 반복적으로 교수진들과 정부 부처들에게 말한 것을 베를린 대학의 수강생들에게 말했다. 즉, 어떤 물리학자들은 이론 물리학을 하는 데에서 더 큰 만족을 얻고 다른 물리학자들은 실험 연구를 하면서 더 큰 만족을 얻는다. 어떤 물리학자들은 이론을 더 잘하고 다른 물리학자들은 실험을 더 잘한다. 하지만 취향이 어떠하든 그들은 모두 이론 지식과 실험 지식을 갖춰야 한다고 했다.

> 순수하게 실제적 관점에서 물리학에 더 깊이 들어가면 누구든 이 방향으로 가기를 원하는지 저 방향으로 가기를 원하는지 결정하고, 그에 따라 더 많은 노력을 이 방향이나 저 방향으로 쏟는 것이 잘하는 것이다. 마찬가지로 수리 물리학 없는 실험 물리학은 매우 좁게 경계 지워진 과학이어서 물리적 현상의 추이에 거의 통찰력을 제공

---

[81] Schmidt-Schönbeck, *300 Jahre Physik … Kieler Universität*, 100.

하지 못하며 역으로 실험 물리학이 없는 수리 물리학은 마찬가지로 절름발이에 성과 없는 과학이 될 것임을 처음부터 강조해야 한다. 자연의 과정을 직접 보기 전에는 이런 과정에 대한 이론을 잘 만들지 못하기 때문이다.[82]

키르히호프는 헬름홀츠가 기술한 종류의 물리학자 중 좋은 사례였다. 키르히호프는 우선적으로 수학적 이론을 구성하는 데 관심이 있었는데 그런데도 실험 물리학에 아주 정통해 있었다. 키르히호프가 사망했을 때 헬름홀츠는 물리학의 필요에 대해 상당한 이해가 있는 또 다른 이론 물리학의 담당자가 그를 대신하도록 당연히 신경을 썼다. 베를린 대학은 볼츠만과 헤르츠를 데려오려고 애를 썼으나 허사였다. 헤르츠는 킬에서 카를스루에로 옮긴 후에 전기파에 대한 실험 연구로 명성을 얻은 상태였다. 그들은 후보자 명단에서 헤르츠 다음에 있었던 플랑크를 선택했다. 플랑크는 볼츠만이나 헤르츠에 견줄만한 연구를 하지 못했기에 부교수로 임용되었고 그것은 당분간 베를린 대학에서 물리학 교육은 통상적인 제도로 돌아갔다는 의미였다. 즉, 실험 물리학을 가르치는 정교수 옆에서 두 번째 물리학자가 부교수로 이론을 가르쳤다.

직급은 그러했지만 플랑크는 베를린 대학에서 통상적인 두 번째 물리학자보다 처음부터 더 높은 자리를 차지했다. 그는 1889년에 헬름홀츠가 제안한 이론 물리학 연구소의 소장이었다. 그 연구소는 아주 수수하여 그 연구소에 만족했을 물리학자는 거의 없었다. 그러나 그 연구소는 플랑크가 하기를 원한 일에는 충분했다. 그 일은 베를린 대학에 오기 전에

---

[82] Hermann von Helmholtz, *Vorlesungen über theoretische Physik*, vol. 1, pt. 1, *Einleitung zu den Vorlesungen über theoretische Physik*, ed. Arthur König and Carl Runge (Leipzig: J. A. Barth, 1903), 4.

뮌헨 대학과 킬 대학에서 그가 했듯이 이론 물리학을 가르치고 연구하는 일이었다. 그 연구소는 연간 570마르크의 예산을 받았고 조수가 한 명 있었다. 그 돈은 대부분 연구소의 장서에 쓰였고 조수는 주로 학생들의 지필 연습 과제를 읽고 고쳐주는 일을 했다. 실험 연구는 실제로 배제되었다.[83] 플랑크의 우선적인 임무는 이론 물리학 강의들을 순차적으로 돌리는 것이었다.[84]

플랑크는 헬름홀츠가 받아들일 만하다고 생각한 종류의 전문가였다. 플랑크가 스스로 실험을 하지는 않았지만 그는 면밀하게 실험 연구자들의 작업을 따라갔고 그의 논문에서 그들의 측정표를 재현했고 그들이 관찰을 선개할 방법들을 제안했다. 플랑크가 확성된 "이론 연구자"로 베를린에 도착했을 때 그는 물리학 연구소의 조수들이 처음에는 그를 멀리한다고 느꼈다. 그러나 그는 연구소의 중요한 물리학자에게 환영을 받았다. 그는 바로 얼마 전에 헬름홀츠를 대신한 쿤트 소장이었다. 쿤트는 플랑크의 임용이 이루어졌을 때 동료에게 "플랑크를 얻은 것은 대단한 수확이라고 믿는다. 모든 면에서 그는 대단한 사람인 것 같다."라고 말했다.[85]

그 당시에 플랑크는 겨우 30세였고 화학 과정의 열역학에 대한 일련

---

[83] [역주] 플랑크의 베를린 대학 이론 물리학 연구소는 비슷한 시기의 다른 이론 연구소와 차별화되는 특성이 있었다. 그것은 다른 이론 연구소가 이론 물리학의 진보를 위해 측정을 수행한 반면에 플랑크의 연구소는 측정을 포함하여 일체의 실험을 수행하지 않았다는 점이었다. 그런 점에서 플랑크의 이론 물리학 연구소는 진정한 이론 연구소였다.

[84] Max Planck, "Das Institut für theoretische Physik."

[85] Planck, *Wiss. Selbstbiog*. 16. 쿤트가 그래츠에게 보낸 편지, 1889년 5월 26일 자, Ms. Coll., DM, 1933, 9/18.

의 연구를 수행하고 있었다. 이것이 헬름홀츠에게 강한 인상을 남겼다. 헬름홀츠는 물리 화학이 화학의 다음 발전을 지배하게 될 것이고 마침내 진정한 화학 이론으로 인도할 것이라고 믿고 있었다. 그는 플랑크를 그 분야에서 일하는 가장 유능한 젊은 과학자로 간주했다. 그것은 헬름홀츠가 최근에 직접 그것을 연구했기에 전문가로서 판단할 수 있는 문제였다. 플랑크에 대한 베를린 대학 철학부의 보고서는 그의 화학 열역학에서 예시되듯이 플랑크의 연구들이 "다른 가설의 간섭 없이 역학의 중요한 결과들"을 계속 내놓고 있다고 칭찬했다. 그 보고서는 또한 헬름홀츠가 항상 물리학 교수 후보자들에게서 찾았던 것인 "독창적인 아이디어"로 플랑크를 칭찬했다.[86]

플랑크가 아직도 킬 대학에 있었던 1887년과 1891년 사이에 그는 "엔트로피의 증가 원리에 관하여"라는 제목으로 4편의 논문을 출간했는데 그 논문들에서 그는 열역학 제2법칙을 화학적 문제에 적용했다. 그의 목표는 이 시리즈의 첫 논문에서 밝혔듯이 헬름홀츠, 깁스Josiah Willard Gibbs 그리고 다른 이들의 "대大 일반화"를 더 확장하는 것이었다. 역학적 열 이론의 첫 번째 원리처럼 두 번째 원리, 즉 "카르노-클라우지우스"의 원리[87]는 열 현상뿐 아니라 모든 종류의 물리적 및 화학적 현상에 적용되며 두 번째 원리가 가역 과정뿐 아니라 비가역 과정 또는 "자연적" 과정에 적용되기 때문에 그 원리는 모든 과정에 적용되는 것이다. 화학 반응의 경로를 궁구하는 플랑크의 출발점은 엔트로피와 관련된 원리에 대한 클라우지우스의 정의였다. 즉, 물체의 상태 변화를 포함하는 모든

---

86 베를린 대학 철학부의 보고서, 1888년 11월 29일 자, DZA, Merseburg; Hermann, *Planck*, 21~22에서 인용.

87 [역주] 카르노가 개념적 기초를 놓고 클라우지우스가 수학적으로 공식화한 열역학 제2법칙을 지칭한다.

과정에서 엔트로피의 합은 증가하거나 일정하지 절대 감소하지 않는다. 플랑크는 이 원리의 도움과 열역학 퍼텐셜의 도입으로 첫 논문에서 화학 평형의 일반 이론을 전개했고 그 이론의 세부 사항들을 시리즈의 후속 논문들에 채웠다. 그는 신중하게 접근법을 고려하여 "분자 운동의 본성에 대한 한정된 개념들"을 도입하기보다는 사실로부터 법칙들을 결정하곤 했다.[88]

아인슈타인은 그 시리즈의 이후 논문 중 하나를 플랑크의 "최초의 위대한 과학적 성취"라고 판정했다. 그 논문에서 아인슈타인이 그렇게 칭찬한 것은 순수한 열역학적 원리들에서 유도할 수 있는 모든 것을 담고 있는 그 공식들의 일반성 때문이었다.[89] 이것과 다른 이후의 논문들에서 플랑크는 그의 이론을 기체의 해리dissociation, 묽은 용액, 전기화학 과정에 적용했다. 플랑크는 이 시기에 비슷한 문제들을 다루는 다른 논문들을 출판했다. 특히 용액에서 전기 과정도 포함되었는데 이 분야는 콜라우시Friedrich Kohlrausch, 오스트발트Wilhelm Ostwald, 네른스트Walther Nernst, 반트호프J. H. van't Hoff, 아레니우스Svante Arrhenius 등의 최신 연구를 통해 활동적인 분야가 되어 있었다. 1893년에 플랑크는 열화학에 대한 논저에 그의 여러 연구의 결과들을 모아놓았다.[90]

---

[88] Max Planck, "Ueber das Princip der Vermehrung der Entropie. Erste Abhandlung. Gesetze des Verlaufs von Reactionen, die nach constantan Gewichtsverhältnissen vor sich gehen," *Ann.* 30 (1887): 562~582, 재인쇄는 *Phys. Abh.* 1: 196~216 중 196~200. Born, "Planck," 629.

[89] 아인슈타인은 그 시리즈의 세 번째 논문을 지칭했다. Max Planck, "Ueber das Princip der Vermehrung der Entropie. Dritte Abhandlung. Gesetze des Eintritts beliebiger thermodynamischer und chemischer Reactionen," *Ann.* 32 (1887): 462~503, 재인쇄는 *Phys. Abh.* 3: 232~273. Albert Einstein, "Max Planck als Forscher," *Naturwiss*. 1 (1913): 1077~1079 중 1077.

[90] Max Planck, *Grundriss der allgemeinen Thermochemie* (Breslau, 1893).

플랑크는 1891년에 독일 과학자 협회에서 열 이론의 최근 진보에 대한 초청 강연을 했는데 그 강연에서 그는 기체의 해리와 최신 연구에서 다루었던 다른 문제들에 대해 논의했다. 그는 기체 운동론을 통해 원자의 역학에 대한 최종적인 질문들에 답하려고 노력한 크뢰니히August Krönig, 클라우지우스, 볼츠만의 대범한 가설들을 되살렸다. 플랑크의 견해에 따르면 최초의 성공 후에 그 이론은 그것이 받았던 큰 기대를 충족하지 못했다. 그 성공 이후 학자들은 후속 결과를 얻기 위해 엄청나게 노력했으나 얻어진 결과는 그에 미치지 못했다. 플랑크는 분자 세계에 대한 깊은 통찰을 "이상적 과정"ideal process(제2법칙에서 나온 결론들이 의존하는 가역 과정이 "이상적"이다.)의 방법으로 열역학의 일반적 법칙들에서 얻을 수 있다고 믿었다. 이상적 과정은 "인간 지성의 특별한 승리"이며 직접적인 실험에 갇힌 영역과 자연법칙 사이의 연관성을 발견하도록 우리를 이끌 수 있는 "경로 탐색자"pathfinder였다. 가령, 이상적 과정은 전해액의 전도율, 즉 분자가 이온으로 분해되는 정도가 희석률에 의존한다는 것을 이론적으로 확립하게 해주었다. 이상적 과정을 사용하게 되면서 최근에 열역학은 크게 진보하게 되었고 그 과정들은 실험으로 직접 증명될 수 없기에 더욱더 놀라웠다.[91]

몇 년이 지나서 1894년에 헬름홀츠가 쿤트와 베촐트와 함께 프로이센 과학 아카데미의 정회원으로 플랑크를 추대했을 때, 그들은 1887년부터 《물리학 연보》에 나온 그의 연구, "두드러지게 열화학"에 관계된 11편의 논문들에 대해 논의했다. 그를 추대한 사람들은 분자 운동에 대한 가설에 의존할 필요 없이 일반적인 원리들에서 유도한 인상적인 결과들

---

[91] Max Planck, "Allgemeines zur neueren Entwicklung der Wärmetheorie," *Zs. f. phys. Chemie* 8 (1891):" 647~656, reprinted in *Phys. Abh.* 1: 372~381. 380~381에서 인용.

을 언급했다. 이것들은 가령, 주어진 물질의 상이한 집합 상태들이 공존할 수 있는 조건들과 혼합 기체의 평형을 포함했다. 플랑크의 "가장 중요하고 가장 천재적인 이론적 성취"는 어는점과 희석된 수용액의 기체압은 용해된 물질의 분자 수에 의존한다는 경험적 법칙에 이론적 기초를 제공한 것이었다.[92] 플랑크는 일반적인 원리들을 이렇게 적용하여 이론 화학의 분리되고 독립적인 두 출발점을 하나로 모아 "위대하고 포괄적인 연결체"로 만들었다.[93]

고등공업학교와 기술 물리학 교육을 통한 제도적 강화

이론 물리학의 지도급 연구자 중 몇몇은 종합기술학교 또는 19세기 말에 개명된 대로 고등공업학교Technische Hochschulen에서 그 과목을 강의했다. 우리가 보았듯이 헤르츠는 그러한 학교에서 공부하고 가르쳤고 그가 독일 이론 물리학의 방향을 심오하게 바꾸어 놓은 전기파에 대한 실험을 수행한 곳도 그런 학교 중 하나인 카를스루에 고등공업학교였다. 이 학교들은 대학만큼 비중이 크지는 않지만 우리의 연구에서 한 자리를 차지하고 있다.

---

92 [역주] 용액의 어는점 내림과 끓는점 오름 현상이 몰 농도에 비례한다는 물리 화학의 법칙에 플랑크가 도달했음을 의미한다. 플랑크는 일반적으로 양자역학의 창시자로서 흑체 복사에 대한 이론적 연구로 유명하지만, 그가 그렇게 유명해지기 전에 물리 화학에서 이론 물리학으로 탁월성을 인정받고 있었다는 것은 널리 알려지지 않았다.

93 헬름홀츠, 쿤트, 베촐트가 서명한, 플랑크의 프로이센 과학 아카데미 정회원 제안서, Document Nr. 23 in *Physiker über Physiker*, 125~126. 제안서에는 날짜가 없다. 플랑크의 선출은 1894년 6월 11일에 있었다.

19세기 말에 독일에는 아헨, 베를린, 브라운슈바이크, 다름슈타트, 드레스덴, 하노버, 카를스루에, 뮌헨, 슈투트가르트에 위치한 9개의 고등공업학교가 있었다. 20세기 초에 브레슬라우와 단치히의 두 학교가 추가되었다. 이 학교들에서는 대학에서처럼 물리학 교원의 규모와 물리학 과목의 범위가 곳곳마다 상당히 다양했다. 실례로, 세기 전환기에 베를린 고등공업학교에는 수리 물리학과 역학을 포함하여 물리학을 두 명의 교수, 4명의 강사Docent, 5명의 사강사Privatdocent, 세 명의 조수가 가르쳤다. 뮌헨 고등공업학교에도 물리학 교원이 잘 갖추어져 있었다. 대조적으로 브레슬라우 고등공업학교는 물리학 교수진을 지역 대학에 전적으로 의존하고 있었다. 브라운슈바이크 고등공업학교에는 한 명의 물리학 교수가 조수 한 명을 거느리고 있었다. 아헨 고등공업학교에는 한 명의 교수와 한 명의 강사가 있었다.[94]

---

[94] 1880년경이 되면 독일의 종합기술학교는 "고급 학교"의 공식적 자리를 획득했다. 종합기술학교(Polytechnic)에서 고등공업학교(Technische Hochschule)로 해당 명칭이 변화한 시기는 학교마다 달랐다. 이 학교들이 기술 학위를 수여하는 권리에서 대학과 완전한 동등성을 획득하는 것은 1890년대에 이루어졌다. Karl-Heinz Manegold, *Universität, Technische Hochschule und Industrie*, vol. 16, Schriften zur Wirtschafts- und Sozialgeschichte, ed. W. Fischer (Berlin: Duncker und Humblot, 1970), 72~74. 독일 고등공업학교에서 물리학 선생의 수는 다음에 제시되어 있다. Wilhelm Lexis, ed., *Das Unterrichtswesen im Deutschen Reich*, vol. 4, pt. 1: *Die Technischen Hochschulen im Deutschen Reich* (Berlin: A. Asher, 1904), 217, 296; 또한 Paul Forman, John L. Heilbron, and Spencer Weart, "Physics circa 1900. Personnel, Funding, and Productivity of the Academic Establishments," *HSPS* 5 (1975): 1~185 중 10. 고등공업학교는 교원들에 대해 대학과 같은 주요 직함인 정교수, 부교수, 사강사를 사용했다. 그들은 또한 "강사"(Docent)를 사용했는데 사강사가 보통 봉급을 받지 않는 것과 대조적으로 봉급을 받는 교원을 의미했다. 가령, 레만(Otto Lehmann)은 1883년에 아헨 고등공업학교에 물리학 강사로 가서 물리학 교수인 뷜너(Adolph Wüllner)의 조수가 되었다. 레만의 학급들은 작았다. 역학적 열 이론 강의에는 학생이 2명, 실험 물리학 강의에는 4명, 실험실에는 3명이 있었고, 응용 물리학 학급에는 아무도 없었다. 실험실 연구를 할 공간은 너무 작아서 그가 가르치던 뮐하우젠(Mühlhausen)의 중등학교에서 가져온 작은 장치를

예상대로 물리학자가 기술학교에서 맡을 주된 책임은 기초 물리학을 가르치는 것이었고, 그들은 그 과목을 "일반 학과"라고 불리는 곳에서 가르쳤다.[95] 이 학과의 교육은 전문적인 공학 교실engineering school의 교육을 보완했다.[96] 대학의 철학부처럼 작센과 남부의 영방국가들이 운영하는 고등공업학교의 일반 학과는 공학자에게 일반 교육을 제공하는 것을 뛰어넘어 자체의 교육 목표를 발전시켰다. 가령, 1860년대에 드레스덴의 기술학교는 일반 학과에 수학, 물리학, 기타 자연 과학을 가르칠 교사를 훈련하는 전문 교실을 설립했다. 다름슈타트, 카를스루에, 뮌헨, 슈투트가르트는 역시 이 과목들을 가르칠 교사들을 길러낼 부분적이거나 완전한 훈련을 제공했다. 나중에 프로이센의 기술학교들은 이 학교들 선례를 따랐다. 1898년 프로이센의 새로운 시험 법령은 수학이나 물리 과학의 교사 지망생이 그들이 교육받은 시간의 절반을 고등공업학교에서 보내는 것을 허용했고 아헨 고등공업학교는 곧 이러한 목적의 교육을 제공했다.[97]

놓을 공간을 찾을 수가 없었다. 그는 뮐하우젠에서보다 아헨에서 연구를 하는 데 시간이 10배 더 걸렸다고 말했다. 그러나 그는 아헨에서 장치 컬렉션이 더 나아졌고 연구 시간이 더 늘어났기에 그것으로 보상받았다고 느꼈다. 레만이 바르부르크에게 보낸 편지, 1883년 11월 6일 자, STPK. K. L. Weiner, "Otto Lehmann, 1855~1922," in *Geschichte der Mikroskopie*, vol. 3, ed. H. Freund and A. Berg (Frankfurt a. M.: Umschau, 1966), 261~271 중 262.

[95] 일반 학과로 대표되는 분야 중에서 물리학은 "가장 중요한 자연 과학 교육 분야"로 간주되었다. 왜냐하면 고등공업학교에서 가르치는 다른 과목 모두 그것이 관련되어 있었기 때문이었다. Robert Fricke, "Die allgemeinen Abteilungen," in *Das Unterrichtswesen im Deutschen Reich*, ed. W. Lexis, vol. 4, pt. 1, 49~62 중 54.

[96] 드레스덴 고등공업학교의 물리학자인 빈(Max Wien)과 체넥(Jonathan Zenneck)에게는 "물리학의 정확한 방법을 기술 문제를 취급하는 데 도입하는 것이 고등공업학교의 가장 아름다운 임무 중 하나였다." 빈과 체넥이 단치히 고등공업학교 평의회에 보낸 문서, 1906년 2월 15일 자, Ms. Coll., DM.

[97] Frick, "Die allgemeinen Abteilungen," 58~61. Paul Stäckel, "Angewandte

고등공업학교에는 물리학 박사학위를 수여할 권리가 없었고, 그것은 물리학 분야에서 대학보다 이 기술학교들이 중요성이 더 적음을 확실히 했다. 그렇다 해도 그 학교들은 많은 물리학자가 물리학을 공부하고 가르치고 실습할 기회를 제공했다. 대학처럼 고등공업학교는 "두 번째" 물리학자의 필요성을 인식하게 되었다. 가령, 1891년까지 아헨, 드레스덴, 카를스루에의 세 학교는 이론 물리학 교원들로 모두 부교수를 확보하게 되었고 때가 되자 다른 고등공업학교도 이론 물리학을 강의할 사람들을 확보하게 되었다.[98] 결국에 가서는 대학에서처럼 이 고급 학교들에서도 이론 물리학 부교수 자리는 점차 정교수 자리로 대체되었다.

물리학자들이 고등공업학교에서 가르칠 기회가 많아진 것은 이 학교들의 수, 규모, 위상의 성장과 일치했다. 그러한 성장은 산업 독일의 선진 기술적 필요를 반영했다. 거대 산업과 세계 무역, 공간과 시간의 정복, "생명 없는 자연에 대한 기술적 통달"의 총체적 추진에 직면하여 물리학과 화학은 종종 현대를 이끄는 구동력으로 간주되었다.[99] 물리학자들은 때때로 기술적 진보와 그들의 과학 사이의 이러한 결합을 장려했다. 빈 Wilhelm Wien은 1914년에 과학과 독일 대학에 대해 말하면서 화학과 함께 물리학은 우리 산업의 기둥들이 서 있는 확고한 토대를 창조했고 그 토

Mathematik und Physik an den deutschen Universitäten," *Jahresber. d. Deutsch. Math.-Vereinigung* 13 (1904): 313~341 중 323~324, 335. 가령, 1903~1904학년도에 일반 학과에 학생이 37명이 있었던 드레스덴 고등공업학교에서, 교사 후보생들은 처음 네 학기에 공학자 후보생들과 함께 수학과 역학을 수강하는 것이 일반적이었다. 그 후에 그들은 수학 및 물리학 전문 분야에서 고급 과정들을 수강하곤 했다.

[98] 독일 물리학 고급 학교를 위한 레만(Lehmann)의 1891년 예산 개요, Bad. GLA, 235/4168.

[99] 가령, Oscar Hertwig, "Die Entwicklung der Biologie im 19. Jahrhundert," *Verh. Ges. deutsch. Naturf. u. Ärzte* 72, pt. 1 (1900): 41~58 중 41~42.

대는 우리 경제의 큰 부분을 지탱한다고 논평했다.[100] 1896년에 베를린 물리학회의 50주년 기념식에서 바르부르크Emil Warburg 회장은 당시 물리학의 세계적 명성을 그 학회가 설립될 당시에 물리학의 조용하고 주목받지 못한 상태와 비교했고, 그 차이를 물리적 발견뿐 아니라 경제생활에 대한 물리학의 영향, 특히 전기 기술을 통하여 미친 영향에 기인한다고 보았다.[101] 그 시대를 응용과학의 시대로 이해하는 것은 뮌헨의 독일 박물관Deutsches Museum에 의해 역사적 표현을 부여받았다. 이 박물관은 과거와 현재의 기술 연구와 과학 연구의 "상호 영향"을 상징하기 위해, 공적 및 사적 재원으로 1908년에 세워졌다.[102]

물리학의 일부분인 역학, 열, 전기, 자기, 광학은 더 일찍 응용되었지만 물리학 자체를 체계적으로 이용할 과학으로 보는 시각은 한 가지 형태로 19세기 초에 번성했다가 거의 자취를 감추었다가 19세기 말에 독특하게 산업주의에 동반하여 나타났다. 이제 기초 물리학의 각 분야에 응용 물리학의 분야가 대응되는 것으로 이해되었다.[103] 1860년대와 1870년대부터 기술 광학, 기술 전기학, 다른 기술적 분야가 크게 발전하기 시작하는 동안 기술적 목적에서 물리 연구를 수행할 고급 학교들이 늘어나기 시작했다.[104] 물리학은 의학에서도 응용되었다.

---

[100] Wilhelm Wien, *Die neuere Entwicklung unserer Universitäten und ihre Stellung im deutschen Geistesleben* (Würzburg: Stürtz, 1915), 17.

[101] 바르부르크의 연설, *Verh. phys. Ges*. 15 (1896): 30~31 중 30.

[102] 독일 박물관의 새 건물을 짓기 위한 메모, *Internationale Wochenschrift* 2 (1908): 608.

[103] Georg Gehlhoff, Hans Rukop, and Wilhelm Hort, "Zur Einführung," *Zs. f. techn. Physik* 1 (1920): 1~4.

[104] Wilhelm Hort, "Die technische Physik als Grundlage für Studium und Wissenschaft der Ingenierure," *Zs. f. techn. Physik* 2 (1921): 132~140; Friedrich Klemm, "Die Rolle der Mathematik in der Technik des 19. Jahrhunderts," *Technikgeschichte* 33

"응용" 물리학이나 "기술" 물리학의 교육은 몇몇 대학과 고등공업학교에서 이론 물리학 선생들에게 맡겨졌다. 그 과목을 교육하는 목적은 물리학을 기술에 유용하게 만드는 것이었다. 출판된 기술 역학 강의의 머리말에서 뮌헨의 기술 물리학자 푀플August Föppl은 왜 그런 과정들이 필요한지 설명했다. 푀플은 물리학자와 수학자가 해밀턴Hamilton의 최소 작용 원리나 헤르츠의 일반화된 관성 법칙 같은 단일한 공식 안에 모든 물리 현상을 포괄하려고 시도하는 것은 기술자에게 아무런 도움을 주지 못한다고 말했다. 더욱이 물리학자와 수학자가 역학에 부여하는 엄밀한 요구들이 실행에서 부딪히는 것이 아니었다. 기술자는 임시적이고 근사적인 이론들을 의지해야 한다. 왜냐하면 그는 유용한 결과를 내놓아야 하는 압박을 받고 있기 때문이다.[105] 푀플은 자신이 역학을 제시하는 방법에 관한 비판에 대해 기술자들에게 해밀턴의 원리의 실용적 가치란 수학자의 "상상 속에서만" 존재하며 기술자들은 그것을 "오히려 신뢰하지 않는" 근거가 있음을 언급하는 것으로 대응했다.[106] 괴팅겐의 기술 물리학자인 로렌츠Hans Lorenz는 출판된 그의 기술 물리학 강의들에서 학생들은 일반적으로 구식 실험 강의에서 실험실 과정과 연관하여 물리학을 배웠고 상당히 수학적이고 전혀 기술적이지 않은 이론 물리학 강의에서 물리학을 배웠다고 말했다. 로렌츠는 이 전형적인 이론 강의들에서 학생들은 실제 현실에서 응용할 수 없는 "적은 수의 가장 일반적이고 정확하게 구성된 법칙들"을 배웠다고 말했다.[107] 기술 물리학을 가르치

(1966): 72~91.

105 August Föppl, *Vorlesungen über technische Mechanik*, vol. 1, *Einführung in die Mechanik*, 5th ed. (Leipzig: B. G. Teubner, 1917), vi, 9~10. 1판(1898)은 푀플이 기술 역학에서 두 번째 학기 학생들에게 강의한 내용에 토대를 두었다.

106 푀플이 조머펠트(Arnold Sommerfeld)에게 보낸 편지, 1902년 3월 29일 자, Sommerfeld Correspondence, Ms. Coll., DM.

는 이론 물리학자들은 수강생의 실제적 필요를 인식하고 그 필요를 충족해야 했다.

같은 사람(보통은 부교수)이 가르치는 이론 물리학과 기술 물리학을 개설하는 것은 장점이 있었다. 두 과목을 결합하면 그가 가르치는 기관에 분리된 두 자리를 개설하고 십중팔구 하나의 새로운 연구소를 개설하는 길을 제시할 수 있었는데 이러한 필요성이 이전의 강의 과정들에 참석한 학생들에 의해 입증되었을 때 그런 일은 가능해졌다.[108] 이론 물리학 강사에게는 이론 물리학과 기술 물리학의 강의를 두 배로 만드는 것이 종종 기술 물리학 강의에 학생이 많이 출석하고 이론 물리학 강의보다 더 많은 강의료를 그에게 받게 해주므로 그의 수입을 증가시키는 실제적인 이익이 있었기에, 이론 물리학 강사는 기술 물리학을 교과 과정에 추가하는 데 주도적이 되기도 했다. 쾨니히Walter König는 1899년에 하이델베르크 대학의 이론 물리학 부교수 자리를 맡아달라는 문의가 들어왔을 때 바덴 교육부에 응용 물리학, 특히 전기 기술을 도입하라고 촉구했다. 그는 최근에 많은 대학이 전문가나, 두 번째 물리학자, 즉 이론 물리학 강사가 가르치는 이 분야들에 대한 개론 강의를 개설했다고 말했

---

107 Hans Lorenz, *Technische Mechanik starrer Systeme* (Munich: Oldenbourg, 1902), v~xi. 이 교재는 로렌츠가 1899년부터 1902년까지 할레와 괴팅겐에서 개설한 강의에 기초를 두고 있다. 그것은 "기초"이며 "기술 물리학"을 포괄하는 몇 권 중 첫 권이다. Hort, "Die technische Physik," 134.

108 가령, 카를스루에 고등공업학교 물리학 교수인 레만은 1891년에 독립된 소장을 둔 전기 기술 연구소가 생기기를 바랐지만, 그러한 연구소가 몇 년 동안 허락되지 않으리라 생각했다. 그러므로 그는 "과도기"로서 "순수 및 응용" 이론 물리학 교수직을 분리해 설치하자고 제안했다. 그는 그 자리를 차지한 사람은 "기회가 오자마자 새로운 전기 기술 연구소의 소장으로 임명될 수 있고 완전히 그의 소원에 따라 서두르지 않고 그 연구소 장치들을 준비할 기회를 얻을 것이라고 설명했다. 레만이 카를스루에 고등공업학교 총장에게 보낸 편지, 1891년 6월 3일 자, Bad. GLA, 235/4168.

다. 응용 물리학이 실제 생활에서 갖는 중요성이 크므로 이미 과부하가 걸린 실험 물리학 일반 강의보다 이 과목에 대한 더 철저한 지식을 학생들에게, 특히 교사를 훈련하는 과정에서, 가르칠 확실한 필요가 있었다.[109] 1903년에 뷔르츠부르크 대학에서 이론 물리학 부교수 자리를 논의할 때 포켈스Friedrich Pockels는 더 많은 수강생을 받을 강의 과정을 개설하고 싶은데 그 과정 중 하나가 같은 자리에서 데쿠드레Theodor Des Coudres가 이전에 가르친 적이 있었던 과목인 전기 기술의 기초가 될 것이라고 했다.[110] 1895년부터 할레 대학에서는 이론 물리학 부교수인 슈미트Karl Schmidt가 응용 물리학을 점점 많이 가르쳤고, 개인 정교수로서 1915년 이후에도 "순수 및 응용 물리학 임시 실험실"의 도움을 받아 그 일을 계속했다.[111] 예를 하나 더 들자면 에를랑엔 대학에서는 1904년부터 1906년까지 부교수 베넬트Arthur Wehnelt가 "이론 물리학과 응용 물리학" 강의를 할당받았다. 베넬트는 이미 전기 기술에서 강의 경험이 있었고 물리학 이전에 공학을 공부한 적이 있었다.[112] 그러나 그의 후임자 라이거Rudolph Reiger는 응용 물리학에 그런 배경이 없었다. 에를랑엔 대학 물리학 연구소에서 조수였고 베넬트와 안면이 있었던 라이거는, 당시에 응용 물리학 교원을 위한 정규적인 준비 과정이 없었으므로 그 과목을 가르칠

---

[109] 쾨니히가 "Geheimrat"에게 보낸 편지, 1899년 2월 12일 자, Bad. GLA, 235/3135.

[110] 포켈스가 빈(Wilhelm Wien)에게 보낸 편지, 1903년 3월 14일 자, Wien Papers, Ms. Coll., DM.

[111] 1921년에 슈미트의 실험실은 "응용 물리학 실험실"로 불렸는데 그것은 그의 연구 방향과 일치했다. 슈미트가 떠나자 1927년에 할레 교수진은 기술 물리학 정교수를 요청했다. 할레 대학 기록 보관소 소장인 슈바베(H. Schwabe) 박사의 전언.

[112] 1904년에 에를랑엔 대학에 제출된 베넬트의 이력서, 베넬트가 3180마르크의 봉급으로 "이론 및 응용 물리학" 강의 할당을 받는 자리로 임명된다는 에를랑엔 철학부와 총장 대리의 추천서, 1904년 10월 3일 자; 그 요청에 대한 바이에른 정부의 승인, 1904년 11월 18일 자; Wehnelt Personalakte, Erlangen UA.

적절한 자질을 갖추고 있다고 생각되었다.[113] 1931년이 되어서야 하노버의 이론 물리학자 퓌스Erwin Fues는 최근까지 응용 물리학과 결합되어 있었던 이 전문 분야[이론 물리학]의 분리에 대해 말할 수 있었다.[114]

이론 물리학을 가르치거나 연구하는 물리학자들에게 기술 물리학은 여분의 수입원만을 의미하지 않았다. 그들은 종종 기술 과목에 의해 제기된 과학적 문제들에 흥미가 있었다. 강의에서 이론 물리학과 기술 물리학을 결합한 물리학자인 클라우지우스는 1850년대에 열 이론에 대한 연구를 하는 동안 열기관의 이론에 대해 출판했고 1880년대에 전기 동역학 이론에 대한 연구를 하는 동안에 동전기 기계dynamo-electric machine 이론을 출판했다. 그는 다른 물리학자들의 비슷한 연구를 가치 있게 평가했다. 가령, 그는 아우어바흐가 "흥미로운 기계"인 발전기에 대한 최초의 측정 연구에 속하는 작업을 한 것을 근거로 그를 추천했다.[115]

---

113 라이거의 이력서; 에를랑엔 대학 철학부가 대학 평의회에 베넬트와 같은 봉급과 강의 할당을 조건으로 부교수로 라이거를 임용하기를 추천한 문서, 1907년 3월 7일 자; 바이에른 정부의 승인서, 1907년 3월 4일 자; Reiger Personalakte, Erlangen UA.

114 Forman, Heilbron, and Weart, "Physics circa 1900," 32에서 인용.

115 클라우지우스가 그라이프(Greiff) 소장에게 보낸 편지, 1887년 8월 15일 자, STPK, Darmst. Coll. 1913.51.

16 그라츠 대학의 볼츠만

볼츠만은 그의 경력 초기에 가치 있는 실험 연구를 많이 수행했지만 물리학에서 가장 큰 영향력을 갖게 될 그의 연구는 이론 연구였다. 1868년부터 1877년까지 일련의 출판물에서 그는 장차 통계역학이라고 부르게 될 분야의 기초를 놓는 데 기여했다. 열 이론의 제2 근본 법칙[1]에 대한 그의 확률적 해석은 이 연구에 속했고 그가 열 이론의 제2법칙을 분석하기 위해 창안한 분자를 이용한 연구 방법들은 이론 물리학자의 표준 도구가 되었다. 이 연구에 종사하면서 볼츠만은 그라츠 대학, 빈 대학, 그리고 다시 그라츠 대학으로 옮겨서 자리를 맡았고 거기에서 각각 수리 물리학, 수학, 실험 물리학을 가르쳤다. 그의 연구가 독일에서 얻은 명성 덕택에 1890년에 그는 뮌헨 대학에 수리 물리학 교수로 초빙되었다. 뮌헨에서는 그의 연구뿐 아니라 강의도 독일의 이론 물리학의 발전에 직접 영향을 미쳤다.

---

1 [역주] 클라우지우스가 정식화한 열역학 제2법칙을 말한다. 볼츠만은 상태를 통계역학적으로 취급해서 엔트로피를 상태수의 함수로 새롭게 정의했다.

그라츠 대학의 수리 물리학 교수직

그라츠 대학의 수리 물리학 교수직은 철학부에서 수학 교수가 주도해 1863년에 부교수 자리로 제안되었다(그 자리는 처음부터 강의 교수자리 Lehrkanzel[2]였다). 학부는 자연 과학의 공부를 강화하기를 원했는데 그들의 눈에 그것은 "가장 시급한 필요"였다. 그들은 수리 및 실험 물리학이 아주 범위가 넓어져서 둘 다를 제대로 다루려는 어떤 노력도 선생 한 명의 힘으로는 역부족일 것이라고 주장했다.[3]

요청을 받은 대로 오스트리아 국무부는 그라츠 대학에 수리 물리학 교수직을 만들었지만 그렇게 한 주된 이유는 그라츠 학부가 그들의 제안서에서 언급하지 않았던(그리고 말할 수 없었던) 것이었다. 정부 부처가 오스트리아의 지방 대학에 모든 연구 분야의 교수직을 만들 수는 없었으므로 그라츠 대학은 두 번째 물리학 교수직을 받을 자격이 없었다. 그런데도 정부 부처가 똑같이 하나를 만들어준 것은 물리학 교수직이 1850년대에 자연사에서 분리된 이래로 그라츠 대학의 첫 번째 물리학자였던 후멜Carl Hummel 교수의 실패에 주로 기인했다. 그의 강의는 "과학적" 수준에 있다고 간주되지 않았고 결과적으로 다른 과학과 의학 교육이 방해를 받았다. 이 문제를 바로잡기 위해 정부 부처는 실험 물리학과 수리

---

2 [역주] Lehrkanzel은 독일어로 '강단'을 의미한다. 오스트리아에서 교수 자리를 일컫는 용어로 독일에서는 Lehrstuhl이라고 부르는 것에 해당한다. 기본적으로 가르치는 것을 주된 역할로 하는 직책이었음을 보여준다.

3 "Commissionsbericht über den Sitzung vom 17. Juni I. J. gestellten Antrag, die Errichtung einer ausserordentlichen Lehrkanzel der mathematischen Physik betreffend," 1863년 7월 2일 자와 그라츠 대학 철학부가 오스트리아 국무부에 보낸 첨부 편지, 날짜 미상; 철학부 학부장이 국무부에 보낸 편지, 1863년 7월 5일 자; 그라츠 대학 바글리(Wagly) 총장이 국무부에 보낸 편지, 1863년 7월 6일 자, 모두 Öster. STA, 5 Phil, Physik.

물리학을 모두 가르칠 두 번째 사람을 데려오려 했다. 추정컨대, 이 두 번째 사람은 후멜이 퇴직하면 그라츠 대학에서 유일한 물리학 선생이 될 것이었다. 수리 물리학 부교수의 임용은 후멜의 기분을 상하지 않게 하고 국가 예산을 절약하기 위해 설계된 일시적 조치로 생각되었다.[4]

그라츠 대학에 두 번째 물리학 교수 자리가 만들어진 후 12년 동안 혼돈을 일으키는 조치에 뒤따라 물리학 교원의 잦은 교체가 있었다. 랑Victor von Lang은 새로운 부교수 자리에 임명된 최초의 인물이었다.[5] 그는 신속하게 학부장에게 물리학 연구소의 "완전히 활용하기 불가능한 상태"에 대해 보고했고 1년 후에는 빈 대학의 일자리를 얻어 떠났다. 1866년에 그라츠 대학의 새로운 수학 정교수인 마흐Ernst Mach는 수학을 그의 담당 과목이라고 간주하지 않고 감각 생리학을 "의학 물리학"이라는 제목 하에 가르치고 있었는데 랑의 자리로 가야했기에 자신의 자리를 포기했다. 직급의 변화 없이 마흐가 수학에서 물리학으로 전환한 것은 그라

---

4 오스트리아 국무부 문화교육과 및 재정부 보고서, 1863년 7월 10일 자, Öster. STA, 5 Phil, Physik. 적은 봉급을 받은 후멜은 연구를 거의 하지 않았거나 물리학에 대한 논문을 거의 쓰지 않았다. 그는 수학에 관한 중등학교 교재, 물리 지리학 교재, 그리고 전기 쟁반(electrophorus)에 대한 과학 논문 1편을 출간했다. Hans Schobesberger, "Die Geschichte des Physikalischen Institutes der Universität Graz in den Jahren von 1850~1890" (원고), p. 16, Graz UA.

5 랑(Victor von Lang)은 학부가 첫 번째로 선호한 후보자였고 그 다음 순위로 라이틀링어(Edmund Reitlinger)와 마흐(Ernst Mach)가 있었다. "Commissionsbericht," 1863년 7월 2일 자와 첨부 편지. 정부 부처가 그라츠 대학 철학부 학부장에게 보낸 1864년 3월 2일 자 편지에 따르면 랑은 "물리학 부교수"로 임용되었다. Schobesberger, "Die Geschichte … der Universität Graz," p. 16에 인용. 그것은 그가 그라츠 강의 목록에 어떻게 명시되었는지 보여준다. *Akademische Behörden, Personalstand und Ordnung der öffentlichen Vorlesungen an der K. K. Carl-Franzens-Universität … zu Graz*; 거기에 그는 수리 물리학을 의미하는 "고급 물리학"을 가르치는 것으로 적혀 있다. 이것은 교수직 "Lehrkanzel"이 하나의 과목, 여기서는 "수리 물리학"을 맡고, 교수직을 차지한 사람은 또 하나의 과목, 여기서는 "물리학"을 맡는 경우를 보여준다.

츠 대학이 이제 물리학 정교수 둘, 즉 마흐와 후멜을 확보하게 되었음을 의미했다. 마흐는 1년 더 그라츠 대학에 있다가 1867년에 프라하로 옮겨 물리학 교수가 되었다. 후멜이 같은 해에 은퇴하자 그라츠 대학의 물리학 교수 자리는 둘 다 비게 되었고 당분간 모든 물리 교육은 사강사인 수비치Simon Subič에 의해 이루어졌다.[6]

그라츠 대학의 학부 위원회는 물리학 연구소의 소장으로 후멜의 뒤를 이을 후임자에 대해 조언해달라고 키르히호프에게 요청했다. 키르히호프는 그들에게 수비치와 그들이 고려하고 있는 다른 오스트리아인은 그라츠 대학에 적합하지 않으며, 일반적으로 말해서 오스트리아의 대학이 국수주의적 근거로 외국의 물리학사를 배제한다면, 대학은 황폐해지고 그와 더불어 오스트리아의 독일 문화도 파괴될 것이라고 말했다. 키르히호프가 그라츠 대학 학부에 추천한 물리학자 중 하나는 당시에 리가Riga에 있는 종합기술학교의 교수로 있던 퇴플러August Toepler였다. 헬름홀츠는 키르히호프의 추천을 지지했고 1868년에 퇴플러는 정식으로 임용되었다.[7]

비어 있는 두 번째 물리학 교수 자리(추정컨대 원래의 부교수 자리)에 그라츠 대학 학부는 오로지 그 지역 사람인 수비치만을 추천했다. 이것은 문화교육부를 만족시키지 못했고, 문화교육부는 슈테판Joseph Stefan에게 수비치보다는 빈 대학의 사강사 볼츠만을 임용하라는 조언을 받았

---

6 마흐가 그라츠 대학 철학부에 보낸 편지, 1865년 10월 10일 자, Graz UA, N. 20 Phil. 1866년 12월. 오스트리아의 국무부 장관 벨크레디(Richard von Belcredi)의 “Vortrag” 1866년 4월 9일 자. 마흐의 임명장, 1866년 4월 19일 자; 수비치에 대한 “Commissions-Bericht”, 1869년 1월 15일 자; 모두 Öster. STA, 5 Phil, Physik. Schobesberger, “Die Geschichte … der Universität Graz,” 24, 26, 28, 30, 34, 38.

7 오스트리아 문화교육부의 보고서, 1867년 12월 28일 자, Öster. STA, 5 Phil. Physik. Schobesberger, “Die Geschichte … der Universität Graz” 50, 24.

다.[8] 문화교육부는 슈테판의 견해대로 볼츠만의 "과학적 성취" 때문에 그는 그들에게 "최선의 보증"을 제공한다는 데 동의했다. 그리하여 볼츠만은 1869년 6월에 "수리 물리학" 부교수가 아닌 정교수로 임용되었는데 물리학 강의에 준비가 안 된 그라츠 대학 학생들을 준비시키기 위해 "고급 수학의 기초" 정규 강의를 추가로 할당받았다.[9]

볼츠만의 분자 이론 연구

볼츠만은 슈테판의 대단한 기대에 부응했다. 그의 그라츠 시절은 슈테판이 볼츠만의 "**비범한** 재능"과 "철저하고 **다방면에 걸친** 수학 지식"을 근거로 하여 정부 부처에 장담한 대로 "전적으로 비범한 성취"의 시기라고 부를 만했다.[10] 그라츠 대학에서 볼츠만은 그의 "필생의 업적 중 주요 이론"인 기체 운동론을 전개했고 스스로 "열정적인 분자 이론 연구자"가 되었으며 그 후로도 계속 그러했다. 크뢰니히, 클라우지우스, 맥스웰 등의 연구를 뛰어넘은 볼츠만은 점점 어려운 수학적 문제를 대면했고 그 문제들은 그의 대단한 수학 실력을 발휘할 필요가 있었다.[11]

---

8 수비치에 대한 "Commissions-Bericht", 1869년 1월 15일 자. 요제프 슈테판이 오스트리아 문화교육부에 보낸 편지, 1869년 4월 8일 자; 그라츠 대학 철학부 학부장 크로넨(D. F. Kronen)이 문화교육부에 보낸 편지, 1869년 7월 29일 자. 문화교육부가 철학부 학부장에게 보낸 문서, 1869년 4월 15일 자. 문화교육부가 황제에게 보낸 보고서, 1869년 6월 28일; 모두 Öster. STA, 5 Phil. Physik. 그라츠 대학 학부가 요청을 받아 제공한 후보자 명단은 수비치, 볼츠만, 그다음에는 프라하의 종합기술학교의 조수인 바이츠무트(Waizmuth)의 순서로 되어 있다.

9 오스트리아 문화교육부가 황제에게 보낸 보고서, 1869년 6월 28일 자.

10 오스트리아 문화교육부가 황제에게 보낸 보고서, 1869년 6월 28일 자.

11 Theodor Des Coudres, "Ludwig Boltzman," *Verh. sächs. Ges. Wiss.* 85 (1906):

열 이론의 제2 근본 법칙에 대한 초기 연구에 뒤이어 볼츠만은 기체 운동론에 대한 맥스웰의 저작들을 공부했다. 그 주제에 대한 그의 연구를 심화하는 데 그 저작들이 중요함을 인식하고 1868년과 1871년의 몇 편의 논문들에서 볼츠만은 열 평형인 기체의 분자 중의 속도 분포에 대한 맥스웰의 법칙 $f=Ae^{-h\varphi}$을 조사하고 일반화하여 새로운 문제에 적용했다.[12] 맥스웰과 함께 볼츠만은 다른 기체 분자들이 모든 가능한 운동 상태를 통과하므로, 다양한 운동 상태가 일어날 확률을 아는 것이 "가장 중요"하다고 이해했다. 가령, 확률은 평균 활력, 평균 힘 함수 또는 퍼텐셜, 그리고 분자의 평균 자유 행로를 계산하는 데 필요하다. 분자가 단원자 기체처럼 단일한 질점인 경우는 맥스웰이 다양한 운동 상태의 확률을 유도한 적이 있었다. 볼츠만은 맥스웰의 분석을 다원자 분자로 이루어진 더 실제적인 기체의 경우로 확장했다. 다원자 분자는 내부의 원자 운동이 있어서 원자의 상태는 단일한 변수인 병진 속도보다 더 많은 변수에 의존한다. 주어진 순간에 원자의 상태가 어떠한지 그 확률은 모든 성분 원자의 위치와 속도인 ξ_1, η_1, …, ω_r에 의존하는 분포 함수 f에 의해 결정된다. 이 확률에 대한 지식에서 원자의 위치와 속도의 함수 x로 표현되는 기체의 어떤 특성의 평균값을 계산할 수 있다. $\overline{\chi}=\frac{1}{N}\int\chi dx$ 여기에서 N은

615~627 중 623. Woldemar Voigt, "Ludwig Boltzmann," *Gött. Nachr.*, 1907, 69~82 중 72.

12 이 방정식에서 A와 h는 상수이고 ϕ는 분자의 활력과 힘 함수의 합, 즉 전체 에너지이다. 이런 기호로 표현된 맥스웰의 분포 함수에서 ϕ는 단지 운동 에너지인 반면에 볼츠만은 그 함수가 이런 식으로 일반화될 수 있다는 것을 보여주었다. Ludwig Boltzmann, "Studien über das Gleichgewicht der lebendigen Kraft zwischen bewegten materiellen Punkten," *Sitzungsber. Wiener Akad.* 58 (1868): 517~560. Martin J. Klein, *Paul Ehrenfest*, vol. 1, *The Making of a Theoretical Physicist* (Amsterdam and London: North-Holland, 1970), 96~97. Stephen G. Brush, "Boltzmann, Ludwig," *DSB* 2 (1970): 260~268 중 261~262.

기체의 단위 부피당 분자 수이고 $dN = f(\xi_1, \eta_1, \cdots, \omega_r)d\xi_1 d\eta_1 \cdots d\omega_r$은 구성 원자의 위치와 속도가 각각 간격 ξ_1에서 $\xi_1 + d\xi_1$ 사이, η_1에서 $\eta_1 + d\eta_1$ 사이, … ω_r에서 $\omega_r + d\omega_r$ 사이에 있는 분자들이다. 이 과정을 따라서 볼츠만은 한 원자의 평균 활력을 계산했고 그것을 온도와 같게 놓았다. 같은 과정에 의해 그는 분자의 진행 운동의 평균 활력이 그 분자의 원자 각각의 평균 활력과 같다는 것을 보여 그가 이전에 말한 적 있었던 소위 평균 에너지의 등분배 정리의 한 형태를 보여주었다. 그는 이 정리를 일정한 압력의 공기의 비열과 일정한 부피의 공기의 비열의 비에 적용했고, 이론적인 값과 관찰된 값의 불일치에 관해 "나에게는 그러한 원자의 복합체[분자]의 행동에 대한 계산 과정에서 부딪치는 수학적 어려움을 극복하는 진보 하나하나가 기체 분자의 진정한 조성을 탐구하기 위해 엄청나게 중요해 보인다."라고 언급했다.[13]

분포 법칙으로 구체화되었듯이 볼츠만이 새롭게 확보한 확률론적 접근법을 적용한 문제 중에서 가장 중요한 것은 역학적 열 이론의 제2 근본 법칙의 확립과 해명이었다. 맥스웰이 제2법칙의 진실성은 관계되는 분자들의 엄청난 수 때문에 절대적 확실성보다는 큰 확률을 갖는다는 것을 인식했으나 맥스웰은 분자의 역학적 체계가 제2법칙이 요구하는 방식으로 어떻게 행동하는지 보여줄 통계 이론을 만들어 내지는 않았다. 그 일은 볼츠만에게 남겨졌고 볼츠만은 1871년에 제2법칙을 새롭게 증명하면서 그 방향으로 중요한 진보를 이룩했다.[14] 5년 전에 그는 비현실

---

[13] Ludwig Boltzmann, "Über das Wärmegleichungewicht zwischen mehratomigen Gasmolekülen," Sitzungsber. *Wiener Akad.* 63 (1871): 397~418, 재인쇄는 *Wiss. Abh.* 1: 237~258 중 237~239, 256~258.

[14] Martin J. Klein, "Maxwell, His Demon, and the Second Law of Thermodynamics," *American Scientist* 58 (1970): 84~97 중 91~92.

적으로 제한된 가정이기는 하지만 닫힌 경로에서의 원자의 운동만을 고려하여 엔트로피 함수가 존재한다는 것을 증명한 적이 있었다. 이제 그가 해낸 새로운 증명은 닫힌 경로에 근거를 두지 않았고 분포 함수의 도움으로 결정되는 대로 원자 운동의 평균값을 사용했다. 원자의 평균 활력에 의해 물체의 온도 T를 표현하고 평균 활력의 변화와 물체의 원자들의 힘 함수에 의해 물체에 더해지는 작은 열량 δQ를 표현해서 볼츠만은 이전처럼 δQ를 T로 나눈 것은 완전 미분complete differential이라는 것을 증명했다. 다시 그는 얻어지는 엔트로피 방정식이 이상 기체의 엔트로피를 계산하는 데 유용하다는 것을 보여주었다.[15] 그는 물체 안의 열에 대한 이 새로운 분석을 고체의 비열 문제에 적용했고 그것에서 그는 진정한 분자 세계에 대한 심화된 결론들을 이끌어냈다.[16]

---

[15] 볼츠만의 엔트로피 함수의 일반적인 형태는

$$-r\log h+\frac{2h\int \chi e^{-h\chi}d\sigma}{3\int e^{-h\chi}d\sigma}+\frac{2}{3}\log\int e^{-h\chi}d\sigma+\text{상수}$$

이다. 여기에서 r는 물체 안의 원자의 수, h는 상수, χ는 힘 함수, $d\sigma$는 모든 원자의 위치 미분량과 속도의 곱을 나타낸다. 볼츠만은 이상적인 기체에 대해 이 표현이 올바른

$$\log(T^{\lambda}v^{\frac{2\lambda}{3}})+\text{상수}$$

가 된다는 것을 보였다. 여기에서 λ는 기체 분자의 수이고 v는 기체 부피이다. Ludwig Boltzmann, "Analytischer Beweis des zweiten Hauptsatzes der mechanischen Wärmetheorie aus den Sätzen über das Gleichgewicht der lebendigen Kraft," *Sitzungsber. Wiener Akad.* 63 (1871): 712~732, 재인쇄는 *Wiss. Abh.* 1: 288~308, 중 303, 305.

[16] 볼츠만은 원자가 단순한 탄성 회복력에 의해 장소에 속박되어 있다고 가정함으로써 고체의 비열에 대한 "뒬롱-프티 또는 노이만(Neumann)의 법칙"을 해석했다. 그는 이 힘이 이 법칙을 따르는 물체에 대해 제1근사로 성립하고 그 법칙을 따르지 않는 물체의 원자는 다른 힘의 법칙을 가져야 한다고 결론지었다. Boltzmann,

엔트로피 함수의 존재에 대한 최근의 증명으로도 볼츠만은 제2 근본 법칙의 분자적 기저를 완전히 밝히지 못했다. 그의 증명은 제2법칙을 단지 평형과 관련하여 다루었다. 그는 여전히 비가역 과정의 현실적 비평형 사례에 대해 엔트로피 함수를 조사할 필요가 있었고, 이를 위해 그는 물체의 열적 특성의 시간에 따른 전개를 추적할 새로운 방법이 필요했다. 그는 이듬해인 1872년에 이 좀 더 어려운 문제를 기체 분자에 대한 포괄적인 연구에서 다루었다. 그가 붙인 제목 "심화 연구"는 정확하지만 그 연구가 포함하는 중요한 결과에 대해서는 알려주지 않는다.[17]

이 심화 연구가 필요한 이유를 밝히기 위해 볼츠만은 아직 비교적 새로운 지식인 평균값을 엄밀한 물리학에서 사용할 필요성을 다시 상술했다. 그는 역학적 열 이론이 분자들에 부여하는 활발한 운동을 하는 분자들을 물리학자들이 관찰하지 못한다는 것을 지적했다. 오히려 그들은 가열된 물체의 법칙적 행동을 관찰하고 그 행동을 이제 같은 조건에서 항상 같은 평균값을 내놓게 되는, 분자들 간의 "아주 무작위적인 사건들"의 결과로 인식한다. 필요한 평균들을 계산하는 데는 "확률 미적분"이 유용한데 그것은 역학적 열 이론이 덜 확실하다는 것을 의미하지 않는다. 볼츠만은 그의 독자들에게 그 이론이 수학적으로 엄밀하고 경험으로 확증된다는 것을 재확인시켰다.[18]

평균에 대한 엄밀한 이론을 세우려면 물리학자가 분포 법칙에 대해 완전히 확신하는 것이 중요하다. 직전 해인 1871년에 볼츠만은 분포 함

"Analytischer Beweis," 306~308.

17 Ludwig Boltzmann, "Weitere Studien über das Wärmegleichgewicht unter Gasmolekülen," *Sitzungsber. Wiener Akad.* 66 (1872): 275~370, 재인쇄는 *Wiss. Abh.* 1: 316~402, Klein *Ehrenfest*, 100.

18 Boltzmann, "Weitere Studien," 316~317.

수가 맥스웰의 분포 형태를 보인다면, 그 분포는 분자의 충돌이나 성분 원자의 운동에 의해 변할 수 없다는 것을 입증한 적이 있었다. 그는 이것을 기체 분자의 실제 상태 분포가 만족해야 하는 모든 조건을 분포 법칙이 충족한다는 최초의 "엄밀한" 증거로 간주했다. 이제 그는 분포 법칙이 이런 형태**여야 한다**는 것, 즉, 분포 법칙이 경험과 일치하는 결과를 내놓을 뿐 아니라 그 법칙이 기술하는 속도의 평형 분포가 분자 간의 충돌이 있어도 시간에 따라 변하지 않는 유일한 것임을 증명하는 데 착수했다. 이러한 분포의 필요성을 입증하는 과정에서 볼츠만은 비가역 과정의 본성에 대한 최초의 통찰을 보여주는 정리를 진전시켰다.[19]

분포 법칙의 독특성을 확립하기 위해 볼츠만은 한 번에 둘씩 기체 분자를 충돌시켜 그 충돌이 시각 t에 분포 함수 f에 미치는 효과를 분석하기 위해 편미분 방정식 $\partial f/\partial t$(운송 현상을 설명할 "볼츠만 방정식"의 특별한 경우)를 궁구했다. 어떤 분포 f는 시간이 흐르면 항상 맥스웰의 분포를 향하는 경향이 있다는 것을 증명하기 위해 볼츠만은 보조 함수, $E = \iint \cdots f \log f dx_1 dy_1 \cdots dw_r$를 도입하고 그 함수가 클라우지우스의 엔트로피 함수와 비슷하게 나타난다는 것을 보여주었다. 즉, 그 함수는 방향 특성이 있다는 것이다. E는 결코 시간에 따라 증가할 수 없고 그것은 결코 감소할 수 없는 음의 엔트로피에 비례한다.[20] (나중에 볼츠만은 E를

[19] Boltzmann, "Über das Wärmegleichgewicht," 254~255. Klein, "Maxwell, His Demon," 92.

[20] Boltzmann, "Weitere Studien," 369~402, 특히 393. 볼츠만은 엔트로피를 함수 $E^* = N\iint \cdots f^* \log f^* dx_1 dy_1 \cdots dw_r$에 연결했다. 여기에서 N은 기체 안의 분자 수이고 $f^* = f/N$이다. 그는 상수 인자와 추가적인 상수 이내에서 E^*는 단원자 이상 기체의 엔트로피에 올바른 형태를 준다는 것, 그리고 일반적으로 E^*가 역학적 열 이론의 제2법칙을 $\int(dQ/T)<0$의 형태에 어떻게 연결되는지 보여주었다. "Weitere Studien," 399~401. 제2법칙을 볼츠만이 이런 형식으로 쓰면서 문자 E를 선택한 이유와 부호 역전(평형으로 가면서 E가 감소하는 동안 엔트로피는 증가한다)의

*H*로 쓰곤 했고 연관된 정리는 "*H* 정리"로 알려지게 되었다.[21]) 볼츠만은 기체 분자 중의 속도의 초기 분포가 맥스웰의 법칙에 의해 기술되지 않는다면 함수 *E*는 온도 평형이 달성될 때까지 시간에 따라 감소할 것임을 정확하게 증명했다. 온도 평형점에서 *E*는 일정한 최솟값에 도달할 것이며 분자 속도는 맥스웰의 법칙에 따라 분포하게 될 것이다. 이 결과를 가지고 볼츠만은 "전적으로 다른 방식으로 제2 근본 법칙의 수리 해석학적 증명"을 제시했다. 그 증명은 "이상적인" 가역 과정뿐 아니라 자연에서 관찰되는 비가역 과정을 포함한다.[22] 볼츠만은 이 근본적 연구를 완성했다(또는 그렇게 한 것으로 보였다). 그는 적어도 단원자이건 다원자이건 열은 기체에 적용된 제2법칙의 분자적 해석을 제시한 것이다.[23]

역학적 열 이론의 분자적 기초에 대한 볼츠만의 연구는 맥스웰과 자신의 이론 연구에서 주로 출발점을 택했지만, 그는 또 한편으로는 그 주제에 관한 실험 연구를 따라갔는데 특히 빈 대학의 동료인 슈테판과 로슈미트Loschmidt가 기체에서 확산과 열전도와 관련하여 맥스웰이 찾아낸 온도에 의존하는 상수들을 실험으로 확증한 것을 살펴보았다.[24] 그 상수들 배후의 이론은 빈약한 토대 위에 서 있었다. 왜냐하면 "분자 간

이유는 Thomas Kuhn, *Black-Body Theory and the Quantum Discontinuity 1894~1912* (New York: Oxford University Press, 1978), n. 13, p. 269에서 논의된다. 일반적으로는 볼츠만의 1872년 논문이 같은 책, pp. 42~46에서 논의된다.

21 얼마 동안 이 진술은 "볼츠만의 최소 이론"으로 알려졌다가 "볼츠만의 *H* 정리"로 알려지게 되었다. Stephen G. Brush, *The Kind of Motion We Call Heat: A History of the Kinetic Theory of Gases in the 19th Century*, vol. 1, *Physics and the Atomists* (Amsterdam and New York: North-Holland, 1976), 239. 브러시가 볼츠만의 1872년 논문에 대해 논의한 것은 pp. 235~238에 있다.

22 Boltzmann, "Weitere Studien," 345.

23 Klein, *Ehrenfest*, 102.

24 Ludwig Boltzmann, "Über das Wirkungsgesetz der Molekularkräfte," *Sitzungsber. Wiener Akad.* 66 (1872): 213~219, *Wiss. Abh.* 1: 309~315에 재인쇄.

운동"은 여전히 알려진 것이 거의 없었기 때문이었다. 열전도 상수를 슈테판이 실험으로 확증한 것은 볼츠만에게 정확성에서 이론적 결정보다 더 나아 보였다.[25] 다시 말해서 실험에서의 정확성을 뒷받침하려면 분자 이론적 연구가 더욱 많이 수행될 필요가 있었다.

새로운 그라츠 대학 물리학 연구소

그라츠 대학에서 수리 물리학을 가르치는 동안 볼츠만은 빈 대학의 새로운 수학 교수 후보자 중 하나로 제안되었다. 볼츠만은 물리학자로 알려져 있었지만 빈 대학 학부는 그런 이유로는 그를 포기하지 않았다. 빈 대학 학부는 그의 연구가 물리학에서 시작되었지만 그 연구는 "수학적 연구에서도 탁월하여 해석 역학의 매우 어려운 문제들, 특히 확률 미적분의 풀이를 포함했다."고 주장했다. 더욱이 그 학부는 열 이론에서 고급 해석학을 볼츠만이 사용한 것에서 "분명한 수학적 재능"의 표지를 알아차렸다.[26] 볼츠만은 그 임용을 받아들였고 1873년부터 1876년까지 그의 자리는 수학 정교수 자리였다. 이렇게 빈에서 머물던 시절에 그가 출판한 연구는 전반적으로 수학적 논의에 치중한 논문 한 편이었다.[27] 그러나 그 논문은 다른 쪽으로는 기체 이론과 다른 물리학 주제들, 가령, 절연체의 유전 상수의 실험적 결정을 포함했다. 그의 수학 일자리에서

---

25 Boltzmann, "Weitere Studien," 368.

26 빈 대학 철학부의 모트(Moth)가 오스트리아의 문화교육부에 보낸 문서, 1873년 3월 12일 자, Boltzmann file, Öster. STA, 4 Phil.

27 Ludwig Boltzmann, "Zur Integration der partiellen Differentialgleichungen 1, Ordnung," *Sitzungsber. Wiener Akad.* 72 (1875): 471~483, reprinted in *Wiss. Abh.* 2: 42~53.

볼츠만은 물리학자로서 할 일을 계속했다.

실제 일어난 것처럼 볼츠만이 수학을 가르치기 위해 빈으로 떠나자마자 그라츠 대학 학부는 그를 데려와 물리학을 가르치게 할 논의를 시작했다. 그들의 새로운 물리학 연구소는 방금 문을 열었고 그것은 그라츠 대학의 물리학을 위해 "전적으로 새로운 상황"을 창출했다. 볼츠만은 우리가 뒤에서 보게 될 것처럼 그라츠 대학으로 돌아왔지만 즉시 돌아오지는 않았다. 그는 이전의 능력을 과시하며 수리 물리학 교수로 돌아간 것이 아니라 실험 물리학 교수이자 그라츠의 새로운 물리학 연구소 소장으로 돌아왔다.[28]

그때 퇴플러는 여전히 그 연구소의 소장이었다. 퇴플러가 그라츠에 왔을 때, 그는 물리학 기구실이 "대부분 오래된 쓰레기"로 채워진 것을 불평했고 즉시 그 기구실을 쇄신하고 예산을 늘리고 기구를 사들일 추가 자금을 확보하는 일에 착수했다. 그는 취리히, 카를스루에, 그리고 다른 곳에서 초빙 받은 일을 잘 이용하여 그가 할 수 있는 방식으로 연구소를 개선했다. 가장 중요한 것은 1871년에 그가 정부에서 새로운 연구소 건물을 세우기 위해 십만 플로린을 희사받은 것이었는데 그 건물 덕택에 그라츠 대학은 물리학자들에게 선망의 대상이 되었다. 새 건물은 인상적이었는데 가령, 문과 창문은 50미터 이상의 방해받지 않는 관찰선을 확보할 수 있도록 배열되어 있었다. 그곳에는 자기 측정을 할, 철이 없는 작업 구역, 사진 실험실, 일정한 온도의 작업을 할 수 있는 얼음 지하실, 천문 관측소, 연구소의 모든 움직이는 부분을 구동하는 증기 기관이 있었다. 거기에는 정밀 측정을 할 수 있도록, 진동을 줄이는 분리된 지지대

---

28 퇴플러(August Toepler), 프리샤우프(Johann Frischauf)와 페발(Leopold Pebal)이 그라츠 대학 철학부에 보낸 편지, 1874년 5월 2일 자, Öster. STA, 5 Phil. Physik.

로 격리된 바닥들이 있었다. 모든 실험실과 대형 강의실은 햇빛이 들어왔다. 볼츠만이 1873년부터 1876년까지 빈으로 떠나가 있는 동안 퇴플러는 그라츠 대학을 위해 28,000플로린을 치르고 장치들을 사들였다. 정당하게 그라츠 대학 학부는 그들의 새로운 물리학 연구소가 "오스트리아에서 설립된 동종 최초의 대형 기관"이라고 자랑했다.[29]

새로운 연구소의 숨은 의도는 "물리학자를 위한 배움터"를 수립하는 것이었다. 따라서 연구소의 소장은 실험 강의와 실험실 교육, "그 기관의 규모와 자원에 걸맞은 확장된 관찰과 실험 연구"에 그의 시간을 들일 필요가 있었다. 결과적으로 그라츠 대학의 두 번째 물리학자, 즉 수리 물리학 교수는 "특별히 주의"하여 "물리학의 순수한 이론적 측면"을 가르칠 필요가 있있다. 볼츠만은 새로운 연구소의 계획된 발전에 걸맞은 방식으로 수리 물리학을 가르쳤었고 그라츠 대학 학부 위원회는 그를 대신할 사람, 볼츠만 자신이 아니라면 그와 같은 다른 사람, 즉 확실한 과학적 업적을 낸 수리 물리학자를 원했다. 그들의 설명에 들어맞는다고 그들이 생각할 수 있었던 유일한 다른 오스트리아인은 프라하의 교수인 리피히Ferdinand Lippich였는데 그들은 그를 데려올 수 없다고 생각했다. 그래서 그들은 수리 물리학자를 찾아 오스트리아 밖으로 눈을 돌렸고 브레슬라우 대학의 마이어O. E. Meyer를 추천했다.[30] 정부 부처는 거절했고 그 학부에 오스트리아인의 이름을 더 많이 제안하라고 지시했다. 결과적으로 주로 실험 물리학에 종사해온 빈 대학의 사강사 슈트라인츠Heinrich Streintz가 1874년에 그라츠 대학의 수리 물리학 부교수로 임명되었다. (그는 1885년에 정교수로 승진했다.)[31] 새로운 연구소에 그의 에너지를 쏟

---

[29] 퇴플러 등이 그라츠 대학 학부에 보낸 편지, 1874년 5월 2일 자; Schobesberger, "Die Geschichte … der Universität Graz," 76~86.

[30] 퇴플러 등이 그라츠 대학 학부에 보낸 편지, 1874년 5월 2일 자.

은 후 (그의 건강도 연구소의 2층에서 지하실로 추락하여) 퇴플러는 그라츠 대학에 새로운 물리학자가 필요하다고 믿었고 1876년에는 드레스덴 종합기술학교의 일자리로 옮겼다. 그를 대신하기 위해 그라츠 대학 학부는 슈테판, 랑, 볼츠만을 순서대로 제안했다. 슈테판과 랑은 둘 다 그라츠 대학 물리학 연구소의 탁월성에 끌렸다.[32] 그러나 정부 부처는 퇴플러가 볼츠만을 그의 후임자로 의도했다고 이해했고 이러한 연고에서 볼츠만을 새로운 연구소의 계획에 끌어넣었다고 인식했다. 퇴플러는 심지어 정부 부처에 볼츠만을 그 연구소의 "과학 소장"으로, 당시 그라츠 대학의 사강사였던 에팅스하우젠Albert von Ettingshausen을 "실험 및 행정 조수"로 삼는 특별한 "조합"을 제안한 적이 있었던 것이다. 그러한 배치에서 볼츠만은 "학생들의 집단을 통해 광범한 이론적 아이디어"를 발전시킬 수 있을 것이며 에팅스하우젠은 "1급 독일 학자들의 부러움을 사는 그라츠 대학 물리학 연구소가 물리적 및 기술적 의미에서 계속 모범 기관이 되도록" 보증할 것이라고 했다. 장관은 황제에게 새로운 그라츠 대학 연구소가 "정밀 측정 연구"에 알맞으며 볼츠만은 수리 물리학 강의와 연구에 추가로 그러한 실험에 대한 재능을, 특히 유전체에 대한 실험을 하는 것으로, "훌륭하게 확증했다"고 언급했다.[33] 그라츠의 일자리는

---

31 Schonbesberger, "Die Geschichte … der Universität Graz," 142~144. 문화교육부가 그라츠 대학 철학부 학부장에게 보낸 편지, 날짜가 기록되어 있지는 않지만 1885년 2월 4일 수신, Graz UA, Z, 168.

32 Schonbesberger, "Die Geschichte … der Universität Graz," 102. 오스트리아 문화교육부가 황제에게 보낸 편지, 1876년 7월 18일 자; 슈테판이 동료에게 보낸 편지, 1876년 7월 9일 자; 랑이 동료에게 보낸 편지, 1876년 7월 9일 자; 모두 Öster. STA, 5 Phil. Physik.

33 정부 부처는 볼츠만에게 "물리학 정교수이자 물리학 연구소의 소장"으로서 받는 2,400굴덴의 봉급에 추가로 1,440굴덴을 지급하고 에팅스하우젠을 연간 사례로 1,200굴덴을 받는 "무급 부교수"로 승진시키겠다고 제안했다. 둘은 1876년 10월 1일부터 근무하게 되어 있었다. 문화교육부가 황제에게 보낸 문서, 1876년 7월

특별히 볼츠만에게 맞추어져 있었고 그 자리를 제안받자 그는 돌아오는 데 동의했다.

학위 논문 지도 교수 볼츠만

1876년 겨울에 볼츠만은 다시 그라츠 대학에서 가르치기 시작했다. 이번에는 날마다 실험 물리학 강의를 하고 에팅스하우젠과 실험실 실습을 지도했다. 처음에 그는 가끔 그가 가장 좋아하는 과목인 역학적 열 및 기체 이론을 특별 강의로 개설했지만 곧 모든 이론 물리학 강의를 슈트라인츠에게 맡겼다.[34] 볼츠만이 이끄는 새로운 그라츠 대학 물리학 연구소는 교육뿐 아니라 진지한 연구를 위해 의도되었고 볼츠만은 보통 에팅스하우젠이나 슈트라인츠와 함께 많은 물리학 학위 논문을 지도했다. 때때로 그는 물리학 문제와 연관된 철학 학위 논문도 지도했다. 이러한 논문들에 대한 그의 공식적 평가는 그라츠 대학에서 그의 고급 교육이 어떠했는지에 대한 통찰을 제공해 준다.

철학 학위 논문을 심사할 때 볼츠만은 저자들의 물리학에 대한 무지를 비판했지만 그것들이 "순수하게 철학적"인 문제를 다루고 철학자의 사색적 방식으로 교육을 받은 것을 드러낼 때에는 결론에 동의하지 않더라도 그들의 연구를 승인해 주었다. 모든 자연 과학의 목표와 외부 세계의 존재, 불멸의 영혼과 신성의 존재에 대한 궁극적 질문들을 다루는 한, 학위 논문에 대해서 볼츠만은 그것이 "다루는 주제에 비해 새로운

18일 자.

34 볼츠만이 그라츠 대학에서 두 번째 재직한 1876~1890년 기간에 대해 *Verzeichniss der Vorlesungen an der K. K. Carl-Franzens-Universität in Graz*에서 인용.

것이 많지 않다"고 평했다.[35] 인과율의 법칙에 대한 학위 논문의 저자는 모든 변화가 원인을 가져야 한다는 것을 증명하기를 시도했다. 그것은 볼츠만에게 "엘레아 학파에서 헤르바르트J. F. Herbart까지 반복해서 누누이 논의된 모든 것보다 나을 것도 못할 것도 없는 것"으로 인식되었다.[36]

볼츠만은 여러 실험 학위 논문에 대해 조언했다. 장관이 기대했듯이 볼츠만은 물리 측정을 하기 위해 그라츠의 시설을 잘 사용했다. 볼츠만은 탄성 뒤효과elastic aftereffect에 대한 학위 논문에 대해서 "매우 훌륭한 실험 측정"이라고 평가했다. 그는 특히 유리에서 비틀림 뒤효과의 측정을 호평했다. 그것은 유리의 여린 특성 때문에 이전에는 측정된 적이 없었다.[37] 그는 진동하는 콘덴서 방전에 대해 보고한 또 한 편의 측정에 관한 학위 논문을 이 어려운 주제 중에서 "가장 정확한" 측정에 속한다고 칭찬했다.[38] 그는 "실험 솜씨, 주의력, 인내력"을 인정했고 실험 연구에서 "독립적인 아이디어"와 장치에 대한 "새로운 생각"이 있는가 살폈다. 그는 특히 학생들이 자신의 장치를 만드는 것을 좋아했고 그런 식으로 그들이 그들의 "이론과 실험 물리학의 목표에 대한 철저한 이해"를 입증하기를 원했다.[39]

---

35 람페(Franz Lampe)의 학위 논문 "Die Causalität, ein Beitrag zur Erkenntnisstheorie"와 슈베티나(Johann Svetina)의 학위 논문, "Über Naturwissenschaften und Philosophie, ihr gegenseitiges Verhältnis und die Grenzen der durch beide erreichbaren Erkenntnis" 각각 Nr. 289와 Nr. 245에 대한 볼츠만의 평가, 1884년 11월 16일 자, "Rigorosenbuch 1866~1898," Graz UA. 이 파일은 이 반(section)에서 논의된 모든 학위 논문을 담고 있다.

36 람페의 학위 논문에 대한 볼츠만의 평가.

37 클레멘치치(Ignaz Klemenčič)의 학위 논문 "Beobachtungen über die elastische Nachwirkung am Glase," Nr. 228에 대한 볼츠만의 평가, 1879년 1월 13일 자.

38 히케(Richard Hiecke)의 학위 논문 "Ueber die Deformation electrischer Oscillationen durch die Nähe geschlossener Leiter," Nr. 324에 대한 볼츠만의 평가, 1887년 7월 11일 자.

완성도가 높고 잘 다듬어진 물리학 학위 논문의 후보자는 볼츠만이 가장 좋아하는 후보자였다. 볼츠만은 그의 주제에 대한 "실험적 문헌뿐 아니라 이론적 문헌에 대한 온전한 이해", 측정 장치를 만들고 사용할 뿐 아니라 명쾌하고 올바르게 유도하는 능력, "실험 물리학의 이론과 목표에 대한 철저한 이해" 때문에 그를 칭찬했다.[40]

아주 드문 일이지만 후보자가 이론적 재능을 나타낼 때 볼츠만은 기분이 좋았다. 그는 이론 물리학에서 "중요한 새로운 과학적 결과"에 "완전히 독립적으로" 도달한 후보자를 칭찬했다. 그의 "유별난" 학위 논문은 분자의 경로와 기체 운동론에서 맥스웰이 가정한, 분자력의 역 5제곱 법칙의 다른 결과들을 보여주었다.[41] 또 한 편의 학위 논문에 제시된 "전적으로 독자적인 연구"는 전기력의 단일성에 대한 헤르츠의 기본 법칙과 베버의 전기 동역학적 이론의 관계를 밝힌 어려운 계산으로 그 "탁월성"을 보여주었다. 그것은 "모든 이론 전기학에 가장 근본적으로 중요한 문제"였다.[42] 그라츠 대학의 물리학 학위 논문들은 종종 볼츠만 자신의 연구에서 출발했고, 결과적으로 이론 물리학의 현 상태에 관련된 주제

---

39 히케의 논문에 대한 볼츠만의 평가와 로미크(Thomas Romik)의 학위 논문 "Experimentaluntersuchung dielektrischer Körper in Bezug auf ihre dielektrische Nachwirkung," Nr. 264 (1882년 7월 22일 자)와 람펠(Anton Lampel)의 학위 논문 "Über Drehschwignungen einer Kugel mit Luftwidestand," Nr. 315 (1886년 7월 1일 자)에 대한 볼츠만의 평가.

40 히케의 학위 논문에 대한 볼츠만의 평가와 브르찰(Friedrich Wrzal)의 학위 논문 "Wärmecapacität der Wasserdämpfe bei constanter Sätttigung," Nr. 256에 대한 볼츠만의 평가, 1881년 11월 5일 자.

41 체르마크(Paul Czermak)의 학위 논문, "Der Werth der Integrale A_1 and A_2 der Maxwell'schen Gastheorie unter Zugrundelegung eines Kraftgesetzes $-k^3/r^5$," Nr. 298에 대한 볼츠만의 평가, 1885년 3월 18일 자.

42 아울링어(Eduard Aulinger)의 학위 논문, "Über das Verhältniss der Weber'schen Theorie der Elektrodynamik zu dem von Hertz aufgestellten Princip der Einheit der elektrischen Kräfte," Nr. 306에 대한 볼츠만의 평가, 1885년 3월 18일 자.

를 다루었다.[43]

열역학 제2법칙에 대한 볼츠만의 새로운 해석

1876년에 볼츠만이 그라츠 대학에 물리학 연구소의 소장으로 들어왔을 때, 빈 대학의 동료인 로슈미트가 빈 과학 아카데미에 논문 한 편을 제출했다. 볼츠만이 이듬해에 그 아카데미에 보낸 답신에 나온 표현으로는, 그것은 "제2 근본 법칙[44]의 순수 역학적 증명의 가능성"에 대한 의심을 포함했다. 이 의심은 시간-비가역적인 행동, 즉 제2 근본 법칙의 내용을 역학의 시간-가역적인 운동 법칙에서 유도하려는 시도에 관한 것이었다. 엔트로피가 증가하는 모든 과정에 대해 역학의 법칙은 엔트로피가 감소하는, 경험에 반하는 결과를 내는 역전된 분자 속도를 갖는 과정을 허용한다. 볼츠만은 로슈미트의 반대를 진지하게 검토했고 그것이 제2 법칙의 분자 해석을 무효로 하지 않는다는 것을 보이면서 그것에 대한 그와 그의 독자들의 이해를 심화시켰다. 볼츠만은 제2법칙에 지배되는 과정의 가역 불가능성은 분자계가 초기 상태에서 후속하는 상태로 가역적으로 인도하는 운동 방정식 자체에서가 아니라 분자계의 초기 상태의 본성에서 일어난다는 것을 인식해야 한다고 주장했다. 볼츠만은 있을 법하지 않은 초기 상태로부터 하나의 계가 엔트로피가 감소하면서 변해갈 수 있다는 것은 허용했지만 하나의 계가 엔트로피가 증가하면서 변해가는 무한히 더 많은 초기 상태가 있다는 것도 지적했다. 초기 조건들에

---

43 가령, 아울링어, 체르마크, 로미크의 학위 논문이 그러했다.
44 [역주] 열역학 제2법칙을 지칭한다.

대한 그의 논의를 가지고 볼츠만은 역학적 열 이론에 대한 분자적 접근의 확률적 고찰을 역설했다.[45]

1877년이 지나기 전에 빈 아카데미에 발표한 논문에서 볼츠만은 그해 일찍이 분자 상태, 즉 일어날 수 있는 다양한 상태의 확률을 계산하여 열 평형을 결정하는 "방법"을 개발하기 위해 그가 제안한 논의를 이어갔다. 그 방법은 있을 법하지 않은 초기 상태의 계가 시간이 흘러 더 있을 법한 상태로 변했다가 가장 있을 법한 상태, 즉 열 평형에 일치하는 상태로 변해갈 것이라는 이해에서 유도되었다. 그 계의 엔트로피는 계가 평형에 접근하면서 증가하므로 볼츠만은 엔트로피가 확률과 동일시될 수 있다는 것을 보였다.[46]

상태의 확률이 의미하는 바를 독자에게 명쾌하게 하려고 볼츠만은 어떤 분자가 유한한 수의 띄엄띄엄 떨어진 활력의 값, 0, ϵ, 2ϵ, …, $p\epsilon$만을 취할 수 있다고 가정했다. 이러한 "허구"는 확률 계산을 쉽게 해주었고 볼츠만은 나중에 그것을 분자들이 허용한다고 가정되는 연속적인 에너지를 갖는 현실적인 경우로 대체했다. 그 계를 구성하는 각 분자에 활력을 상세히 할당하는 것은, 볼츠만의 용어를 빌리자면, 복잡화complexion이다. 가령 최초의 분자에 2ϵ의 활력을 할당하고 두 번째 분자에는 6ϵ의 활력을 할당하는 방식으로 특정한 복잡화를 정의한다. 활력을 분자마다

[45] Ludwig Boltzmann, "Bemerkungen über einige Probleme der mechanischen Wärmetheorie," *Sitzungsber. Wiener Akad.* 75 (1877): 62~100, 재인쇄는 *Wiss. Abh.* 2: 112~148, 특히 116~122, 인용은 117, Klein, *Ehrenfest*, 102~104. "가역 가능 역설"이라고 불리게 된 로슈미트의 진술은 1874년에 윌리엄 톰슨에 의해 논의되었다. Brush, *Motion We Call Heat* 1: 238~239.

[46] Ludwig Boltzmann, "Über die Beziehung zwischen dem zweiten Hauptsatze der mechanischen Wärmetheorie und der Wahrscheinlichkeitsrechnung respektive den Sätzen über Wärmegleichgewicht," *Sitzungsber. Wiener Akad.* 76 (1877): 373~435. *Wiss. Abh.* 2: 164~223 중 165~166에 재인쇄.

할당하는 것과 대조적으로 "분포"는 활력의 허용된 값의 각각에 속하는 분자의 총수만을 지정한다. 주어진 분포에서 ω_0는 0의 값을 갖는 분자들의 특정한 수이고 ω_1은 ϵ의 값을 갖는 분자 수이고, ω_2는 2ϵ의 값을 갖는 분자 수이다. … 확률 미적분에 의해 어떤 주어진 분포에 해당하는 복잡화의 수는 순열의 수와 같다.

$$P = \frac{n!}{(\omega_0)!(\omega_1)!\cdots}$$

볼츠만은 주어진 상태 분포 ω_0, ω_1, …, 의 확률 W를 비 P/J로 정의했다. 여기에서 J는 모든 가능한 상태 분포의 순열의 수의 합이다. J가 주어진 계의 상수이므로 P의 최댓값은 가장 큰 확률의 상태를 결정하고 그 상태는 열 평형과 최대 엔트로피를 나타낸다. 수학적 편의를 위해 볼츠만은 P 대신에 $\log P$의 최댓값을 고찰했고 띄엄띄엄 떨어진 집합 ω_r을 연속 속도 분포 함수 $f(u, v, w)$로 대체했다. 이 로그는 상수를 제외하면

$$\Omega = -\int_{-\infty}^{+\infty}\int_{-\infty}^{+\infty}\int_{-\infty}^{+\infty} f(u,v,w)\,\mathrm{l[og]}\,f(u,v,w)\,du\,dv\,dw$$

이며 일정한 활력과 계의 분자의 주어진 수에 대해 일정한 값을 갖는다. 볼츠만은 Ω를 "순열의 수의 척도"라고 불렀고 우리가 알 수 있듯이 그것은 H 함수의 음의 값이어서, 볼츠만이 몇 년 전에 보였듯이, f가 맥스웰 분포 함수일 때 최댓값을 갖는다.[47]

---

[47] Boltzmann, "Über die Beziehung," 168, 175~176, 190~193. 이 1877년 논문에 나오는 볼츠만의 추론은 예를 들어, René Dugas, *La théorie physique au sens de Boltzmann et ses prolongements moderns* (Neuchâtel-Suisse: Griffon, 1959) 192~199; Klein, *Ehrenfest*, 105~108; Kuhn, *Black-Body Theory*, 47~54에 자세히 분석되어 있다.

1877년 논문의 말미에서 볼츠만은 그의 새로운 방법이 보편적으로 적용될 수 있음을 논의했다. 볼츠만은 순열의 수의 척도는 항상 증가하거나 기껏해야 일정하다고 가정했고, 그러한 가정은 엔트로피가 증가하려는 경향에 대한 새로운 설명을 제시했으며 엔트로피의 적용 가능한 범위를 확장했다. 기체가 상태 변화를 겪기 전후에 열적 평형에 있지 않다면, 엔트로피를 계산할 수 없다. 그러나 그것의 순열의 수의 척도는 평형이든 아니든 모든 상태에 대해 정의되므로 계산이 가능하다. 볼츠만은 엔트로피의 새로운 이해는 그가 계산으로 확증할 수 있는 기체뿐 아니라 액체나 고체에도 적용될 수 있다고 믿었다. 다만 여전히 수학적 어려움이 정확힌 취급을 방해하고 있있다.[48]

우리는 지금까지 볼츠만의 가장 중요한 연구였던 분자 이론 연구에 대해 논의했다. 이 장을 마치기 전에 열에 대한 관심에서 기원하여 또 하나의 그의 주된 관심사였던 전기로 확장된 볼츠만의 이론 연구에 대해 간단하게 논의하겠다. 1884년에 그라츠 대학 물리학 연구소의 소장으로 재직하던 중에 볼츠만은 복사열 현상과 제2 근본 법칙의 관계를 분석했다. 복사열은 열역학 제2법칙에 대한 분명한 예외 사례를 제공한다는 지적에 반응하여 볼츠만은 그 법칙의 유효성의 이러한 한계를 피하려면 복사에서 기인한 압력의 존재를 인식하면 된다고 말했다.[49] 거기에서 그는 복사압의 기저 위에서 흑체의 복사열의 에너지 밀도와 절대온도의 4제곱 사이의 비례에 관한 슈테판의 경험적 법칙을 이론적으로

---

48 Boltzmann, "Über die Beziehung," 217~218, 223.

49 Ludwig Boltzmann, "Über eine von Hrn. Bartoli entdeckte Beziehung der Wärmestrahlung zum zweiten Hauptsatze," *Ann.* 22 (1884): 31~39, *Wiss. Abh.* 3: 110~117에 재인쇄.

유도하는 데까지 갔다. 로렌츠H. A. Lorentz가 표현했듯이, 이 "이론 물리학의 진정한 진주, 곧 키르히호프 이후 복사 이론에서 이루어진 최초의 이 위대한 진보"에서 볼츠만은 4제곱의 법칙은 복사압을 함축하는 맥스웰의 빛의 전자기 이론과 제2 근본 법칙의 결과임을 보였다.[50] 슈테판의 법칙에 대한 볼츠만의 이론적 지지는 흑체 복사에 대한 실험 연구를 자극했고, 이 법칙은 볼츠만이 맥스웰의 전자기 이론과 역학적 열 이론을 결합한 것과 더불어 복사의 열역학에서 한층 강력한 이론적 발전을 불러일으켰다.[51]

---

[50] Ludwig Boltzmann, "Ableitung des Stefanschen Gesetzes betreffend die Abhängigkeit der Wärmestrahlung von der Temperatur aus der elektromagnetischen Lichttheorie," *Ann.* 22 (1884): 291~294. *Wiss. Abh.* 3: 118~121에 재인쇄. H. A. Lorentz, "Ludwig Boltzmann," *Verh. phys. Ges.* 9 (1907): 206~238.H. A. Lorentz, *Collected Papers*, 9 vols. (The Hague: M. Nijhoff, 1934~1939), 9: 359~390 중 384~386에 재인쇄. Brush, *Motion We Call Heat* 2: 517~519.

[51] Brush, *Motion We Call Heat* 2: 518. Kuhn, *Black-Body Theory*, 5~6.

17 전기 연구

19세기 초에 전기, 자기, 전자기에서 위대한 실험적 발견들이 이루어지고 1840년대에 이러한 발견들을 공통의 이론적 이해에 포괄하려는 노력이 있었던 후에, 전기 연구에서는 19세기 후반에 실험과 이론이 결합한 대단한 발전이 이루어졌다. 독일의 거의 모든 지도급 물리학자들이 그 주제에 대해 광범하게 연구했다. 이 장에서 우리는 1870년대와 1880년대에 그들 중 셋인 베버, 클라우지우스, 헤르츠가 수행한 연구를 논의할 것이며 동시에 괴팅겐, 본, 카를스루에에서의 연구와 교육 제도를 논의할 것이다.

괴팅겐의 베버

1866년에 베버는 괴팅겐 대학 감독관에게 "다양한 사람들, 교원들과 학생들이 과학 연구를 수행하게 하는 것이 [물리학] 연구소의 목적"이라고 말했다.[1] 이것은 그 연구소의 새로운 조수 콜라우시Friedrich Kohlrausch가

---

1 베버가 괴팅겐 대학 감독관에게 보낸 편지, 1866년 12월 29일 자, Göttingen UA,

실험실 실습을 지도하고 기구들을 관리할 뿐 아니라 자신의 연구를 수행하는 것으로 이해되었고 이 목적으로 베버는 연구소에 공간을 마련했고 기구의 사용을 허락했다. 콜라우시는 또한 "항상" 베버의 연구를 도와야 했고 그것은 주로 자기 관측소에서 할당 업무를 수행하는 것을 의미했다. 콜라우시는 연구소에 사무실이 있어서, 베버의 빡빡한 업무 지침이 규정했듯이, 매일 아침 9시에 출근해야 했다.[2]

예상대로 콜라우시는 베버의 연구소에서 행한 연구를 꾸준히 출판했고 그것은 그가 다른 학교의 자리에 채용될 매력적인 후보자가 되는 데 기여했다. 콜라우시가 다음 몇 년에 걸쳐서 반복하여 일자리 제안과 문의를 받자, 베버는 그가 몹시 필요했기에 그를 괴팅겐 대학에 붙들어 두는 데 신경을 많이 썼다. 임용 제안이 최초로 온 곳은 한 농업 대학이었는데, 콜라우시가 괴팅겐 대학에 있은 지 몇 달 되지 않아서였다. 그를 머무르게 하려고 베버는 정부에 괴팅겐 대학은 콜라우시에게 맡길 새로운 물리학 교수 자리를 확보해야 한다고 제안했다. 베버는 괴팅겐 대학의 물리학 제도를 화학의 제도와 비교했다. 화학에는 네 명의 부교수가 있었으나 실험 교육을 하려면 물리학에도 부교수가 필요했고, 그러한 물리학에서의 교육이 화학자들에게 필요했음에도 불구하고 물리학에는 아직 부교수가 하나도 없었다. 콜라우시가 괴팅겐 대학을 떠나도록 허락한다면, 물리학 실험실 교육은 심각하게 교란될 것이라고 베버는 설명했다. 베버는 콜라우시가 그 대학에 남아서 값비싼 기구들을 관리하지 않게 된다면 그 기구들이 적절하게 사용되리라 보장할 수 없다며 국가 재산에 대한 관심에 호소했다.[3] 베버의 견해로 실험실 실습 과정은 "물리

4/V h/10.

[2] 베버가 괴팅겐 대학 감독관에게 보낸 편지, 1866년 10월 18일 자, Göttingen UA, 4/V h/21.

학에 대한 모든 강의보다 더 중요"했다.[4] 베버는 콜라우시를 떠나지 못하게 할 훨씬 더 중요한 이유가 있었다. 그의 연구를 위해서였다. 이 관계 속에서 베버는 자신의 평생 연구 방식을 유지하면서 콜라우시와 자신의 협력을 강조했다. 베버는 감독관에게 그들의 "공동 연구는 단지 교란되는 것이 아니라 완전히 파괴될 것"이라고 경고했다. 베버는 콜라우시의 아버지 루돌프와 했던 것처럼 콜라우시와 위대한 연구를 수행하기를 원했고 그 연구가 콜라우시의 "솜씨와 훌륭한 과학적 감각"을 널리 알려 줄 것을 기대했다. 베버의 논증은 효과가 있었다. 콜라우시는 1867년 2월에 괴팅겐 대학에서 부교수로 임용되었다. 그러나 베버는 또 다른 일자리 제안들이 콜라우시에게 올 것을 확신하고 그때 벌써 징부 부처에 그들의 연구를 위해서 "더 오랜 시간 동안 협력 연구를 보장"해 줄 필요가 있음을 상기시켰다.[5]

콜라우시가 클라우지우스의 후임자로 뷔르츠부르크 대학에서 초빙받으리라 기대했을 때와 취리히 종합기술학교가 콜라우시에게 클라우지우스의 이전 자리(그 후로 쿤트의 자리가 된)를 제안했을 때 베버는 콜라우시를 괴팅겐 대학의 정교수로 삼아야 한다고 촉구했다. 그것이 불가능하다면 콜라우시는 적어도 그의 조수 자리에서 승진하여 물리학

---

3 콜라우시는 호헨하임(Hohenheim)의 농업 아카데미에서 수학 및 물리학 정교수 자리를 제안받았다. 그에 대응하여 베버는, 콜라우시에게 그의 조수 봉급에 더해 소정의 봉급을 받는 부교수 자리를 주자고 제안했다. 질혀(Silcher)가 콜라우시에게 보낸 편지, 1867년 1월 24일 자; 베버가 괴팅겐 대학 감독관에게 보낸 편지, 1867년 1월 29일 자; Kohlrausch Personalakte, Göttingen UA, 4/V b/156.

4 베버가 어떤 관리에게 보낸 편지, 1870년 6월 17일 자, STPK, Darmst. Coll. 1912.236.

5 베버가 괴팅겐 대학 감독관에게 보낸 편지, 1867년 1월 29일, 2월 15일 자; 프로이센 문화부 장관 폰 뮐러(von Mühler)가 콜라우시에게 보낸 편지, 1867년 2월 19일 자; Kohlrausch Personalakte, Göttingen UA, 4/V b/156.

실습 과정의 감독과 물리학 연구소의 공동 소장을 맡고 연구소에서 그의 업무 조건도 개선되어야 한다고 했다. 콜라우시에게 이런 것들을 주는 것은 “독일을 위한 것이며 프로이센을 위한 것이며 괴팅겐을 위한 것”이라고 베버는 강조했다. 그러나 취리히는 콜라우시에게 괴팅겐 대학보다 더 나은 조건을 제시했고 1870년 7월에 콜라우시는 괴팅겐 대학에 사표를 냈다.[6] 베버는 데데킨트Richard Dedekind에게 콜라우시를 대신할 수 있는 이가 없다고 불만을 토로했다.[7]

베버는 콜라우시를 지킬 수 없다면 적어도 그가 콜라우시에게 얻어준 부교수 자리를 지키기를 원했으나 그가 얻을 수 있었던 최선의 것은 콜라우시의 임무를 넘겨받을 조수 한 명이었다.[8] 그는 자신의 조수로 그의 학생 중 하나인 리케Eduard Riecke를 선택했다. 그는 당시에 괴팅겐에 있지 않았다. 그가 괴팅겐 교수진에 수리 물리학 학위 논문을 제출하려고 할 즈음에 프랑스와의 전쟁에 장교로 부름을 받았기 때문이었다.[9] 괴팅겐으로 돌아오자 리케는 베버의 조수로서 그의 임무를 맡았다. 그는 또한 1871년에 사강사가 되었고 같은 해에 건강이 좋지 않은 베버에게 몇몇

---

6 괴팅겐 대학 감독관 바른슈테트(Warnstedt)가 프로이센 문화부 장관 폰 뮐러에게 보낸 문서, 1869년 2월 20일과 1870년 6월 18일과 7월 2일 자; 콜라우시가 괴팅겐 대학 감독관에게 보낸 편지, 1870년 7월 23일 자; Kohlrausch Personalakte, Göttingen UA, 4/V b/156. 베버가 어떤 관리에게 보낸 편지, 1870년 6월 17일 자.

7 베버가 데데킨트에게 보낸 편지, 1870년 8월 10일 자, Dedekind Papers, Göttingen UB, Ms. Dept.

8 베버는 베를린의 부교수인 크빙케를 데려와 임용하려고 노력해달라고 정부에 청했다. 그는 헬름홀츠가 베를린으로 옮긴 후에 크빙케가 다른 곳에서 일자리를 찾고 있을 것으로 추측했다. 정부는 콜라우시의 “교수 자리”에 누군가를 임용할 돈이 없다고 대답했다. 괴팅겐 대학 감독관이 프로이센 문화부 장관인 폰 뮐러에게 보낸 문서, 1870년 9월 9일 자, Göttingen uA, 4/V h/21.

9 베버가 괴팅겐 대학 감독관에게 보낸 편지, 1870년 10월 7일 자, Göttingen uA, 4/V h/21.

실험 강의를 넘겨받았고 2년 후에는 모든 실험 강의를 넘겨받았다. 그는 1873년에 콜라우시와 같은 이유, 즉 농업 아카데미에서 초빙을 받은 것 때문에 그것에 대응하려는 베버의 줄기찬 노력으로 부교수가 되었다. 1876년에 리케는 그의 조수 자리를 그의 학생이자 시간제 조수인 프로메Carl Fromme에게 넘겼다. 리케는 실험실에서 상급 학생들을 계속 가르쳤고 프로메는 초급 학생들을 가르쳤다. 이런 식으로 리케는 점진적으로 능력을 점검받고 베버가 완전히 물러날 때 연구소 소장으로 적합하도록 다듬어졌다.[10]

1876년에 베버의 박사학위 수여 50수년에 대부분 독일 대학 교원들이었던 68명의 제자가 베버에게 선물을 주었고 그 선물에 그의 "제자"로 서명했다. 답사로 베버는 이렇게 적었다. "나의 강의들에 대한 여러분의 회고와 그 강의들이 가진 많은 결점에도 불구하고 그것들이 이루고자 한 주된 목표, 즉, 자연 과학에서 엄밀한 연구를 수행하는 방법을 보여주고 과학이 내놓는 [과학의] 제시하는 일을 성공적으로 달성했다고 인정해 주는 것이 나에게는 특별한 가치가 있습니다."[11] 베버는 스스로 말했듯이 다른 이들에게 거의 50년 동안 어떻게 연구를 하는지를 가르쳤고 이제는 자신의 연구를 할 시간을 원했다. 그는 괴팅겐 대학 감독관에게

---

10 괴팅겐 대학 철학부가 괴팅겐 대학 감독관에게 보낸 문서, 1871년 6월 29일 자; 베버가 감독관에게 보낸 편지, 1873년 2월 6일 자; 리케의 부교수 임명장, 1873년 2월 26일 자; 괴팅겐 대학 감독관 바른슈테트(Warnstedt)가 프로이센 문화부에 보낸 편지, 1876년 4월 25일 자; 문화부가 바른슈테트에게 보낸 편지, 1876년 9월 9일 자; Riecke Personalakte, Göttingen UA, 4/V b/173. 베버가 감독관에게 보낸 편지, 1873년 12월 4일 자; 바른슈테트가 프로이센 문화부 장관 팔크(Falk)에게 보낸 편지, 1873년 12월 5일 자; Weber Personalakte, Göttingen UB, Ms. Dept.

11 베버가 데데킨트에게 보낸 편지, 1876년 10월 20일 자, Dedekind Papers, Göttingen UB, Ms. Dept.

1873년에 설명했다. "그렇게 여러 해를 가르쳤으니 오로지 순수하게 과학적인 문제들에 저의 마지막 노력을 집중할 수 있도록 저의 말년이 강의와 업무에서 부분적으로 또는 완전히 자유롭게 되기를 점점 더 바라게 되는 것이 정당하다고 생각하실 것입니다." 그 감독관은 이전에 두 번 베버에게 교편을 놓지 말라고 설득했지만, 이제는 그를 다시 설득할 수 없다는 것을 깨달았다. 베버는 그가 자주 감독관에게 설명했듯이 "일련의 큰 문제들"을 연구하고 있었고, 그의 공식적 임무들이 "그의 생각의 전면에 오랫동안 머물러 있었던 것을 완성하기 위한 집중과 몰두"를 방해했기에 휴직하기를 원했다. 베버의 소원은 존중받았지만, 그의 휴직은 당장 몇 년 동안은 승인되지 않았다. 그들은 리케가 베버를 대신한 역할을 잘하는지 살펴볼 시간을 갖기 원했다.[12]

---

[12] 베버가 괴팅겐 대학 감독관인 바른슈테트에게 보낸 편지, 1873년 10월 26일 자; 바른슈테트가 프로이센 문화부 장관 팔크에게 보낸 편지, 1873년 10월 29일 자와 12월 5일 자; Weber Personalakte, Göttingen UA, 4/V b/95a. 생산성에서 에두아르트 리케는 베버의 수준에 이르렀고 이론과 실험이 교대로 이루어진 그의 연구 특성은 베버의 실행을 생각나게 한다. 그의 방법은 무엇보다 이론적이었지만, 그는 정기적으로 실험했고 보통 그 실험은 이론의 인도를 받는 측정이었다. Woldemar Voigt, "Eduard Riecke als Physiker," *Phys. Zs*. 16 (1915): 219~221 중 219. Emil Wiechert, "Eduard Riecke," *Gött. Nachr*., 1916, 45~56 중 47~48. 리케의 연구와 물리학 연구소 운영은 그를 정교수로 추천할 때 베버, 리스팅, 그리고 다른 괴팅겐 과학 교수들의 칭찬을 들었다. 괴팅겐 대학 감독관이 프로이센 문화부에 보낸 문서, 1881년 9월 6일 자, Riecke Personalakte, Göttingen UA, 4/V b/173. 문화부는 괴팅겐 대학 감독관에게 프로이센은 괴팅겐 대학에 3명의 물리학 교수를 지원하지 않을 것이니 리케가 교수가 되면 그는 베버를 대신해야 할 것이라고 경고했다. 감독관은 프리드리히 콜라우시를 후임자로 얻으려는 희망을 포기한 베버는 리케가 대신 후임자로 오기를 바라고 그것이 학부가 원하는 것이기도 하다고 대답했다. 그는 리케가 여러 해 동안 연구소를 운영했으며 이제 그 연구소를 그에게서 아무도 어떤 경우라도 빼앗아 갈 수 없을 것이라고 덧붙였다. 그래서 1881년 12월에 리케는 공식적으로 베버의 자리를 이어받았다. 프로이센 문화부 장관 고슬러가 괴팅겐 대학 감독관 바른슈테트에게 보낸 편지, 1881년 11월 4일 자; 바른슈테트가 고슬러에게 보낸 편지, 1881년 11월 8일 자; 문화부가 바른슈테트에게 보

베버가 임시로 휴직하는 동안 연구한 "큰 과학적 문제"는 그의 전기 작용 법칙과 헬름홀츠의 그에 대한 새로운 비판이 중심을 이루었다. 25년 전에 헬름홀츠는 베버의 법칙이 입자의 운동에 의존한다는 이유에서 그것에 의문을 제기했다. 그것은 모든 힘이 입자 간의 거리에만 의존하는 인력과 척력으로 환원된다는 헬름홀츠의 요구 조건과 합치되지 않았다. 헬름홀츠는 1870년에는 전기 운동에 관한 첫 논문에서 그의 의심을 더 정확하게 제시했고 그 논문에서 그는 베버의 법칙에서 비물리적인 결과들을 끌어냈다. 이번의 새로운 비판의 결과 중 하나는, 베버가 1870년대에 그의 전기 동역학과 연관하여 정의한 에너지 원리에 기초하여 상세한 분자 물리학을 발진시키도록, 동기를 부여하는 데 기여한 것이었다.[13]

1848년에 베버는 힘을 위한 퍼텐셜을 유도한 적이 있었는데 1869년에 다시 그 주제로 돌아갔고 1871년에 다시 "전기 동역학 척도의 결정"이라는 시리즈에 속하는 긴 논문에서 그 주제를 다루었다.[14] 그의 법칙이 에너지 원리와 양립할 수 없다는 헬름홀츠의 의심에 답하기 위해 베버는 자신이 유도한 퍼텐셜에 의지했다. 그는 전기력의 법칙이 매우 "복잡한" 특성을 가졌음을 지적했다. 예를 들면, 그것은 어떤 간격을 둔 전기 입자

낸 편지, 1881년 12월 14일 자; Riecke Personalakte, Göttingen UA, 4/V b/173. 리케의 봉급은 3,500마르크였고 여기에 임대 비용 540마르크가 추가되었다. 그의 봉급은 1883년에 1,000마르크가 올랐고 1886년에는 2,000마르크가 더 올랐다.

13 Edmund Hoppe, *Geschichte der Elektrizität* (Leipzig, 1884), 511~512; Eduard Riecke, "Wilhelm Weber," *Abh. Ges. Wiss. Göttingen* 38 (1892): 1~44 중 26~27.

14 Wilhelm Weber, "Ueber einen einfachen Ausspruch des allemeinen Grundgesetzes der elektrischen Wirkung," *Ann.* 136 (1869): 485~489; "Elektrodynamische Maassbestimmungen insbesondere über das Princip der Erhaltung der Energie," *Abh. sächs. Ges. d. Wiss*. 10 (1871): 1~61, Wilhelm Weber's *Werke*, vol. 4, *Galvanismus und Elektrodynamik, zweiter Theil*, ed. Heinrich Weber (Berlin, 1894), 243~246, 247~299에 재인쇄.

사이에는 인력을, 다른 간격에서는 척력을 허용한다. 대조적으로 전기 퍼텐셜의 법칙은 매우 "단순"하여 베버에게는 그것이 더 근본적이므로 그는 이제 그것으로 작업하기로 했다.[15]

전기 입자 쌍들의 운동을 유도하면서 베버는 입자들이 무한한 간격만큼 떨어져 있을 때 퍼텐셜의 행동에 대해 가정했다. 그 가정은 입자들의 상대 속도가 상한을 갖는다는 것을 함축했다. 그 상한을 베버는 *c*, 즉 그의 힘 또는 퍼텐셜의 법칙에 등장하는 전기 단위들의 비ratio로 잡았다. 그다음에 그는 자신의 법칙에 대한 헬름홀츠의 비판에 답하기 위해 한계 속도를 적용했다. 베버의 법칙이 무제한의 속도를 허용하므로 무제한의 일을 허용하고 그것은 에너지의 원리를 위배한다는 것을 보이기 위해서는 헬름홀츠가 *c*보다 큰 두 전기 입자의 초기 상대 속도를 가정해야 했음을 주목했다. 베버는 자연의 어디에서도 우리가 *c*보다 큰 속도를 관찰하지 못한다며 반대 주장을 펼쳤다. 베버는 초기에 마치 무게 있는 입자가 중력 법칙이 예측하는 무한한 가속도를 피하려고 유한한 크기를 할당받듯이, 유한한 상대 속도를 갖는 두 전기 입자에 유한한 크기를 할당함으로써 무한히 가까운 간격에서 무한한 상대 속도를 성취할 가능성을 배제했다. 일반적으로 베버는 헬름홀츠가 거시 물리학의 기저 위에서 분자 운동에 대해 가정하는 것은 정당하지 못하다고 주장했다. 잘 전개된 분자 동역학이 존재하게 될 때까지 자연에서 최대 상대 속도 같은 개념은 아무리 도드라져도 선험적 토대 위에서 배제할 수 없다고 했다.[16]

헬름홀츠와 베버와 각각의 지지자들은 1870년대에 논쟁을 벌였다. 그

---

[15] Weber, "Elektrodynamische Maassbestimmungen insbesondere über das Princip der Erhaltung der Energie," 254~255.

[16] Weber, "Elektrodynamische Maassbestimmungen insbesondere über das Princip der Erhaltung der Energie," 296~299.

것은 결론이 나지 않았는데 오늘날까지 베버 입장과 헬름홀츠 입장 중에서 어느 쪽이 우세했는지는 분명하지 않다.[17] 헬름홀츠의 지지자들은 헤르츠, 플랑크(그는 그 논쟁에서 헬름홀츠를 지지한 것이 그의 경력에 긍정적인 영향을 주었다고 믿었다.[18])와 영국의 물리학자인 맥스웰, 톰슨, 테이트를 포함했다. 베버의 여러 지지자 중에는 그의 괴팅겐 동료들이 있었다. 지자기 관측소에서 그를 대신한 셰링Ernst Schering[19], 실험 물리학에서 그를 대신한 리케가 있었다. 셰링의 연구는 일반적으로 그의 괴팅겐 선배나 동료의 것에 뿌리를 두고 있었으므로 셰링이 베버의 전기 동역학에 흥미가 있었던 것은 놀라운 일이 아니다. 그는 가우스의 학생이었고 가우스 선집의 편집자였고 가우스의 수학과 리만Bernhard Riemann의 수학을 확장했으며 가우스와 베버의 지자기 기구들을 물려받아 사용한 사람이었다. 1857년에 괴팅겐 대학에서 수상 논문이 된 그의 첫 출판물에서 셰링은 베버의 전기 동역학 방정식에서 노이만의 전기 동역학

---

17 K. H. Wiederkehr, *Wilhelm Eduard Weber. Erforscher der Wellenbewegung und der Elektrizität 1804~1891*, vol. 32 of Grosse Naturforscher (Stuttgart: Wissenschaftliche Verlagsgesellschaft, 1967), 106.

18 Planck, *Wiss. Selbstbiog*. Planck, *Phys. Abh*. 3: 380~381에 재인쇄.

19 베버가 1868년에 괴팅겐 관측소의 소장에서 물러났을 때 그를 대신하여 셰링과 천문학자 클링커퓌스(Wilhelm Klinkerfues)가 그 일을 공동으로 분담했다. 처음에 자신을 "측지학 및 수리 물리학과"의 장이라고 부른 셰링은 조정을 하려는 베버의 이의 제기 후에는 "이론 천문학 및 고급 측지학과"의 장이 되었다. 클링커퓌스는 마찬가지로 신설된 "실용 천문학과"의 학과장을 맡았다. 셰링이 감독관에게 보낸 편지, 1869년 1월 26일 자, Göttingen UA, 4/V f/58. Felix Klein, "Ernst Schering," *Jahresber. d. Deutsch. Math.-Vereinigung* 6 (1899): 25~27. Emil Wiechert, "Das Institut für Geophysik," in *Die physikalischen Institute der Universität Göttingen*, ed. Göttinger Vereinigung zur Förderung der angewandten Physik und Mathematik (Leipzig and Berlin: B. G. Teubner, 1906), 119~188 중 132~134. 1879년부터 1883년까지 괴팅겐 대학에서 사강사로서 에른스트 셰링의 동생인 카를(Karl)은 수리 물리학을 강의했고 지자기 관측소에서 일했다. Hans Baerwald, "Karl Schering," *Phys. Zs*. 26 (1925): 633~635.

방정식을 유도하여 그것들의 동등성을 입증했고 선형 전류 사이의 모든 상호 작용은 전기 입자의 순간 위치뿐 아니라 운동에도 의존하는 힘을 가지고 설명될 수 있다는 것을 보였다. 괴팅겐 대학에서 셰링은 베버의 전기 법칙에 대해 강의했고 1873년에 베버 식의 힘에 대한 완전히 일반적인 이론을 출판했다.[20]

셰링처럼 리케는 그의 경력의 시작부터 베버의 전기 동역학에 큰 관심이 있었다. 그는 베버의 근본 법칙이 닫힌 전류의 상호 작용에 관한 알려진 법칙에서 "기본적인" 작용의 법칙까지 나아가는 방법에 관련된 일반적인 문제에 대한 해를 제공한다 해도, 그것이 유일한 해는 아니라는 것을 인식했다. 실제로 무한한 수의 가능한 해가 존재했다. 베버가 괴팅겐 과학회에 전달한 그 주제에 대한 그의 첫 논문에서 리케는 헬름홀츠의 새롭고 대안적인 전기 동역학 기본 법칙을 자세히 살폈다. 다음에 리케는 전기가 한 가지인지 두 가지인지와 연관된 베버의 법칙을 연구했다. 그다음에 그는 다른 전기 입자와 지속적인 분자계를 형성하는 전기 입자의 궤도를 조사하기 위해 베버의 법칙을 사용했다.[21] 1870년대 내내 리케는 베버 자신이 계속 연구를 하는 것에 병행하여 전기 법칙에

---

20 Ernst Schering, "Zur mathematischen Theorie elektrischer Ströme," *Abh. Ges. Wiss. Göttingen* 2 (1857), 또한 *Ann.* 104 (1858): 266~279; "Hamilton-Jacobische Theorie für Kräfte, deren Maass von der Bewegung der Körper abhängt," *Abh. Ges. Wiss. Göttingen* 18 (1873), 또한 축약된 판으로 *Gött. Nachr.*, 1873, 744~753; 베버와 헬름홀츠의 전기 동역학 법칙은 751~752에 논의된다.

21 Eduard Riecke, "Ueber das von Helmholtz vorgeschlagene Gesetz der electrodynamischen Wechselwirkungen," *Gött. Nachr.*, 1872, 394~402; "Ueber das Weber'sche Grundgesetz der electrischen Wechselwirkung in seiner Anwendung auf die unitarische Hypothese," *Gött. Nachr.*, 1873, 536~543; "Ueber Molecularbewegung zweiter Theilchen deren Wechselwirkung durch das Webersche Gesetz der electrischen Kraft bestimmt wird," *Gött. Nachr.*, 1874, 665~672.

대한 많은 이론적 연구를 했다.[22]

연구소의 공식적인 임무에서 벗어나서 얻은 시간으로 베버는 전기 동역학 이론을 확실히 에너지 고찰과 양립할 수 있게 만들기 위해 전기 동역학 이론을 연구할 뿐 아니라, 그의 이론을 전기학 고유의 영역 밖의 현상에 적용하는 연구를 했다. 그는 자신의 법칙이 전기 입자의 구속된 운동을 허락한다는 것을 보였고 이로써 그는 화학적 현상에 대한 "최초의 조사"를 하게 되었다. 전기 입자가 무게를 갖는 모든 원자에 부착된다고 가정함으로써 그는 화학에서 연구하는 원자 집합체들의 영속성을 실명할 수 있었고, 무게 있는 원자 주위에 전기 입자가 안정한 궤도에서 움직이면서 기본적인 앙페르 전류를 만든다고 가정함으로써 전기 도체의 열 특성을 설명할 수 있었다. 베버는 그의 전기 입자 운동 방정식을 직접 실험으로 검증할 수 없다는 것을 인정했으나 그것이 분자 세계의 "여전히 모호한 영역"을 탐구할 이론적 실마리를 제공해 준다고 믿었다.[23]

베버는 이제 분자 물리학을 지치지 않는 열정으로 연구했다. 가령, 그는 전기 입자의 반사와 산란이, 기체 입자는 무게가 있으나 전기 입자는 무게가 없다는 차이만 빼고, 기체 이론이 기술하는 운동과 일치한다는 것을 입증했다. 그러나 이 차이조차 중력을 전기력으로 환원하는 모소티 F. O. Mossotti의 이론에 호소함으로써 제거될 수 있다는 것을 그는 보여주

22 리케는 괴팅겐 학회의 *Abhandlungen*의 20권과 25권에 전기 법칙들의 확장된 비교를 게재했고 거기서 중요한 논문인 "Ueber die electrischen Elementargesetze"를 뽑아내어 *Ann.* (1880): 278~315에 게재했다.

23 Weber, "Elektrodynamische Maassbestimmungen insbesondere über das Princip der Erhaltung der Energie," 249.

었다. 만약 무게 있는 각각의 기체 입자를 쌍성처럼 양과 음의 쌍으로 생각하면, 충돌 법칙이 전기 상호 작용의 법칙에 의해 결정될 수 있고 그것은 기체 운동론의 분자력에 대한 검증되지 않은 가정을 할 필요성을 제거해준다. 이 접근법으로 베버는 양전기 입자가 무게 없는 에테르, 빛의 매질 등을 구성할 수 있다는 것을 보여주었다. 겉으로 보면 베버는 거의 완전히 물리적 자연에 대한 전기적 관점을 만들어냈다. 전기 동역학, 중력, 빛, 열, 화학, 다른 분자 과정을 설명하기 위해 그는 단지 양과 음의 전기 입자와 그 운동에 대한 법칙들(역학이 제공했다), 전기 작용의 근본 법칙(정전기 근본 법칙에서 유도), 적절하게 수정된 에너지 원리만이 필요했다. 그 주제에 대한 그의 마지막 글에서 베버는 원리상 일단 "모든 전기 분자의 위치와 운동이 어떤 시간에든 주어지면", 자연 속의 모든 물리적 과정은 전기 작용의 근본 법칙으로 계산될 수 있다고 말했다. 물리학을 단 하나의 물질인 무게 없는 전기에 대한 법칙의 연구로 단순화하면서 베버는 열과 자기 유체를 제거하고 복사열의 에테르를 빛의 에테르로 환원하는 연구 전통 속에서 연구했다. 그가 자신의 연구를 명시적으로 제시한 것은 그러한 환원론적 전통 안에서였다.[24]

---

[24] Wilhelm Weber, "Elektrodynamische Maassbestimmungen insbesondere über die Energie der Wechselwirkung," *Abh. sächs. Ges. d. Wiss*. 11 (1878): 641~696, 재인쇄는 *Werke*, vol. 4, pt. 2, pp. 361~412 중 394~395; "Elektrodynamische Maassbestimmungen insbesondere über den Zusammenhang des elektrische Grundgesetzes mit dem Gravitationsgesetze" 손으로 쓴 원고, 사후(死後)인 1894년에 출판된 *Werke*, vol. 4, pt. 2, 479~525 중 479~481. 베버의 전기 작가는 "모든 자연 현상이 단일한 법칙, 즉 그가 제시한 전기 작용의 근본 법칙의 지배를 받는다는 베버의 관점"이 지속되었다고 기록했다. Wiederkehr, *Weber*, 181. 에테르가 두 종류의 전기 유체의 작용으로 형성된다는 베버의 관점은 Wise, "German Concepts," 276~283에 논의되어 있다. 베버는 그의 상호 작용의 법칙을 자연의 더 근본적인 특성으로 보았다. 그는 적절하게 구성된 에너지 보존 원리와, 그에게는 근본 법칙에 필수적인 단순성이 있다고 여겨지는 정전기 상호 작용의 법칙에

1880년에 베버는 그의 마지막 실험 연구를 출판했는데, 그것은 헬름홀츠와의 논쟁에서 베버 편의 열정적인 옹호자였던 쵤너Friedrich Zöllner와의 전기 동역학의 척도에 대한 공동 연구였다.[25] 1883년 베버의 마지막 출간 논문은 정밀 기구에 대한 설명을 담은 것이었고[26], 그것은 정밀 측정에 긴밀하게 밀착된 그의 경력에 대한 적절한 마무리였다. 베버(와 가우스)의 기구들과 설계도들은 베버가 거기서 물러나 마지막 이론적 연구로 들어간 후에도 괴팅겐 대학에서 사용되고 있었다. 그에 대한 증거가 1884년 카를 셰링의 보고서에 다음과 같이 드러나 있다.

> 1878년에 나는 나의 형이자 괴팅겐 지자기 관측소 소장인 에른스트 셰링과 함께 베버의 지구 유도기earth inductor의 원리를 새롭게 적용하여 하나의 기구를 만들었다. 그것은 지자기력의 복각을, 가우스의 자기계의 현재의 형태가 편각과 수평 자기력에 대해 확보한 것과 똑같이, 정확하게 결정하는 것을 가능하게 해주었다. 그 이후 우리는 수직 자기력의 변이를 재는, 마찬가지로 믿을만한 장치를 만드는 문

의해, 입자쌍 사이의 상호 작용이 완전히 결정된다는 것을 보여주었다. 그는 자신의 상호 작용의 일반 법칙을 하나의 "정리", 즉 진정으로 근본적인 것에 대한 연역적 결론으로 제시한 것이 자신의 성취라고 보았다. Wilhelm Weber, "Ueber das Aequivalent Lebendiger Kräfte," *Ann.*, *Jubelband* (1874): 199~213; "Ueber die Bewegungen der Elektricität in Körpern von molekularer Konstitution," *Ann.* 156 (1875): 1~61. *Werke*, vol. 4, pt. 2, pp. 300~311, 312~357에 재인쇄; "Elektrodynamische Maassbestimmungen insbesondere über die Energie der Wechselwirkung," 372.

[25] Wilhelm Weber and Friedrich Zöllner, "Ueber Einrichtungen zum Gebrauch absoluter Maasse in der Elektrodynamik mit praktischer Anwendung," *Verh. sächs. Ges. Wiss*. 32 (1880): 77~143, 재인쇄는 *Werke*, vol. 4, pt. 2, 420~476.

[26] Wilhelm Weber, "Ueber Construction des Bohnenberger'schen Reversionspendels zur Bestimmung der Pendellänge für eine bestimmte Schwingungsdauer im Verhältniss zu einem gegebenen Längenmaass," *Verh. sächs. Ges. Wiss*., 1883. 재인쇄는 *Ann.* 22 (1884): 439~449.

제에 몰두해 왔다. 베버의 바늘과 연결된 가우스의 한 가닥 원통 및 두 가닥 원통을 사용하여 수평 지자기력의 방향과 세기의 변화를 재는 장치는 이미 확보되어 있었다.

우리는 이 문제를 새로운 기구, "네 가닥 자기계"를 통해 풀었다고 생각한다. 그것은 1882년 가을 이후 괴팅겐 관측소의 지하 관측실에 설치되어 있다.[27]

본의 클라우지우스

클라우지우스는 그의 경력 마지막 20년을 본 대학 물리학 연구소의 소장으로 이전처럼 순수한 이론적 연구를 하면서 보냈다. 그의 교육은 이론과 실험을 모두 포함했고 그는 학생들을 위해 실험실 경험의 기회가 필요함을 진지하게 받아들였다.

1869년에 클라우지우스가 본 대학의 일자리를 받아들였을 때 그는 자신의 임무 중 하나가 "물리학 실험실의 설립과 지도"라고 이해했다. (그의 본 대학 전임자인 플뤼커는 이미 1867년에 실험실 실습을 도입했다.[28]) 클라우지우스는 더 유능한 학생들과 접촉하기를 원했기에 "가장 확실하게" 본 자연 과학 세미나의 관리자가 되고자 했다. 클라우지우스는 뷔르츠부르크 대학에서 본 대학 감독관에게 "여기 자리를 떠나본 대

---

[27] Karl Schering, "Das Quadrifilar-Magnetometer, ein neues Instrument zur Bestimmung der Variationen der verticalen erdmangetischen Kraft," *Ann.* 23 (1884): 686~692, 인용은 686~687에서 했다.

[28] Heinrich Konen, "Das physikalische Institut," in *Geschichte der Rheinischen Friedrich-Wilhelm-Universität zu Bonn am Rhein,* vol. 2, *Institute und Seminare*, 1818~1933, ed. A. Dyroff (Bonn: F. Cohen, 1933), 345~355 중 346~348.

학의 자리로 가게 한 결정적인 이유는 뷔르츠부르크보다 본에서 학생들에게 더 깊이 공부를 시킬 더 나은 조건들을 찾을 것으로 믿었기 때문이었다."라고 썼다.[29] 본 대학의 강의에 대해서 그는 물리학의 두 분야인 이론과 실험에 거의 같은 시간을 투입하기를 원했지만, 정교수에게 학기마다 일련의 공개 강의를 개설하라는 프로이센의 요구는 그의 계획을 다소 방해했다.[30]

클라우지우스는 본 대학 물리학 연구소의 예산을 늘렸고 기구를 사들일 거액의 일회성 지원금을 받았다.[31] 그는 새로운 연구소 건물도 얻으려고 노력했지만 1885년에야 연구소를 대학의 주된 건물 부속동에 있는 외과가 비운 공간으로 옮기는 데 성공했을 뿐이었다. 그 새로운 구역은 어색한 데다 불편했고 특히 실험실은 지하실 같았다. 본 대학에서 클라우지우스의 뒤를 이은 헤르츠는 폭우 후에 물이 온종일 연구소 벽을 타고 내려와 사람들은 우산을 쓰고 일했다고 보고했다. 실험실 실습 과정의 최대 학생 수인 14명은 실제로 더는 공간이 없었으므로 6명으로 줄었다.[32]

---

29 클라우지우스가 본 대학 감독관 베젤러에게 보낸 편지, 1869년 3월 12일 자, Clausius Personalakte, Bonn UA.

30 1869년 여름 클라우지우스의 원래 의도는, 본 대학에서 그의 첫 학기에 "주당 다섯 시간씩 광학, 전기학, 자기학을 실험으로 다루면서" 가르치고 "주당 네 시간씩 열 이론을 수학적으로 다루면서" 가르치는 것이었다. 그는 자신의 역학적 열 이론에 대한 두 시간짜리 기초 공개 강의 과정, 수학적으로 다루는 탄성 이론과 탄성 진동에 관한 두 시간짜리 강의 과정, 이전에 제안한 다섯 시간짜리 실험 강의 과정으로 계획을 바꾸었다. 클라우지우스가 본 대학 감독관 베젤러에게 보낸 편지, 1869년 1월 27일과 29일 자, Clausius Personalakte, Bonn UA.

31 Konen, "Das physikalische Institut," 348~349. 클라우지우스는 1871년과 1873년에 그 예산을 늘렸고 추가 지원금으로 측각기(goniometer), 공기 펌프, 현미경, 그리고 다양한 전기 및 자기 장치를 샀다.

32 Barbara Jaeckel and Wolfgang Paul, "Die Entwicklung der Physik in Bonn 1818~1968," in *150 Jahre Rheinische Friedrich-Wilhelms-Universität zu Bonn*

클라우지우스가 1871년에 스트라스부르 대학에 일자리를 제안받았을 때 그는 본 대학에서 처해 있던 상황에 대해 기술했다. 그의 주된 소원은 강의의 부담에서 벗어나는 것이었는데 그는 그때까지도 실험 물리학과 이론 물리학을 모두 강의하고 물리학 세미나와 실험실 실습을 모두 지도했다. 그는 본 대학 감독관에게 한 사람이 이 모든 일을 하기에는 부담이 너무 많다고 말했다. 스트라스부르 대학에서는 물리학 정교수직이 두 자리로 계획되었으나 클라우지우스는 본 대학에 그것과 일치하는 결과를 원하지는 않았다. 그는 자신의 동료로 정교수가 아니라 500탈러라는 적은 액수로 채용할 수 있는, 물리 실습을 지도할 부교수나 사강사만을 요청했다. 그는 이것을 맡을 젊은 물리학자를 발견할 수 있을 것이라 확신했다. 왜냐하면, 이것을 맡으면 수입과 더불어 "훌륭한 기구들"을 가지고 과학 연구를 할 기회를 얻을 것이기 때문이었다. 클라우지우스는 "실험 물리학[을 관리하는 것] 외에 그 대학에 유용할 수리 물리학에 더 많은 시간을 투입할 수 있었다.[33]

클라우지우스는 이 일을 위해 밖에서 물리학자를 구하려 하지 않았다. 대신에 그는 이미 본 대학에 있는 젊은 물리학자 중 하나에게 한 번에 한 학기씩 실습 감독을 맡기기를 원했다. 그리하여 그가 연구소 자리를 얻으려면 클라지우스에게 의존하게 하고자 했다. 클라우지우스는 장치가 "값어치가 크고" "실험 작업에서 발생할 수밖에 없는 큰 비용" 때문에 장치에 대한 완전한 통제를 유지할 계획이었다. (그는 연구소의 다른

1818~1968. (Bonn: H. Bouvier, Ludwig Röhrscheid, 1970), 91~100 중 93. Konen, "Das physikalische Institut," 349. 헤르츠가 그의 부모에게 보낸 편지, 1889년 4월 5일 자, Hertz, *Erinnerungen,* 288에 인용.

[33] 클라우지우스가 본 대학 감독관 베젤러에게 보낸 편지, 1871년 12월 24일 자, Clausius Personalakte, Bonn UA.

이들에게 아주 마지못해 장치를 내주었는데 그로써 확실히 장치를 좋은 상태로 유지할 수 있었지만, 클라우지우스는 특별히 성공적인 연구소 소장이 되지는 못했다.)[34]

1883년에 클라우지우스는 그의 강의를 연구와 더 일치시키도록 요청할 또 하나의 기회를 잡았다. 리스팅이 맡았던 괴팅겐 대학의 이론 물리학 교수 자리를 제안받자 그는 자신이 이론 물리학 강의만을 요구하는 교수 자리를 더 선호한다는 것을 본 대학에 알렸다. 왜냐하면, 그는 자신의 "진정한 과학적 소명이 오로지 이론 물리학에 몰두하는 것"이라고 보았기 때문이었다. 클라우지우스가 괴팅겐으로 옮길지 모른다는 전망은 클라우지우스의 또 하나의 소원인, 본 대학에 두 번째 물리학 교수 자리를 설치할 논거로 사용되었다. 그것은 이론 물리학 교수 자리가 될 것이고, 실제로 클라우지우스가 그다음에는 본 대학에 이론 물리학 교수로 또 하나의 초빙을 받게 될 것이었다. 그러나 프로이센 정부는 클라우지우스를 위해 이 두 번째 교수 자리를 만들지 않았고 클라우지우스는 본 대학을 떠나지도 않았다. 이런 식으로 클라우지우스가 자리를 옮기지 못하는 설득력 있는 이유가 있었다. 그가 괴팅겐에서든 본에서든 이론 물리학 교수직에서 가르쳤다면 본 대학에서 당시 얻는 학생 수강료보다 훨씬 적게 받았을 것이다. 왜냐하면, 그는 본에서 인기 있는 실험 과정을 가르쳤기 때문이었다. 본 대학에서 머무는 대가로 클라우지우스는 심지어 봉급까지 인상되어 본 대학 교수 중에서 최고의 봉급을 받았다.[35]

---

34 클라우지우스가 베젤러에게 보낸 편지, 1871년 12월 24일 자. Konen, "Das physikalische Institut," 349.

35 립시츠가 본 대학 감독관에게 보낸 편지, 1883년 5월 12일 자, Clausius Personalakte, Bonn UA. 클라우지우스의 봉급은 2,700탈러였고 그것은 8,100마르크에 해당했다. 그가 괴팅겐 대학의 초빙을 받은 후에 그의 봉급은 9,000마르크로 인상되었다.

클라우지우스가 본 대학에 부임했을 때 사강사 케텔러Eduard Ketteler는 1865년부터 이미 몇 년 동안 그곳에서 물리학을 가르치고 있었다. 케텔러는 광학을 전공한 능력 있는 이론 물리학자였고 실험도 조금씩 했다. 그의 강의는 클라우지우스의 강의처럼 이론적 주제와 실험적 주제를 모두 포함했다. 클라우지우스가 정규 이론 강의를 맡은 후에도 케텔러는 "이론 물리학" 연속 강의 전체를 개설했고 클라우지우스가 신경을 쓰지 않는 실험실 학급들도 지도했다.[36]

본 대학의 상황이 허락하는 범위에서 케텔러의 강의는 성공적이었다. 요구되는 무료 "공개" 강의는 매 학기 5명, 10명, 21명까지 수강했지만, 그가 수강료를 받는 "사설" 강의는 학생을 거의 끌지 못해서 종종 수강생이 하나도 없었다. 1870년에 그는 더 나은 조건을 얻기 위해 "교수"로 승진을 요구하면서 "기존의 [교육] 여건에서 실험 방향으로 더 치중하는 물리학자가 겪는 어려움"을 지적했다.[37] 클라우지우스는 케텔러가 "마음대로 쓸 수 있는 물리 기구실을 가질 수 있기를 몹시 열망함"을 알고 있었다.[38] 클라우지우스의 승인으로 본 대학 교수진은 케텔러에게 부교수 자리를 제안했고 승진은 전쟁으로 지체되다가 1872년에 확정되었다.[39]

---

[36] 1870년경 항목은 *Vorlesungen auf der Rheinischen Friedrich-Wilhelms-Universität zu Bonn*에 있다.

[37] 케텔러가 본 대학 철학부에 보낸 편지, 1870년 6월 27일 자, Ketteler Personalakte, Bonn UA.

[38] 카를스루에 고등종합기술학교 자리에 케텔러를 추천하는 클라우지우스의 추천서, 1870년 10월 29일 자, Bad. GLA, 448/2355.

[39] 클라우지우스의 추천서, 1870년 10월 29일 자. 케텔러는 처음에 봉급을 받지 못했다. 그 후 1874년에 그는 900탈러의 봉급을 받았는데 강의는 할당받지 않고 그 봉급을 받은 것이었다. 승진하려는 케텔러의 요청에 대한 본 대학 철학부의 논의, 1870년 6월 29일 자. 그들의 추천서 초고는 1870년 7월 13일에 작성되고 본 대학

케텔러는 책임자는 아니었지만 연구소 소장의 업무를 포함하는 이 지위에서 12년간 봉직한 후에, 독립된 자리를 얻기를 시도했다. 1884년에 그는 본 대학의 두 번째 물리학 정교수가 되려고 문화부 장관에게 지원서를 냈다. 장관은 본 대학에는 봉급을 받는 두 번째 정교수 자리는 없고 그것을 설치할 생각도 없다는 근거를 들어 거절했다. 한편 장관은 케텔러의 연구를 높이 평가하여 학부의 추천에 따라 케텔러의 봉급을 인상해 주고 그의 자리를 "승진"시켜 주었는데 그것은 더 많은 업무를 할당하는 것을 의미했다. 감독관은 케텔러의 자리 변화에 대해 클라우지우스에게 자문했고 그 결과로 그때까지 물리학 연구소에서 조수로 일한 케텔러를 "물리학 실험실의 실습 감독"으로 임명했다. 그는 이제 클라우지우스가 원하는 대로 주중 오후 3시간을 실험실에서 써야 했다.[40] 더욱이 실험실의 그 자리는 정규직이 아니라 2년간의 한시직이었기에 케텔러는 1887년에 그것을 바꾸려고 시도했다. 그는 자기 일이 그냥 조수의 일이 아니라는 것을 지적했다. 감독관은 케텔러에게 동의했고 그가 정규직 임명을 얻게 하려 했다. 그러나 클라우지우스는 그것을 들어주려 하지 않았다. 연구소 일의 수행에서 안정성이 유용하다고 믿은 클라우지우스는 케텔러가 재임용되는 것을 보고 싶어 했지만, 그 임용이 바람직하지 않으면 정규직일 경우에 바꾸기가 더 어려울 것을 두려워했다.[41] 케텔러는 물론

감독관 베젤러에게 1870년 11월 22일에 제출되었다. 프로이센 문화부 장관이 베젤러에게 보낸 편지, 1872년 11월 11일 자; 문화부 장관이 케텔러에게 보낸 편지, 1874년 3월 17일 자; Ketteler Personalakte, Bonn UA.

40 조수로서 케텔러는 300마르크를 받았고 이제 "실습 감독"으로서 새로운 직함에 따라 600마르크를 받게 되었다. 프로이센 문화부가 본 대학 감독관 베젤러에게 보낸 편지, 1884년 8월 30일 자; 감독관이 문화부 장관에게 보낸 편지, 1884년 9월 11일 자; 문화부가 감독관에게 보낸 편지, 1885년 1월 30일 자; Ketteler Personalakte, Bonn UA.

41 본 대학 감독관 그란트너(Grandtner)가 클라우지우스에게 보낸 편지, 1887년 2월

그의 요청에 대한 클라우지우스의 반대에 대해 듣지 못했다. 그는 그의 요청이 그런 변화를 허용하지 않는 예산상의 제도를 근거로 거부되었다고 통보받았다.[42]

본 대학으로 옮기면서 클라우지우스는 전기 동역학 이론의 기초에 점점 많은 관심을 쏟았다. 그는 오랫동안 다양한 전기 주제에 관심이 있었는데 역학적 열 이론에 대한 그의 연구의 맥락에서 그 주제에 접근했다. 이제 본 대학에서 그는, 리케의 표현에 따르면, "두 번째 전기 동역학의 시대"로 들어갔다.[43] 1875년에 그는 새로운 "전기 동역학의 근본 법칙"을 제시했고 이후 몇 년 동안 그 이론을 정교화했다.[44]

클라우지우스가 전기 동역학 이론을 연구하는 동안 베버의 이론은 확장되고 수정되고 도전받고 있었다. 유한하게 전파되는 전기 작용을 베버의 전기 동역학에 도입하려는 리만의 시도와, "전기 동역학의 힘을 알려진 정전기 힘"으로 돌리려는, 카를 노이만과 베티E. Betti가 각각 수행하는 시도들이 클라우지우스가 1868년에 전기 동역학의 기초에 대해 논의하

16일 자, 클라우지우스가 그란트너에게 보낸 편지, 1887년 2월 18일 자, Ketteler Personalakte, Bonn UA.

42 본 대학 감독관 그란트너(Grandtner)가 케텔러에게 보낸 편지, 1887년 2월 23일 자, Ketteler Personalakte, Bonn UA.

43 1879년에 클라우지우스는 *Die mechanische Behandlung der Elektricität* (Braunschweig, 1879)에 전기 동역학 현상을 포함하기 위해 전기 연구를 다시 수행했다. 그는 그 연구를 *Die mechanische Wärmetheorie*의 제2권으로 제시했다. 이 연구는 가령, 유전체, 전해 전도, 열전기 이론들과 전기 동역학에 대한 그의 근본 이론을 포함했다. Eduard Riecke, "Rudolph Clausius," *Abh. Wiss. Göttingen* 35 (1888): 부록, 1~39 중 24. Walter Kaufmann, "Physik," *Naturwiss.* 7 (1919): 542~548 중 546.

44 Rudolph Clausius, "Ueber ein neues Grundgesetz der Elektrodynamik," *Sitzungsber. niederrhein. Ges.* 1875, 306~309; 번역본, "On a New Fundamental Law of Electrodynamics," *Philosophical Magazine* 1 (1876): 69~71.

는 계기가 되었다.[45] 그가 몇 년 전에 자신의 법칙을 도입했을 때 그는 베버의 법칙에 대한 헬름홀츠의 반대를 언급했고 헬름홀츠의 반대와는 무관하게 베버의 이론이 "실재와 일치하지 않는다"고 믿게 된 자신의 이유를 언급했다.[46]

부분적으로 클라우지우스는 베버의 이론과의 불일치와 연관하여 자신의 전기 동역학 이론을 구축했다. 카를 노이만과 리만처럼 그는 전류가 베버의 말대로 서로 반대로 흐르는 전기로 이루어져 있다는 것을 의심했다. 그는 또한 움직이는 전기 입자 사이의 힘이 그것들을 연결하는 선 상에서만 작용한다는 베버의 가정을 의심했다. 그는 두 전기 입자 사이의 힘은 입자의 운동 방향에 의해서도 영향을 받을 수 있다고 주장했다. 만약 뉴턴이 전기 동역학적 힘을 고려했다면 그는 입자 사이의 힘이 입자들의 운동 방향에 무관하다는 베버의 가정이 정당하지 못하다는 데 동의했을 것이라고 클라우지우스는 생각했다. 리만도 힘을 입자끼리 연결하는 선을 따라 작용하는 것으로 제한하는 베버의 견해를 받아들이지 않았다. 리만은 그의 법칙을 유도하면서 두 입자에 작용하는 힘은 크기가 같고 방향이 반대, 즉 평행하지만 하나의 선 상에 있을 필요는 없다고 가정했다. 그러나 리만의 가정도 너무 제한적이라고 클라우지우스는 생각했다. 클라우지우스는 전기 동역학에서 뉴턴의 제3법칙, 즉 친숙한 진술로 표현하면 작용과 반작용의 동등성의 법칙 없이 논의를 진행할 준비가 되어 있었다. 이 법칙은 오로지 정역학적 힘에 대한 경험에 기초한 것이어서, 전기 동역학에서 정역학적인 중력과의 유비는 잘못된

---

45 Rudolph Clausius, "Ueber die von Gauss angeregte neue Auffassung der electrodynamischen Erscheinungen," *Ann.* 135 (1868): 606~621. Riecke, "Clausius," 24~28.

46 Clausius, "On a New Fundamental Law," 69.

길로 이끈다고 지적했다.[47] 클라우지우스는 유도를 시작할 때 근본적인 전기 동역학 법칙의 수학적 형태에 대한 선행 조건을 부과하지 않고 전기 작용에 대한 경험과 에너지 보존 원리에 호소함으로써 그것을 확립하기를 선호했다. 클라우지우스는 그 법칙을 구성하면서 그것의 정역학적 부분에는 전기 입자 사이의 간격의 역제곱에 의존하는, 이미 잘 확증된 특성을 부여했고 그것의 동역학적 부분은 두 입자의 절대 속도에 비례하는 양과 쌍으로 비례하는 양, 그리고 절대 가속도에 비례하는 양으로 전개했다. 이 전개에서 계수들은 입자 간 간격의 확정되지 않은 함수들이었다. 클라우지우스는 베버의 2종의 전류보다는 카를 노이만이 가정한 단일한 전류를 채용하고, 닫힌 전류 사이의 알려진 힘을 적용하고 그 법칙이 에너지 보존 원리를 만족해야 한다고 요구함으로써 미결정의 계수 중 하나를 제외한 모두를 고정했다. 그다음에 그는 남아있는 계수를 0으로 놓았는데 이렇게 하면 전기 퍼텐셜이 "가장 단순하여 가장 그럴듯한 형태"가 된다는 데 근거를 두었다. 그의 퍼텐셜을 경쟁하는 전기 동역학의 퍼텐셜들, 즉 그의 견해대로 베버의 것과 리만의 것과 비교하면서, 클라우지우스는 자신의 것이 더 단순하므로 선호할 만하다고 주장했다. 클라우지우스에게는 그의 퍼텐셜의 주된 이점이 일반성이 더 크다는 데 있었다. 그는 단 한 종류의 전기가 움직인다고 가정하고서 자신의 전기 퍼텐셜을 유도했지만 두 가지 전기가 움직이고 실제로 그것들이 전도성 전해액 속에서처럼 다른 속도로 움직인다 하더라도 자신의 전기 퍼텐셜은 여전히 유효하다는 것을 보였다.[48]

---

[47] 클라우지우스의 이론에 대한 이러한 설명은 Rudolph Clausius, *Die mechanische Wärmethorie,* vol. 2, *Die mechanische Behandlung der Electrictät* (Braunschweig, 1879), 227~281.

[48] 클라우지우스의 퍼텐셜의 동역학적 부분은

클라우지우스의 법칙은 베버의 법칙처럼 전기 입자의 상대 운동이 아니라 절대 운동으로 표현된다. 절대 운동은 정적 매질인 에테르를 전제하는데 클라우지우스는 그의 이론에서 전기 입자의 운동으로 뉴턴의 제3법칙이 가시적으로 어긋남을 설명하기 위해 그것을 도입했다. 그러나 만약 매질이 전기 동역학의 작용에 참여한다면 그것은 뉴턴의 제3법칙을 보존하는 데 필요한 운동량을 담을 수 있다. 같은 이유에서 에너지조차 전기 입자의 운동으로 보존되어야 할 필요가 없지만, 클라우지우스의 법칙은 그것을 보존한다. 클라우지우스는 특별한 특성을 매질에 부여하지 않았고 그 매질의 운동량을 알아내려고 시도하거나 전기 작용의 전파 방식을 관심의 중심에 놓지도 않았다. 베버의 법칙처럼 클라우지우스의 근본 법칙은 전기 입자의 운동만을 기술한다.[49]

클라우지우스는 전기 동역학 이론에 대한 연구에서 그가 열 이론에서

$$V=\frac{kee'}{r}\left(\frac{dxdx'}{dtdt}+\frac{dydy'}{dtdt}+\frac{dzdz'}{dtdt}\right)$$

이다. 여기에서 k는 단위에 의존하는 상수이고 e와 e'은 전기량(electric mass), r는 입자 사이의 간격, dx/dt, dy/dt, dz/dt와 dx'/dt, dy'/dt, dz'/dt는 두 입자의 절대 속도이다. ϵ이 절대 속도 v와 v' 사이의 각도라면, 퍼텐셜은 더 간단한 형태인 $V=(kee'/r)vv'\cos\epsilon$을 얻는다. 그의 법칙을 두 전류 요소의 상호 작용에 적용하자, 클라우지우스는 수학자 그라스만(Hermann Grassmann)이 여러 해 전에 "Neue Theorie der Elektrodynamik," *Ann.* 64 (1845): 1~18에 게재한 것과 같은 힘에 도달했다. "완전히 다른" 출발점들을 고려할 때 클라우지우스는 그 둘의 일치를 "격려가 되는 확증"이라고 생각했다. Clausius, *Die mechanische Behandlung*, 276~277.

[49] Clausius, "On a New Fundamental Law," 69; "Ueber das Verhalten des electrodynamischen Grundgesetzes zum Princip von der Erhaltung der Energie und über eine noch weitere Vereinfachung des ersteren," *Sitzungsber. niederrhein. Ges.* 1876, 18~22, 영역본은 "On the Bearing of the Fundamental Law of Electrodynamics toward the Principle of the Conservation of Energy, and on a Further Simplification of the Former," *Philosophical Magazine* 1 (1876): 218~221 중 218~219.

드러냈던 것과 같은 특성, 즉 일반적인 법칙을 구성하려는 특성을 드러냈다. 그는 전기 동역학의 근본 법칙을 구성하기 위해서는 전기에서 제한된 횟수만큼 확증 실험을 한 결과, 에너지 보존 원리나 수식에서 단순성과 대칭성 같은 내적 이론적 고찰을 불러오는 것으로 충분하다는 것을 알았다. 그의 전기 동역학에 대한 글들은 가까운 독자들에게 이론 물리학을 클라우지우스의 방식으로 수행하는 방법에 대한 가르침을 주었다.

1884년에 클라우지우스는 본 대학의 총장으로 취임 연설을 하면서 "자연력" 또는 "자연의 위대한 작인들" 사이의 "내적 연관성"이라는 주제를 다루었다. 그는 자신의 연구가 대부분 집중된 두 가지 작인인 열과 전기의 관련성을 상세하게 다루었다. 대립하는 주장이 자주 개진되었음에도 불구하고 열과 전기는 단일한 작인으로 환원되지 않는 점이 클라우지우스에게는 흡족했다. 전기는 열과 관련되어 있으면서도 여전히 난해했다. 전류가 원자를 운동시켜서 열을 내게 하지만 역으로 원자의 열운동은 전류를 일으키고, 이렇게 한 종류의 운동을 다른 운동으로 변환시키는 친숙한 경우로부터 전기의 본성에 대한 추론을 끌어낼 수는 없다고 클라우지우스는 주의를 주었다.[50]

클라우지우스에 따르면 전기의 본성은 베버의 법칙, 그리고 정전기력과 전기 동역학적 힘의 관계에 대한 베버와 콜라우시의 측정을 통하여 복사열과 빛을 관련지음으로써 예시된다. 그는 자신이 의미하는 바를 이렇게 설명했다. 베버의 이론에 의하면 종류가 같은 두 전기 입자가 평행하게 일정한 속도로 움직이면, 그것들은 정전기력으로 서로 당기고 전기 동역학적 힘으로 서로 밀치는데, 일정한 상대 속도에서 척력과 인

---

[50] Rudolph Clausius, *Ueber den Zusammenhang zwischen den grossen Agentien der Natur,* Rectoratsantritt, 1884년 10월 18일 자 (Bonn, 1885), 20~23.

력이 같아서 상쇄된다. 베버와 콜라우시에 따르면 그 속도는 공간에서 복사열과 빛의 속도이다. 클라우지우스는 전기에 속하는 양과 열 및 빛에 속하는 양의 일치는 "내적 원인 없이는 일어날 수 없다"고 말했다. 이것과 기타 관련된 일치는 빛의 전파에서나 복사열의 전파에서도 역시 전기력이 작용하고 있다"는 것에 의심의 여지를 남기지 않는다. 정말로 물리학자들은 이미 빛과 전기의 작인들을 관련짓기 시작했다. 전에 물리학자들은 빛의 전파에 대한 방정식들을 에테르의 탄성력에서 유도했지만 맥스웰은 최근에 같은 방정식들을 "**전기 동역학적** 또는 그의 용어로는 **전자기적** 빛 이론"에 입각하여 전기력에서 유도했다. 클라우지우스는 맥스웰의 가정이 옳은지 그른지는 알지 못했다. 다만 그것이 역학적 고찰에서 확립되지 않았음을 지적하면서 복사열과 빛이 맥스웰의 주장처럼 전기력에 의해 설명된다는 것을 보일 수 있다면 에테르는 그냥 전기로 간주해야 할 것임을 인정했다. 클라우지우스에 따르면 오늘날은 단지 두 실체, 전기와 물질이 존재하는 것으로 가정되고 그 밖의 모든 것은 운동으로 설명된다. 내적 원인들을 연관시키게 된 이런 위대한 전환점은 자연에 대한 이론적 개념이 완전해지면서 도래했다. 클라우지우스는 이에 대해 큰 확신이 있었다.[51]

카를스루에와 본의 헤르츠

아이젠로어Wilhelm Eisenlohr는 이미 1850년대에 카를스루에 종합기술학교에서 이론 물리학을 가르쳤고 한동안 그의 후임자들도 그렇게 했다.

---

[51] Clausius, *Ueber den Zusammenhang*, 24~27.

그러나 1882년에 브라운Ferdinand Braun의 재직 기간부터 전기 기술이라는 분야가 팽창하면서 일시적으로 물리학 교육을 지배했다. 브라운은 응용 물리학자가 개설한 전기 기술에 대한 강의를 보완하기 위해 물리학 연구소에서 전기 기술 실습 과정을 시작했고 물리학 이론에 대한 그의 강의에서 브라운은 전기 기술의 이론적 기초를 강조했다. 1884년에 브라운의 후임자 후보를 추천하는 일을 맡은 위원회는 전기에 대한 과학적 연구를 수행한 적이 있는 물리학자들을 먼저 고려해야 한다고 결정했다. 그들은 물리학 연구소와는 분리된, 전기 기술 분과를 원하지는 않았다. 전기 기술과 물리학은 하나로 계속 유지될 예정이었고 새로운 물리학 교수가 "수학적 기초 위에서 전기 기술"에 대한 강의와 해당하는 실습을 계속 개설할 예정이었다. 당분간 이론 물리학은 "옆으로 밀려났다."[52]

브라운과 외부 물리학자들의 조언으로 카를스루에 종합기술학교 교수진은 브라운을 대신할 후보 셋을 추천했다. 그들이 추천한 셋은 모두 전기 연구를 했고 모두 이론 연구와 실험 연구를 병행했다. 그리고 모두 헬름홀츠의 추천을 받았는데 헬름홀츠는 셋 중 최연소자인 헤르츠에 대해 "그가 미래에 대한 가장 큰 희망"을 갖게 했다고 말했다.[53] 그 자리를

---

[52] 카를스루에 종합기술학교 교수진의 구성원인 그라스호프(Grashof)와 엥글러(Engler)가 바덴 법무문화교육부에 보낸 "Bericht", 1884년 11월 30일 자, Bad. GLA, 448/2355. Karlsruhe Technical Institute, *Festgabe zum Jubiläum der vierzigjährigen Regierung Seiner Königlichen Hoheit des Grossherzogs Friedrich von Baden* (Karlsruhe, 1892), xxviii, xxx, 261. Friedrich Kurylo and Charles Süsskind, *Ferdinand Braun: A Life of the Nobel Prizewinner and Inventor of the Cathode-Ray Oscilloscope* (Cambridge, Mass.: MIT Press, 1981), 48~59는 브라운이 감독하는 카를스루에 종합기술학교 물리학 연구소의 특색이 된, 전기 공학에 대한 과학적 추구에 대해 논의한다.

[53] 다른 두 후보는 오베르벡(Anton Oberbeck)과 힘슈테트(Franz Himstedt)였고 그들은 둘 다 그 당시에 부교수였다. 헬름홀츠는 카를스루에 기술학교 교수진에 오베르벡과 헤르츠를 직접 추천했고 힘스테트를 간접적으로 추천했다. 헬름홀츠에 더

제안받은 헤르츠는 그때에 다른 전망이 있었지만 카를스루에 물리학 연구소를 방문하면서 그곳을 선호하게 되었다.[54]

카를스루에 종합기술학교 물리학 정교수가 된 헤르츠는 그 교수진이 그에게 의도한 과목의 조합인 실험 물리학과 전기 기술을 담당했다. 그는 자신의 강의를 하기 위해 전기 동역학적 기계 이론에 대해 읽었고 전기 기술 실험실을 차렸고 일반적으로 그의 선임자인 브라운이 한 것처럼 전기 기술에 많은 관심을 쏟았다.[55]

헤르츠는 카를스루에 종합기술학교에서 전체적으로 "매우 아름다운 방과 기구들"을 얻었다고 동료에게 쓴 편지에서 말했다.[56] 그러나 그가 그리로 옮긴 후에 얼마 동안 그는 연구에서 방향을 잃었다. 지적 자극을 받으려고 그는 일단의 수학자들과 합류했고 그들과 그의 연구에 대해 논의했으며 전신과 전화 전송 그리고 다른 최근의 주제에 대해 카를스루에 자연 과학 협회에서 강의했다.[57] 그 후 1886년 말에 그는 방향을 찾았고 거의 3년 동안, 보통 때에 하듯이 여러 주제를 연구한 것이 아니라,

---

해 킬 대학의 헤르츠의 동료 중 셋이 헤르츠를 위해 추천서를 썼다. Grashof and Engler, "Bericht," 1884년 11월 30일 자.

[54] 헤르츠는 카를스루에 기술학교의 자리에 대해 헬름홀츠, 키르히호프, 카이저(Heinrich Kayser), 그리고 그에게 그라프스발트 대학의 일자리 가능성에 대해 말해주었던 알트호프(Althoff)와 논의하기 위해 베를린에 갔다. 헤르츠가 카를스루에 기술학교에 간 후에, 그 일자리를 두고 경쟁한 후보자였던 오베르벡이 그라이프스발트 대학의 자리를 차지했다. 헤르츠의 일기, *Erinnerungen*, 200.

[55] 헤르츠의 일기, *Erinnerungen*, 210, 222. 1886년 4월에 헤르츠의 전기 기술 실험실에서 쓸 자금이 승인되었다. Otto Lehmann, "Geschichte des physikalischen Instituts der technischen Hochschule Karlsruhe," in Karlsruhe Technical Institute, *Festgabe*, 207~265 중 262. 1년 후에 헤르츠는 기계들이 갖추어졌다고 동료에게 알릴 수 있었다. 헤르츠가 엘자스(Elsas)에게 보낸 편지, 1887년 3월 7일 자, Ms. Coll., DM, 3091.

[56] 헤르츠가 엘자스에게 보낸 편지, 1887년 3월 7일 자.

[57] 헤르츠의 일기, *Errinerungen*, 208, 210, 214, 218.

전파에 관련된 연구만을 꾸준하게 수행했다. 이 연구들은 맥스웰의 빛의 전자기 이론을 실험으로 확증하고 뒤이어서 이론적으로 재구성하는 데 영향을 주었다.

헤르츠의 연구는 두 가지 서로 관련된 실험 장치들에 의존했다. 만약 헤르츠의 경우에 이론적 이해와 실험적 통찰력이 의미 있게 분리될 수 있다면, 헤르츠는 부분적으로는 전자에 부분적으로는 후자에 의해 이러한 실험 장치들을 만들 수 있었다. 전파를 검출하기 위해 그는 공진 원리를 사용하여 1차 회로가 복사하는 파동을 받도록 2차 회로를 조율했다. 1차 회로에서 통제할 수 있는 짧은 파장의 파동을 만들어내기 위해 헤르츠는 두 구 사이의 스파크 틈에서 유도 코일을 방전시켰다.[58]

카를스루에 종합기술학교의 물리학 연구소에서 일하던 헤르츠는 1886년 11월이 되면 1.5미터 간격만큼 떨어진 두 열린 전류 고리들 사이에서 전기 유도를 전달하는 경험을 했다. 12월까지 두 전기 진동 사이의 공진을 관련된 현상들과 더불어 만들어내자 그로부터 용기를 얻어 헬름홀츠에게 그의 새로운 연구에 대해 알리는 편지를 썼다.[59] 1차 및 2차 회로, 스파크 틈새, 파라핀과 다른 유전체 도막들을 조합하여 헤르츠는 이제 유전체 안에서 분극 전류의 유도 효과가 존재함을 증명했다. 1887년에 프로이센 아카데미는 헬름홀츠의 1879년 문제를 푼 공로로 헤르츠에게 상을 주었다. 헤르츠에 따르면, 그의 증명은 "모두가 오랫동안 가정한" 작용에 관한 것이었지만 오랫동안 비관적으로 보였던 것이었고, 그런 이유로 그 증명의 발견은 "일종의 개인적 성공"으로 보였다.[60]

---

58 Planck, "Hertz," 281~282.

59 헤르츠가 헬름홀츠에게 보낸 편지, 1886년 12월 5일 자, Koenigsberger, Helmholtz, 2: 344에 인용. 헤르츠의 일기, *Errinerungen,* 212~216.

처음에 헤르츠는 유전 분극에 대한 헬름홀츠의 일반적 이론을 고려하여 그의 실험을 해석했다. 그가 말한 바로는 정전 파동과 전기 동역학적 파동은 다른 속도로 전파되었다. 나중에 그의 실험 과정에서 그는 헬름홀츠의 이론에서 오직 하나의 전기력만을 인정하는 맥스웰의 이론으로 전향했고, 물질 유전체에서의 변화하는 분극의 전자기 효과에서 전파electric waves의 자유로운 전파propagation로 방향 전환했다. 그는 공간이나 공기 중에서 전파electric waves가 유한한 속도로 전파된다는 것이 전기에 대한 패러데이와 맥스웰의 이해에서 중심이며 그것을 증명하는 것은 헬름홀츠의 문제 중 나머지를 해결하리라는 것을 알게 되었다. (더 일찍이 프로이센 아카데미는 공기와 공간이 유전체처럼 행동한다는 것을 증명하는 일을 너무 지나친 요구로 판단했고 원래의 문제에서 그것으로 넘어가지 못하게 했다.)[61]

그 당시에 헤르츠는 그의 부모에게 자신이 전파electric waves 문제가 해결되리라 믿지 않은 채 여러 해 동안 전파에 관심이 있었다고 편지에 썼다. 이제 그는 그것을 믿게 되었다. 그의 가장 위대한 순간은 공기 중에서 전파의 속도를 쟀던 1887년 말에 도래했다. 첫 번째 측정에서는 그 속도가 광속보다 커서 거의 무한대였기에 맥스웰의 이론과 모순이 되었으므로 그는 실망해서 얼마 동안 자신의 실험을 중단했다. 그러나 그는 맥스웰 이론의 반증은 증명만큼 중요하다는 근거에서 실험을 재개했다. 그는 자신의 실험을 실험실에서 더 큰 공간이 있는 대형 강의실로 옮겨서 수행했다.[62]

---

[60] 헤르츠가 부모에게 보낸 편지, 1887년 10월 30일 자, Hertz, *Errinerungen,* 232.

[61] Planck, "Hertz," 282.

[62] 헤르츠가 부모에게 보낸 편지, 1887년 12월 23일, 1888년 1월 1일, Hertz, *Errinerungen,* 236~248.

헤르츠는 실험을 완수하자마자 그것에 대해 정리하여 다른 때와 마찬가지로 프로이센 아카데미에서 발표하기 위해 헬름홀츠에게 보냈다. 비데만의 요청으로 그는 《물리학 연보》에도 논문들을 게재했다. 1888년 일찍이 그는 《물리학 연보》에 "전기적 원격 작용이 전파되는 속도가 유한함"의 증거에 대해 보고했고 그의 연구에 대한 새로운 확신을 얻었다.[63] 후속 논문들에서 헤르츠는 전달 속도가 유한하다는 사실을 뒷받침할 논거를 실험적으로 그리고 이론적으로 정교화했다. 실험을 통해 공기 중의 전파electric waves를 "거의 만질 수 있게"[64] 되자 헤르츠는 전기 동역학의 "대립하는 이론들"과 열린 전류에 대한 서로 다른 예측들 사이에서 판가름"할 수 있겠다고 생각하게 되었다.[65]

후에 나온 논문 중 하나인 "맥스웰의 이론에 따라 취급된 전기 진동의 힘"에서 헤르츠는 맥스웰의 이론이 그가 탐구한 모든 사실을 설명해 주며 모든 다른 이론보다 우월하다고 결론지었다.[66] 그는 이전에 킬 대학에서 그 주제에 대한 이론적 연구를 수행할 때 한 것과 같은 기호와 형식으로 맥스웰의 방정식을 표현했다. 그의 이론적 지향은 이제 확실하게 맥스웰과 일치했다. 이는 그가 전파의 발생을 그 원천뿐 아니라 전자기 에너지의 장소seat인 주변 공간의 상태 때문에 일어나는 것으로 보았기

---

63 Heinrich Hertz, "Ueber die Einwirkung einer gradlinigen elektrischen Schwingung auf eine benachbarte Strombahn," *Ann.* 34 (1888): 155~170 중 169.

64 [역주] 헤르츠의 실험을 통해 공기 중의 전파를 "거의 만질 수 있게" 되었다는 의미는 눈에 보이지 않는 전파의 존재를 실험적으로 확실히 검출하게 되었다는 말이다.

65 Heinrich Hertz, "Ueber die Ausbreitungsgeschwindligkeit der elektrodynamikschen Wirkungen," *Ann.* 34 (1888): 551~569 중 568~569; "Ueber elektrodynamische Wellen im Luftraume und deren Reflexion," *Ann.* 34 (1888): 610~623 중 610.

66 Heinrich Hertz, "Die Kräfte elektrischer Schwingungen behandelt nach der Maxwell'schen Theorie," *Ann.* 36 (1888): 1~22 중 1.

때문이었다. 큰 포물 거울, 렌즈, 격자(살창), 프리즘에 의해 그는 전기력이 광파의 모든 주요 특성을 드러낸다는 것을 보였다.[67] 이러한 연구 시리즈의 "자연스러운 최종 결과물"이 된 「전기 복사에 관하여」라는 논문에서 헤르츠는 자신의 실험이 "빛, 복사열, 전자기 파동의 정체에 대한 모든 의심"을 제거했다고 보고했다. 전기 복사선은 긴 파장의 광선이라는 것이다.[68]

실험 과정에서 헤르츠는 음의 전극을 자외선으로 조사照射하면 떨어져 있는 공간을 뛰어넘어서 방전이 가능하다는 것을 우연히 발견했다.[69] 이 발견은 빛과 전기라는 "전적으로 다른 두 힘 사이의 새로운 관계"를 드러냈나. 그에게 강한 인상으로 다가온 것은 이 두 힘 사이의 알려진 관계가 거의 없었다는 것이었다. 가령, 빛의 편광면이 전류에 의해 회전한다는 패러데이 회전이 있으나 빛이 전기에 역으로 영향을 미치는 사례는 알려진 것이 거의 없었다. 헤르츠는 그의 발견이 언젠가 중요한 이해를 불러왔으면 하고 바랐다(그가 광전 효과를 발견한 것이니 그의 희망은 이루어진 셈이다).[70]

---

[67] [역주] 헤르츠가 빛처럼 전파를 가지고, 큰 포물 거울로 반사와 직진, 렌즈로 굴절, 격자(살창)로 회절(에돌이), 프리즘으로 분산을 실험적으로 입증할 수 있었다는 의미이다. 이 실험 결과로 맥스웰이 제안한 빛의 전자기파 설이 확실한 지지 근거를 얻게 되었다.

[68] Heinrich Hertz, "Ueber Strahlen elektrischer Kraft," *Ann.* 36 (1889): 769~783 중 781.

[69] [역주] 공기 방전은 곧 전자가 공기를 뛰어넘는 것인데 음극을 자외선처럼 짧은 파장의 빛으로 쪼이면 음극에서 전자가 튀어나오는 현상, 곧 광전 효과를 헤르츠가 우연히 발견한 것이다. 1921년에 아인슈타인이 노벨 물리학상을 받은 것은 광전 효과에 대한 이론적 설명을 통해 양자역학 시대를 연 공로를 인정받은 것이었다.

[70] Heinrich Hertz, "Ueber einen Einfluss des ultravioletten Lichtes auf die elektrische Entladung," *Ann.* 31 (1887): 983~1000. 헤르츠가 부친에게 보낸 편지, 1887년 7월 7일 자, Hertz, *Erinnerungen,* 224~228 중 226.

전파에 대한 실험 과정에서 헤르츠는 맥스웰의 이론을 그의 일기에서 자주 언급했고 그것은 점차 그의 이론적 관심의 중심이 되었다. 그가 복사의 원천source과 그것에서 형성되는 전자기장 사이의 관계를 이론적으로 이해하는 데서 맥스웰을 넘어선 것처럼 그는 실험을 수행하면서 맥스웰 자신이 밝혀낸 것을 뛰어넘었다. 헤르츠의 성공은 "겉보기에는 중요하지 않은 현상을 관찰해낼 최고의 주의력뿐 아니라 논리적 사고에서도 최고의 날카로움과 명쾌함을 갖춘 지성"을 요구했다고 헬름홀츠는 지적했다. 헬름홀츠는 "[전파에 대한] 전체 연구에서 사람들은 그의 실험 솜씨와 그의 추론의 날카로움 중 어느 쪽을 더 존경해야 할지 거의 알지 못하는데 다행히도 그 둘은 결합하여 있다"고 덧붙였다.[71] 《물리학 연보》의 출판사에서 헤르츠에게 준비하라고 요청한 헤르츠의 논문 모음집인 『전기력의 전파에 대한 탐구』*Intersuchungen über die Ausbreitung der elektrischen Kraft*의 머리말에서 헤르츠는 공기 중의 전파electric waves를 실증하려면 이론과 실험 모두가 필요하다는 그의 관점을 제시했다. 헤르츠는 자신이 실증하지 않았다면, 십중팔구 맥스웰의 이론에 인도를 받아 콘덴서의 방전에 대해 실험하고 있었던 로지Oliver Lodge가 그렇게 했을 것이라고 말했다. 전파에 대한 피츠제럴드G. F. FitzGerald[72]의 이론적 논의는 그 자체로 충분하지 않았다. 왜냐하면, 이론만으로는 진전을 보는 것이 불

---

[71] 헬름홀츠의 서문, Heinrich Hertz, *Die Prinzipien der Mechanik, in neuem Zusammenhange dargestellt,* ed. Philipp Lenard (Leipzig, 1894), 번역본은 *The Principles of Mechanics Presented in a New Form* by D. E. Jones and J. T. Walley (1899, reprint, New York: Dover, 1956). 헬름홀츠의 실험에서 이론의 역할은 D'Agostino, "Hertz's Researches"에 분석되어 있다.

[72] [역주] 영국의 맥스웰의 추종자들도 맥스웰이 예측한 전자기파를 찾으려고 노력하고 있었다. 그러나 그들은 헤르츠와 달리 실험적으로 전자기파를 검출할 수 없었다. 그렇기에 헤르츠의 발견은 남다른 것이었고 그의 공적은 전 유럽에서 추앙을 받았다.

가능했기 때문이었다. 전파에 대한 지식에 도달하기 위해서는 전기 스파크의 독특한 특성을 이해해야 했다. 그것은 "어떠한 이론으로도 예상될 수 없었던 것"이었다.[73]

헤르츠는 실험하면서 맥스웰의 이론을 결정적으로 테스트한다는 그의 목표를 실현하게 되었다. 헬름홀츠는 베를린 물리학회에 헤르츠의 전파 실증에 대해 이렇게 알렸다. "신사 여러분, 저는 오늘 여러분께 금세기 가장 중요한 물리학의 발견에 대해 전해드리겠습니다."[74] 헤르츠의 실험이 지닌 중요성을 요약하면서 헤르츠의 실험이 빛과 전기가 "아주 긴밀하게 관련되어" 있다는 것을 보여주었고 이론적 관점에서 훨씬 더 중요한 것은 "겉보기로는 멀리 떨어진 작용이 실제로는 중계하는 매질의 한 층에서 다음 층으로 작용이 전달되어 일어난다"는 것이라고 말했다.[75]

쿤트는 헤르츠에 대해 "물리학의 새로운 유명 인사"라고 말했고[76] 실제로 맥스웰의 이론에 대한 헤르츠의 실험은 그를 유명 인사와 비슷하게 만들었다. 실험에 대해 강연하고 베를린과 다른 곳에서 실험을 반복하도록 요청을 받았다는 것이 그러했다.[77] 또한 그 실험에 대해 강의하거나

---

73 Heinrich Hertz, "Introduction" to his *Electrical Waves, Being Researches on the Propagation of Electric Action with Finite Velocity through Space*, trans. D. E. Jones (1893, reprint, New York: Dover, 1962), 1~28 중 3. 원래는 *Untersuchungen über die Ausbreitung der elektrischen Kraft* (Leipzig, 1892)로 출판.

74 Eugen Goldstein, "Aus vergangenen Tagen der Berliner Physikalischen Gesellschaft," *Naturwiss.* 13 (1925): 39~45 중 44.

75 헬름홀츠의 서문, Hertz, *Principles of Mechanics*.

76 쿤트는 영어로 "great attraction"이라고 적었다. 그래츠에게 보낸 편지, 날짜 미상 [1888년 12월], Ms. Coll. DM, 1933, 9/18.

77 1889년 봄에 지역의 자연 과학회와 카를스루에 고등공업학교에서, 헤르츠는 쇄도하는 청중에게 그의 연구에 대해 강의했다. 헤르츠가 부모에게 보낸 편지, 1889년 2월 24일 자; 엘리자베트 헤르츠(Elisabeth Hertz)가 그의 부모에게 보낸 편지,

그 실험을 반복하기를 원하는 거의 모든 이들이 그 실험에 대해 말하려고 그에게 편지를 썼다는 것이 그러했다.[78] 가령, 기센에서 힘슈테트Franz Himstedt는 헤르츠에게 편지를 써서 헤르츠의 연구가 그 지역의 물리학자들을 "진정으로 사로잡았다"고 말했다.[79] 미국에서 편지를 보내온 어떤 사람은 헤르츠의 실험이 "전 세계의 관심을 끌었다"고 적었다.[80] 영국에서는 피츠제럴드가 "금세기에 이보다 더 중요한 실험이 이루어진 적이 없고" "당신의 실험은 전자기적 작용을 원격 작용으로 보는 이론과 에테르에 의한 작용으로 보는 이론 중 어느 것이 옳은지 판가름하는 헤르츠의 고전적 실험"이라고 불릴 것이라고 써보냈다.[81]

1889년 3월 10일 자 in Hertz, *Erinnerungen*, 282, 284. 헤르츠는 베를린에서 열린 제10회 국제 의학 회의에서 그의 실험을 보여달라고 초대받았지만 참석하지 못했다. 그는 쿤트가 자신을 대신하게 하자고 제안하면서 베를린 물리학 연구소에는 이미 이러한 목적으로 탁월한 장치가 제작되어 있다는 것을 프로이센의 문화부 장관인 고슬러(Gossler)에게 설명했다. 고슬러가 헤르츠에게 보낸 편지, 1890년 6월 13일 자; Ms. Coll. DM, 2907. 헤르츠가 고슬러에게 보낸 편지, 1890년 6월 17일 자, STPK, Darmst. Coll. 1913.51.

78 소피아(Sophia)의 물리학 교수 바흐메체프(P. Bachmetjew)는 1890년 3월 15일에 헤르츠에게 어디에서 헤르츠의 전파 장치를 주문할 수 있는지 묻기 위해 편지를 썼다. 그로닝엔에서 하가(H. Haga)는 1890년 2월 5일에 그가 헤르츠의 실험을 재현했다고 편지를 보내왔다. 비슷한 내용의 편지들에는 다음이 포함된다. 피츠제럴드(G. F. FitzGerald)가 헤르츠에게 보낸 편지, 1889년 1월 14일과 23일 자; 외팅엔(Arthur Oettingen)이 헤르츠에게 보낸 편지, 1888년 3월 31일 자; 모저(James Moser)가 헤르츠에게 보낸 편지, 1890년 3월 21일 자; 힘슈테트가 헤르츠에게 보낸 편지, 1889년 5월 31일 자; 쾨니히(Walter König)가 헤르츠에게 보낸 편지, 1890년 4월 25일 자; 레만(Lehmann)이 헤르츠에게 보낸 편지, 1890년 7월 12일 자. 이 편지들은 Ms. Coll. DM, 각각 2865, 2941, 2887~2888, 2989, 2982, 2934, 2955, 2968에 있다.

79 힘슈테트가 헤르츠에게 보낸 편지, 1889년 5월 31일 자.

80 블레이크(Lucien Blake)가 헤르츠에게 보낸 편지, 1888년 6월 8일 자, Ms. Coll. DM, 2886.

81 피츠제럴드가 헤르츠에게 보낸 편지, 1888년 6월 8일 자, Ms. Coll. DM, 2886.

또 영국에서 헤비사이드Oliver Heaviside는 헤르츠에게 그가 헤르츠의 실험에서 전파를 검출하기 위한 공진자resonator에 대해 배웠고, 앞으로 유지할 수 없는 이론들, 특히 독일의 전기 동역학적 이론들을 "불합리한 사색"과 함께 포기하도록 그 실험이 사람들을 설득하는 목적에 쓰인다고 생각했다. 헤비사이드로 말하자면 1882년부터 맥스웰의 이론을 상세히 설명했고 오래전부터 "실험적 증거 없이도" 유전체 안에서 전파의 존재를 이론적으로 확신했었다. 그는 "아주 정확하게 알려진 법칙의 기저 위에서 적법한 본성에 대해 엄밀한 추론을 하며 나아가는 사람은 실험적 증거를 원하지 않는다"고 설명했다. 그는 자신에게는 헤르츠의 실험이 필요하지 않았지만, 그의 실험이 "잉글랜드에서 높이 평가"됨을 헤르츠에게 확신시켜 주었다.[82] 실제로 다수의 다른 지도급 영국 물리학자들은 맥스웰의 이론을 확신하는 데 헤르츠의 실험이 필요하지 않았다.[83] 헤르츠는 이 점을 이해했다. 헤르츠는 1889년에 헤비사이드에게 "제가 당신에게 당신이 내 실험에서 별로 배울 것이 없을 것이라고 말했을 때 진심이었다고 당신은 믿어도 좋습니다. 맥스웰의 방정식의 진실성을 충분히 이해하고 그것을 해석할 수 있었던 사람은 누구든 내 실험 이후처럼 내 실험 이전에도 이런 것들에 대해 많이 알고 있었습니다."라고 답장에서 말했다. 헤르츠는 계속해서 어찌 되었든 헤비사이드가 자신의 실험을 깎아내릴 의도는 아니었다고 말했다. 왜냐하면 "그 방정식을 확신하지도 그것이 무엇을 의미하는지도 도무지 이해하지도 못하는 사람이 많

---

82 헤비사이드(Oliver Heaviside)가 헤르츠에게 보낸 편지, 1889년 2월 14일, 4월 1일, 7월 13일, 8월 14일 자, Ms. Coll., DM, 2922~2925.

83 다수의 영국 물리학자들은 헤르츠가 전파 실증 실험을 하기 전에 전파의 존재를 믿었고 헤르츠의 실험이 영국에 미친 가장 큰 영향은 공학자들에게 나타났다. Bruce Hunt, "Theory Invades Practice: The British Response to Hertz," *Isis* 74 (1983): 341~355.

기" 때문이었다.[84]

헤르츠가 알고 있었듯이 독일의 물리학자들은 영국의 동료들처럼 증명 없이 맥스웰의 이론을 받아들이는 성향을 띠지 않았다. 한 가지 이유는 독특한 광학 이론과 특히 전기 동역학적 이론이 독일에서는 오랫동안 발전해 왔기 때문이었다. 헤르츠가 베버의 전기 동역학적 근본 법칙에 대해 "이 법칙의 정확성에 대해 뭐라고 생각하든 이런 종류의 노력 총체는 과학적 호소력으로 가득한 닫힌계를 구성한다. 방황하다가 일단 그것의 마술 세계로 들어가면 그 세계에 계속 갇혀있게 된다."라고 말한 것과 같았다.[85] 또 하나의 일반적인 이유는 19세기 말에 물리학 연구소의 발전에 동반하여 독일 물리 연구에서 실험을 강조하게 된 것이었다. 젊은 라이프치히 물리학자인 쾨니히는 헤르츠에게 편지를 썼을 때 "사실들"의 일치가 빛이 전기적이라는 것을 증명하기 위한 "방정식"의 일치보다 훨씬 더 흥미로웠다고 했다. 즉, "빛의 전자기 이론에서 결정적인 것은 당연히 전기 복사선의 전파 속도, 굴절률(꺾임률) 등을 정량적으로 결정하는 데 있는 것입니다."라고 했다.[86]

개인적으로 이러한 모든 언급에 감사했더라도(한 동료는 헤르츠의 연구를 따르는 자신의 연구를 그의 "사도 직분"을 수행하는 것이라고 불렀다.) 헤르츠는 쇄도하는 서신에 압박감을 느꼈고 그에 대해 부모와 동료에게 보낸 편지에서 반복해서 불만을 토로했다.[87] 그의 "외적 성공" 때문

---

[84] 헤르츠가 헤비사이드에게 보낸 편지, 1889년 9월 3일 자, Rollo Appleyard, *Pioneers of Electrical Communication* (London: Macmillan, 1930), 239.

[85] Heinrich Hertz, *Ueber die Beziehungen zwischen Licht und Elektricität* (Bonn, 1889), 독일 과학자 협회의 1889년 회의에서 한 강연, Hertz, *Ges. Werke* 1: 339~354 중 342에 재인쇄.

[86] 쾨니히(Walter König)가 헤르츠에게 보낸 편지, 1889년 5월 27일 자, Ms. Coll., DM, 2957.

에 그에게 쇄도한 대부분의 서신은 "잉여적이고 일부는 불합리한" 것이었다. 그러나 헤비사이드의 것처럼 가치 있는 과학적 내용도 있었기에 헤르츠는 맥스웰의 전기 동역학 연구에 대한 확장된 논의에 참여했다.[88]

서신을 받는 것뿐 아니라 헤르츠는, 원하든 원하지 않든, 명성 때문에 초청을 받게 되었다. 그가 수락한 초청 중 하나는 1889년에 하이델베르크에서 열린 독일 과학자 협회에서 강연하는 것이었다. 그의 강연은 그의 실험에 대한 넓은 관심 때문에 물리부가 아니라 일반부에 예정되었다. 그렇게 젊은 사람에게는 그것이 영예였지만 헤르츠는 그에 동의한 것을 반쯤 후회했다. 그는 물리학자들이 그러한 일반 강연에서는 배울 것이 아무것도 없다고 생각했다. 그래도 그는 훌륭한 강연을 준비하려고 애를 쓰면서 "평범한 사람에게 전혀 이해할 수 없는 것"이어서는 안 된다고 생각했다.[89] 그 결과는 위대한 19세기 과학 대중 강연 중 하나인 "빛과 전기의 관계에 대해"였다. 거기서 그는 자신의 최근 연구가 진전시킨 물리학의 통일성의 증진이라는 주제를 다루었다.

헤르츠는 그의 하이델베르크 강연에서 두 부류의 현상의 관계가 예상보다 더 가깝다고 설명했다. 빛이 전기적 현상에 불과함이 입증된 것이다. "전기를 세계에서 제거하면 빛은 사라진다. 빛 에테르를 세계에서

---

87 레허(Ernst Lecher)가 헤르츠에게 보낸 편지, 1890년 6월 11일 자, Ms. Coll., DM, 2970. 헤르츠가 부모에게 보낸 편지, 1889년 1월 20일 자, Hertz, *Errinerungen*, 278.

88 헤르츠가 콘(Emil Cohn)에게 보낸 편지, 1890년 12월 31일 자, Ms. Coll., DM, 3204. 헤르츠와 진지하게 서신을 교환한 사람은 영국의 헤비사이드와 피츠제럴드 외에 독일의 루벤스(Heinrich Rubens)와 드루데(Paul Drude), 스위스의 드 라 리브(Lucien de la Rive)와 자라진(Édouard Sarasin)을 포함했다. 이 서신 중 다수가 불완전한 형태로 Ms. Coll., DM.에 있다.

89 헤르츠가 콘에게 보낸 편지, 1889년 9월 15일 자, Ms. Coll., DM, 3202. 헤르츠가 부모에게 보낸 편지, 1889년 9월 8일 자, Hertz, *Erinnerungen*, 292~294.

제거하면 전기력과 자기력은 더는 공간을 통과할 수 없다." 그는 계속해서 설명했다. 빛과 전기의 관계는 감각의 직접적 증언으로 확증되지 않는다. 실제로 그 관계는 우리 손과 귀와 눈으로는 접근할 수 없기에 우리 감각의 관점에서는 "오류"이다. 그것은 오직 자연의 숨겨진 통일성의 열쇠인 수리 물리학을 통해 우리의 직관으로만 접근할 수 있다. 맥스웰의 이론은 수리 물리학의 능력을 보여준다. 헤르츠는 우리가 그 이론을 공부할 때 "마치 수학 공식이 독립적인 삶과 지능을 가진 것처럼, 우리보다 똑똑하고 발견자보다 더 지혜로운 것처럼, 투입한 것보다 더 많은 것을 우리에게 주는 것처럼" 우리는 느낀다고 말했다. 헤르츠는 그의 연구에서 먼저 맥스웰의 전자기 이론이 옳음을 확립하고 다음에 에테르 속의 다소 긴 파동인 빛과 전기 사이의 연관성에 대한 직접적인 실험적 증거를 제시했음을 밝혔다.[90]

헤르츠는 하이델베르크 강연의 결론에서 물리학의 세 가지 "궁극적" 문제를 뽑아냈다. 그는 이 문제들이 패러데이와 맥스웰의 관점, 그리고 빛과 전기가 공통의 에테르를 공유한다는 이해에서 출발하여 풀릴 것이라고 제안했다. 첫 번째 문제는 유일하게 남아있는 원격 작용인 중력이었고 헤르츠는 그것도 유한한 속도로 전달된다는 것을 보일 수 있다고 믿었다. 두 번째 문제는 이제 "모든 자연에" 펼쳐져 있는 것으로 이해되는 전기의 본성이었다. 세 번째 문제는 "에테르의 본성, 즉 공간을 채우는 매질의 특성, 에테르의 구조, 그것의 정지와 운동, 그것의 무한한 또는 유한한 펼쳐짐"이었다. 이것은 "가장 중요한 문제"로서 이 문제가 해결되면 전기와 물질의 본성을 드러낼 것이었다. "오늘날의 물리학은 존재하는 모든 것이 에테르에서 창조되지 않았느냐는 질문을 하는 경향

---

90 Hertz, *Ueber die Beziehungen*. 그의 *Ges. Werke*, 339~340, 344, 352~353에 재인쇄.

이 있다." 헤르츠가 그의 강연을 마무리 지을 때 내다본 것은 빛, 전기와 자기, 중력, 열 등으로 이루어진 전체 현상세계의 기초인 에테르에 관련된 통일된 물리 이론이었다.[91]

비교적 젊었음에도 불구하고 헤르츠는 물리학의 대변자, 곧 미래의 과업을 지적할 자격을 갖춘 사람이 되었다. 하이델베르크 회의에서 그는 독일 물리학의 지도자인 헬름홀츠, 쿤트, 비데만을 만나 사귀었다. 그는 그 회의에 대해 그의 부모에게 이렇게 편지에 적었다. "연장자와 더 잘 알려진 이들이 항상 저를 그들의 모둠으로 끌어당겼고 이것 때문에 연소자들에 대한 저의 권위는 빠르게, 말하자면 가시적으로, 높아진 것이 기분을 좋게 했습니다."[92]

헤르츠가 1887년 키르히호프의 사망에 대해 알게 되었을 때 그는 부모에게 보낸 편지에서 몇 안 되는 위대한 물리학자 중 하나였던 키르히호프를 그리워할 것이라고 말했다.[93] 1년 후 그의 실험 성공 직후 헤르츠는 다른 자리들과 함께 키르히호프의 자리에 대해 논의하기 위해 프로이센 문화부 사무실로 소환되었다. 헤르츠는 자신이 키르히호프처럼 "진정한 수리 물리학자"가 아니라고 이의를 제기했다. 그의 진정한 소명은 실험 물리학이었지만, 그가 키르히호프의 후임자로 베를린 대학으로 간다면, 그는 그 소명을 포기해야 하거나 적어도 그의 강의를 실험 물리학에서 분리해야 했다. 문화부는 쾨니히스베르크 대학의 자리를 들고 나왔지만, 헤르츠는 그 자리에 관심이 없었다. 문화부는 다른 자리들과 함께

---

91 Hertz, *Ueber die Beziehungen*, 353~354.

92 헤르츠가 부모에게 보낸 편지, 1889년 9월 26일 자, Hertz, *Erinnerungen*, 294~296 중 296.

93 헤르츠가 부모에게 보낸 편지, 1887년 10월 17일 자, Hertz, *Erinnerungen*, 230.

본 대학의 자리를 제안했고 1888년 12월에 문화부는 헤르츠에게 베를린 대학과 본 대학 중 하나를 선택하라고 했다.[94] 헤르츠는 주저하지 않았다. 그는 본 대학을 선택했고[95] 바덴에 그를 붙들어둘 시도를 할 기회를 주지 않았다. 왜냐하면 카를스루에 종합기술학교는 그가 본에서 받게 될 수입을 제공할 수 없었기 때문이었다.[96]

1890년에 헤르츠의 후임자 레만Otto Lehmann은 헤르츠에게 보낸 편지에서 카를스루에 고등공업학교에서 거액의 예산 요청이 승인되었는데 그것은 헤르츠의 연구 덕택에 이루어진 운 좋은 결과였고 그 덕택에 "물리학의 중요성이 더 빛나게" 되었다고 적었다.[97] 헤르츠의 연구가 받은 갈채 덕택에 연구를 할 장소로서 물리학 연구소를 사용하는 것이 주목을 받게 되었다.

헤르츠가 재직할 때 카를스루에 고등공업학교에는 아직 이론 물리학 교수직이 없었기에 1891년에 레만은 자리를 하나 새로 만들 것을 제안했다. 레만은 그때에 이론 물리학 연구소를 요청하지 않고, 사실상 전기 기술을 담당하고 결국에는 이론 물리학 연구소를 감독할 이론 물리학 교수를 원했다.[98] 1년 후에 카를스루에 고등공업학교에서 화학자와 경쟁

---

94 헤르츠가 부모에게 보낸 편지, 1888년 10월 5일 자, Hertz, *Erinnerungen*, 1927년의 1판, 195~198.

95 헤르츠가 슈베르크(Schuberg) 소장[director]에게 보낸 편지, Hertz Personalakte 1885~1894, Bad. GLA, Diener 76/9942. 본 대학 교수진은 클라우지우스의 후임자로서 헤르츠를 첫 번째에 놓았다. Konen, "Das physikalische Institute," 350.

96 비록 카를스루에 기술학교에서 헤르츠가 받은 봉급이 본에서 받는 봉급 수준까지 인상되었지만, 거기서의 그의 전체 수입은 강의료의 차이 때문에 여전히 본보다 상당히 적었다. 헤르츠가 카를스루에 고등공업학교 총장에게 보낸 편지, 1888년 12월 24일 자, Hertz Personalakte 1885~1894, Bad. GLA, Diener 76/9942.

97 레만이 헤르츠에게 보낸 편지, 1890년 7월 12일 자, Ms. Coll., DM, 2968.

하는 가운데 레만은 물리학에 대한 요청을 하는 데 더 담대해졌다. 그는 시간이 지나면서 물리학이 많이 성장했고 한 명의 교원으로는 더는 그 모두를 담당할 수 없게 되었다고 주장했다. 이렇게 성장했음에도 다른 곳처럼 카를스루에 고등공업학교에서 물리학 교육에 주요한 변화를 초래하지 않은 이유는, 물리학 연구소가 분할될 수 없었고, 새로운 물리학 교수직을 설립하면 돈이 많이 드는 새로운 해당 연구소를 반드시 설립해야 했기 때문이었다. 과거에는 일반 대중에게 엄밀 과학의 필요성에 대한 이해가 거의 없었기에 큰 요구를 하는 것이 소용이 없었다. 그래서 기존의 시설을 이용하여 물리 교육을 확장하며 수수하게 시작했지만, 이제 기회가 온 것을 레만은 주목했다. 그러므로 그는 카를스루에 고등공업학교에 여덟 개의 새로운 물리학 교수 자리를 제안했다. 이론 물리학, 전기 기술, 물리 화학, 기술 물리학, 기상학, 물리학사, 물리 측정, 광학 및 사진술이 그것이었다. 심지어 아홉 번째 자리가 날 수도 있었다. 왜냐하면, 이론 물리학은 이미 한 명이 담당하기에는 너무 넓어져서 나뉘는 것이 더 좋을 것이기 때문이었다. 한편, 이론 역학, 역학적 열 이론, 유체 동역학처럼 이론 물리학의 어떤 분야는 이미 고등공업학교 교원들의 강의에 포함되었고 이로써 그 과목을 다루기가 더욱 쉬워졌다. 또한, 다른 과목 중 몇은 이미 가르치고 있었지만, 그 과목 자체의 연구소가 모두 필요했다.[99] 몇몇 예외를 제하면 레만의 제안은 다음 십 년 동안 실현되었다. 특히 이론 물리학은 1896년에 카를스루에 고등공업학교에서 정교수가 담당하게 되었다.[100]

---

[98] 레만(Otto Lehmann)이 카를스루에 고등공업학교 총장에게 보낸 편지, 1891년 6월 3일 자, Bad. GLA, 235/4168.

[99] 레만(Otto Lehmann)이 카를스루에 고등공업학교 총장에게 보낸 편지, 1892년 7월 22일 자, Bad. GLA, 448/2355.

헤르츠는 프로이센 정부가 자신을 무엇보다도 연구자로서 가치 있게 여긴다고 이해했다. 본 대학 교수진은 헤르츠가 이것저것을 가르치기를 원했지만 정부 관리 알트호프는 요구되는 실험 물리학 강의를 하고 실험실 연구를 지도하는 것 외에는 자신의 연구를 하는 데 시간을 쓰게 되어 있다는 것을 헤르츠에게 알려주었다.[101] 알트호프의 조언은 연구를 방해할 수 있는 모든 지역적 관계를 피하라는 헬름홀츠의 의향과 일치했다. 그러나 최대한 주의를 했음에도 헤르츠는 곧 끝없는 진술서 서식, 잃어버린 열쇠들, 물리학 연구소를 운영하는 다른 모든 산만한 일에 대해 불평했다.[102]

본 대학에서 헤르츠는 불편하고 오래된 연구소와 상당히 제한된 기구 컬렉션을 맡았다. 그는 알트호프에게 기구가 설치되어 있지 않고 소장의 숙소로 사용되지 않는 방에 추가로 장비를 갖출 재원을 약속받았다.[103]

---

100 카를스루에 고등공업학교에서 최초의 이론 물리학 정교수는 슐라이어마허(August Schleiermacher)였다. *Minerva. Jahrbuch der gelehrten Welt* (Berlin, 1891~).

101 사적으로 알트호프는 헤르츠에게 강의의 짐을 지지 말라고 말했다. 헤르츠는 통상적으로 프로이센 교수들에게 기대되는 "공개" 강의를 심각하게 여기지 않아도 되었다. 헤르츠가 부모에게 보낸 편지, 1888년 12월 25일 자, Hertz, *Erinnerungen,* 272~276 중 276.

102 헤르츠가 슐테(A. Schulte)에게 보낸 편지, 1889년 1월 12일 자, Bonn UB. 헤르츠가 부모에게 보낸 편지, 1890년 11월 8일 자, Hertz, *Erinnerungen*, 304~306. 헤르츠는 본으로 옮긴 직후에 불평했다. "아주 슬프게도 1년여 동안 이것들[전자기 실험]을 심화시킬 시간이 없습니다. 나의 강의, 실험실, 시험 등에 시간이 너무 많이 듭니다." 헤르츠가 헤비사이드에게 보낸 편지, 1889년 8월 10일 자, Appleyard, *Pioneers*, 239에 인용.

103 알트호프는 헤르츠에게 현재 그의 봉급 6,400마르크에 생활 구획을 갖추는 데 쓸 660마르크를 추가할 예정이라고 말했고 알트호프는 예산과 추가 지원금으로 나올 액수를 언급했다. 헤르츠가 부모에게 보낸 편지, 1888년 12월 25일 자, Hertz, *Erinnerungen,* 272~276 중 276. 예산에 대한 헤르츠의 서신을 본 코넨에 따르면, 헤르츠는 기구와 기계를 갖추려고 11,000마르크의 추가 지원금을 받았고 정규 예

그래 보아야 그의 장치들은 새로운 물리학 연구소의 장치에 훨씬 미치지 못했다. 그러나 그는 당분간 그냥 지내기로 했다. 장비를 살 목적으로 받은 추가 자금을 가지고 그는 기본적인 실험실 교육을 할 장치와 비싼 연구용 기구들을 사들였다. 그는 아푼Appun의 측음계, 로울랜드Rowland의 광학 격자(살창), 눈금을 읽을 망원경 몇 대, 그리고 그의 관심사에 가까운 정밀 갈바노미터와 일련의 다른 전기 측정 기구를 사들였다. 그는 손에 기술이 있었으므로 측정 장치뿐 아니라 무슨 장치든 자신에게 필요한 것을 만들 수 있었다.[104] 초보자들이 쓸 실험실, 여전히 지도가 필요한 상급 학생들이 쓸 다른 실험실, 완전히 독립적인 연구자들이 쓸 실험실을 가지고 조수의 도움을 받아서, 헤르츠는 본 물리학 연구소에서 이루어진 수수한 실험 활동에 생기를 불어넣었다.[105]

노르웨이인인 비야크네스Vilhelm Bjerknes의 문의에 답변하면서 헤르츠는 그의 본 물리학 연구소가 넉넉하지 않다고 설명했다. 비야크네스는 그런 것에 실망하지 않고 본으로 왔다. 왜냐하면, 그가 헤르츠와 함께 연구하기를 원한 이유 중 하나는 어쨌든 물리학자 대부분이 기대할 수 있는 전부, 즉 간단한 장비를 가지고 실험하는 방법을 배우는 것이었기 때문이었다.[106] 다른 젊은 물리학자들은, 종종 외국에서도, 헤르츠와 또

산 4,570마르크를 받았다. Konen, "Das physikalische Institut," 350.

[104] 1890~1891학년도 물리학 연구소에 대한 헤르츠의 연례 보고서, *Chronik der Rheinischen Friedrich-Wilhelms-Universität zu Bonn* 16 (1890~1891): 43~44. Konen, "Das physikalische Institut," 351.

[105] 1890~1891년에 재배열되고 확장된 연구소 구획들에서 초보자의 실습 과정은 여름 학기에 8명, 겨울 학기에 7명의 학생이 수강했다. 1891~1892년에 그 과정은 11명과 13명이 수강했다. 매 학기 2, 3명의 학생이 과학 연구를 했다. 1890년 12월까지 헤르츠의 조수는 풀프리히(Carl Pulfrich)였고 그 후에는 한 학생이 헤르츠를 돕다가 레나르트(Philipp Lenard)가 1891년 4월에 조수직을 넘겨받았다. 물리학 연구소에 대한 헤르츠의 연례 보고서, *Chronik … Bonn* 16 (1890~1891): 43~44, 17 (1891~1892): 46~47.

는 그 밑에서 공부하기 위해 본으로 오기를 원했다.[107] 그들이 오면, 헤르츠가 자신의 실험을 하는 동안, 그들은 헤르츠의 연구에서 파생되는 실험을 수행했다. 가령, 헤르츠는 초기 연구에서 드러난 모순을 없애기 위해 연구소의 복도를 따라 평행한 도선을 걸쳐놓았다.[108]

헤르츠가 본에 왔을 때 그는 더 많은 실험 연구를 통해 전자기 현상을 이해하는 데 진보가 이루어지리라는 큰 희망을 품고 있었다. "이론은 실험보다 훨씬 멀리 간다"라고 헤르츠는 헤비사이드에게 말했다. "그러나 때가 되면 이론에 지금 없는 새로운 것을 실험이 많이 밝혀낼 것입니다. 심지어 지금 저는 이론에 대해 불만이 있습니다. 그것은 더 많은 실험의 도움이 있을 때까지 극복될 수 없습니다." 헤르츠는 특정한 문제를 마음에 두었다. "많은 새로운 것을 실험이 밝혀내기를 바랍니다. 물질과 비교해볼 때 에테르의 운동은 정말로 큰 신비입니다. 그것에 대해 종종 생각해 보았지만 한 치도 앞으로 나아가지 못했습니다. 저는 실험이 여기에 도움을 주기를 바랍니다. 지금까지 이루어진 모든 것은 부정적인 결과를 내었습니다."[109]

---

[106] 비야크네스가 헤르츠에게 보낸 편지, 1890년 1월 2일 자, Ms. Coll., DM, 2871.

[107] 실례로 비야크네스의 친구인 크리스티아니아(Christiania) 대학의 비르켈란(K. Birkeland)은 헤르츠와 함께 그의 연구를 마무리하기를 원했다. 헤르츠에게 보낸 편지, 1893년 5월 3일 자, Ms. Coll., DM, 2879. 또 한 명, 이탈리아인 가르바소(Antonio Garbasso)는 정부로부터 외국에서 공부를 지속할 지원금을 받아 헤르츠와 두 학기를 보내기를 원했다. 헤르츠에게 보낸 편지, 1893년 10월 17일 자, Ms. Coll., DM.

[108] 가령, 헤르츠의 연구소에서 비야크네스는 전파의 감쇠에 대해 연구를 했고 브라이지히(F. Breisig)는 전기 방전에 대한 자외선의 영향에 대해 연구를 했다. 헤르츠의 연구소에 대한 보고서, *Chronik … Bonn* 16 (1890~1891): 44. Konen, "Das physikalische Institut," 350.

[109] 헤르츠가 헤비사이드에게 보낸 편지, 1889년 8월 10일과 9월 3일 자, Appleyard, *Pioneers,* 238~239.

본 대학에서 수행한 헤르츠의 상당히 많은 실험 연구는 소주제들을 다루었다. 그것은 헤르츠가 카를스루에 고등공업학교에서 수행한 것과 같은 지속적인 일련의 실험이 아니었다. 오히려 그의 본 시절은 실험에 의해서가 아니라 이론적 연구로 구별되는 시기였다. 본으로 옮겨가기 직전인 1889년 봄에 헤르츠는 전기 동역학의 근본 방정식에 대해 숙고하기 시작했고[110] 그 결과로 1890년에 전기 동역학 이론에 관한 두 편의 논문이 나왔다. 여기서 헤르츠는 자신의 실험 연구에서 도달한 이해, 즉 맥스웰의 이론이 어떤 다른 것보다 "더 풍요롭고 더 포괄적"이라는 생각에서 출발했다. 그러나 그 이론의 내용이 "완벽했다 할지라도" 그것은 "형식상" 완벽하지는 않았기에 헤르츠는 그것을 단순화하는 일에 착수했고, "본질적인 아이디어"를 노출해 무엇보다도 맥스웰이 그의 이론을 구성할 때 여전히 유지하고 있었다고 헤르츠가 믿은, 원격 작용에서 추론한 모든 흔적을 제거하는 일을 했다.[111] 『전기력의 전파에 대한 탐구』의 서문에서 헤르츠는 실험 연구를 하면서 맥스웰의 수학적 진술에 탄복했지만, 맥스웰이 그것들의 물리적 의미를 파악했다고 항상 확신하지는 않았음을 분명히 했다. 그것이 헤르츠가 헬름홀츠의 이론을 통해 그의 연구에 접근한 이유였다. 이제 맥스웰의 이론을 확신한 이상 "맥스

---

[110] 헤르츠의 일기, 1889년 2월 23일, 3월 1일과 29일 자, Hertz, *Erinnerungen*, 282, 286.

[111] 헤르츠는, 맥스웰이 자유 에테르에서의 분극, 즉 유전 변위와 그것을 유발하는 전기력을 구분했는데 그것은 에테르가 공간의 부분에서 제거되더라도, 전기력은 유지될 것을 함축한다고 지적했다. 헤르츠는 그 구분이 원격 작용 이론에서만 의미가 있는 구분이라고 말했다. Heinrich Hertz, "Ueber die Grundgleichungen der Elektrodynamik für ruhende Körper," *Gött. Nachr*. 19 (1890): 106~149. *Ann.* 40 (1890): 577~624와 Hertz, *Ges. Werke*, vol. 2, *Untersuchungen über die Ausbreitung der elektrischen Kraft,* 2d. ed. (Leipzig, 1894), 208~255에 재인쇄. 번역본은 "On the Fundamental Equations of Electromagnetics for Bodies at Rest," in *Electric Waves*, 195~240이고 195~196에서 인용함.

웰의 이론이 무엇인가?"라는 질문에 대해 "맥스웰의 이론은 맥스웰의 방정식 계다."라는 말보다 더 짧거나 더 좋은 답은 없었다. 이제 맥스웰과 헬름홀츠와 헤르츠 자신의 전기 동역학의 표현이 모두 맥스웰 이론의 다른 형식들이라고 말할 수 있었다. 왜냐하면, 그것들은 모두 같은 방정식 계를 내놓기 때문이었다.[112]

1890년에 헤르츠는 그의 이론 연구에서 맥스웰 이론의 주요 관찰 가능한 양들인 전기력과 자기력이 수학적으로 관련되어 있다고 가정했다. 그는 에테르의 조성과 그 힘들의 본성에 대한 물리적 추측에서 방정식을 유도하기 위해 아무런 시도를 하지 않았다. 이런 것들이 여전히 "전혀 알려지지 않았기" 때문이었다. 그는 "에테르의 조성에 관한 한층 심화된 추측을 하려면 이 방정식들에서 시작하는 것이 편리하다고" 보았다.[113] 맥스웰의 이론의 논리적 구조를 명쾌하게 표현하기 위해 전기력과 자기력 사이의 수학적 연관성을 풀어내면서 헤르츠는 가우스의 절대 단위로 자유 에테르를 구할 방정식을 제시했다.[114]

$$A\frac{dL}{dt}=\frac{dZ}{dy}-\frac{dY}{dz} \qquad A\frac{dX}{dt}=\frac{dM}{dz}-\frac{dN}{dy}$$

y와 z 성분에 대해서는 해당하는 방정식이 있고 X, Y, Z는 전기력의 성분

[112] Hertz, "Introduction," *Electric Waves*, 20~21.

[113] Hertz, "Fundamental Equations … at Rest," 201.

[114] Hertz, "Fundamental Equations … at Rest," 201. 이것들은 맥스웰 이론의 방정식들의 표준적인 형태가 되었다. 헤르츠의 왼손 좌표계는 부호를 결정한다. 헤르츠가 이 방정식들을 도입한 것은 Tetu Hirosige, "Electrodynamics before the Theory of Relativity, 1890~1905" *Japanese Studies in the History of Science*, no. 5 (1966), 1~49 중 2~6과 P. M. Heimann, "Maxwell, Hertz and the Nature of Electricity," *Isis* 62 (1970): 149~157에 분석되어 있다.

이고 L, M, N은 자기력의 성분이며 A는 광속의 역수이다. 헤르츠는 보조적인 방정식을 이 관계에 추가했고 그것은 에테르를 무게 있는 물질과 구분한다.

$$\frac{dL}{dx}+\frac{dM}{dy}+\frac{dN}{dz}=0,\quad \frac{dX}{dx}+\frac{dY}{dy}+\frac{dZ}{dz}=0$$

이 방정식들에서 헤르츠는 주된 전기, 자기, 광학 현상을 유도했다. 즉, 옴의 법칙, 키르히호프의 회로 법칙, 전류 사이 기동력ponderomotive force에 대한 노이만의 퍼텐셜, 정전기력의 법칙, 그리고 열린 회로에서의 유도 등을 끌어냈다. 그중에서 정전기력의 법칙은 베버의 법칙과 같은 이론의 출발점이 되었지만, 맥스웰의 이론에서 "조금 이탈한 최종 결과"였고, 열린 회로에서의 유도는 "모든 것 중에서 가장 연구할 거리가 많은 영역"이고 여전히 거의 실험적으로 연구되지 않은 영역이었다(여기에서 헤르츠는 전파에 대한 그의 논문들을 인용했다).

헤르츠가 "맥스웰의 공식을 면밀하게 조사하고 처음에 우연히 나타난 특정한 형태에서 본질적 의미를 분리하려고" 노력한 그 일을 헤비사이드는 이미 해놓았다. 헤비사이드의 연구를 알게 되었을 때 헤르츠는 헤비사이드가 "불필요한 퍼텐셜", 즉 벡터 퍼텐셜을 제거하고 "전기력과 자기력을 직접적인 관심의 대상으로 삼음"으로써 "맥스웰보다 더 멀리 나아갔다"고 인식했다.[115] 그러나 헤비사이드의 연구는 수학적으로 모호

---

[115] 헤르츠가 헤비사이드에게 보낸 편지, 1889년 3월 21일 자, Appleyard, *Pioneers*, 238. 헤르츠는 헤비사이드의 우선권을 그의 논문 "Fundamental Equations … at Rest," 196~197에서 시인했다. 헤비사이드는 헤르츠에게 맥스웰의 이론에 대한 그의 연구를 보냈고 헤르츠에게 보낸 편지, 1889년 2월 14일 자에서 그것을 주제로 논의했다. Ms. Coll., DM, 2923. 더 일찍 콘은 헤비사이드의 상응하는 연구,

했고 독일 물리학자들이 맥스웰의 이론을 이해하기 위해 눈을 돌린 것은 헤르츠의 연구였다. 젊은 물리학자 에베르트Hermann Ebert는 에를랑엔에서 헤르츠에게 정지한 물체의 전기 동역학에 대한 헤르츠의 논문에 대해 감사한다고 써 보냈다. 빛의 전자기 이론에 대한 강의를 준비하면서 에베르트는 맥스웰의 이론을 가지고 고생했지만 성공하지 못하다가 헤르츠의 논문을 읽었을 때 어려움이 한 번에 사라졌다.[116]

헤르츠의 맥스웰 이론의 재구성은 그 주제를 명쾌하게 해준 것 말고도 그 자체로 이익이 있었다. 자세한 물리적 묘사가 아니라 실험 결과를 기술해주는 그대로의 미분 방정식에서 시작함으로써 헤르츠는 물리학자들에게 볼츠만이 "수학적 현상학"이라고 부른 모형을 제시했다. 실례로 마흐는 물리학을 연구하는 이 방법을 칭찬했다. 그는 1890년 헤르츠의 연구를 "특별히 흥미롭게" 읽었다고 헤르츠에게 말했다. 왜냐하면, 헤르츠는 그 논문에서 마흐가 지지하던 "신화에서 자유로운 물리학의 이상"을 따랐기 때문이었다.[117]

특히 헤비사이드가 퍼텐셜을 제거한 것에 헤르츠의 관심을 쏠리게 했다. 콘은 "그리하여 ψ와 A는 살해되었다"고 보고했고 헤비사이드의 정신으로 표현하여 어떤 다른 양들도 역시 '살해되면"[ge-'murdered'] 좋으리라 생각했다. 콘이 헤르츠에게 보낸 편지, 1889년 4월 15일 자와 6월 8일 자, Ms. Coll., DM, 2880~2881.

116 에베르트가 헤르츠에게 보낸 편지, 1890년 6월 2일 자, Ms. Coll., DM, 2899.

117 Ludwig Boltzmann, "Über die Entwicklung der Methoden der theoretischen Physik in neuerer Zeit," in *Populäre Schriften* (Leipzig: J. A. Barth, 1905), 198~227 중 221. 마흐가 헤르츠에게 보낸 편지, 1890년 9월 25일 자, Ms. Coll., DM, 2976. 헤르츠는 그의 발표에서 맥스웰의 이론이 추상적이고 색깔이 없어 보임을 인정했다. "만약 우리가 그 이론에 더 많은 색깔을 입히려 한다면, 이 모두를 보충하여 전기 분극, 전류 등의 본성에 대한 다양한 개념의 구체적인 표현으로 우리의 상상력을 돕지 못하게 할 것은 아무것도 없다. 그러나 과학적 정확성은 어떤 경우에도 자연적으로 우리에게 제시되는 간단하고 수수한 그림을 그것에 옷을 입히기 위해 사용하는 화려한 포장과 혼동하지 말 것을 우리에게 요구한다." Hertz, "Instroduction," *Electric Waves*, 28.

맥스웰의 이론에 대한 자신의 이론적 연구를 널리 퍼뜨리기 위해 헤르츠는 동료들에게 별쇄본을 많이 보냈고 하나를 《물리학 연보》에 게재하기 위해 비데만에게 보냈다.[118] 그 주제는 "특히 시기가 잘 맞았기에" 헤르츠는 그 논문을 빨리 써서 완성되기도 전에 출판했노라고 콘에게 말했다. 《물리학 연보》에서 헤르츠의 논문이 게재된 호에 콘은 같은 주제로 자신의 논문을 게재했다. 그 논문에서 콘은 헤르츠의 최근의 "빛나는 실험적 성공"에 대해 언급했다. 즉, 그것은 많은 물리학자에게 "전기 이론을 체계적으로 제시할 수 있다"는 소망을 품게 해주었다. 그렇게 되어야 그들은 "새로 얻은 소유에 완전한 행복감"을 느낄 수 있을 것이라고 했다.[119] 이제 헤르츠가 물리학자들에게 그러한 이론적 제시를 해주었고, 콘은 "순수하게 역학적으로" 정의된 개념에서 전기 이론을 전개함으로써 별개의 이론적 제시를 했다.[120]

헤르츠는 콘에게 움직이는 도체를 자신이 방정식 계에 삽입하고 있다

---

118 헤르츠는 원래 출판한 곳인 *Göttinger Nachrichten*에서 "상당히 많은" 110부의 별쇄본을 찍어 보냈다. 비데만(Gustav Wiedemann)에게 보낸 편지, 1890년 6월 1일 자, Ms. Coll., DM, 3234.

119 [역주] 물리학자들은 실험적으로 얻은 것을 체계적으로 정리할 때에라야 행복해지는 사람들이기에, 헤르츠가 많은 실험적 발견을 통하여 물리학자들에게 전기 이론에 대한 새로운 체계를 구축할 희망을 품게 했을 뿐 아니라 맥스웰의 이론과 헬름홀츠의 이론 같은 대륙의 전기 동역학의 조화를 추구하는 새로운 전기 이론을 구축한 점을 콘은 칭찬한 것이다. 그런 점에서 헤르츠는 실험과 이론 모두에서 전자기학에 중요한 기여를 했다.

120 헤르츠가 콘에게 보낸 편지, 1890년 6월 9일과 1891년 2월 25일 자, Ms. Coll., DM, 3203. Emil Cohn, "Zur Systematik der Electricitätslehre," *Ann.* 40 (1890): 625~639, 인용은 625에서 함. 맥스웰의 전기 동역학에 대한 상당한 양의 이론적 연구가 독일에서 있었지만, 그 연구들은 주로 헤르츠의 이론적 연구 이후에 나왔다. 다음 장에서 볼 것처럼 1888년부터 1890년까지 3년간 《물리학 연보》에서는 헤르츠의 논문과 콘의 논문만이 그 주제에 대해 독일 물리학자가 내놓은 유일한 이론적 연구였다. 오스트리아의 물리학자 콜라첵(František Koláček)만이 《물리학 연보》에 그 주제에 관해 추가로 게재했다.

고 편지를 보냈고 비데만에게는 곧 움직이는 물체에 대한 전기 동역학에 관해 《물리학 연보》에 후속 논문을 보낼 것이라고 편지에 썼다.[121] 여기 그의 전기 동역학에 관한 마지막 논문에서 헤르츠는 물체 사이의 에테르가 물체들과 함께 움직인다고 가정했다. 그 가정 덕택에 그는 움직이는 대전체에 대한 맥스웰의 방정식을 구성할 수 있었다. 그는 사실상 에테르와 물체가 서로 독립적으로 움직이는 것이 더 그럴듯하다고 생각했지만, 그 아이디어를 가지고 작업을 하려면 에테르의 미지 운동에 대한 가정을 하는 것이 필요하다고 생각했다. 그는 그 이론의 "체계적 배열"을 추구하는 데 만족했고 "올바른" 이론을 추구하는 것은 시기상조라고 생각했다.[122]

1890년에 나온 헤르츠의 이론적 연구 둘 다에서 헤르츠는 연속 작용이라는 근본적인 물리 개념에서 논의를 시작했다. "맥스웰의 관점"에 따라 한 점에서 전기력과 자기력은 그 점의 매질 상태로부터 일어난다.[123] 헤르츠는 맥스웰과 그 개념을 가지고 연구한 그의 영국인 추종자들의 글을 인용했다. 그것 말고도 헤르츠는 헬름홀츠가 1870년에 내놓은 연구를 먼저 인용했는데 그것은 맥스웰 이론의 "특수 사례"를 제공했으

121 헤르츠가 콘에게 보낸 편지, 1890년 6월 9일 자와 헤르츠가 비데만에게 보낸 편지, 1890년 6월 1일 자.

122 헤르츠는 그의 고찰을 광학 과정처럼 에테르와 물질의 독립성을 제안하지 않는 전자기 과정이라는 좁은 영역으로 제한했다. Heinrich Hertz, "Ueber die Grundgleichungen der Elektrodynamik für bewegte Körper," *Ann.* 41 (1890): 369~399; 번역본은 "On the Fundamental Equations of Electromagnetics for Bodies in Motion," in *Electric Waves*, 241~268, 인용은 268에서 함.

123 [역주] 매질의 상태에서 전통적인 "전하"가 발생하여 전기력을 발생시킨다는 것은, 중력을 역시 연속된 매질 속에서 전달되는 힘으로 간주하려는 아인슈타인의 중력장 개념의 모태가 되었다. 이로써 아인슈타인은 중력조차 무한 속력으로 전달되는 원격 작용이 아니라 매질을 타고 유한한 속도로 전달되는 파동으로 환원시켰다. 그런 점에서 맥스웰의 공적은 현대 물리학에 근본적인 영향력을 행사했다.

며 헤르츠가 그 이론이 옳음을 실험적으로 결정하는 계기를 마련했었다.[124]

124 헤르츠는 또한 그의 논문과 함께 《물리학 연보》의 같은 권수들에 나오는 헬름홀츠의 후속 논문들과 요흐만(Emil Jochmann)의 초기 논문, 키르히호프의 역학 강의, 두 명의 독일 저자 뢴트겐(W. C. Röntgen)과 콘의 논문들을 인용했다.

18 《물리학 연보》와 《물리학의 진보》에서의 물리 연구

1888년부터 1890년까지 맥스웰의 전자기 이론에 대한 헤르츠의 연구 덕택에 독일에서 그 이론이 쉽게 수용되었고 그곳의 물리학자들은 자극을 받아 물리학의 여기저기에서 그와 관련된 문제들을 자세히 살펴 보았다. 이 연구의 중요성을 고려하여 이 기간 중 《물리학 연보》에 나온 연구를 개관하기로 한다. 우리는 헤르츠의 연구를 둘러싼 전자기적 및 광학적 연구에 추가하여 분자 물리학의 연구도 살펴볼 것이다. 이를 통해 1890년 이후 맥스웰의 전자기 이론과, "현대적인" 이론 물리학이라고 불리게 될 분야로 이어질 분자 물리학에서 시작된 중요한 발전을 보게 될 것이다.

기고자와 내용

이 시기와 이전 시기[1] 사이 20년간 독일에서 《물리학 연보》에 기고

---

[1] [역주] 1869년부터 1871년까지를 말한다.

하는 사람 수는 3분의 1 정도 더 증가했다. 그동안 어떤 범주들은 확대됐지만 다른 범주들은 쇠퇴하여, 증가한 기고자 수에는 이러한 상황을 반영하는 재분배가 일어났다. 하나의 경향은 포겐도르프의 후임자들이 관리하면서 그 학술지가 거의 배타적으로 물리학자들이 유지하는 학술지가 되고 있었다는 점이다.[2] 가령, 그 학술지에는 가끔 눈과 귀에 관한 연구, 실험실 밖에서 무지개의 본성이나 바다의 파도의 본성 등[3], 그리고 심지어 물리학의 역사(비데만Eilhard Wiedemann의 초기 물리학에 대한 역사적 연구도 공간을 차지하고 있었는데 그것은 좋은 물리학 책처럼 "우리의 지식은 여전히 나쁜 방법을 취하고 있다."라고 시작했다.)[4] 등에 관한 논의까지 계속 게재되었지만, 이러한 물리학의 경계 영역의 기고자들도 대개 물리학자들이있다. 다른 경향은 대학 물리학자들의 연구가 점차 《물리학 연보》에서 두드러지고 있었다는 점이다. 이 시기에 기술학교들이 빠르게 발전한 것에서 예상되듯이 기술학교 소속의 기고자가 늘어났다. 이 두 종류의 기관에 속하지 않은 기고자들은 이전의 절반 정도로 줄어들었는데 주로 중등학교 교사들이었고 다른 직업을 가진 이들도 소수가 포함되었다.[5]

---

[2] 1888년부터 1890년까지 《물리학 연보》는 1명의 명예교수를 포함하여 26명의 물리학 정교수와 7명의 물리학 부교수, 그리고 적어도 90명의 사강사, 조수, 학생, 물리학 최근 졸업생이 기고했다. 기고자 중에서 물리학에서 자리를 잡지 않은, 대학과 고등공업학교의 과학자는 7명뿐이었다.

[3] 눈에 대해 Ebert, 33: 136~155; Wolf, 33: 548~554; Geigel, 34: 347~361; Brodhun, 34: 897~918. 귀에 대해 Voigt, 40: 652~660; Preyer, 38: 131~136. 날씨에 대해 Helmholtz, 41: 641~662; Pulfrich, 33: 194~208.

[4] 그 뒤로 Eilhard Wiedemann, 39: 110~130과 근대 물리학을 기초한 학자들의 아랍인 선배들에 대한 더 많은 논의가 뒤따라 나온다.

[5] 20개의 대학과 함께(오직 뮌스터 아카데미만이 기고자가 없었다) 8개의 고등공업학교가 1888년부터 1890년까지 《물리학 연보》에 논문을 낸 이들을 배출했다. 적어도 20명의 중등학교 교사와 행정가가 있었고 세 명의 기술학교 교사가 있었

이전에 《물리학 연보》에 순수하게 이론적인 연구를 기고한 이들 중에서 두드러진 인물은 키르히호프와 클라우지우스가 있었다. 그들은 둘 다 지금 개관하는 이 시기 직전에 사망했다. 베버Wilhelm Weber는 더는 활동하고 있지 않았고 베촐트는 물리학을 가르치다 옮겨서 베를린 기상학 연구소를 이끌고 있었다. 이전 시기의 연구소 소장 중에서 오로지 로멜만이 여전히 《물리학 연보》에 이론 연구를 게재하고 있었다. 헤르츠, 바르부르크, 그리고 《물리학 연보》에 이론 연구를 게재하던 다른 새로운 연구소 소장들은 경력이 아직 짧았지만 그들의 이론적 재능과 실험적 재능의 결합으로 두드러졌다.[6] 이들 외에 이론 연구를 출판하는 이로는 경력 끝자락에 있었던 두 명의 물리학자가 더 있었다. 항켈은 라이프치히 대학에서 명예교수였고 헬름홀츠는 베를린의 물리 기술 제국 연구소Physikalische-Technische Reichsanstalt의 행정직으로 얼마 전에 자리를 옮긴 상태였다.

우리가 이전에 개관한 시기인 1869~1871년 이후로 많은 이론 물리학 부교수가 임용되었고 그들 중 다수가 1888년부터 1890년 사이에 《물리학 연보》에 논문을 게재했다. 그들의 연구는 순수하게 이론적인 논문들을 약간씩 포함했는데 특히 플랑크의 논문은 물리학에 상당한 의미가 있었다.[7] 그들 아래에는 사강사, 조수, 《물리학 연보》에 순수하게 이론적 논문을 게재한 다른 이들이 있었는데 그들 중에는 이론 연구 능력이

다. 2명은 베를린의 제국 물리 기술 연구소(Physikalisch-Technische Reichsanstalt)에 고용되어 있었고 함부르크 국립 물리 실험실 소속이 2명이 더 있었다. 나머지 12명의 기고자 중에는 다분히 소속이 없는 사람들이 포함되었다.

6 헤르츠와 바르부르크 외에도 포크트, 브라운, 오베르벡이 포함되었다.

7 거기에는 플랑크 외에 콘, 폴크만(Paul Volkmann), 로르베르크(Lorberg), 기구 이론에 아우어바흐(Felix Auerbach)가 포함되었다. 케텔러와 나르(Narr) 같은 다른 이론 물리학 부교수들은 이론적 논의를 곁들인 실험 연구를 게재했다.

많은 몇몇 실험 물리학자도 있었다.[8] 플랑크를 제외하고 나면 일반적으로 1880년부터 1890년 사이에 《물리학 연보》에 논문을 게재하던 물리학자들은 순수 이론을 전공하는 경향을 거의 띠지 않았다.[9]

이전처럼 우리는 이 시기에 《물리학 연보》 이외의 학술지, 가령, 수학자들의 《순수 및 응용 수학 학술지》*Journal für die reine und angewandte Mathematik*에 계속 게재된, 독일 물리학자들의 최고의 이론 연구 사례들도 주목해야 한다.[10]

1880년부터 1890년 사이 《물리학 연보》의 한 기고자는 물리학이 이제 화학의 특색을 지닌 실험 연구와 함께 수학과 천문학의 특색을 지닌 이론 및 정밀 관측 연구를 아울렀다고 의견을 밝혔다.[11] 그것은 정확한 진단이었다. 《물리학 연보》에 나온 대부분의 물리적 연구는 실험적이었고 종종 이론적 수학적 논의를 동반했다. 이전처럼 이제 실험 논문은 공통으로 "수학적 취급", "이론과 관찰의 비교", "이론적 탐구", "이론적 관찰", "이론적 부분", 또는 간단하게 "이론"으로 제목이 붙은 분리된 부분을 포함했다.[12] 이 부분들은 실험 결과에 따라 법칙과 개념을 시험하

---

8 드루데(Drude)가 우선 그들 중에 있었고 비너(Otto Wiener), 쾨니히(Walter König), 그리고 곧 기술 물리학으로 전향하겠지만 푀플(Föppl)이 있었다.

9 플랑크뿐 아니라 로르베르크가 이 시기에 순수하게 이론적인 연구를 하고 있었다.

10 《순수 및 응용 수학 학술지》의 편집자인 크로네커(Leopold Kronecker)와 바이어슈트라스(Karl Weierstrass)는 1887년에 그 학술지의 제100권 출간을 기념하면서, 그 학술지는 그 역사 내내 "가장 중요한 수학자와 수리 물리학자 다수"의 연구를 게재해 왔다고 제대로 지적했다. 과거에 그 학술지는 가우스, 디리클레, 리만의 연구를 게재했다. 이번 제100권은 크로네커, 쿠머(Kummer)뿐 아니라 헬름홀츠, 볼츠만, 그리고 독일과 외국의 다른 지도급 수학자들의 연구가 실려 있었다. "Vorwort zum hundertsten Bande," *Journ. f. d. reine u. angewandte Math.* 100 (1887): v~vi.

11 Eilhard Wiedemann, 39: 110~130 중 110~111.

12 Wiedeburg, 41: 675~711; Messerschmitt, 34: 867~896; Galitzine, 41: 770~800;

고 비판하고 개발하는 절대 끝나지 않는 일에 할당되었다. 이 일은 측정할 물리 상수를 밝히는 일을 포함했는데 이를 밝히는 일은 이론과 실험의 쇠하지 않는 공유의 장이었다. 개선된 기구 컬렉션을 가지고 물리학자들은 굴절률(꺾임률), 그것을 결정하는 이론적 물리 상수들, 고체의 탄성 계수, 결정의 흡광 계수, 등방성 결정체의 자기 계수, 금속의 광학 상수, 전자기 단위와 정전기 단위의 관계를 표현하는 상수, 그리고 기타 상수들을 측정하고 또 측정했다.[13]

때때로 《물리학 연보》의 이론적 논의는 순수하게 정성적이었다. 브라운의 상태 변화 이론과 레만의 결정 이론은 방정식이나 숫자 없이 100여 개의 분극 그림으로 예시되었다.[14] 또한, 이론적 논의는 때때로 계산을 더욱 시각적으로 만들기 위해 기하학적 방법이나 그래프 표현 방법의 도움을 받아 제시되었다.[15] 그러나 이론적 논의는 초기 프랑스 수리 물리학을 기억나게 하는 수리 해석학적 형태로 제시되는 경우가 아주 많았다.[16]

Eilhard Wiedemann and Ebert, 35: 209~264; Pockels, 37: 144~172, 269~305; Karl E. Franz Schmidt, 33: 534~548 등등.

13 Ketteler, 33: 353~381, 506~534; Wesendonck, 35: 121~125; Voigt, 36: 743~759; Drude, 40: 665~680; Henri du Bois, 35: 137~167; Voigt, 39: 412~431 기타 여러 곳. Kundt, 34: 469~489; Himstedt, 33: 1~12, 35: 126~136.

14 Braun, 33: 337~353과 Lehmann, 40: 401~423은 몇 개의 온도값을 제시했지만, 그 이상 숫자로는 아무것도 하지 않았다.

15 쿤트의 예를 따라서, 비너는 복굴절(두번꺾임)과 원편광이 결합한 현상을 "기하학적" 방법에 따라 다루면서 그 이론에 더 큰 "Anschaulichkeit"(가시성)를 부여했다(35: 1~24). 이와 유사하게 "그래프 표현법"에 의해 아우어바흐는 진공 펌프의 기구 이론에서 계산을 "시각적으로" 수행했다(41: 364~368).

16 1890년에 독일의 물리학자들은 여전히 프레넬, 푸아송, 코시, 다른 프랑스의 수리 물리학자들의 연구에 대해 논의하고 그것을 비판하고 발전시켰다.

분자 연구

1888년부터 1890년까지 《물리학 연보》에 나온 물리 연구는 이전 시기처럼 분자적 추론을 사용하는 경우가 많았다. 독일 물리학자들은 맥스웰의 기체 이론에서 따온 "이완 시간"을 전기 연구에 도입했고[17] 일반적으로 맥스웰, 클라우지우스, 볼츠만, 마이어O. E. Meyer 등의 기체 이론 연구를 토대로 삼았다.[18]

헤르츠는 히토르프와 몇몇 다른 이들과 더불어 기체 안에서 전기 전도에 대한 정량적 연구를 수행한 적이 있었지만, 전도의 법칙은 그들에게는 계속 이해되지 않았다. 기체 행동은 상대적으로 단순하므로 그들은 왜 옴의 법칙이 금속과 전해액에서 전도를 기술하는 것과 같은 정확성으로 옅은 기체 안에서 전도를 기술할 수 없는지를 기이하게 여겼다. 하나의 접근법은 더 많은 실험적 사실을 따라가는 것이었고 나르Narr는 물리학자들이 여전히 "전기의 기체 통과에 대한 근사적으로 명쾌한 기계적 생각"에 접근하지 못한 이상 그렇게 따라가는 것이 적절하다고 보았다.[19] 정확한 법칙을 찾는 실험적 추구 과정에서 "여전히 수수께끼로 가득 찬" 그 문제에 대한 해결책을 제시하는 물리학자도 있었다. 이 해결책들은 "역학적 이론들", "에테르 이론들" 그리고 이 시기에 《물리학 연보》에 나온 정전기 법칙과 기체 운동 이론에 기초한 설명을 포함했

---

[17] Cohn and Arons, 33: 13~31; Graetz, 34: 25~39.

[18] Schleiermacher, 34: 623~646; Föppl, 34: 222~240; Galitzine, 41: 770~800; Eilhard Wiedemann, 37: 177~248; Wüllner, 34: 647~661; Ebert, 36: 466~473. 기체 운동 이론에 대한 지속적인 연구는 외국에서 왔다. 그 연구는 나탄손(Ladislaus Natanson)의 순수하게 이론적이고 상당히 수학적인 일련의 연구였다(33: 683~701, 34: 970~980, 등등).

[19] Narr, 33: 295~301 중 298.

다.[20] 분자적 사고는 이런저런 방식으로 그 설명에 개입했다.

전기 전도의 다른 예들은 설명과 법칙을 부여받았다. 아일하르트 비데만은 자외선이 전극에 미치는 작용에 대한 헤르츠의 발견을, 빛에서 전극의 분자로 그다음에는 둘러싼 기체의 분자로 에너지가 통과하여 대류 전류를 형성하는 것으로 설명했다. 항켈은 동전기 흐름의 주된 법칙들인 옴의 법칙, 키르히호프의 법칙, 전류에 의한 열 발생에 대한 줄의 법칙을 분자의 표면 위에서 회전 진동rotary oscillation으로 이루어지는 물질 분자의 전기 상태로 설명했다. 그래츠는 자유롭게 움직이는 대전된 분자나 부분 분자partial molecules[21]의 가정에 기초하여, 전해 방식으로 전도하는 용액에 대한 클라우지우스의 설명을 전해 방식으로 전도하는 고체까지 확장했다. 반트호프, 아레니우스, 네른스트와 같은 문제를 연구하면서 플랑크는 화학 평형의 이론, 그리고 희석 용액의 전기와 열의 여기excitation 이론을 전개했지만, 그의 논의에 개입한 분자의 운동에 관한 어떤 가설도 만들지 않았다.[22]

1888년과 1890년 사이에 연구하던 물리학자들은 현상세계에서 예리하게 구분이 가능한 물체의 형태가 반드시 분자 세계에 대응물이 있다고

---

[20] Narr, 33: 298. 기체에서 전기 전도를 설명하기 위해서 푀플은, 이전에 나온 구스타프 비데만(Gustav Wiedemann)과 륄만(Rühlmann)의 역학적 이론을, "분자 외부의 에테르"를 전류의 기질과 동일시하는 에들룬트(Erik Edlund)의 에테르 이론이나 분자를 에워싼 에테르 껍질의 전기적 변형으로 전류를 설명하는 비데만의 에테르 이론보다 선호했다. 푀플의 운동 이론의 난점은 그 이론이 어떻게 두 전기 분자가 충돌할 때 행동하는지 말해주지 않는다는 것이었다(34: 222~240).

[21] [역주] 부분 분자는 전해액에서 전형적으로 나타나듯이 분자가 분해되어 나타나는 이온을 지칭한다. 용어상으로는 분자를 구성하는 원자를 지칭하기도 하지만 어떤 단위로 움직이는 원자단을 일반적으로 지칭한다.

[22] 아일하르트 비데만과 에베르트의 전기 방전 연구의 끝에서 비데만의 "이론적 관찰"(35: 209~264 중 255~264), Wilhelm Hankel, 39: 369~389; Graetz, 40: 18~35; Planck, 34: 139~154; 161~186, 40: 561~576.

믿지는 않았다. 가령, 고체로 보이는 물체는 그래츠의 "유체" 분자를 포함하거나 레만의 "액체" 결정을 포함할 수도 있었다. 레만에게는 결정의 본질이 탄성력에 의해 결정되는 분자의 기하학적 배열은 아니었다. 왜냐하면, 그 배열은 최소한 물체의 결정질 본성에 영향을 미치는 일 없이 외부 압력으로 파괴될 수 있기 때문이다. 오히려 결정의 본질은 복굴절(두번꺾임) 같은 결정의 특성을 설명해 주는 물리적 분자의 구조이다. 포크트에게는 방향 특성을 가진 결정과 모든 방향에 동등한 성질을 가진 고체는 공통의 분자적 기저를 가질 수도 있었다. 푸아송의 등방체 이론의 경험적 실패를 설명하기 위해 포크트는 결정 분자에 대한 그의 이해를 그러한 물체의 분자로 확장했다. 분자는 어떤 극성이 있어서 그것들의 상호력은 간격뿐 아니라 연결선의 방향에도 의존한다는 것이었다.[23]

광학 연구에서 독일 물리학자들은 분자 추론을 계속해서 광범하게 사용했다. 그것의 기본적 개념 중 하나가 에테르 입자의 진동은 물체의 분자가 같은 방향, 같은 진동수로 진동하게 한다는 것이었다. 이것은 비너가 말했듯이 모든 현상을 운동 과정으로 생각하려는 물리학의 노력의 결과였다. 광학적 설명에서 물리학자들은 물체의 분자를 둘러싼 에테르 입자의 껍질 같은 보조적인 분자 개념을 사용했다. 압축된 물의 굴절률(꺾임률)에 대한 대립하는 법칙 중 어느 것이 옳은가를 실험적으로 결정한 후에 첸더Ludwig Zehnder는 물리적 묘사를 써서 올바른 법칙을 해석했다. 물이 압축되면 물 분자를 둘러싼 에테르의 껍질 바깥의 덜 빽빽한 에테르 일부가 빠져나와 그것이 올바른 방향으로 굴절률(꺾임률)을 변경한다는 것이다.[24] 광학에서 또 하나의 예를 들어보자. 아일하르트 비데만에

---

[23] Graetz, 40: 18~35; Lehmann, 40: 401~423; Voigt, 38: 573~587.
[24] Wiener, 40: 203~243 중 241~242; Zehnder, 34: 91~121 중 117~121.

따르면 스펙트럼(빛띠)을 설명하려면 물질의 조성에 대한 "새로운 관점"으로 기체 분자의 내부 및 외부에서 일어나는 다양한 운동을 고찰해야 했다.[25] 에베르트는 다양한 유형의 운동이 다양한 유형의 미분 방정식과 관련되어 있으므로 그 방정식은 비록 정량적으로 스펙트럼(빛띠)을 기술할 수는 없지만 관찰된 선, 대역, 연속 스펙트럼(빛띠)의 원인이 되는 분자 운동을 제안할 수는 있다고 주장했다.[26] 물리학자들은 기체의 스펙트럼(빛띠)의 기원에 대한 서로 다른 관점들을 옹호하기 위해 "복사의 분자 이론" 안의 서로 다른 가정들을 불러냈다.[27] 일반적으로 물체 속의 빛 운동, 형광과 인광에서 빛의 발생, 그리고 열, 전기, 화학, 마찰 및 다른 과정에 의한 빛의 발생은 모두 물질과 에테르에 대한 폭넓은 분자 개념 안에서 해석들을 찾아냈다.[28]

물론 물리학자들은 분자를 직접 볼 수 없었지만, 분자들을 지배하는 법칙에 대해 결론을 이끌어낼 수 있었다. 가령, 그들은 우주의 아주 큰 물체들에 적용되는 도플러 원리가 사물의 규모로는 전혀 다른, 극히 미세한 개별 발광 분자에 마찬가지로 적용된다고 결론지을 수 있었다.[29] 우주에 있는 아주 큰 물체를 움직이는 힘과의 유비를 사용하여 그들은 아주 작은 것을 움직이는 힘에 대해 추론할 수 있었다. 그들은 분자력과

---

25 Eilhard Wiedemann, 37: 177~248 중 178~179는 빛을 발생시키는 것은 기체 분자의 회전과 병진이 아니라 기체 분자 안의 진동 운동이라고 판정했다.

26 Ebert, 34: 39~90.

27 Ebert, 34: 39~90 중 89. Ebert, 33: 155~158과 Wüllner, 34: 647~661은 서로의 분자 해석을 비판했다. 뷜너는 어떤 분자들은 선 스펙트럼을 만들어내고 다른 분자들은 띠 스펙트럼을 만들어낸다는 카이저(Kayser)의 관점을 비판했다. 그 자신의 관점은 두 종류의 스펙트럼 간의 전이는 점진적이라는 것이었다(38: 619~640).

28 Voigt, 35: 370~396, 524~551; Eilhard Wiedemann, 34: 446~463; Wüllner, 34: 647~661; Ketteler, 33: 353~381, 506~534.

29 Ebert, 36: 466~473.

그 효과를 기술하는 법칙들이 그들에게 친숙한 힘의 법칙들과 어느 정도 유사하다고 가정할 수 있었고 그 친숙한 힘의 법칙이 작용하는 특수하게 짧은 범위를 측정할 수 있었다.[30]

광학 이론

물리학자들이 1888~1890년의 《물리학 연보》에서 광학 이론의 기초를 논의했을 때 그것은 1830년대부터 나온 프란츠 노이만의 이론과 키르히호프와 포크트가 그것을 확장한 이론과 관련되어 있었다. 포크트에 따르면, 노이만의 이론만이 "탄성 이론의 법칙들과 일관되게 관련성을 갖고, 일반 역학의 부정할 수 없는 근본 법칙들"을 지지 근거로 사용했다는 것은 노이만의 이론에 유리했고 따라서 주목받을 만했다.[31] 즉, 포크트에게 노이만의 이론은 잘 구성된 이론의 예였다. 근래에 《물리학 연보》에서 광학에 관해 논문을 낸 다른 독일 물리학자들인 드루데[32],

---

30 물 위의 기름의 두께에 대한 실험에서 존케(Sohncke)는 분자력의 작용 반경을 55.75μm[역주: 원문에는 μμ로 되어 있으나 오류로 보인다]와 같거나 크다고 계산했다(40: 345~355 중 354). 도르팟(Dorpat)은 《물리학 연보》에 분자쌍 사이의 힘의 법칙 m_1m_2/r^2을 담은 논문을 게재했다. 그 논문은 "대우주를 지배하는 같은 법칙이 또한 소우주에 대해서도 유효함이 입증되었다."는 것을 보여주었다. (Bohl, 36: 334~346 중 346). 분자 수준에서 과정들을 분석하는 데에는 더 복잡하고 불확실한 법칙을 가정하는 것이 통상적이었다. 가령, 에베르트(Hermann Ebert)는 선 스펙트럼의 원인이 되는 운동을 발생시키는 힘을 $d^2x/dt^2=f(x, a, b, c, \cdots)$라고 적었다. 여기에서 a, b, c, … 는 복사선을 내는 분자의 특성에 의존하는 상수들이다(34: 39~90 중 89~90).

31 Voigt, 35: 76~100 중 100.

32 [역주] 드루데(Paul Karl Ludwig Drude, 1863~1906)는 독일의 물리학자로 광학 전문가로서 광학과 맥스웰의 전자기 이론을 통합하는 교재를 집필한 것으로 유명하다. 괴팅겐 대학에서 수학을 전공하고 나중에 물리학으로 전공을 바꾸었다. 그

포켈스, 슈미트Karl Schmidt 등은 역시 노이만의 이론에서 물려받은 이론적 관점을 가지고 그 주제에 접근했다.

이 물리학자들은 그들이 연구하던 광학 이론들에 대한 새로운 도전에 반응했다. 가령, 야민J. C. Jamin의 편광 실험에 근거하여 노이만의 이론과 프레넬의 이론에 반대 의견이 나왔다.[33] 그들은 노이만과 프레넬의 이론 사이의 오래된 갈등에도 반응했다. 빛의 반사에 대한 그들의 연구에서 그들은 지속해서 에테르의 밀도와 탄성, 그리고 편광면과 빛의 진동 방향의 관계 사이의 연관된 차이에 대한, 노이만과 프레넬의 이론의 서로 다른 가정과 직면해야 했다.[34] 비너Otto Wiener는 프레넬의 가정이 옳고 노이만의 것이 틀렸다는 증거로서, 정지해 있는 광파에 대한 새로운 실험을 제시했다. 더욱이 어떤 독일 물리학자들은 뉴턴의 색고리, 프레넬의 세 거울 실험, 편광된 빛의 반사에 따른 위상 변화, 결정 형광, 움직이는 물체의 광학적 특성 등등 다양한 현상을 지지 근거로 인용하며, 프레넬의 손을 들어주는 결정이 이미 이루어졌다고 판단했다. 그러나 드루데와 포크트는 이 모두 프레넬의 우월성을 지지할 근거가 되지 못한다고 보았

는 1887년에 포크트의 지도를 받아 결정에서 빛의 반사와 회절에 대한 연구로 박사학위를 받았다. 1894년에 라이프치히 대학 부교수가 되었고 1900년에 《물리학 연보》의 편집자가 되었다. 1905년에 베를린 물리학 연구소 소장이 되었고 1906년에 자살로 생을 마감했다. 그는 맥스웰의 전자기학이 독일에 처음 소개될 때 *c*를 광속의 기호로 처음 도입했고 1900년에 광학 교재인 『광학론』(*Lehrbuch der Optik*)을 출판하여 전자기와 광학을 관련지었다.

[33] 편광된 빛의 반사에 대한 야민의 실험은 노이만, 포크트, 프레넬의 빛 이론을 무효로 만들었다는 주장이 있었다. 포크트는 반사하는 물체의 표면층에 의해 이론과의 불일치를 설명했고(31 [1887]: 326~331), 드루데(Drude, 36: 532~560, 865~897)와 카를 슈미트(37: 353~371)는 이 설명을 자세히 살폈다.

[34] 프레넬에게는 물체 안에서 에테르의 밀도가 변하고 노이만에게는 에테르의 탄성이 변한다는 것을 우리는 기억한다. 프레넬에게는 편광된 빛의 진동이 편광면에 수직이고 노이만에게는 그 진동이 편광면에 평행하다.

다. 포크트는 두 이론은 공정하게 사용되어야 하고 이름이 붙여져야 한다고 말했고 폴크만Paul Volkmann과 포켈스는 빛 전파의 "프레넬-노이만" 법칙에 관해 이야기했다.[35]

광학 이론의 기초는 계속 논쟁에 휩싸였다. 가령, 폴크만은 노이만의 이론 이후의 발전에 근거하여 광학의 역학적 기초를 자세히 살폈다. 그는 그 주제의 일부인 경계 없는 투명한 매질에서의 빛의 운동을 "역학의 관점에서 엄밀하게" 탄성 이론으로 환원했다. 그는 반사와 굴절(꺾임) 문제에 대해서는 탄성 이론으로 환원할 수 없었다. 거기에서는 "순수한 탄성 이론"이라는 "수학적으로 엄밀한 기저basis"를 포기해야 했다. 만약 모는 광학 이론을 "순수 역학"에서 전개하려는 의도라면 또 하나의 기저가 발견되어야 하는데 폴크만은 키르히호프가 그것을 에테르와 물질 입자들의 상호 작용에서 찾으려 했음에 주목했다.[36]

전자기 이론이 빛의 역학적 이론 모두에 도전했으므로 물리학자들은 두 가지 기초 사이의 관계를 자세히 살피기 시작했다.[37] 포크트는 움직이는 물체에 의한 에테르 끌림 문제처럼, 움직이는 물체의 광학에 관련된 오래된 문제들을 역학 이론들과 전자기 이론 간의 불일치의 틀에서 취급했다.[38] 반면에 다른 이들은 이제 그 문제들을 전자기적 측면에서 취급했다.[39] 편광면에 대한 노이만과 프레넬의 이론 간의 겉보기에 풀릴 수 없는 논쟁은 전자기 이론 안에서 해결 가능해 보였다. 만약 빛이 서로 직각

---

35 Wiener, 40: 203~243 중 240; Drude, 41: 154~160; Voigt, 35: 76~100 중 100; Volkmann, 35: 354~360 중 355; Pockels, 37: 144~172, 269~305 중 151.

36 Volkmann, 35: 354~360 중 354~355, 359~360.

37 Wiener, 40: 203~243; König, 37: 651~665; Geigel, 38: 587~618; Drude, 39: 481~554; 외국에서 Koláček, 34: 673~711.

38 Voigt, 35: 370~396, 524~551.

39 Des Coudres, 38: 71~711; Drude, 41: 154~160 중 154.

을 이루는 전기 진동과 자기 진동으로 이루어져 있다면, 빛 진동의 방향 문제는 그 의미를 잃는다.[40] 전자기 이론의 이러한 숨겨진 장점은 드루데 같은 역학 이론을 개발한 학자에 의해서도 제대로 평가될 수 있었다. 드루데는 마음이 열려 있었기에 《물리학 연보》에 보고된 금속 광학에 관한 최근의 실험을 빛의 전자기 이론의 논박으로 간주하지 않았다. 왜냐하면, 전파electric waves의 파장을 갖는 파동에 대한 광학 상수들은 모두 너무 불확실했기 때문이었다. 맥스웰의 이론은 이러한 상수들이 파장이 줄어듦에 따라 연속적으로 열과 빛의 상수들로 넘어가기를 요구했으므로 드루데는 새로운 장치를 가지고 새로운 실험을 하여 그 이론을 결정하려 했다. 그는 모든 파장, 곧 빛, 열, 전파의 파장을 관찰하기 위해 금속을 시험할 수 있는 단일한 장치를 만들려 했다.[41]

전기 동역학

광학은 측정의 정확성과 그 현상들의 수학적으로 접근 가능한 규칙성 때문에 늘 이론을 구축하는 데 이상적인 시험대였다. 다수의 독일 물리학자들이 헤르츠의 실험 전에도 실험 후와 같이 그 분야에서 이론적으로 연구하고 있었다. 맥스웰의 빛의 전자기 이론은 광학적 문제들이 더 많은 도전을 받게 하거나, 학자 중 몇몇이 생각한 것처럼, 광학의 영역을 확장했다. 그러나 광학은 1890년경에 물리학의 다른 분야가 가지고 있었던 기초 과학으로서의 중요성을 확보하지 못했다. 광학은 역학적 원리에

---

40 Koláček, 34: 673~711; Drude, 41: 154~160 중 154.

41 Drude, 39: 481~554 중 553~554.

서 그 기초가 추구되었고 발견되었다는 점에서 음향학과 비슷했으며, 이제 광학의 기초가 전자기적 원리에서 추구된다 해도 다른 학문에 대한 의존성은 여전할 것이었다. 전기학 안에서 맥스웰 이론을 확립하는 것은 물리학의 주요 과업이었고 이 목적을 달성하기 위해 광학은 맥스웰 이론의 가정을 입증하거나 반증하는 역할을 할 수 있었다.

1888년부터 1890년 사이에 《물리학 연보》에는 전기 동역학의 논쟁이 계속 올라왔는데 그 논쟁은 노이만과 프레넬의 광학 논쟁처럼 해결할 수 없어 보였다.[42] 그 학술지의 같은 호에 전기 동역학의 근본 법칙이 중력처럼 "점 법칙"[43]이라는 항켈의 증명과, 헤르츠의 실험이 전기력에 대한 패러데이-맥스웰의 관점으로 가장 잘 설명된다는 헤르츠의 인식이 함께 올라왔다.[44] 1888년부터 1890년 사이에 처음부터 끝까지 《물리학 연보》를 읽은 한 물리학자가 가까운 미래에 전기 동역학이 취하게 될 방향에 대해 잘 모르겠다고 한 것은 당연했다.[45] 그러나 그가 물리학의

---

[42] 가령, 자석을 도체의 축 주위에서 회전시킴으로써 유도를 일으키는 오랫동안 연구된 현상과 연관하여 로르베르크는 베버의 법칙, 에들룬트의 법칙, 클라우지우스의 법칙, 리만의 법칙, 맥스웰의 법칙 등 많은 경쟁하는 법칙에 대해 논의했다(36: 671~692).

[43] [역주] 항켈의 전기 동역학은 시대를 역행하고 있었다. 1888년을 기점으로 맥스웰의 전자기학이 승기를 잡았지만 항켈은 여전히 원격 작용에 토대를 둔 전기 동역학을 지지하고 있었다. 점 법칙이란 점을 중심으로 점전하가 점전하에 힘을 미친다는 점에서 점과 점 사이의 원격 작용으로 힘이 전달된다는 전통적 관점을 대변한 것이었다.

[44] 항켈은 1860년대 이후 그가 전개해 온 에테르 이론을 논의했고 그가 말한 바로는 모든 전기 현상은 진동이었다(36: 73~93).

[45] 어떤 상황에서도 더 오래된 방법이 여전히 장점을 가진 것으로 보이기도 했다. 오스트리아의 물리학자 슈테판(Stefan)은 헤르츠를 따라 직선 도체에서 고주파 진동을 연구했고 이번에는 원형 단면의 직선 도체 안에서 변화하는 전류 분포 문제를 "전자기장(마당)의 맥스웰의 이론이 아니라 노이만(F. Neumann)과 베버(W. Weber)가 두 전류 요소의 전기 동역학적 퍼텐셜에 대해 설정한 공식들로부터" 제시했다(41: 400~420, 인용은 406에서 함).

다음 국면을 추적했다면, 그는 헤르츠의 연구에 후속하여 독일에서 이루어진 가장 의미있는 전기 동역학의 발전은 맥스웰의 이론과 함께하는 것이며 일반적으로 이론 물리학에서 가장 의미 있는 발전은 주로 그 방향에서 이루어졌다는 것을 인식했을 것이다.

전기 단위들의 비와 광속의 비교, 절연체의 유전 상수와 굴절률(꺾임률)의 관계의 검증과 같이 맥스웰 이론의 친숙한 검증들 이외에 다른 검증들이 독일에서 시도되었다. 그 결과는 결정적이지 않았다. 그들이 그 이론을 어느 정도로 확증하거나 반증하는지는 다양했지만, 그들은 그 이론의 예측이 다른 이론들의 예측과 같음을 발견했다. 한 결과에 따르면, 결정의 광학적 관찰은 "맥스웰의 이론을 증명"했고[46] 또 다른 결과에 따르면, 얇은 금속박의 투명성에 대한 실험은 물체의 광학적 투명성과 전기 전도성의 관계에 대한 맥스웰의 관점과 모순이 되었다.[47] 또 하나의 결과에 따르면, 유전 상수와 굴절률(꺾임률)의 이론적 관계가 절연체와 나쁜 도체에 대해서는 확증되었으나 전도성 유체에 대해서는 근사적으로도 맞지 않았다.[48] 콘덴서의 용량에 대한 실험처럼 전기 잔류에 대한 실험은 비결정적이었고[49] 맥스웰의 이론과 다른 이들의 이론들에서 다른 수학적 결론을 유도하는 것은, 물리적 가정이 서로 다르므로 결론이 달리 나오리라는 것이 예상된다 해도, 항상 가능하지는 않았다.[50] 더욱이

---

[46] Geigel, 38: 587~618 중 610~611.

[47] Wien, 35: 48~62.

[48] Cohn and Arons, 33: 13~31 중 23.

[49] 뵐너는 전기 잔류에 대한 그의 연구(32 (1887): 19~53)에서 그때까지 얻어진 유전 상숫값이 패러데이-맥스웰 이론과 일치한다는 사실을 의심했다. 아론스(Leo Arons)는 이러한 상수들의 정확한 결정이 어렵지만 불가능하지는 않다고 보았다 (35: 291~311 중 307).

[50] 처음에 힘슈테트는 "Schutzring-Condensator"에 관한 실험이 맥스웰의 용량 공식이 옳고 키르히호프의 것은 '거짓'임을 보여주었다고 판단했다(35: 126~136 중

맥스웰의 이론은 빛의 전자기 이론 중 유일한 이론이 아니었다.[51]

1880년대 말에 독일에서는 맥스웰의 이론이 검증은 아직 불완전했을지라도 널리 주목을 받았다. 20년 전에 맥스웰 자신의 논문들이 그 이론의 출처였고 맥스웰의 『전기자기 논고』와 그 독일어 번역본이 아직 존재하지 않았을 때에는 그런 일조차 없었다. 그중 《물리학 연보》에서 받은 주목은 대부분이 여전히 사강사이거나 조수이거나 심지어 단지 상급 학생이었던, 경력이 짧은 물리학자들에게서 나왔다. 그들 중 소수의 기성 물리학자들도 역시 경력이 짧았다. 실례로, 콘은 이론 물리학 부교수였고 맥스웰 이론을 체계적으로 구성하는 데 몸담았다. 연구소 소장이었던 뢴트겐과 힘슈테트는 맥스웰의 유전 변위 이론[52]과 유전체가 분극된 입자로 이루어졌다고 보는 이론이 예고한 효과로서 전기장(마당)에서 움직이는 유전체의 전기 동역학적 작용의 존재를 확증하려는 실험에 종사하였다. 그리고 추가로 뢴트겐은 빛 에테르가 전기력의 매질이라는 관점에서도 실험을 시도하고 있었다.[53] 그러나 맥스웰 이론의 주장에 핵

129~130). 곧 그는 자신의 잘못을 인정했다. 키르히호프의 공식은 맥스웰의 공식만큼 훌륭했다(36: 759~761).

[51] 유체의 굴절률(꺾임률)에 대한 한 연구는 "빛의 전자기 이론"의 측면에서 굴절률(꺾임률)과 밀도에 관한 공식을 논의하면서 맥스웰을 언급하지 않고, 빛의 전기 이론을 독자적으로 전개한 루트비히 로렌츠(Ludwig Lorenz), H. A. 로렌츠(H. A. Lorentz), 콜라첵(Koláček)을 언급했다(Ketteler, 33: 353~381, 506~534 중 344~355).

[52] [역주] 유전 변위 이론은, 유전체 내부에서 실제로 전류가 흐르는 것이 아니지만, 축전기가 충전되는 동안 유전체의 구성 입자들에서 나타나는 변위로 인하여 전류가 흐르는 것과 같은 효과가 나타난다는 것과 관련되어 있다. 맥스웰은 전기 긴장(기전력)이 탄성체를 변형시키는 것처럼 유전체 안에서 에테르가 원래의 위치에서 벗어나는 변위를 일으키면서 분극이 나타나게 된다고 보았다. 그리고 전하라는 것은 이러한 유전체의 분극이 단절된 곳, 곧 금속과 유전체의 경계면에서 나타나는 가시적 현상일 뿐이라고 보았다.

[53] Cohn, 40: 625~639; Röntgen, 35: 264~270; Himstedt, 38: 560~573, 40: 720~726.

심적인 실험 문제들에 연구소의 자원을 오롯이 투입한 사람은 헤르츠뿐이었다. 《물리학 연보》에 실린, 이런 찬반의 혼란스러운 증거들을 대신하여 헤르츠의 실험 연구는 그의 동료들에게 공기 중에서 전기력이 유한한 속도로 전파된다는 결정적인 증거로 보였고 그의 이론 연구는 이 힘과 그것의 작용을 기술하는 방정식을 규명하는 것으로 보였다.

헤르츠의 실험에 대한 반응들 자체가 두드러지게 실험과 관련되어 있었다. 그것들은 두 종류로 나뉘었다. 하나는 1887년에 전파에 대한 헤르츠의 연구에서 헤르츠 자신이 우연히 얻은 발견에 대한 폭넓은 관심이었다. 물리학자들은 헤르츠의 실험을 재현하고 변형했고 이를 통해 자외선의 전극에 대한 작용이나 자외선이 주변 공기에 작용하여 방전을 쉽게 해주는 현상을 잘 설명해 주었다.[54] 이보다 더 널리 퍼져 있었던 또 다른 반응은 헤르츠 실험의 중심 방향을 향하고 있었다. 볼츠만은 200명의 관중이 모인 대강당에서 전파 시범 실험을 했다. 비헤르트[55]는 비슷한 방법으로 전파를 입증했다. 그리고 쿤트의 제안으로 리터Robet Ritter는 베를린 물리학 연구소의 지하실에 있는 긴 복도에서 많은 관중이 직접 눈으로 볼 수 있도록 장치를 기발하게 수정해서 전파 시범을 보였다.[56] 헤르츠 실험의 온갖 종류의 변형이 시도되었고 《물리학 연보》에 보고되었다.[57]

---

54 Eilhard Wiedemann and Ebert, 33: 241~264, 35: 209~264; Hallwachs, 33: 301~312; Narr, 34: 712~719; Lenard and Wolf, 37: 443~456; Elster and Geitel, 38: 497~514; 외국에서는 Arrhenius, 33: 638~643.

55 [역주] 독일의 지구 물리학자인 비헤르트(Emil Wiechert, 1861~1928)는 괴팅겐에서 폴크만에게 물리학을 배우고 1897년에 지구 물리학 교수가 되었다. 그는 전자의 발견에 기여했고 지구가 내부에 층상 구조가 있음을 알아냈으며 지진파의 전달 방식을 밝혔다.

56 Boltzmann, 40: 399~400; Wiechert, 40: 640~641; Ritter, 40: 53~54는 전파 탐지기 안에서 일어나는 진동을 개구리 다리의 경련으로 입증했다

57 Classen, 39: 647~648; Rubens and Ritter, 40: 55~73; Waltz, 41: 435~447; Elsas,

헤르츠의 실험은 다른 이들에게 독창적인 실험을 시도하려는 마음을 갖게 했다. 그의 실험이 "전파와 광파의 동등성"을 더는 "수학적 전개의 결과만이 아니라 가장 직접적인 지각의 대상"으로 나타나게 했으므로, 그의 독자 중 하나는 전해액의 광학적 투명성과 전기 전도성 사이의 모순이 심각하게 나타난다고 설명했다. 그는 그것을 밝히기 위해 실험을 했다.[58] 전기 작용의 전파 속도가 유한하다는 헤르츠의 증명에 영감을 얻은 또 한 명의 독자는 지구가 에테르를 통과하는 운동을 한다는 것을 전기적 수단을 써서 검출하는 자신의 실험을 재현하려는 마음을 품었다. 또 다른 독자에게는, 헤르츠가 입사파와 반사파를 모음으로써 공기 중에 정지해 있는 전파를 발생시킨 것이, 정지해 있는 광파를 처음으로 발생시키는 방법을 암시해 주었다.[59] 전체적으로 헤르츠의 연구는 독일의 물리학자 사이에서 다양한 여러 실험 활동을 빠르게 자극했다.

독일 물리학자들은 나타난 대로 헤르츠의 연구를 따라 하고, 많은 경우에 그의 것과 같은 장치를 만들고 그것을 다루어 그의 결과를 재현함으로써 맥스웰의 가르침과 일치하는 전기 현상에 진정으로 친숙해졌다. 그들이 [이전에는] 맥스웰을 독립적으로 연구했었더라도 헤르츠 이후에는 그 이론의 복잡성을 헤쳐나가는 안내자를 얻었고, 그 안내가 새로운 현상을 탐구하는 실험 연구자들을 돕는 데 유용하다는 설득력 있는 증거를 얻었다.

헤르츠의 연구가 가르쳐 준 교훈은 맥스웰의 이론이 지닌 필요성 이상이었다. 그것은 좋은 실험 연구를 하려면 좋은 이론이 필요하다는 것,

---

41: 833~849.

[58] Cohn, 38: 217~222 중 218.

[59] Des Coudres, 38: 71~79 중 72; Wiener, 40: 203~243.

또는 그 역–좋은 이론을 세우려면 좋은 실험 연구가 필요하다는 것–을 가르쳐 주었다. 헤르츠의 실험 연구는 이전의 원격 작용 전기 동역학 안에서 제시된 문제들로 시작되었다가 헤르츠가 원격 작용을 거부하면서 끝이 났다. 헤르츠는 『전기력의 전파에 대한 탐구』의 머리말에서 그 책에서 다루는 연구의 역사를 말했고 그 뒤에 나오는 이론적 추론과 실험적 추론의 상호 작용에 대한 폭넓은 인식을 제공했다.

많은 독일 물리학자, 특히 연구의 방향을 정하게 될 경력의 시초에 있는 이들에게 헤르츠의 연구는 성과를 쉽게 낼 수 있는 문제의 원천으로 맥스웰의 이론을 제안했다. 1880년부터 1890년 사이에 《물리학 연보》에 맥스웰과 헤르츠에 대해 논문을 쓴 이들 중에서 미래의 연구소 소장이 몇 있었다. 콘, 드루데, 푀플, 그리고 오스트리아와 나중에는 독일에서 물리학 연구소 소장이 될 볼츠만이 그들이었다.[60] 이 네 사람은 맥스웰 자신의 책에 추가하여 맥스웰의 이론을 독일에 소개한 주요 교재의 저자들이었다. 가령, 드루데는 1890년에 맥스웰의 연구를 의식하고 《물리학 연보》에서 그가 가장 좋아하는 분야인 광학에 대해 논의했는데 헤르츠 전파의 광학적 특성에 대한 실험 연구를 통해서 초기의 명성을 얻었다. 그는 나중에 독일의 가장 큰 물리학 연구소인 베를린 연구소의 소장으로서 헤르츠 파에 대한 그의 연구를 지속했다. 베를린 대학의 그의 자리의 후임자인 루벤스Heinrich Rubens는 1890년에 《물리학 연보》에서 헤르츠 파에 대한 정량적 실험을 보고했다. 그는 그의 경력 초기부터 전자기적 관점에서 열 복사에 대한 연구에 헌신했으며, 헤르츠의 실험이 물리학의 중심 문제로 삼았던 광학과 전파 사이의 간극을 실험으로 메웠다. 이 이외에도 1888년부터 1890년까지 《물리학 연보》에서 맥스

---

60 볼츠만은 이미 오랫동안 맥스웰의 이론에 관심이 있었다.

웰과 헤르츠에게 반응하는 이들 중에는 미래의 연구소 소장들이 몇 명 더 있었다.[61]

물리 지식의 분야: 《물리학의 진보》

19세기 내내, 새로운 물리학 전문 분야가 조직되고, 전문화가 심화하기도 하고, 기존의 전문 분야가 연관되면서 전문화가 수정되기도 했다. 대학은 기상학, 지구 물리학, 천체 물리학 과목과 교수 자리와 연구소를 개설했고 많은 물리학자가 이 분야들에서 기원한 문제들에 대해 연구했다.[62] 가령, 헬름홀츠는 기상학의 기초 연구를 출판하여 유체 동역학의 관점에서 지구의 대기를 자세히 살폈다. 기상학은 "대기 물리학"으로 특화되었고 물리학 교수 자리에서 독일 최초의 기상학 교수 자리로 옮긴 베촐트는 열역학을 응용하여 기상학을 엄밀 과학으로 만들기를 추구했다. 대학에서 이론 물리학을 가르친 몇몇 사람들은 지구 과학에 속하는 과목들을 연구했고 때로는 가르쳤다. 몇 년에 걸쳐 도른Dorn은 쾨니히스베르크에서 관측한 지구의 기온 관측 데이터를 모았다. 포켈스는 현무암의 자화, 산에서의 빗물 누적, 그리고 지구 물리학자와 기상학자에게 흥미로운 다른 문제들을 연구했다. 요한 쾨니히스베르거Johann Koenigsberger는 광물학에 대해 광범하게 연구했다. 레온하르트 베버Leonhard Weber는

---

61 이 중에는 레나르트, 데쿠드레, 쾨니히, 비헤르트, 비너가 있었다.

62 천체 물리학(astrophysics), 지구 물리학, 기상학, 그리고 이들 전체를 포괄하는 "우주 물리학"(cosmic physics) 과목들이, 1899년에 《물리학 잡지》(*Physikalische Zeitschrift*)가 창간된 후부터 그 잡지에 모든 독일어권 대학과 고등공업학교를 위한 매 학기 물리학 과정 발표에 포함되어 있다.

기상학 기구들을 제작했고 그 기구들로 기상 정보를 수집했으며 상층 대기에 대해 연구했고 기상학자들을 훈련했다. 전반적으로 그의 연구는 기상학과 지구 물리학을 지향했다. 최프리츠Karl Zöppritz는 거의 전적으로 지구 물리학만을 연구했고 결국에는 이론 물리학 교수 자리에서 지리학 교수 자리로 옮겼다. 비헤르트도 비슷하게 옮겨서 지구 물리학 연구소의 소장이 되었고 지진학의 권위자가 되었다.[63] 물리학자들에게 가장 중요한 이웃 과학인 물리 화학은 열역학의 응용을 통해서 근본적인 물리 이론을 확보했다. 어떤 물리학자와 화학자는 심지어 물리 화학이 다음 단계에서 화학을 지배하여 화학을 물리 이론의 한 장chapter으로 환원하리라 기대했다.[64] 그런 물리학자 중 하나인 헬름홀츠는 화학 반응의 열역학에 대한 많은 영향력 있는 연구를 했고, 1880년대와 그 이후에 연구한 여러 지도급 이론 물리학자들, 즉 클라우지우스, 키르히호프, 볼츠만, 플랑크 등은 물리 화학 문제들에 대해 연구했다. 물리 화학 분야에서 연구한 화학자들은 그들에게 열 이론에 대한 지식을 전수받으려 했다. 가령, 네른스트Nernst는 그에게 "언제나 첫 번째 과학자의 모델"이었던 볼츠만 밑에서 이론 물리학을 공부했다. 처음부터 네른스트가 생각한 물리 화학의 고유한 과업은 "이론 물리학의 방법"을 화학적 문제에 적용

---

63 Paul Volkmann, "Hermann von Helmholtz," *Schriften der Physikalisch-ökonomischen Gesellschaft zu Königsberg* 35 (1894): 73~81 중 77. C. Voit, "Wilhelm von Bezold," *Sitzungsber. bay. Akad.* 37 (1907): 268~271 중 270~271. Albert Wigand, "Ernst Dorn," *Phys. Zs.* 17 (1916): 297~299 중 297. Johann Koenigsberger, "F. Pockels," *Centralblatt für Mineralogie, Geologie und Paläontologie,* 1914, 19~21 중 20. Joachim Schroeter, "Johann Georg Koenigsberger (1874~1946)," *Schwizerische Mineralogische und Petrographische Mitteilungen* 27 (1947): 236~246. Schmidt-Schönbeck, *300 Jahre Physik…Kieler Universität*, 99~101. Gustav Angenheister, "Emil Wiechert," *Gött. Nachr., Geschäftliche Mitteilungen aus dem Berichtsjahr 1927~1928*, 53~62.

64 Eduard Rieke, "Rede," in *Die physikalischen Institute … Göttingen*, 20~37 중 35.

하는 것이었고 물리 화학으로 옮긴 후에도 그는 이론 물리학자들과 가까운 연구 관계를 유지했다.[65] 물리 화학은 네른스트가 언급한 것 외에 다른 특성들이 있었다. 어떤 경우에도 물리 화학은 이론적이든 그렇지 않든 결코 물리학의 부속물로는 여겨지지 않았다. 그러나 두 분야의 연관성을 고려하면 이론 물리학과 물리 화학의 가르침이 때때로 결합해 있었다는 것은 놀라운 일이 아니다.[66]

1845년에 창간할 때부터 베를린 물리학회의 개요 학술지인 《물리학의 진보》는 생리 광학과 전기화학 같은 물리학의 경계 구역을 포함했다. 1847년부터 《물리학의 진보》는 하나의 절을 할애해 기상학 논문을 실었고 1849년부터는 또 하나의 절을 할애해 물리 지리학 논문을 실었으며, 1850년에는 그 둘을 합쳐 하나의 절로 만들었고 1852년에는 그 분야들과 지자기를 합쳐서 "지구의 물리학"physics of the earth이라는 절을 만들었다. 《물리학의 진보》는 1880년에는 "지구의 물리학" 분야를 분리해 잡지를 분책했고 1890년에는 그 분책한 부분이 "우주 물리학"으로 제목이 바뀌었다. 편집자는 "우주 물리학"의 부분인 천체 물리학, 기상학, 지구 물리학[67]이 모든 측면에서 "순수 물리학"의 연구 영역에 속하지는 않지만 "의심의 여지 없이 물리학"에 속한다고 했다. 그는 우주 물리학

---

[65] Walther Nernst, "Antrittsrede," *Sitzungsber. preuss. Akad.*, 1906, 549~552.

[66] 가령, 슈미트(Gerhard Schmidt)는 화학에서 먼저 훈련받고 비데만(Gustav Wiedemann)의 조수가 되었는데 에를랑엔 대학에서 1896년부터 1900년까지 사강사로서 물리 화학과 천문학 강의를 이론 물리학 강의와 번갈아 했다. 1901년에 그는 에를랑엔 대학에서 이론 물리학과 물리 화학을 담당하는 물리학 부교수로 임용되었다. Gerhard Schmidt Personalakte, Erlangen UA.

[67] "지구 물리학"(geophysics)이라는 용어도 1890년에 도입되었다. "천체 물리학"(astrophysics)이라는 용어는 더 일찍 1873년에 도입되었다. 그해에 이전에는 "기상 광학" 장에 포함된 천체 물리학적 주제들이 새로운 장, "천체 물리학과 기상 광학"에서 두드러졌고 5년 후인 1878년에는 "천체 물리학"이라는 자체 장을 부여받았다.

이 몇 가지 예에서 물리학에 속한다는 것은 분명하다고 말했다. 광학이 가장 두드러진 성공을 거둔 것은 분광학과 천체 사진술에서였다. 바람 이론들과 기타 날씨 분야에서도 역학적 열 이론의 법칙들이 주된 역할을 했다. 측지학과 중력의 결정에서 역학 법칙과 측정 이론은 필수적임이 이미 입증되었다. 편집자는 요컨대 우주 물리학을 구성하는 과학들에서 순수한 물리학 연구의 결론에 관한 광범한 응용뿐 아니라 연구 결론에 관한 증거도 십중팔구 발견했다고 말했다.[68] 1903년에 《물리학의 진보》는 물리 화학에 대한 흩어진 장들을 단일한 절로 모았다. 왜냐하면, 물리 화학이 큰 연구 분야로 성장했고 "이 전문 분야의 대표자들"에게는 아직 그 분야 문헌에 대한 그들 자신의 연례 보고서가 없었기 때문이었다. 동시에 물리학회는 《물리학의 진보》에서 순수 화학과 순수 기술에 관련된 출판물에 대한 보고서를 모두 제외하기로 했다.[69]

엄밀하게 말했을 때, 일체一體의 물리적 지식은 역학이나 전기학처럼 부분적으로 자율적인 분야들로 나뉘어 있었다. 어떤 영향력 있는 교재에 나오는 말을 빌리면, 물리학을 가르치면서 거대한 일체의 지식을 다루기 위해서는 "분할의 원리"를 채용할 필요가 있었다. 그러나 그 원리는, 말하자면, 무게 있는 물체의 물리학과 무게 없는 물체의 물리학 같은 구분

---

68 Richard Assmann, et al., ed., "Vollendung des 50. Jahrganges der 'Fortschritte,'" *Fortschritte der Physik des Aethers im Jahre 1894* 50, pt. 2 (1896): i~xi. 우주 물리학부의 편집자인 아스만의 언급은 viii~xi에 있다. 비록 "우주 물리학"이라는 제목이 제46권(1890년)에 나타났지만, 1893년과 1894년 권들이 실제로 먼저 나왔다. 그래서 편집자가 우주 물리학에 대해 그 권에서 논의하고 있는 것이다. Richard Assmann, "Vorwort," 3d vol., *Fortschritte der Physik* 46 (1890).

69 "Tagesereignisse," *Phys. Zs.* 3 (1902): 559~560. Karl Scheel, "Vorwort," *Fortschritte der Physik* 59, pt. 1 (1903): iii~iv. 순수 화학과 기술의 제외는 *Verh. phys. Ges.* 3 (1901): 130에 발표되었다.

이나 물리학의 분야들과 서로 다른 감각 간의 연관성에 의해서는, 더는 정당화될 수 없었다. 물리학의 각 분야는 서로 "가까운 관계"를 맺고 있었고 물리학을 역학, 음향학, 광학, 열, 전기, 자기로 나누는 오래된 분할 방식을 교육이라는 목적에서 유지하는 것은 오로지 "실용적인 근거"에서만 정당화되었다.[70] 즉 그 분할 방식은 사물의 본성에 기초한다고 생각되지 않았다. 일반 물리학의 교재와 강의에서는 그 오래된 실용적 분할 방식을 지속했다.

가르칠 때와 연구할 때 물리학의 주요 분야는 어느 정도 전문화를 요구했다. 물리학의 각 분야는 다른 분야와 공유하는 부분 외에도 그 분야의 일반 이론과 특수 이론, 그 분야의 개념, 척도, 그리고 그 분야의 필요에 맞는 체계가 있었다. 각 분야는 세부 문제에 대한 연구 전통이 있어서 그 전통에서 새로운 방법, 개념, 사실이 파생되었고, 새로운 이론적 문제와 실험적 문제도 파생되었으며, 논쟁, 학위 논문을 포함하여 기타 물리학의 실행을 구성하는 모든 것이 파생되었다. 물리학의 각 주요 분야는 다시 더 좁은 세부 분야를 포함했다. 이에 더해 "열-전기"thermo-electricity 처럼 하이픈으로 연결된 세부 분야가 있었다. 이런 분야는 분야를 가로지르는 이론적 및 실험적 가교들을 인정했다. 때로는 물리학의 주요 분야 전체가 또 하나의 분야에 포함되거나 더는 물리학 고유의 영역에 속하지 않는 것으로 판단되었다. 물리학을 구분하는 구도는 유동적이었다. 그것은 물리적 인식이 변하면서 달라졌고 이러한 변화를 《물리학의 진보》의 범주들은 반복적으로 보여준다.

《물리학의 진보》는 1845년에 6개의 주요 분야로 출범했다. 각 분야

---

70 Leopold Pfaundler, ed., *Müller-Pouillet's Lehrbuch der Physik und Meteorologie*, 10th rev. ed., vol. 1 (Braunsweig: F. Vieweg, 1905), 10~11.

는 "이론"을 다룰 하위 분야가 있었다. 일반 물리학은 역학, 음향학, 광학을 포함했고, 열은 복사열을 포함했고, 전기는 자기를 포함했고 응용 물리학은 다른 범주들에 분산되었다. 몇 년에 걸쳐서 이 분야들은 약간의 수정을 거쳤다. 1882년의 보고서는 광학, 열, 전기를 "에테르의 물리학"이라는 제목 아래에, 음향학과 일반 물리학을 "물질의 물리학"이라는 제목 아래에 결합함으로써 그 분야들 사이에 있는 오래된 연관성을 의식했다.[71] 1902년에 물리학회는 《물리학의 진보》의 순서 배열이 더는 물리학의 상태와 일치하지 않는다고 판단했다. 그들은 이제 순서에서 전기와 자기를 광학과 열보다 뒤쪽이 아니라 앞쪽에 놓고, 광학을 전체 스펙트럼(빛띠)[72]의 광학으로 확장하는 것이 적합하다고 생각했다.[73] 그러한 조직상의 변화는 맥스웰과 헤르츠의 성과와 연관된 물리적 이해의 주된 변화와 일치했다.

---

[71] E. Rosochutius, "Vorwort," *Fortschritte der Physik* 38 (1882): v~vi. Emil Warburg, "Zur Geschichte der Physikalischen Gesellschaft," *Naturwiss*. 13 (1925): 35~39 중 37.

[72] [역주] 전통적인 광학은 빛을 가시광선으로 한정했으나 새로운 광학은 가시광선뿐 아니라 적외선과 자외선을 포함하는 스펙트럼 전체의 전자기파를 포함하는 것으로 확장되게 되었음을 의미한다.

[73] Scheel, "Vorwort," iii. 새로운 순서 배열은 1903년의 《물리학의 진보》에 나왔다.

19 괴팅겐 이론 물리학 연구소

쾨니히스베르크와 괴팅겐의 포크트

1875년에 시작하여 이후 8년 동안 포크트Woldemar Voigt는 쾨니히스베르크 대학에서 수리 물리학 부교수였다.[1] 포크트는 라이프치히 대학에서 그의 대학 연구를 시작했다. 그는 표준 실험 물리학 강의 과정을 맡았고 강의 준비실에서 교수를 도왔지만, 연구를 얼마 하지도 못했을 때 보불 전쟁으로 연구가 중단되었다. 현역 종군 후에 그는 라이프치히로 돌아가지 않고 "프란츠 노이만과 리헬롯F. Richelot의 교실"에서 공부를 계속하기 위해 쾨니히스베르크로 갔다.[2] 그는 물리학뿐 아니라 음악에도 끌렸지만 자신이 음악에서 경력을 쌓을 재능이 있는지 의심했기에 음악 대신 물리학을 진로로 택했다.[3]

---

1 포크트는 쾨니히스베르크 대학에 부교수로 처음 임용되었을 때에는 봉급을 받지 않았지만, 나중에는 2,800마르크의 봉급을 받았다. 프로이센 문화부가 포크트에게 보낸 문서, 1875년 10월 2일 자, Voigt Papers, Göttingen UB, Ms. Dept.

2 야전에서 포크트가 보낸 편지, 1871년 11월 21일 자, Woldemar Voigt, *Erinnerungsblätter aus dem deutsch-französischen Kriege 1870~1871* (Göttingen: Dietrich, 1914), 211에서 인용. 포크트가 라이프치히 대학에서 공부를 중단한 것은 6, 9쪽에 언급된다. 그의 대학 공부의 기록은 Voigt Papers, Göttingen UB, Ms. Dept에 있다.

쾨니히스베르크 대학은 포크트가 원하는 만큼 물리학 강의를 많이 그에게 제공해 주지 않았지만, 그는 이 대학에서 그의 공부를 지속했다. 그때까지 병을 앓고 있었던 모저Moser는 자신의 강의를 의학생 위주로 방향 전환했다. 그 대학에서 유일한 "순수 물리학자"였던 노이만은 항상 강의하지는 않았고 포크트가 쾨니히스베르크 대학에서 공부한 여섯 학기 중에서 두 학기만 강의했다. "순수한 물리학 강의"는 전혀 개설되지 않았다.[4] 포크트는 1874년에 노이만의 학생에게는 자연스러운 주제인 암염의 탄성 관계에 대한 그의 학위 논문을 완성했다. 그다음에 포크트는 라이프치히의 김나지움에서 잠깐 가르쳤고 라이프치히 대학에서 교수 자격 논문을 심사받은 후에 노이만의 부름에 따라 쾨니히스베르크로 돌아왔다.

노이만은 1875~1876년 겨울 학기에 이론 물리학 마지막 강의를 했다.[5] 그다음에 포크트는 노이만의 세미나와 함께 그의 강의들을 넘겨받았고 자신의 수리 물리학 실험실을 차렸고 자신의 쪼들리는 재원으로 그 실험실을 유지했다. 그는 격려도 별로 없이 쾨니히스베르크 대학에서 물리 교육의 완전한 프로그램을 제시하려고 열심히 노력했다. 그는 때가 되면 수리 물리학 정교수로 승진하기를 기대했지만, 노이만은 그를 후임자로 삼으려고 시도하지 않았다. 포크트의 자리는 비정상적이었다. 가령, 몇 년 동안 노이만의 후임자가 될 폴크만Volkmann이 쾨니히스베르크 대학에서 공부했고, 포크트는 노이만의 강의를 모두 맡았지만 폴크만의 학위

---

3 Carl Runge, "Woldemar Voigt," *Gött. Nachr.*, 1920, 46~52 중 47.

4 포크트가 괴페르트(Göppert)(추정)에게 보낸 편지, 1875년 9월 4일 자, STPK, Darmst. Coll. 1913~1951.

5 1871년에 노이만은 여전히 다른 과목 강의 의무로서 광물학을 강의하고 있었다. Albert Wangerin, *Franz Neumann und sein Wirken als Forscher und Lehrer* (Braunschweig: F. Vieweg, 1907), 56~58.

논문은 공식적으로 포크트가 아니라 고령 때문에 폴크만의 심사에 출석하지 않았던 노이만에 의해 승인되었다.[6] 실제로 노이만은 쾨니히스베르크 대학에서 이론 물리학을 논쟁거리로 삼는 것을 철회했다. 왜냐하면, 그가 그 과목으로 정교수 자리를 차지하고서 부교수가 그것을 가르치게 함으로써 이론 물리학이 시험에서 사라지고 그와 더불어 잠재적 학생들도 사라질 것이기 때문이었다. 더욱이 포크트가 부교수로 교수진 밖에 머무는 한, 쾨니히스베르크 대학에 공식적인 이론 물리학 연구소가 생길 가능성은 없어 보였다. (그 연구소는 포크트가 쾨니히스베르크 대학을 떠난 후에 세워졌고 오랫동안 그것을 원한 노이만은 그 연구소를 사용하기에는 너무 나이가 많았다.[7])

이론 물리학을 담당하는 두 명의 정교수는 고사하고 물리학에 두 명의 정교수가 있는 대학도 거의 없었으므로 쾨니히스베르크 대학에서 승진에 대한 포크트의 기대는 전례보다는 이전에 이루어진 정부의 결정에 근거했다. 정부는 일찍이 쾨니히스베르크 대학에 원칙상 연구소를 이중으로, 하나는 실험 물리학에, 하나는 수리 물리학에 수락한 바 있었다. 실험 물리학 연구소는 주로 교육할 때 시범 실험의 도움을 받기 위한

---

6 Luise Neumann, *Franz Neumann, Erinnerungsblätter von seiner Tochter,* 2d ed. (Tübingen: J. C. B. Mohr [P. Siebeck], 1907), 395~396. Wilhelm Lorey, *Das Studium der Mathematik an den deutschen Universitäten seit Anfang des 19. Jahrhunderts* (Leipzig and Berlin: B. G. Teubner, 1916), 97~98. Runge, "Voigt," 49. 괴팅겐 철학부의 포크트 추천서, 1883년 1월 12일 자, Voigt Personalakte, Göttingen UA, 4/V b/203. 그 앞의 노이만처럼 포크트는 자신의 집에 실험실을 차렸다. Kathryn Mary Olesko, "The Emergence of Theoretical Physics in Germany: Franz Neumann and the Königsberg School of Physics, 1830~1890" (Ph. D. Diss. Cornell University, 1980), 464. 폴크만의 학위 논문에 대한 노이만의 평가 초고, 날짜 미상, Neumann Papers, Göttingen UB, Ms. Dept.

7 그 연구소는 생활 구획 없이 1880년대 중반에 세워졌고 그때 노이만은 거의 90세였다. Wangerin, *Neumann,* 185.

것이었고, 수리 물리학 연구소는 실험실에서 정확한 측정을 통해 물리학을 진전시키기 위한 것이었다. 즉 수리 물리학은 쾨니히스베르크 대학에서는 실험 물리학과 거의 동등하다고 가정되었으나, 결단코 포크트의 재임 기간에는 그렇지 않았다. 포크트는 단지 임시 수리 물리학 연구소 또는 "실험실"의 장이었고 정교수는 아니었다. 그의 연구소는 실험 물리학 연구소보다 훨씬 적은 재정 지원을 받았다. 포크트가 받은 지원의 상당 부분이 임대료와 난방료로 나갔으므로 기구와 재료를 사고 조수 활동을 뒷받침할 재원은 쪼들렸다. 그리하여 포크트는 구매할 때마다 청구하거나 자신의 주머니의 돈을 털어 연구소가 굴러가게 했다. 대조적으로 실험 물리학 연구소는 파페Carl Pape가 1880년에 모저가 사망한 후에 감독했는데 상당히 넉넉한 예산을 받았고 이미 장치 컬렉션이 있었다. 더욱이 모저와 파페는 실험 물리학을 수강할 학생이 많으리라 기대할 수 있었던 반면에 포크트는 그의 과목 수강 학생 수를 제한해야 했다.[8] 포크트가 요청한 돈을 받았더라도 학생들은 수리 물리학을 열등하다고 간주했을 것이다. 그것은 그 과목을 정교수가 아니라 부교수가 가르치기 때문이었다.

1883년까지 포크트는 쾨니히스베르크 대학에서 원래 바랐던 발전을 이루지 못한 상황에서 여러 해를 가르쳐 왔다.[9] 그는 여전히 연구소도 없는 부교수였다. 노이만과 쾨니히스베르크 철학부는 다른 대학이 그에

8 Olesko, "Emergence," 464~465. Otto Lehmann, "Zusammenstellung der Etatsverhältniss der physikalischen Institute an den deutschen Hochschulen," 1891년 6월 26일 자, Bad. GLA, 235/4168. 포크트가 괴페르트(추정)에게 보낸 편지, 1875년 9월 4일 자.

9 처음에 화학은 세 명의 정교수를 확보했으나 물리학은 겨우 둘뿐이었고 그중 하나는 병세가 심각했기에 포크트에게는 희망이 있었다. 포크트가 괴페르트(추정)에게 보낸 편지, 1875년 9월 4일 자.

게 접근해 오면 그가 머물러 있지 않을 것을 두려워했는데 그러한 예상은 적중했다. 1883년에 괴팅겐 대학이 그에게 리스팅의 정교수 자리를 이어받으라고 제안했을 때, 쾨니히스베르크 대학 철학부가 그를 지키기 위한 조처를 했고 리스팅의 수리 물리학 연구소는 유감스럽게 무시당하는 상태였는데도 포크트의 마음은 그 제안에 강하게 끌렸다.[10]

1882년에 리스팅이 사망하자 리케는 임시로 괴팅겐 수리 물리학 연구소의 소장직을 맡았다.[11] 물리 교육을 하기 위해 리케와 철학부는 정부에 리스팅의 자리를 빨리 채우기를 재촉했다. 리케는 그 일자리에, 강의 의무를 공유할 또 한 명의 실험 물리학자가 아니라 적절한 이론 물리학자를 염두에 두고 있었다. 이러한 관점은 괴팅겐 대학 철학부에 수용되어 철학부는 정부에 가우스, 디리클레Gustav Lejeune Dirichlet, 리만이 확립한 "괴팅겐"의 전통을 이어갈 이론 물리학자인 클라우지우스의 임용을 추진하라고 권했다.[12] 현실적으로 그들이 클라우지우스를 영입할 전망은 밝지 않았다. 그는 몸값이 비쌌고 본Bonn 대학은 그를 지키려 할 것이었으며 괴팅겐 수리 물리학 연구소는 "완전히 부적절한 구획들"을 가지고 있었다.[13] 협상의 한 시점에서 클라우지우스는 올 것처럼 보였지만 종국

---

[10] 노이만의 프로이센 정부 관리에게 보낸 편지 초고, 날짜 미상 [1883년 4월 20일 직후], Neumann Papers, Göttingen UB, Ms. Dept.

[11] 괴팅겐 대학 감독관이 리케에게 보낸 편지, 1883년 1월 10일 자, Listing Personalakte, Göttingen UA, 4/V h/108.

[12] 리케가 포크트에게 보낸 편지, 1883년 1월 11일 자, Voigt Papers, Göttingen, UB, Ms. Dept. 리스팅의 후임자를 결정하려고 조직된 위원회에 제출하기 위해 리케가 초안을 작성한 철학부의 추천서, 1883년 1월 12일 자. 괴팅겐 대학 감독관이 프로이센의 문화부 장관 고슬러에게 보낸 편지, 1883년 1월 15일 자. Voigt Personalakte, Göttingen UA, 4/V h/203.

[13] 괴팅겐 대학 감독관이 프로이센 문화부 장관 고슬러에게 보낸 문서, 1883년 1월 15일 자, Voigt Personalakte, Göttingen UA, 4/V b/203.

에는 거절했다.[14] 정부는 그 학부의 두 번째 선택지인 포크트에게 눈을 돌렸다. 그는 클라우지우스처럼 재정적 문제에서 걸리지는 않았다.

학부 위원회가 포크트에게 보낸 편지에는 괴팅겐 대학 이론 물리학 교수 자리에 대한 설명이 들어 있었다. 수학자 슈바르츠H. A. Schwarz는 괴팅겐 대학이 전통적으로 수학이 강세라는 점이 이론 물리학에 주는 이득을 강조했다. 그는 그 대학에서 물리학은 수학으로 간주되었고 물리학자인 베버, 리케와 초기의 리스팅은 괴팅겐 왕립 과학회의 물리학부가 아니라 수학부에 소속되었다고 설명했다. 실제적 이익은 포크트가 괴팅겐 대학에서 130명 이상의, 잘 준비되고 열심히 공부하는, 수학 전공으로 등록한 학생들을 보게 될 것이란 점이었다.[15] 물리학의 측면에서 리케는 특별히 포크트를 환영한다고 편지에 썼는데 이것은 그들이 서로 잘 보완이 되었기 때문이었다. 리케는 실험 물리학에 대해서만 강의하고 있었으므로 포크트는 자신의 관심사와 일치하는 "수리 물리학의 전 영역"을 담당하면 되었다.[16] 리스팅이 실제가 아니라 단지 형식상 수리 물리학 전체 분야를 담당한 때에 실험 연구소와 이론 연구소의 차이가 "단지 명목상"이었던 것과는 달리, 이제 이 차이는 실제가 되었다. 리케는 초보자의 실습과 의학, 약학, 농학 학생들을 위한 시험을 계속 담당할 계획이었지만 고급 실습과 중등 교사와 박사 과정생의 시험을 포크트와 분담할 계획이었다. 그는 실험 물리학 연구소의 예산이 이론 물리학 연구소 예산의 2배이지만 실험 연구소가 두 연구소가 공유하는 전체 건물

---

14 리케가 포크트에게 보낸 편지, 1883년 4월 4일 자, Voigt Papers, Göttingen UB, Ms. Dept.

15 슈바르츠가 포크트에게 보낸 편지, 1883년 1월 7일 자, Voigt Papers, Göttingen UB, Ms. Dept.

16 리케가 포크트에게 보낸 편지, 1883년 1월 9일 자, Voigt Papers, Göttingen UB, Ms. Dept.

에 대한 조명과 난방 비용을 지급한다고 포크트에게 말했다. 그는 포크트에게 물리학 연구소는 분주한 거리를 끼고 있고 견고하게 건축되지 않았다는 것은 알려주었지만 몇 년 안에 새로운 연구소 건물을 지으리라 기대할 이유도 있었다. 리스팅은 조수가 없었으므로 포크트가 장관에게 한 명을 요청해야 했다. 마지막으로 리케는 포크트에게 그들이 함께 일한다면 그들의 연구소는 더 나은 장비를 갖춘 연구소와 과학적 중요성에서 비견될 것이라고 확신을 주었다.[17]

괴팅겐 대학 철학부는 그들이 고용할 사람에 대해 잘 알고 있었다. 그들은 포크트를 "수리 물리학 영역에서 독립적인 연구자"로서 가치를 인정했고 그가 실험 연구의 방법과 수단에 친숙함을 인정했다. 포크트는 "물리학 연구의 이론적 측면과 실험적 측면의 통합"을 통해 "아름다운 결과들"을 얻고 있었다. 그것은 그가 "추상적인 수학적 문제들"에 일방적으로 빠져들지 않을 것을 교수진에 재확신시켰다. 더욱이 포크트의 연구가 탄성 이론과 광학에 중심을 두었으므로 그의 지도는 이미 괴팅겐 대학에서 일하던 물리학자들의 연구를 완성할 것이고 이런 측면에서 "이름이 거론될 물리학자 중 아무도 그와 동등하다고 간주할 수 없을 것이었다."[18]

1883년 8월에 포크트는 괴팅겐의 "이론(수리) 물리학 정교수"와 수리 물리학 연구소의 소장이 되었다. 이후 곧 그의 요청으로 포크트는 수학 물리학 세미나의 물리반을 맡는 공동 관리자도 되었다.[19] 그의 전임자

---

[17] 리케가 포크트에게 보낸 편지, 1883년 1월 11일과 22일 자, Voigt Papers, Göttingen UB, Ms. Dept.

[18] 괴팅겐 대학 철학부 추천서, 1883년 1월 12일 자.

[19] 포크트의 봉급은 4,200마르크였고 임대료로 540마르크를 추가로 받았다. 프로이센 문화부가 괴팅겐 대학 감독관 바른슈테트(Warnstedt)에게 보낸 편지, 1883년 9월 3일 자; 포크트가 감독관에게 보낸 편지, 1883년 10월 4일 자; 감독관이 포크

리스팅과 달리 포크트는 이론 물리학으로 훈련을 받았고 그것을 그의 분야로 간주했으므로 괴팅겐 대학에 그가 임명된 것은 독일 대학들에 이론 물리학이 정착하는 과정에서 중요한 단계였다.

빛의 탄성 이론에 관한 포크트의 연구

포크트는 1883년 4월에 괴팅겐 대학 교수 자리를 얻으려 협상하고 있었을 때 빛의 탄성 이론에 대한 그의 최초의 주된 기여를 담은 논문을 출간했다.[20] 그것으로 그는 탄성학과 광학이라는 두 분야를 관련지었고 괴팅겐 대학 철학부는 그의 연구를 평가하면서 이에 주목했다. 이 논문은 포크트가 선호하는 이론 연구 방법의 좋은 예를 제공한다. 그 방법은 수학적 결과들을 특별한 묘사나 메커니즘에서 끌어내기보다, 경험에 의지하는 소수의 일반 원리, 무엇보다도 역학의 원리들과 열 이론에서 끌어내는 것이었다.[21]

그 논문에 할애된 《물리학 연보》의 쪽수에서 한눈에 알 수 있듯이 포크트의 광학 연구는 독일에서 활발한 연구 영역에 속했다. 포크트가 관여할 즈음, 프란츠 노이만, 맥큘러[22], 그린, 코시 등이 19세기 초에 제

트에게 보낸 편지, 1883년 10월 9일 자; Voigt Personalakte, Göttingen UA, 4/V h/203.

[20] Karl Försterling, "Woldemar Voigt zum hundertsten Geburtstage," *Naturwiss*. 38 (1951): 217~221 중 219. Woldemar Voigt, "Theorie des Lichtes für vollkommen durchsichtige Media," *Ann*. 19 (1883): 837~908.

[21] Försteling, "Voigt," 217~218.

[22] [역주] 영국의 수학자 맥큘러(James MacCullagh, 1809~1847)는 아일랜드 태생으로 해밀턴에게 배웠고 주로 광학에 대한 연구를 수행했다. 그는 회오리(curl)가 공변함수라서 좌표 회전으로 성분의 전환이 적절한 방식으로 일어난다는 것을 일

시한 이론들은 몇 가지 점에서 불만족스럽게 보였다. 가령, 물질의 광학적 관계들은 에테르의 밀도나 탄성에 대한 물질의 영향만을 고려하는 단순한 탄성 이론으로는 이해될 수 없다는 것이 인식되어 있었다. 한 예로 대략 1865년부터 노이만은 그의 쾨니히스베르크 대학의 광학 강의들에서 에테르와 물질의 동시 운동 방정식을 고려하기 시작했다. 또한, 일찌감치 물질의 에테르에 대한 반작용뿐 아니라 에테르의 물질에 대한 반작용을 고려할 필요가 있다고 생각하는 다른 인식이 있었다. 그러나 에테르와 물질의 상호 작용 이론이 비로소 체계적으로 전개되고 비판받은 것은 1870년대부터였다. 이 이론은 특히 독일에서 발전했다. 헬름홀츠, 젤미이어W. Sellmeyer, 케텔러, 로멜 등이 모두 상호 작용하는 에테르와 물실의 입자들을 설명할 동시 운동 방정식 계를 고안했다. 각각의 계는 상호 작용의 표현에서 차이가 났다.[23] 그들은 모두 역학적 개념을 가지고 연구했지만 그들의 결과는 항상 역학적 법칙과 잘 맞는 것은 아니었다.[24] 탄성 이론의 일반적 유형을 가지고 그들은 반사, 굴절(꺾임) 같은 통상적

찍 발견했고 빛의 전달을 설명하기 위해 퍼텐셜 함수를 도입했다. 그의 이론들은 오랫동안 잊혔다가 1880년대에 피츠제럴드가 재발견하면서 주목을 받았다.

23 글레이즈브룩은 그의 보고서에서 에테르와 물질의 상호 작용 이론을 다루는 부분에서 먼저 독일의 연구에 대해 논의한다. R. T. Glazebrook, "Report on Optical Theories," in *Report of the Fifty-Fifth Meeting of the British Association for the Advancement of Science* (London, 1886), 157~261 중 212~233.

24 Glazebrook, "Report," 228. 가령, 포크트는 에테르와 물질 사이의 마찰력을 도입한 것 때문에 로멜의 이론을 비판했다. 그것은 작용과 반작용의 동등 원리나 무게중심 운동 보존의 원리와 모순이 되기 때문이었다. 로멜은 그의 이론이 이 원리 중 첫 번째 것과 모순이 되는 것은 부인했지만, 두 번째 원리와는 모순이 되고 또 그래야 한다는 것을 받아들였다. Woldemar Voigt, "Bemerkungen zu Hrn. E. Lommel's Theorie der Doppelbrechung, der Drehung der Polarisationsebene und der elliptischen Doppelbrechung," *Ann.* 17 (1882): 468~476; "Zur Theorie des Lichtes," *Ann.* 20 (1883): 444~452. Eugen Lommel, "Zur Theorie des Lichtes," *Ann.* 19 (1883): 908~914.

인 광학 현상뿐 아니라 정상 또는 비정상 분산을 설명할 수 있었다.

기존의 빛 이론들은 탄성 물질의 통상적 운동 방정식과 모순이 되는 방정식 계에 세워져 있었으므로 포크트는 빛의 운동 법칙이 적당하게 재구성된 탄성 이론에서는 유도될 수 있음을 입증하는 것이 바람직하다고 믿었고, 1883년에 그는 그 이론을 가능한 한 최대로 확장하고 광학 현상과 탄성 현상 사이의 연관성을 엄밀하게 확립하는 일에 착수했다.[25] 그는 광학 전체에 적용할 탄성 이론을 구축하려고 시도하지는 않았다. 그는 이번에는 분산과 더불어 빛의 흡수에 동반되는 다른 현상들을 배제했다. 왜냐하면, 탄성 이론은 아직 열과 동일시될 수 있는 진동을 양산하지 않았기 때문이었다. 이러한 현상들을 설명할 정밀한 이론을 세울 수 있는 근본적인 물리적 개념들이 아직 없었다. 이 때문에 포크트는 완전히 투명한 물체만을 설명할 수 있는 광학 이론을 구축하는 것을 탄성 이론의 즉각적인 임무로 보았다. 이러한 물체에 대해 그는 에너지 보존 원리를 진동에 적용할 수 있었다.

포크트는 광학 이론과 탄성 이론 사이의 근본적인 연관성을 보전하기 위해 이론 물리학에서 에너지 원리를 주로 사용할 생각이었다. 그 원리의 도움으로 그는 탄성 에테르와 물질 사이의 상호 작용의 법칙을 구할, 에너지 측면에서 가능한 수학적 표현들을 알아냈다. 그다음에 그는 그 표현 중 어떤 것이 탄성 이론을 광학 법칙과 일치하게 해주는지 알아보기 위해 그 수식들을 조사했다. 이런 식으로 에너지 원리는 포크트를 도와 수학적 표현들을 구성하도록 인도했지만, 그것은 같은 시기에 에테르와 물질의 상호 작용의 본성에 대한 새로운 생각을 하도록 그를 인도하지는 못했다. 포크트는 그 상호 작용을 유도하고 실험실에서 그것

[25] Voigt, “Theorie des Lichtes,” 873.

의 상수를 측정할 물리적 개념들을 만드는 것이 남아있는 임무라고 지적했다.

포크트의 1883년 논문의 주된 관심은, 비록 그 논문이 공식들로 빽빽하다 해도, 수학이 아니라 설명 방식에 있었다. 포크트의 출발점은 두 벌의 역학적 운동 방정식이었다. 하나는 에테르에 관한 것이었고 다른 하나는 물질에 관한 것이었다. 그 두 벌의 운동 방정식은 물질과 에테르의 확인된 내적 탄성력을 포함하고 있고 마찬가지로 아직 알려지지 않은, 물질과 에테르 간의 상호 작용에 대한 식을 포함하고 있다. 포크트는 물질과 에테르를 포함하는 매질의 부피 요소 안에 있는 에테르의 운동 방정식을

$$m\partial^2 u/\partial t^2 = \chi' + \chi + A$$

라고 썼다. 운동의 y와 z 성분에 대해 해당하는 방정식은 따로 있었다. 그리고 물질의 운동 방정식을

$$\mu\partial^2 U/\partial t^2 = \Xi' + \Xi + A$$

라고 적었다. 역시 이것도 다른 두 성분에 대한 해당하는 방정식이 있었다.[26] 작용과 반작용의 원리에 따르면 상호 작용을 하는 두 항인 에테르에 대한 물질의 작용 A와 물질에 대한 에테르의 작용 A는 서로 부호가 반대이다. 포크트는 그 방정식들이 에너지 원리를 충족하기를 요구함으로써 상호 작용 A에 대해 물리적으로 가능한 표현을 8개로 줄였다. 그다

[26] 여기에서 u와 U는 에테르와 물질의 변위의 성분들이고, m과 μ는 각각 그것들의 밀도이고 χ'과 Ξ'은 광학 현상으로 사라지는 외력의 성분이고 χ와 Ξ는 그것들의 내부 탄성력이다. Voigt, "Theorie der Lichtes," 874.

음에 그것들을 광학 법칙과 비교하고 에테르의 밀도와 탄성에 대해 물리적 가정을 함으로써 가능성을 더욱 좁혔다. 결과로 얻은 방정식들을 더 넓은 범위의 광학 현상에 적용함으로써 그는 투명하거나 거의 투명한 물체에서 모든 광학 현상에 대해 탄성 이론이 완전히 관찰과 일치한다고 결론지었다. 비록 그 과제가 여전히 물리적 아이디어로부터 상호 작용을 유도하고 상수들을 결정하는 것이었지만 그는 그 이론을 비흡수 광학 현상들에 대한 하나의 "설명"이라고 불렀다.[27]

그의 이론을 출판한 이듬해인 1884년에 포크트는 자신이 흡수 광학 과정을 "무게 있는 분자의 운동에 대한 미덥지 않은 가정" 없이 다루는 것은 불가능하다고 생각한 것이 결국 틀렸다고 판단했다. 그런 운동은 없다고 할 정도로 작다고 가정하는 것이 필요할 뿐이었다. 그 가정은 그가 이제 "역학적 토대에 강하게" 의지하여 흡수하는 매질의 광학 이론을 전개하는 것을 가능하게 해주었다. 그 다음에 그는 그러한 매질의 광학적 특성을 결정하는 실험 문제에 착수했다.[28]

포크트의 임무 분담

포크트가 괴팅겐 수리 물리학 연구소에 왔을 때 그는 이런 종류의 다

---

27 Voigt, "Theorie des Lichtes," 907.

28 Woldemar Voigt, "Theorie der absorbirenden isotropen Medien, insbesondere Theorie der optischen Eigenschaften der Metalle," *Ann.* 23 (1884): 104~147; "Ueber die Theorie der Dispersion und Absorption, speciell über die optischen Eigenschaften des festen Fuchsins," *Ann.* 23 (1884): 554~577; "Zur Theorie der Absorption des Lichtes in Krystallen," *Ann.* 23 (1884): 577~606; "Ueber die Bestimmung der Brechungsindices absorbirender Medien," *Ann.* 24 (1885): 144~156.

른 연구소인 쾨니히스베르크 수리 물리학 연구소에서 8년을 가르친 후였기에 그러한 연구소가 무엇을 성취해야 하는지에 대해 확고한 생각이 있었다. 이제 괴팅겐 대학에서 정교수로서 포크트는 쾨니히스베르크 대학에서 부교수로 받은 것보다 강의 지원을 더 많이 받으리라 기대했다. 그 일자리에 대한 협상이 진행되는 동안 재정 지원에 대한 공식적 확언을 받은 그는 확신을 하고, 자신의 교수 활동에 즉각적인 관심을 끌기 위해 새 연구소에서 실험 실습 과정을 개설했다. 리케는 그를 격려했고 그에게 그 목적에 쓸 장치를 빌려주었다. 포크트는 수학적인 훈련을 더 많이 받은 학생들을 위해 그 과정을 설계했으며 그것을 부분적으로는 이론 물리학에 대한 그의 강의 과성을 실험실로 연장한 것으로 상정하고, 그가 쾨니히스베르크 대학에서 개설한 과정을 모방했다. 그러나 그것은 오판이었음이 드러났다.

괴팅겐 대학 감독관이 포크트와 협력하여 그의 연구소의 방들에 화덕을 설치하여 겨울에 수업하기에 너무 춥지 않게 만들어준 반면에, 프로이센 문화부는 포크트가 쾨니히스베르크 대학에 있을 때 들어주었던 요청을, 이제 괴팅겐 대학에서 하자 들어주지 않았다. 포크트가 괴팅겐 대학에서 실험 실습 과정을 처음 가르쳤을 때 그는 학생들에게 돈을 주고 그를 돕게 하여 상당한 비용을 치르면서 그 과정을 근근이 이어갔다. 정부는 결국 그가 학생에게 준 급료를 변상해 주었지만, 리스팅의 연구소를 갱신하는 데 필요한 추가 자금에 대한 포크트의 요청은 거부하고 대신에 나중에 다시 시도해 볼 것을 권했다. 포크트는 한 번 더 시도했지만, 2년 차에 정부가 실험 실습 과정에 또 한 명의 학생 조수를 고용할 정도의 돈만 마련해 주었고 더는 아무것도 약속하지 않자 그 돈을 거절하고 그 과목을 폐강할 준비가 되었음을 선언했다. 포크트는 정부 부처가 비용을 치르지 않는다면 그 연구소는 시범 실험을 보여주는 연구소인 리스팅의 연구소 이상은 되지 못하리라 경고했고, 그 후에야 점차 그가 강의를 하는 데 필요한 것들을 얻기 시작했다.[29] 이 모든 과정에서 그는 자신의 연구를 수행하지 못했고 이 목적을 달성하기 위해 오히려 자신의 장치를 제공했다.[30]

포크트의 연구소와 리케의 연구소는, 공식적으로는 단일한 물리학 연구소의 두 "부서"였는데 기구 컬렉션을 표준으로 갖추기 위해서는 돈이 추가로 필요했다. 포크트가 리스팅에게 물려받은 기구 컬렉션은 리스팅의 관심사였던 광학에 한정되었는데 이는 리스팅의 예산이 그 범위를 뛰어넘지 못했기 때문이었다. 리케의 기구 컬렉션은 베버가 상대적으로 적은 돈으로 유지했었다. 그것은 베버가 스스로 필요한 것 대부분을 만들었기에 가능했다. 그런 관행은 리케나 다른 연구소 소장이 더는 따라갈 수 없었다.[31] 괴팅겐의 감독관은 전반적으로 괴팅겐의 물리학 분야에

---

[29] 포크트가 괴팅겐 대학에서 그의 임무를 담당한 직후 그는 1,200마르크의 급료를 받는 정규 조수직을 요청했다. 그는 또한 그의 연구소 예산을 연간 1,000마르크에서 1,800마르크로 인상해줄 것과 장치를 구하는 데 5,000마르크(나중에는 7,500마르크)의 추가 지원금을 줄 것을 요청했고 그중의 3,000마르크는 즉시 사용할 수 있게 해달라고 했다. 그는 1884년에 학생 조수를 채용할 비용으로 600마르크를 제시받았는데 그가 기구를 갖추려고 요청한 돈이 계속 거부되었기에 그가 그 돈도 거절하자, 정부 부처는 그 돈을 기구를 사는 데 쓰기 위해 보관하도록 허락했고 추가로 1,500마르크를 더 주었다. 괴팅겐 대학 감독관이 프로이센 문화부 장관 고슬러에게 보낸 편지, 1883년 10월 16일 자, 1884년 2월 22일 자; 장관이 감독관에게 보낸 편지, 1884년 11월 24일 자; 감독관이 포크트에게 보낸 편지, 1884년 7월 8일 자; 포크트가 장관에게 보낸 편지, 1884년 9월 3일 자; 감독관이 장관에게 보낸 편지, 1885년 5월 18일 자; 장관이 감독관에게 보낸 편지, 1885년 11월 20일 자; 리케와 포크트가 감독관에게 보낸 편지, 1885년 12월 2일 자; Göttingen UA, Universitäts-Kuratorium XVI. IV. C. v.

[30] 포크트의 예산은 그의 연구소를 운영하고 그것의 컬렉션을 완성하는 데 쓰였다. 포크트가 괴팅겐 대학 감독관 마이어(Ernst von Meier)에게 보낸 편지, 1892년 1월 26일 자, STPK, Darmst. Coll., 1915.2

[31] 리스팅의 예산은 960마르크였다. 포크트의 최초의 예산인 1,000마르크와 크게 차이가 없었다. 괴팅겐 대학 감독관이 프로이센 문화부 장관 고슬러에게 보낸 편지,

서 임무 분담 방식은 시대에 뒤떨어졌다고 장관에게 말했다. 물리학에서 이루어진 최근의 발전을 따라가려면 비싼 기구가 필요했고 괴팅겐 대학의 새로운 두 젊은 연구소 소장인 포크트와 리케는 강의에 적절하게 쓸 수 있도록 그런 기구들을 원했다. 본 대학과 심지어 킬 대학은 물리학 연구소의 장비를 갖추는 데 괴팅겐보다 더 많은 것을 요구했다. 정부 부처는 결국 연구소 소장들의 재량에 따라 두 연구소 사이에 나누라며 추가 지원금을 집행했다.[32] 포크트는 그의 몫을 연구소의 "측정 장치" 컬렉션에 있는 빈틈을 채우는 데 썼다. 포크트는 그 컬렉션을 온전하게 만들 두 번째 추가 지원금을 요청하면서 사야 할 가장 핵심적인 기구들을 나열했다. 그것들은 전부 물리의 기본량, 즉 시간, 길이, 무게를 측정할 기구들이었다. 그의 첫 번째 추가 지원금으로는 여러 종류의 "미터"들, 즉 피에조미터, 분광계, 광량계, 갈바노미터, 유량계, 캐시토미터 cathetometer[33]를 사들였다.[34] 그 목록은 포크트가 항상 주장한 것, 즉 측정은 수리 물리학 연구소의 고유 임무라는 것을 확인해 주었다.

1883년 10월 16일 자와 1884년 2월 22일 자.

[32] 정부 부처는 1886~1887년에 8,000마르크의 추가 지원금을 제공했다. 리케는 5,000마르크를 가져갔고 포크트는 3,000마르크를 가져갔다. 괴팅겐 대학 감독관이 프로이센 문화부 장관 고슬러에게 보낸 편지, 1885년 5월 18일 자; 장관이 감독관 바른슈테트에게 보낸 편지, 1885년 11월 20일 자; 리케와 포크트가 감독관에게 보낸 편지, 1885년 12월 2일 자.

[33] [역주] 캐시토미터는 미세한 높이 차이를 정밀하게 재는 장치로, 수은주의 높이 등을 부착된 망원경을 사용하여 정밀하게 재게 되어 있다.

[34] 포크트가 요청한 두 번째 추가 지원금은 1887~1888년에 3,000마르크였다. 포크트가 괴팅겐 대학 감독관 바른슈테트에게 보낸 편지, 1887년 5월 12일 자, Göttingen UA, Universitäts-Kuratorium XVI. IV. C. v.

측정 대 실험

이론과 실험 간에 긴밀한 협력을 바라는 포크트 같은 물리학자들의 소망은 부분적으로는 실험 연구자들이 이론에서 또는 이론을 겨냥하여 연구한다는 그들의 이해에 토대를 두고 있었다. 그들은 "실험"과 "측정"이라는 두 가지 실험실 활동을 구분했고 그에 따라 가장 중요한 독일의 "실험 물리학자"로 쿤트를, 가장 중요한 "측정 물리학자"로 콜라우시Friedrich Kohlrausch를 들어 자신들을 유형화했다. 그들은 그 두 가지 활동이 이론 물리학과 다소 다른 관계를 맺는다고 생각했다. 실험 물리학자는 종종 미지의 영토를 탐험했고 그럴 때 그의 연구는 완성된 이론에 선행했다. 측정 물리학자의 연구도 이론을 선행할 수 있었고 발견으로 이어질 수도 있었다. 키르히호프와 분젠이 스펙트럼(빛띠)에 대해서 수행한 측정은 이런 식의 발견이 이루어진 사례로 인식되었다. 그러나 발견에 이르지 않더라도 측정은 그것이 제공하는 자연에 대한 상세한 지식 때문에 가치 있게 여겨졌다. 측정은 우리의 감각이 도움받지 않고서는 놓쳤을 세계 일부에 우리가 접근할 수 있게 해주었다. 측정으로 자연을 점점 온전하게 알 수 있게 되면서 물리학의 이론은 점점 통일되었다. 그렇게 통일된 이론은 정밀 기구를 써서 수행할 새로운 측정을 지시해 주었다. 비너Wiener는 측정과 이론의 상호 작용의 첫 번째 목표가 온전히 통일되어 있고, 포괄적이고, 우리 감각의 본성에 독립된 이론에 도달하는 것이라고 말했다.[35]

---

[35] Otto Wiener, "Nachruf auf Wilhelm Hallwachs," *Verh. sächs. Ges. Wiss*. 74 (1922): 293~313 중 294. Emil Warburg, "Verhältnis der Präzisionsmessungen zu den allgemeien Zielen der Physik," in *Physik*, ed. Emil Warburg, *Kultur der Gegenwart*, ser. 3, vol. 3, pt. 1 (Berlin: B. G. Teubner, 1915), 653~660 중 654. Paul Volkmann,

측정 물리학자는 종종 이미 완성된 이론을 가지고 연구했기에 측정은 이론과 특히 긴밀한 관계에 있었다.[36] 이론 물리학에서 가장 중요한 양은 광속과 흑체 복사의 에너지 분포 함수 같은 보편적인 상수와 함수였다. 따라서 이 양들은 정밀 관측의 가장 중요한 대상 중 하나였다. 다른 정밀 측정은 저항의 단위인 옴과 같은 임의의 표준이나, 철의 전도율처럼 보편적이지 않지만 특별한 물질에 특징적인 상수나 함수와 관계가 있었다. 후자의 종류인 정밀 측정이 포크트의 실험실에서 광범하게 수행되었다.

포크트는 헤르츠의 논의를 언급하면서 가능한 한 최고로 정밀하게 물리 상수를 결정하는 문제를 논의했다. 헤르츠에 따르면 물리 상수의 결정에서 "바람직한" 정밀성은 참값의 100분의 1의 오차가 그 경계이고 "가능한" 정밀성은 1,000분의 1의 오차가 그 경계이다.[37] 어떤 상수도 참값의 10,000분의 1보다 더 정밀하게 "정의"되는 경우는 거의 없었다. 자를 가진 목수는 1미터에서 1밀리미터보다 더 정밀할 수 있으므로 포크트는 이것이 예외적인 것 같다고 말했다. 그러나 헤르츠가 옳았다. 물리 상수의 정밀성은 측정 기구의 정밀성과 같지 않은데 그 이유는 물리 상

Einfürhrung in das Studium der theoretischen Physik insbesondere in das der analytischen Mechanik mit einer Einleitung in die Theorie der physikalischen Erkenntniss (Leipzig: B. G. Teubner, 1900), 174~175. Otto Wiener, "Die Erweiterung unsrer Sinne," *Deutsche Revue* 25 (1900): 25~41 중 27~36, 38~39.

36 [역주] 독일에 설립된 수리 물리학 연구소에서는, 흔히 생각하듯이, 실험이 전혀 이루어지지 않은 것이 아니라 주로 측정을 수행했다. 실험 속에 측정을 포함하는 경우가 많지만, 이 절에서처럼 측정은 이론 연구자들이 자신의 이론에서 사용하는 측정값들을 제시함으로써 이론의 실효성을 확인하고 이론을 실제 세계와 접목하는 역할을 했다.

37 [역주] "바람직한" 정밀성보다 "가능한" 정밀성이 덜 정밀하게 느껴질 수 있다. 그러나 오차의 정도를 말하는 것이 아니라 정밀성의 정도를 말하는 것임을 주목할 필요가 있다. 바람직한 정밀성이란 그 정도의 정밀성이면 받아들일 만하다는 의미이고, 가능한 정밀성이란 인간의 기술상 실현할 수 있는 최선의 정밀성의 한계를 말하는 것이다.

수가 좀처럼 직접 측정되지 않고 오히려 이론적 공식에 도움을 받는 측정의 조합을 통해서 얻어지기 때문이다. 개별 측정의 오차는 곱하면 빠르게 커진다. 더욱 중요한 것은, 보통 관심을 두는 현상들이 전적으로 다른 현상에서 격리될 수 없어서, 외부의 원인이 심각하게 측정을 왜곡시킬 수 있다는 것이다. 교란이 무시되거나 계산되는 방법으로 측정을 준비하기 위해 물리학자는 이론 물리학에 대한 그의 지식을 동원해야 한다. "여기에서 이론이 해내는 과업은 사람들이 이론의 유일한 과업이라고 생각하기 쉬운 일반적인 법칙의 유도만큼 물리학의 진보를 위해 중요하다."[38] 관찰의 정밀성 없이는 물리학에서 새로운 문제를 때로는 건드릴 수도 없기에 그것을 증진하려면 이론 물리학의 든든한 토대가 필요했다. 포크트의 괴팅겐 이론 물리학 연구소가 그 토대를 제공했다.

포크트가 다룬 분야의 규모는 그 규모를 따라잡으려고 측정 물리학자 프리드리히 콜라우시가 들인 노력을 통해 살펴볼 수 있다. 콜라우시는 규칙적으로 그의 실험실 매뉴얼의 개정판을 내놓았지만 20세기가 시작되자 그 분야는 한 권으로 담기에는 너무 커졌다. 원래 그는 "모든 물리 측정 방법"을 포함하려고 시도했으나 이제 그는 정전기학, 전기화학 등의 전문 분야 문헌을 열거하는 것으로 만족해야 했다. 그 분야는 한 사람이 섭렵하기에는 역시 너무 커서 그는 다른 이들의 권위를 빌어와야 했다. 매일 그 분야가 확장될 수 있다는 것을 알고 있는 그에게 개정판을 펴내는 일은 답답한 일이었다. 콜라우시는 1909년에 빈Wilhelm Wien에게 이렇게 말했다. "측정 물리학은 눈사태처럼 확대되고 있다. 그러므로 이번 조사를 마지막으로 하려고 한다."[39]

---

[38] Woldemar Voigt, "Der Kampf um die Dezimale in der Physik," *Deutsche Revue* 34 (1909): 71~85 중 73~74.

[39] 콜라우시가 빈에게 보낸 편지, 1905년 5월 5일, 1908년 12월 23일, 1909년 4월

포크트의 세미나 교육과 교재

1870년 이후는 이전처럼 괴팅겐 수학 물리학 세미나가 많은 학생을 모았다. 늘어가는 학생 수 때문에 세미나의 실습은 교원과 학생들에 의한 시연을 곁들인 실험 강의로 대체되는 경향이 있었다. 세미나 교육을 광학적 주제에 제한한 리스팅은 1875년 여름에는 그것을 훨씬 더 많이 제한하여 "실험과 측정 실습"을 강의와 서면 과제로 대체했다. 그 학기 수강생은 최근 학기의 세미나 수강 인원의 두 배 이상인 29명이었고, 이 인원에 그의 연구소는 너무 좁았다. 리케는 그의 더 큰 연구소에서 그 학기에 절대 측정에 대한 실습을 계속하여 제공했다.[40] 리스팅은 실험실 실습을 유지하려고 노력했지만 1879년 겨울에는 그것을 다시 취소해야 했다.[41] 최대 인원이 등록한 연도인 1881~1882학년도에 여름에는 67명, 겨울에는 72명이 등록했는데 리스팅은 그의 광학 실험실에 소수 학생만을 받았고 강의를 하려면 연구소의 대형 강의실을 사용해야 했다. 그해에 수학반 관리자인 슈바르츠는 세미나의 등록생 수가 과거 5년간 두 배로 많아진 것은 학생들이 물리학을 연구하는 데 불리했지만, 그와 다른 관리자들은 어떤 학생을 부당하게 돌려보내지 않도록 세미나의 등록생을 자유롭게 받는 규정을 고치기를 원하지 않는다는 견해를 밝혔다.[42]

포크트가 세미나에서 리스팅을 대신한 후에 등록생 수는 1880년대 내

26일 자, Ms. Coll., DM, 2450, 2455~2456. 20세기로 접어들 때 독일의 측정 물리학이 번성하는 상황과 일치하여 독일의 정밀 기구 산업도 번성했다. German Association, "German Scientific Apparatus," *Science* 12 (1900): 777~785.

[40] 괴팅겐 수학 물리학 세미나 연례 보고서, 1874~1875, Göttingen UA, 4/V h/24a.

[41] 연례 보고서, 1879~1880, Göttingen UA, 4/V h/24a.

[42] 연례 보고서, 1881~1882, Göttingen UA, 4/V h/24a.

내 계속 많았으나 30명에서 40명 사이여서 그런 대로 관리할 수는 있었다. 포크트는 이론 물리학의 주제들에 대한 강의와 서면 실습을 제시하면서 라플라스의 모세관(실관) 이론으로 시작했고 다음 학기에는 전기, 광학, 역학, 열, 탄성의 주제로 나아갔으며, 그런 식으로 리스팅의 분야인 광학뿐 아니라 이론 물리학의 모든 분야를 섭렵했다. 이런 면에서 괴팅겐 대학 세미나에서 포크트의 교육은 쾨니히스베르크의 세미나에서 그가 한 것과 비슷했다. 그러나 이제 그가 가르치는 학생들의 역량은 달랐다. 그의 초기 괴팅겐 세미나 학급에는 드루데Paul Drude, 포켈스Friedrich Pockels가 있었고 그들은 세미나에서 장학금을 받았으며 포크트는 그들을 그가 가르친 최고의 학생들로 간주했다.[43]

포크트는 괴팅겐 대학에서의 그의 교육을 더 넓은 청중으로 확장하여 주로 그의 강의에 토대를 둔 교재들을 집필해 유명해졌다. 그의 최초의 교재는 1889년에 "이론 물리학에 대한 소개"로 역학의 근본 법칙들을 전개했다. 이렇게 전개할 필요성은 "이론 물리학적, 특히 역학적 고찰"이 자연 과학 여러 곳에서 확보해온 "중요성이 꾸준하게 커가는 것"에서 생겨났다. 포크트는 역학에, 수학 분야가 아니라, 최종 목표가 실제 현상의 수학적 법칙을 유도하는 것인 "엄밀 자연 과학의 분야"로서 접근했다. 그는 인간의 이해란 새로운 현상을 친숙한 것, 특히 역학처럼 가장 단순한 것을 통해 설명하기를 요구하기 때문에 역학은 "전체 이론 물리학의 기초"라고 했다.[44]

---

[43] 드루데와 포켈스는 둘 다 1884~1885년에 세미나 장학금을 탔다. 그해의 보고서, Göttingen UA, 4/V h/24a. Runge, "Voigt," 49~50. Försterling, "Voigt," 217.

[44] Woldemar Voigt, *Elementare Mechanik als Einleitung in das Studium der theretischen Physik*, 2d rev. ed. (Leipzig: Veit, 1901), 인용은 iii, 1에서 함. 이 판은

포크트는 단위를 논의하면서 역학의 제시를 시작했다. 왜냐하면, 이론을 현상에 적용할 수 있게 하는 기본 가정이 현상의 측정 가능성이기 때문이었다. 물리학의 모든 다른 단위가 유도될 수 있는 절대 단위계는 물리학에 큰 단순성과 통일성을 부여한다고 했다. 측정 가능성에 계속 강조를 두면서 포크트는 물리학자들이 자연에서 만나는 물리량을 소개했는데 각각이 물리 "분야"와 관계가 있는 경우의 수, 스칼라, 벡터, 텐서의 순서로 제시했다. 많은 개념이 그렇게 적은 종류의 양에 의해 표현될 수 있다는 것은 물리학의 단순성과 통일성을 다시 한 번 보여주는 표지이다.

포크트는 "역학의 임무"인 관성을 갖는 물체의 운동 법칙을 유도하기 위해 처음에 뉴턴의 공리나 라그랑주의 원리 같은 일반적인 원리를 제시하기보다는 필요한 개념을 하나씩 소개했다. 그는 단일한 질점, 다음에는 질점의 쌍, 다음에는 다수의 질점을 소개했으며, 그다음에는 질점을 부피 요소로 바꾸어 놓고, 다음에는 강체, 마지막으로는 우리가 경험으로 알고 있는 물체와 일치하는 비강체를 고려함으로써 점차 과학을 구축했다. 그는 기구의 측정 이론에 대해 논의했고 관찰 중의 오차의 원천을 분석했다. 그의 접근법에서 역학의 결과들은 실험에 관계되는 한 중요하므로, 가령, 실험에 중요성이 있는, 확실하고 완전한 해를 좀처럼 갖지 않는 유체 동역학 문제들에 대해서는 근사적 해의 중요성을 강조했다. 포크트는 학생과 독자에게 역학이 실제 세계를 다루며 그것이 이론 물리학 연구를 시작할 적절한 분야라는 점에 의심의 여지를 남기지 않았다.

포크트는 이론 물리학에 대한 소개로 쓴 역학에 관한 그의 교재에서 이론 물리학 전체에 대한 교재로 관심을 돌렸다. 이때, 즉 1890년대에는

1889년의 첫 번째 판과 접근법이나 내용보다는 주로 형식이 다르다.

이론 물리학을 강의하는 학자나 학생들이 강의의 편집본을 내놓는 것이 관습이었다. 프란츠 노이만의 강의는 1880년대에 나왔고 키르히호프의 것은 1890년대 초에 나왔고 헬름홀츠의 것은 1890년대 말에 나왔다. 그 저작들은 표준 참고 저작으로 간주되었고 연구 출판물에서 인용되었고 교수들은 때때로 학생들을 그 책들로 이끌었다. 그러나 그 책들은 두꺼웠고 각각 몇 권씩 되었으며, 균질하지 않았고, 때때로 무관심하게 편집되었고, 부분적으로 낡은 내용을 담고 있었다. 어떤 경우에 그 책들은 주로 저자에 대한 기념물로 의도되었다. 이들의 책과는 또 다른 문헌은, 덜 포괄적이어서 개요서handbook의 형태를 취했고 이론 물리학의 한 분야를 다루는 특별한 강의를 출판한 것이었다. 포크트는 이론 물리학을 다루는 편리하고 포괄적인 교재가 확실히 필요하다고 생각했다. 그것은 학생들에게 전문 분야 전체에 대한 시각을 알려줄 것이고 이론 물리학 강의를 보충하거나 대신하게 될 것이었다. 1895년과 1896년에 포크트는 두 권으로 『이론 물리학 개론』*Kompendium der theoretischen Physik*을 출판했다. 그것의 분명한 목적은 수학에 대조적으로 물리학에 강조를 두고 이론 물리학 전 분야의 통일된 관점을 제시하는 것이었다. 그 당시에는 그와 같은 독일어 교재가 없었다.[45]

포크트의 개론의 첫 권은 역학과 열을 취급했다. 포크트는 이 부분에서 역학이 낯선 형식을 띠게 했음을 밝혔다. 그는 고유하게 역학에 속하지 않는 영역을 자세히 다루기 위해 거의 순수수학이 된 이론 물리학의 큰 영역들은 가볍게 지나갔다. 그는 일반 역학의 특별한 문제로서 물리학의 비역학적 분야들을 자세히 다루었다. 포크트는 이 역학적 이론 중

---

[45] Woldemar Voigt, *Kompendium der theoretischen Physik,* 2 vols. (Leipzig, 1895~1896), I: iii.

일부가 역학적 "유비"와 다를 바 없다고 말했다. 그러나 그는 그러한 유비가 이론들이 허락하는 가시화를 위해 유용하다고 믿었다. 그는 그러한 유비가 실제를 그대로 나타낸다고 여기지 않았고, 역학적 계의 가장 일반적인 특성만을 물리계에 부여했으므로, 비역학적 과정의 완전한 메커니즘을 제시하려 했던 더 오래된 역학적 설명들보다 유비가 더 우월하다고 보았다.[46] 포크트는 그다음에 역학이라는 제목 아래에서 역학 자체뿐 아니라 쿨롱과 베버의 전기 법칙, 맥스웰의 전기 동역학, 광학, 기체와 용액의 운동 이론, 전기 전도와 열전도, 모세관(실관) 현상, 탄성, 결정 등을 다루었다.

포크트는 특수한 메커니즘을 무시함으로써 이론 물리학에 특색있는 지향을 심어놓았다. 가령, 그는 자신의 교재의 제2권에서 광학을 취급하면서 맥스웰의 빛의 전자기 이론에서 시작하지 않았다. 왜냐하면, 그것은 그가 어디서나 피하려 하는, 가설적 관점과 실험적 사실을 혼합하는 방법을 요구했기 때문이었다. 대신에 그는 빛의 근본적인 운동 방정식의 근거를 경험에 두었고 탄성 변위나 자기장 세기도 나타낼 수 있는 빛 벡터를 도입했다. 그는 논의를 진행하면서 탄성 이론과 전자기 이론에 모두 관심을 두었다.[47]

포크트의 개론은 어렵고, 빡빡하여, 포크트의 눈에 실패작으로 보였다. 그는 "한번에" 이론 물리학 전체를 제시하고 통합하기 위해서 두 권에 너무 많은 것을 넣으려고 했다는 것을 알게 되었다. 그는 그 책을 너무 급하게 지어서 오류를 유발했고 그 과정에 신경쇠약까지 앓았다. 그 후의 타이밍은 나빠질 대로 나빠졌다. 그는 곧 그 교재의 개정을 고려

---

46 Voigt, *Kompendium,* 1: v, 91~92; 2: 63.

47 Voigt, *Kompendium,* 2: v, 89. 포크트가 이 교재에서 제시한 광학 이론은 Försterling, "Voigt," 219에서 논의된다.

했고, 그 개정판은 전자 이론, 벡터 해석, 그리고 광학의 많은 분야에 영향을 미친 제만 효과가 물리학에 등장하기 직전에 나왔다. 포크트는 말했다. "그래서 그 책은 거의 나오자마자 구닥다리가 되어버렸다! 그것에 쏟아 부은 큰 노고와 기쁨이 지금은 나를 유감스럽게 만든다."[48]

[48] 포크트가 괴팅겐 대학 감독관 회프너(Höpfner)에게 보낸 편지, 1895년 10월 1일 자, Voigt Personalakte, Göttingen UA, 4/V b/203. 포크트가 좀머펠트에게 보낸 편지, 1899년 11월 26일과 1909년 11월 25일 자, Sommerfeld Correspondence, MS. Coll., DM.

20 역학 연구와 강의

우리가 여기에서 관심을 두는 시기인 19세기 마지막 사분기와 그 이후에, 독일 물리학자들은 역학의 일반 원리 중에 무엇을 선택하느냐는 문제와 그 원리들을 올바르게 구성하는 문제에 큰 관심을 두었다. 그들은 또한 역학을 역학 고유 영역 밖의 물리 현상을 이해하기 위한 이론이나 "묘사"나 "유비"의 원천으로 사용하는 데 관심이 있었다. 그들은 무엇보다도 물리학 전체의 기초 문제에 관심이 있었는데 전기와 열에 관한 최근의 연구에 비추어 역학이 이 기초를 제공하는 과업에 적절했는지가 그들에게는 명확하지 않았다. 여기에서는 앞 장의 포크트의 역학적 연구에 대한 설명에다 베를린 대학의 키르히호프와 헬름홀츠의 역학 연구, 본 대학의 헤르츠의 연구, 쾨니히스베르크 대학의 폴크만의 연구에 대한 설명을 추가할 것이다.

베를린의 키르히호프

포크트와 달리 키르히호프에게는 실험 연구 장비를 갖춘 이론 물리학 연구소가 없었다. 그는 친구의 사설 실험실에서 약간의 연구를 했지만,

베를린에서 그의 연구 대부분은 이론에 관계된 것이었는데, 이는 건강이 나빠서 어쩔 수 없이 범위를 좁힌 것이기도 했다. 그는 1년에 1편 또는 2편의 논문을 출간했지만, 그가 베를린 대학에서 주로 성취한 것은 이론 물리학에 대한 강의였고 그 강의록은 나중에 출판되었다.[1]

베를린으로 오기 전에 키르히호프는 이미 수리 물리학에 대한 그의 하이델베르크 강의의 편집본을 준비하기 시작했다. 1874년에 베를린 태양 관측소의 일자리를 거절한 이유 중 하나로 그가 제시한 것은 그렇게 하면 그 편집본에 대해 여러 해 동안 진행한 작업이 중단될 것이란 점이었다. 키르히호프는 1875년에 프로이센 아카데미의 회원이자 베를린 대학의 교수로 베를린으로 옮겨와서 그 작업을 계속했다. 실험 교수였던 하이델베르크 대학에서 그는 당시 수리 물리학 중에서 그가 가장 많이 관심을 둔 주제들에 대해서만 강의했다. 베를린 대학에서 그는 수리 물리학자였고 그 주제에 대한 그의 강의에 "어떤 완결성"을 부여할 필요를 느꼈으며 그것은 새로운 준비를 의미했다. 역학에 대한 그의 강의는 1876년에 책으로 나왔고, 책이 나온 지 1년이 안 되어, 그의 책을 내는 출판업자인 토이브너Teubner는 그에게 2쇄를 찍어야 한다고 알렸다.[2]

볼츠만이 말한 바로는, 키르히호프의 역학 강의가 독자들에게 매력적인 점은 그것이 가진 엄밀한 논리였다. 역학의 논리적 구조를 드러냄으

---

1 Gustav Kirchhoff, *Vorlesungen über mathematische Physik*, vol. 1, *Mechanik*, 3d ed. (Leipzig, 1883), 1876년의 첫 판의 서문에서 인용. 그 권은 키르히호프가 베를린 대학으로 오기 직전에 하이델베르크 대학에서 한 강의에 토대를 두었다. Ludwig Boltzmann, *Gustav Robert Kirchhoff* (Leipzig, 1888), 22. Robert Helmholtz, "A Memoir of Gustav Robert Kirchhoff," trans. J. de Perott, in *Annual Report of the ⋯ Smithsonian Institution ⋯ to July, 1889*, 1890, 527~540, 531.

2 키르히호프가 쾨니히스베르거에게 보낸 편지, 1876년 2월 15일 자, STPK, 1922.87

로써 키르히호프는 관성 법칙의 기원과 같은 문제에 대한 견해 차이를 해결했다. 그의 제시에서는 이 법칙이 경험의 요약인지 공리인지 다른 것에서 유도할 수 있는 법칙인지 결정할 필요는 없었다. 키르히호프는 역학의 임무가 현상을 설명하는 것이 아니라 "자연에서 일어나는 운동을 완벽하게 그리고 가장 단순하게 기술하는 것"이라고 했다. 볼츠만은 역학을 이렇게 특징짓는 것에 대해 처음에 놀랐던 것을 회상했다.[3]

키르히호프는 공간, 시간, 물질의 기초 개념으로부터 역학의 일반 방정식을 구성했다. 그는 다른 제시에서는 원초적인 개념인 힘과 질량을 오로지 방정식을 단순하게 하는 데 유용한 파생 개념으로 도입했다. 그 이유는 키르히호프에게 역학은 운동의 원인과 같은 형이상학적 개념과는 관계가 없고 오직 그것을 기술하는 방정식에만 관계가 있기 때문이었다.[4] 질점 운동 문제를 푸는 방법에는 이것 즉, 세 개의 미분 방정식 $d^2x/dt^2=X$, $d^2y/dt^2=Y$, $d^2z/dt^2=Z$를, 그 점의 초기 위치와 속도를 준 상황에서, 이 방정식이 2계 미분은 포함하나 3계 이상의 미분은 포함하지 않는다는 사실을 고려하여 적분하는 방법밖에 없다. 경험은 이 미분들이 단순한 기술description을 허락한다는 것을 보여주었기에 그것으로 충분하다는 것이다.[5]

키르히호프의 역학 강의록은 연속체 역학에 대한 그의 이론 논문들에

---

[3] Kirchhoff, *Mechanik*, 서문. Boltzmann, *Kirchhoff*, 25.

[4] [역주] 키르히호프의 역학에 대한 개념이 볼츠만을 놀라게 한 이유는, 일반적으로 역학을 운동의 원인과 결과를 탐구하는 동역학(dynamics)과 운동의 기술을 주된 내용으로 하는 운동학(kinematics)으로 구분할 수 있는데 그중에서 키르히호프는 운동의 원인을 찾아 운동을 설명하는 것을 버리고 오로지 운동의 기술만을 역학의 목적으로 제시함으로써 역학을 운동학과 다를 바 없게 만들었기 때문이다. 이러한 논의에서 운동의 원인으로서 힘은 별로 중요한 개념이 아니었다.

[5] Kirchhoff, *Mechanik*, 1장.

서 간추려 이 목적을 위해 다시 작업한 많은 자료를 포함한다. 그는 물질이 공간을 연속적으로 채운다는 가정에서 역학을 전개했고, 그 가정은 사물의 가시적 존재 방식을 기술해주고, 그가 역학에 부여한 성격과 일치한다. 그는 물질의 분자 이론을 채택하지 않았다.

키르히호프는 역학 강의를 할 때와 같은 관점에서 열 이론에 대한 강의를 전개했는데 "[물리 현상에] 명쾌하게 질서를 부여하고 그것들을 가능한 한 간단하게 나타내겠다."라는 언급으로 시작했다. 그는 이어서 관찰을 제시했다. "모든 물리 현상 중에서 가장 단순한 것, 즉 이해에 가장 근접해 있는 것은 역학의 주제를 구성하는 **운동 현상**이다. 가장 적은 수의 기본 관념, 즉 오직 공간, 시간, 물질만이 여기에서 발생한다." 모든 물리적 현상이 운동에서 일어난다는 잘 알려진 가설에서 모든 물리학을 역학으로 환원하려는 목표가 나온다. "제시의 단순성에 관련하여 그것[환원]이 성공한다면, 상상할 수 있는 지고의 목표가 성취될 것이다. 그러므로 해당하는 환원은 최대한 추구할 가치가 있다." 그러나 열 현상을 운동으로 환원하는 것이 단순성의 기준을 충족한다 해도 그것은 다른 기준, 즉 명확성의 기준은 충족하지 않는다. 열운동의 개념은 "불명확하다"고 키르히호프는 말했다. 그것의 가장 발전된 형태인 기체 이론에서도 가정된 분자의 충돌은 여전히 "모호"하다. 열 이론 강의의 처음에서 그리고 다시 나중의 강의에서 키르히호프는 열이 역학의 개념 아래에 정돈되는 범위, 또는 정돈되지 않는 범위를 자세히 보여주었다.[6]

---

[6] Gustav Krichhoff, *Vorlesungen über mathematische Physik*, vol. 4, *Vorlesungen über die Theorie der Wärme ed. Max Planck* (Leipzig, 1894), 1~3에서 인용함. 키르히호프는 1876년, 1878년, 1880년, 1882년, 1884년에 베를린 대학에서 이러한 강의를 했다. 플랑크는 키르히호프가 쓰고 편집한 공책을 가지고 작업을 했고 빈틈들을 채우기 위해 한 학생의 강의 노트를 참고했다. 플랑크는 독자들에게 그 강의들은 책에서 편집된 대로 키르히호프 강의의 실제를 그대로 담고 있다고 장담

오로지 온도의 분포와 변이만을 다루는 초기 열 이론 강의에서 키르히호프는 물질을 물체의 공간에서 연속적인 것으로 취급했다. 이 관점은 그가 온도 변화를 역학으로 환원하게 해주지 못했고, 그는 여기에서 "순수한 열 이론"의 공식들을 전개하는 데 있어서 안내자로만 "순수 역학"을 도입했다. 키르히호프가 온도 변화뿐 아니라 운동을 취급하는 "역학적 열 이론" 즉, "열역학"을 도입한 것은 그 강의록 제5강에 와서였다. 그러나 여기에서도 키르히호프는 온도가 "운동으로 환원될 필요가 없는" 물질의 특성이라는 그의 초기 가정을 유지했다. 기체 운동 이론과 연관하여 물질의 분자적 관점을 도입하고서야 키르히호프는 열과 온도를 운동으로 해석했다. 키르히호프는 분자를 가지고 설명하려고 한 현상들로부터 분자 자체로의 "비약"은 너무 심해서 확실한 결론을 끌어내기 위해 올바른 가정을 가려내는 것은 어렵다고 경고했다.[7] 그러나 그는 "**기체**의 여러 특성을 나타내고 이러한 특성들에 대한 이후의 연구에 가치 있는 안내자를 제공하는" 이론을 만족스럽게 구축하는 것은, 분자 가정에서 가능하다고 말했다. 그 특성들은 평균값에 의존하고 개별 분자에 의존하지 않으므로 키르히호프는 이 분야의 "통계적" 특성을 취급하기 위해 맥스웰의 속도 분포를 "확률 개념"과 함께 도입했고 계산을 수행하기 위해 적절한 수학 분야인 "확률 미적분"을 소개했다.[8]

했다. (pp. v~vi).

7 [역주] 물질이 아주 작은 알갱이들로 이루어져 있다고 보는 분자설은 19세기 말까지도 가설로 인정되었다. 분자가 실제로 존재한다는 경험적 증거가 없는 상태에서 분자설은 여러 가지 물리적 현상을 설명할 수 있는 요긴한 도구로 여겨졌지만 끊임없는 도전을 받았다. 1905년에 아인슈타인이 발표한 논문에서 아인슈타인은 꽃가루가 수면 위에서 불규칙하게 운동하는 현미경적 현상으로 알려진 브라운 운동이 분자의 존재를 입증해준다고 밝혔다. 아인슈타인의 이론적 설명이 세상을 놀라게 한 것은 이 현상이 분자 가설이 옳았다는 것을 보여주는 직접적인 증거였기 때문이었다.

열 이론 강의에 곁들여서 키르히호프는 빛의 세기, 색, 편광의 상태 같은 특수한 광학 개념들이 역학적 개념으로 환원될 수 있음을 언급했다. 이에 대한 근거는 빛이 진동으로 이루어져 있다는 가설이 경험과 일치하기 때문이었다. 그 진동의 활력이 빛의 세기를 결정하고, 그 진동의 지속 시간이 색을 결정하고 진동의 방향이 편광의 상태를 결정한다. 광학 고유의 영역만 다루는 강의에서 키르히호프는 공간을 채우는 에테르에 진동을 부여했다. 그는 탄성을 일으키는 힘을 제외하고는 아무런 힘이 작용하지 않는, 균질한 등방성 물체로 자유 에테르를 가정하고 그의 역학 강의에서 유도한, 무한히 작은 운동의 방정식들을 그의 탐구의 토대로 삼았다. 나중에 빛의 흡수와 분산을 취급하면서 그는 에테르의 운동에 물체의 무게 있는 부분이 영향을 미칠 수 있다고 보았는데 그것은 더 복잡한 역학 문제였다.[9]

수리 물리학 강의록을 마무리하는 전기와 자기에 대한 강의에서 키르히호프는 전기와 자기의 무게 없는 유체를 가정하고 에테르 안에서의 역학적 운동 대신에 무게 없는 유체들에 관련된 원격력을 가정했다. 그는 원격 작용의 퍼텐셜을 가지고 연구하면서 종종 이 분야와 다른 물리학 분야에서의 퍼텐셜 사이의 유사한 표현에 주의를 기울였다. 가령, 전기력의 방향과 크기의 변화에 대한 논의를 명쾌히 하기 위해 그는 유체

---

8 Kirchhoff, *Theorie der Wärme,* 51, 135. 키르히호프는 열에 관한 18개의 강의를 했다. 순수 열 이론을 다룬 처음 네 강의 후에 그는 제8강을 물질의 연속체 이론의 관점에서 역학적 열 이론에 할애했고 마지막 여섯 개의 장을 기체 운동 이론의 분자적 물질 이론에 의해 보충된 역학적 이론에 할애했다.

9 Kirchhoff, *Theorie der Wärme*, 1. *Gustav Kirchhoff, Vorlesungen über mathematische Physik*, vol. 2, *Vorlesungen über mathematische Optik*, ed. K. Hensel (Leipzig, 1891), 4. 편집자는 키르히호프의 광학 강의를 베를린 대학에서 그가 한 마지막 강의의 형태로 제시하기를 원하면서 그런 식으로 키르히호프는 "지속해서 내용을 갱신하면서 철저하게 그 주제에 몰두"했음을 인정했다(p. v).

동역학의 속도 퍼텐셜과의 유비를 고려했다. 이 유비에 따라 각각의 전기 문제는 비압축성 유체의 정지 운동에 해당하고 전기력선은 유체의 유선에 해당했다.[10] 강의가 끝날 때에서야 키르히호프는 모두가 그가 시작한 원격력을 받아들이는 것은 아니라는 것을 시인했다. 그는 패러데이와 맥스웰이 말한 바로는 전기력과 자기력은 절연 유전체를 통해 전달되고 압력이나 변형력에서 일어난다고 말했다. 그는 그다음에 그러한 매질의 변위를 구할 방정식을 전개했다. 매질 속의 전파electric waves가 "우리의 방정식에 따라 탄성 매질의 횡파"에 해당한다고 가정함으로써 그는 그 방정식들에서 프레넬과 노이만의 광학 법칙이 나온다는 것을 보였다. 1891년에 이 강의들을 편집한 플랑크는 키르히호프가 "현재로서는 아마도 풍성한 발전 가능성이 가장 큰" 패러데이와 맥스웰의 이론을 그냥 지나치듯이 다룬 것에 주목했다. 플랑크는 키르히호프가 "표면적으로 확립된 개념의 통일성 때문에" 이 통일성에 들어맞지 않는 이론을 광범하게 다루지 않았는데 그것이 모든 키르히호프의 글의 특징이라고 설명했다.[11]

그의 강의에서 키르히호프는 불필요한 모든 것을 배제하려고 노력했다. 그것은 매우 수학적인 강의였고 명쾌하게 정의된 개념들과 물리적 가정들로부터 확실한 결론을 확립하기를 지향했다. 키르히호프는 실험

---

[10] Gustav Kirchhoff, *Vorlesungen über mathematische Physik*, vol. 3, *Vorlesungen über Electricität und Magnetismus, ed. Max Planck* (Leipzig, 1891), 11. 이번 권은 키르히호프가 1876~1877학년도와 1885~1886학년도 사이에 베를린 대학에서 5회에 걸쳐 수행한 강의에 토대를 두었다. 키르히호프는 강의할 때마다 매번 내용을 바꾸었다. 플랑크는 그러한 변화를 고려하면서 키르히호프의 이론을 확장하는 일을 삼갔다. 왜냐하면, 전기와 자기라는 "강력하고 날마다 팽창하는 분야"에서 멈춰 있는 곳을 찾는 것은 불가능하기 때문이었다. Planck, "Vorwort des Herausbebers," v~vii 중 vi.

[11] Kirchhoff, *Electricität und Magnetismus*, 180, 228; Planck, "Vorwort," vi~vii.

적 사실들을 자주 언급함으로써 엄밀성을 강조했다. 특히 "이상적인" 기체의 이론에서처럼 실험적 사실들이 이론과 갈등하고 있을 때에는 더욱 그러했다.

키르히호프의 물리학 연구 방법은, 볼츠만이 말한 바로는, "과감한 가설"을 피하고 "가능한 한 진실하고, 정량적으로 올바르게, 사물과 힘의 본질에 관한 논의와는 무관하게, 현상세계에 일치하는 방정식을 구축하는 것"이었다.[12] 키르히호프는 물리학의 역학적 환원이라는 목표를 받아들였지만 열과 운동을 동일시하는 것이나 전기력과 자기력을 유전체 매질 안의 변형력과 동일시하는 것에 그의 강의의 근거를 두지 않았다. 그런 동일시는 역학적 발전을 초래했지만, 그에게는 복잡하고 문제가 있어 보이는 가설이었다.[13]

베를린의 헬름홀츠

헬름홀츠의 후기 역학 연구는 베를린 물리학 연구소의 소장으로 있었던 마지막 기간과 제국 연구소의 소장 시절 전체에 걸쳐 있었다. 제국

---

[12] Boltzmann, *Kirchhoff*, 25.

[13] [역주] 키르히호프의 이러한 태도는 "나는 가설을 꾸며대지 않는다"는 뉴턴의 말을 떠오르게 한다. 뉴턴은 경험적으로 확인되지 않는 설명을 가설이라고 부르고 이러한 가설은 배격하고자 했다. 그럼에도 19세기에 많은 물리학자는 유용한 가설이나 모형을 도입하여 전기, 자기, 광학, 열 등의 현상을 역학적으로 환원하여 풀려고 하는 시도를 그치지 않았다. 그들은 어떤 가설이나 모형을 써서 현상을 수학적으로 잘 설명하게 되더라도 그 가설이 물리적 실재는 아닐 수 있다는 태도를 보이는 이들이 있었다는 점에서 조심스러웠지만, 이론의 목적을 달성하기 위해 과감해 보이는 가설을 도입하는 것에 찬성하는 경우가 많았다. 이들에 비해 키르히호프는 훨씬 조심스러운 태도를 견지했다.

연구소 소장직은 헬름홀츠를 위해 마련된 새로운 일자리였다. 뒤부아레몽은 이렇게 언급했다. "우리의 위대한 친구 지멘스[14]가 그만이 할 수 있는 엄청난 기부를 해서 물리학과 기술을 연구할 제국 연구소를 샤를로텐부르크Charlottenburg에 설립하기 위해 길을 준비할 때가 왔다. 지멘스는 항상 헬름홀츠가 그의 시간과 에너지의 큰 몫을 빼어난 연구를 지속하는 데가 아니라 강의 의무에 투입해야 했던 것을 유감스럽게 생각했고 그가 헬름홀츠를 위해 연구소의 소장 자리를 얻으려 했던 것을 우리는 알고 있었다. 그의 의도는 과학적인 연구를 제외한 모든 일에서 그를 자유롭게 하는 것, 오직 순수한 학자academic만이 이상적이라고 생각할 상황을 만들어주는 것이었다."[15] 1888년 봄에 헬름홀츠는 성식으로 제국 연구소의 소장으로 임명되어 지멘스의 의도뿐 아니라 헬름홀츠 자신의 소원도 실현했다.

새로운 일자리를 얻으면서 헬름홀츠는 대학 강의를 모두 포기하지는 않았다. 그는 강의를 덜 빡빡하게 할당받았다. 그것은 재정적으로 프로이센 과학 아카데미에서 받는 봉급을 보존하기 위해서였다. 프로이센 문화부가 공식적으로 이를 요청한 것은 부분적으로 키르히호프의 병이 깊고 낫지 않았던 것 때문에 정당화되었다. 그의 부재로 물리학은 베를린 대학에서 부적절하게 교육되고 있었기 때문이었다. 계획에 따르면 헬름홀츠가 "이론 물리학 분야"에서 1주일에 1~3시간을 강의하고 나머지 시간에는 대학의 모든 의무에서 벗어나게 되어 있었다. 이 요청에

---

[14] [역주] 독일의 전기 기술자이자 사업가인 지멘스(Werner von Siemens, 1816~1892)는 독일의 전기 통신 회사인 지멘스의 창립자이다. 17세에 포병대에 입대하여 공을 많이 세웠고 이후에는 전신기를 개량하여 할스케(J. Halske)와 함께 회사를 차려 전신 사업을 벌였다. 그는 전신 사업에 기여한 공로를 인정받아 1888년에 작위를 받았다.

[15] Emil du Bois-Reymond, Koenigsberger, *Helmholtz,* 2: 346에 인용.

대해 제국 정부는 헬름홀츠의 강의가 제국 연구소의 그의 임무에 방해되지 않을 것을 확실히 한 후에 "철회 가능한" 허락을 해주었다. 그 계획은 베를린 대학 철학부에게도 헬름홀츠에게도 받아들일 만했으므로 그는 제한된 강의 책임을 수행하는 교수 자리를 맡음으로써 베를린 대학에 계속 소속되어 있었다.[16] 헬름홀츠를 베를린 대학에서 임용하고 제국 연구소에 대한 프로이센 주정부의 지급 총액과 제국의 지급 총액에 관한 협상이 진행되는 동안 관리들은 헬름홀츠가 이론 물리학 강의를 통해 학생들에게 받는 수강료에 대해 신경을 썼다. 제국 정부가 학생 수강료를 포함하여 헬름홀츠가 대학에서 버는 수입을 정확하게 벌충하려고 한다면, 그는 그 금액의 두 배를 지급받게 될 것이었다. 관리들은 수강 인원이 적기에 그 수강료가 완전히 무시할 만하다는 것을 깨닫지 못했다.

헬름홀츠가 베를린 물리학 연구소의 소장으로 있는 동안 그는 새로운 연구 주제로 물리 화학을 채택했다. 그는 일정한 온도의 가역 과정에서 한 일을 측정하는 데 유용한 퍼텐셜인 "자유 에너지"의 도움으로 이것을 전개했다. 헬름홀츠는 화학 과정의 열역학에서 열역학 기초의 문제로 전환 또는 회귀했다. 힘의 보존에 관한 그의 1847년 논문에서 그는 응용 사례 중 하나로 열역학 제1법칙으로 알려지게 된 원리의 역학적 설명을 제시한 적이 있었다. 이제 그는 1884년에 몇 편의 논문들에서 살펴본

---

[16] 프로이센 문화부 장관 고슬러가 비스마르크(Otto von Bismarck)에게 보낸 편지, 1887년 5월 20일 자, Koenigsberger, *Helmholtz*, 2: 352~353에 인용. 제국 정부는 제국 연구소의 소장 자리를 헬름홀츠가 받아들일 만하게 만들기 위해 그가 대학에서 받았던 것에 버금가는 수입을 그에게 제공해야 했다. 이것은 통상적으로 바람직한 액수를 여기저기에서 끌어모아야 함을 의미했다. 이것이 어떻게 이루어졌고 헬름홀츠의 강의 할당이 어떻게 그 안에 들어갔는지는 David Cahan, "The Physikalische-Technische Reichsanstalt: A Study in the Relations of Science, Technology and Industry in Imperial Germany" (Ph. D. diss. Johns Hopkins University, 1980), 200~204에 논의되어 있다.

열역학 제2법칙을 다시 역학의 관점에서 자세히 살폈다. 특히 그는 열 에너지의 제한된 변환 가능성은 내부 운동을 포함하는 역학계의 행동에서 유비를 찾을 수 있음을 보여주었다. 가역적 열 과정의 유비를 만들기 위해 그는 숨겨진 "내부 순환 운동" 이론을 전개했다.[17] 그 운동은 계의 활력과 전체 에너지를 보존하는 운동이지만 계의 개별적 부분들은 그 위치를 빠르게 바꾼다. 이들의 위치를 정의하는 좌표들은 해당하는 순환 속도처럼 계의 에너지를 구할 식에 들어갈 수 없다. 헬름홀츠는 외부 힘으로 생기는 순환 속도의 변화는 비교적 빠르게 일어난다고 가정했다. 그가 의도했던 유비에서 순환적 좌표의 속도는 기체의 분자 열운동에 해당하고 그 온도와 관계되어 있다. 기체의 부피를 정의하는 좌표들처럼 천천히 변하는, 남아있는 역학계의 비순환 좌표들은 열을 일과 관련짓는 방정식과 동등한 방정식에 등장한다. 이러한 운동의 예로서 헬름홀츠는 팽이를 들었다. 팽이의 회전은 열과 동일시되는 운동에 해당한다. 회전이라는 이 숨은 운동은 말하자면 팽이 축의 관찰 가능한 세차 운동에 비해 빠르다.[18]

---

17 [역주] 헬름홀츠가 추구하는 방향은 키르히호프와 달랐다. 키르히호프가 과감한 가설을 비역학적 계를 역학적으로 설명하기 위해 도입하는 것을 지극히 경계했지만, 헬름홀츠는 비역학적 계를 설명하기 위해 과감하게 유비적 역학 과정을 고안해 내는 방향으로 나갔다. 헬름홀츠는 그의 '순환 과정'이 열역학적 문제를 설명해 줄 수 있다면 실제 물체 속에서 그런 과정이 일어나지 않아도 상관하지 않겠다는 태도를 보였다. 이런 태도는 맥스웰이 전자기적 현상을 설명하기 위해 역학적인 모델을 도입하여 성공을 거두었지만 실제로 그러한 역학적 작용이 사물에서 이루어진다고 보지는 않았던 것과 유사하다.

18 단일 순환계의 특성과 헬름홀츠가 그것을 연구하는 이유는 그의 결론과 함께 다음의 자료들에 제시되어 있다. Martin J. Klein, "Mathematical Explanation at the End of the Nineteenth Century," *Centaurus* 17 (1972): 58~82 중 63~67; Leo Koenigsberger, "The Investigations of Hermann von Helmholtz on the Fundamental Principles of Mathematics and Mechanics," *Annual Report of the … Smithsonian Institution … to July, 1896,* 1898, 93~124 중 120~123; 우리 논의의 주된 출처는

유비를 정확하게 구성하기 위해 헬름홀츠는 가장 간단한 경우인 "단일 순환" 계의 예를 분석했다. 거기에는 오직 하나의 순환 속도 q가 들어간다. 계는 다수의 내부 순환 운동을 할 수 있지만, 그것이 단일 순환이라면, 그것들은 모두 하나의 매개 변수에 의존해야 한다. 이 계에서, 밖에서 열이 유입되는 것에 관한 유비는, 순환 속도를 증가시키는 경향을 보이는 외부 힘에 의한 일의 수행 dQ이다. 이 일에 대해 헬름홀츠는 라그랑주의 운동 방정식에서 공식 $dQ=qds$를 유도했다. 기호 s는 $-\partial H/\partial q$의 약호인데 여기에서 H는 계의 퍼텐셜 에너지와 활력의 차로 라그랑주 방정식에 들어간다. (H는 친숙한 라그랑주 함수의 반수反數이다.) 온도의 척도를 활력이라고 가정하고서 헬름홀츠는 그 방정식을 변형시켜 $dQ=LdS$를 얻었는데 여기에서 L은 활력이고 s의 함수인 S는 엔트로피의 척도이다. 이 친숙한 결과를 가지고 헬름홀츠는 "카르노-클라우지우스 원리"는 이제는 경험에서 얻어진 원리일 뿐만 아니라 "역학의 일반 원리들"에서 유도되는 법칙을 보여주는 특수한 사례라고 할 수 있다고 해석했다. 동시에 헬름홀츠는 열운동이 실제로는 "엄밀한 의미에서" 단일 순환적이라고 생각하지 않았다. 왜냐하면, 각각의 원자는 아마도 그것의 운동을 바꿀 것이고 다수의 원자는 아마도 운동의 모든 위상을 띨 것이기 때문이었다. 그러나 그는 운동을 "더 느슨한 의미"에서 정적인 것으로 간주했다. 평균적으로 운동은 계속 같게 유지된다. 그의 단일 순환계 연구에 대한 클라우지우스의 비판에 반응하여 헬름홀츠는 그의 의

그 주제에 대한 헬름홀츠의 프로이센 아카데미 논문들과 열 이론에 대해 베를린에서 강의하면서 그 논문들을 요약해 놓은 것이다. "Studien zur Statik moncyklischer Systeme," *Sitzungsber. preuss. Akad.,* 1884, 159~177, 311~318, 755~759와 *Vorlesungen über theoretische Physik,* vol. 6, *Vorlesungen über die Theorie der Wärme,* ed. Franz Richarz (Leipzig: J. A. Barth, 1903), 338~370.

도가 "역학적 열 이론의 제2원리에 대한 설명"을 주장하는 것이 아니라 단일 순환 운동과 열운동 사이의 "유비"에 주목하는 것임을 밝혔다. 그 유비는 상세한 역학적 모델의 형태를 취하지 않고 "열운동의 가장 일반적인 물리적 특성들"을 역학적 운동으로 표현할 수 있는 "가장 일반적인 조건들"에만 관계된다.[19]

헬름홀츠는 항상 통계적 규칙성보다는 인과적 법칙을 추구했고 그의 열역학 제2법칙에 대한 연구도 예외가 아니었다. 볼츠만은 이에 흥미를 느꼈고 1884년과 1886년의 몇 편의 논문에서 단일 순환계와 그 자신의 제2법칙 연구와의 관계를 자세히 살폈다. 우리가 보게 될 것처럼 그는 곧 하게 될, 맥스웰의 전자기 이론에 대한 그의 뮌헨 강의들에서 단일 순환계를 다시 광범하세 사용했다. 그리고 우리가 보게 될 것처럼 헤르츠도 헬름홀츠의 단일 순환 연구가 숨은 운동을 최초로 일반적으로 취급하는 연구로서 유용하다는 것을 발견했고 그것을 그의 새로운 역학 원리의 기초로 삼았다.[20]

그의 단일 순환 연구에서 헬름홀츠는 엔트로피의 법칙을 포함하여 가역적 열 과정의 법칙들이 라그랑주 운동 방정식의 형태로, 따라서 어떤 "최소 법칙"의 형태로 표현될 수 있다는 것을 보였다. 그는 그것을 "해밀

---

[19] Helmholtz, "Studien zur Statik monocyklischer Systeme," 159~160, 169~170, 755~759; *Theorie der Wärme*, 351, 364~365. Klein, "Mechanical Explanation," 67, 70~71. 이 유비에서 열역학 제2법칙은 $dQ=\theta dS$라고 쓰는데 여기에서 S는 엔트로피이고 θ는 절대 온도이다.
우리는 헬름홀츠의 단일 순환계와 최소 작용 원리를 포함하여 헬름홀츠 물리학의 주된 연구를 연구한 윈터스(Stephen M. Winters)가 논의해준 데 대해 다시 감사하고 싶다.

[20] Wien, "Helmholtz als Physiker," 696. Klein, "Mechanical Explanation," 70~75.

턴의 최소 작용의 원리"라고 불렀다. 1886년에 그는 최소 작용의 원리 자체를 체계적으로 연구하기 시작했다. 그는 과거에 다양하게 구성된 역학의 근본 원리들을 비교함으로써 최소 작용의 원리가 선호되어야 함을 밝히고 그 원리에 대한 자신의 구성은 다른 이들의 구성을 특수한 경우로서 포함한다고 결론지었다. 그는 그 원리가 물리학의 모든 분야의 법칙들을 일관되게 동역학적으로 표현해 줄 것을 기대했다. 그것은 이론 물리학에서 그가 취한 연구의 일반적 지향을 유지하는 것이었고, 그 지향은 그가 따르고 높이 평가한 연구를 수행한 영국의 몇몇 물리학자의 지향, 무엇보다도 맥스웰의 지향과 일치했다.

헬름홀츠는 맥스웰의 전자기 방정식이 요구하는 운동 퍼텐셜의 형태에 대해 관심을 둔 것이 직접적인 원인이 되어 최소 작용 원리에 대한 이 연구를 시작했다. "운동 퍼텐셜"은 헬름홀츠가 최소 작용 원리에 등장하는 함수 H를 위해 사용한 이름이고 라그랑주 운동 방정식이 그 함수에서 나온다. 그는 운동 퍼텐셜을 그의 단일 순환 연구에서 도입한 적이 있었고 거기에서 그것에 일반화된 형태를 부여했다. 열역학 계에서 운동 퍼텐셜은 자유 에너지와 동등하다. 최소 작용 원리의 수리 해석학적 구성에서 운동 퍼텐셜은 계의 전체 행동을 결정하는 변분 방정식으로 나타난다.[21]

---

[21] 야코비(C. G. Jacobi)는 H가 명시적으로 위치와 속도뿐 아니라 시간에도 의존한다고 해도 해밀턴의 원리가 여전히 유효하다는 것을 보인 적이 있었다. 헬름홀츠는 합 $\sum_a (P_a p_a)$를 피적분항에 포함했는데 여기에서 P_a는 시간에 의존하는 힘들이고 p_a는 그 힘의 해당 좌표이다. 그 원리는 이 일반화된 형태로 마찰, 동전기 저항, 그리고 다른 비보존력이 작용하는 계에 적용된다. 그 원리를 말로 표현하면 다음과 같다. 즉, 동등한 시간 간격에 대해, 시간에 의존하는 힘을 포함하는 항들이 보충된 운동 퍼텐셜의 평균값의 반수(negative average value)는 작용의 출발점에서 종착점까지 그려진 모든 이웃하는 경로와 비교하여 실제 경로에서 최솟값을 가진다. 변분의 미적분은 라그랑주 운동 방정식을 내놓고 그것은 해밀턴의 표현으로

$$\delta\Phi = 0$$

$$\text{여기에서 } \Phi = \int_{t_2}^{t_1} dt\{H + \sum_a (P_a \cdot p_a)\}$$

이 일반화된 최소 작용 원리와 라그랑주 운동 방정식의 결과에 대해서 헬름홀츠는 힘 사이의 "교환 관계" 또는 "상반 법칙"reciprocity laws을 특별히 유용한 것으로 간주했다. 교환 관계는 운동 퍼텐셜을 갖는 어떤 계의 특성이다. 그러한 관계는 한 벌은 힘과 가속도 사이에서 얻어지고 또 한 벌은 힘과 속도 사이, 또 한 벌은 힘과 좌표 사이에서 얻어진다. 가령, 힘과 속도 사이의 관계는

$$\frac{\partial P_a}{\partial q_b} = -\frac{\partial P_b}{\partial q_a}$$

이다. 이것을 말로 표현하면 다음과 같다. 즉, 속도 q_a가 증가하면서 힘 P_b가 증가하면 힘 P_a는 속도 q_b가 해당하는 증가를 할 때 감소한다. 헬름홀츠는 다음 열역학 법칙을 교환 관계의 한 예로 언급했다. 주어진 계 온도가 증가하면서 압력이 증가한다면, 계가 압축되면 온도가 증가할 것이다. 헬름홀츠는 일반화된 힘, 속도, 가속도에 부여된 다른 물리적 의미를 가지고 이 추상적인 교환 관계는 모든 종류의 현상, 즉 역학적, 전기 동역학적, 전기화학적, 열역학적, 열전기적 현상들 사이의 확증된

$$0 = P_a + \frac{\partial H}{\partial p_a} - \frac{d}{dt}[\frac{\partial H}{\partial q_a}]$$

이 되고 여기에서 $q_a = dp_a/dt$는 계의 속도이고 P_a는 계가 주변에 가한 힘들이다. 이 방정식에서 시작하여 헬름홀츠는 역학적, 열역학적, 전기 동역학적 계의 행동을 자세히 살폈다. Hermann von Helmholtz, "Über die physikalische Bedeutung des Princips der kleinsten Wirkung," *Journ. f. d. reine u. angewandte Math.* 100 (1887): 137~166, 213~222.

관계를 표현해 준다는 것을 보였다.[22] 이전에 힘 또는 에너지 보존 원리를 통해서 했던 것처럼 그는 이런 식으로 최소 작용 원리를 통해서 물리학 안에서 서로 다른 분야의 법칙들을 관련지었다.[23]

1887년에 프로이센 과학 아카데미에서 한 발표에서 헬름홀츠는 최소 작용 원리를 에너지 보존 원리와 비교했다. 전자는 후자를 결과로 내놓으므로 전자는 후자를 완성한다. 두 원리는 비슷한 역사가 있다. 둘 다 무게 있는 물체의 역학에서 기원했고 뒤이어 무게 없는 입자, 열과 전기로 확장되었다. 클라우지우스, 볼츠만, 그리고 얼마 전에는 헬름홀츠 자신이 그의 단일 순환계의 연구에서 그 원리를 열역학 제2법칙에 적용했고 프란츠 노이만은 그것을 전기 동역학에 적용했다. 그 후에 베버, 리만, 카를 노이만, 클라우지우스, 그리고 외국에서는 맥스웰과 다른 이들이 그렇게 했다. 헬름홀츠가 본 최소 작용 원리의 유효성의 유일한 한계

---

22 Helmholtz, "Über die physikalische Bedeutung," 161~166. 포괄적인 최소 작용 원리에 들어가는 운동 퍼텐셜은 더는 그 원래의 형태에 제한되지 않고, 위치 함수로서 퍼텐셜 에너지와 속도의 4차 동차 함수로서 활력의 차가 이제 위치뿐 아니라 속도 함수가 될 수도 있다. 퍼텐셜 에너지는 이제 위치뿐 아니라 속도의 함수이고 활력은 동차 함수일 필요가 없고 위치와 속도가 1차인 항들에 의존할 수 있다. 함수 H는 좌표와 속도에 대해 유한한 1차 도함수와 2차 도함수만 필요하다. 물리학의 각 영역에 대해 일반적으로 두 계열의 변수 p와 q로 구성되는 운동 퍼텐셜이 있다. p 중에는 입자의 위치를 결정하는 매개 변수가 있고 입자의 가속도는 기동력에 관계된다. q는 무게 있는 입자의 속도를 지시할 필요가 없고 온도의 함수, 전류의 세기, 유전 분극 및 자기 분극의 변화, 그리고 다른 물리량들을 지시할 수 있다. 운동 퍼텐셜은 상태 변수로부터 구성되고 에너지 또는 일의 차원을 갖지만, 운동 퍼텐셜의 개별 부분은 운동 에너지나 퍼텐셜 에너지로 특화되지 않는다.

23 [역주] 헬름홀츠가 「힘의 보존에 관하여」(Ueber die Erhaltung der Kraft)를 발표한 것은 1847년 베를린 물리학회였다. 그는 여기에서 에너지 보존 법칙이라는 보편적인 원리를 통해 여러 가지 현상들을 한 가지 통일된 원리로 설명할 수 있음을 보였는데 40년 후에는 더 보편적인 작용 보존의 법칙으로 그러한 일을 다시 하고 있다. 헬름홀츠의 이러한 노력은 그가 이론 물리학자로서 매우 탁월한 재능이 있었음을 드러낸다.

는 그것이 비가역 과정에는 적용되지 않는다는 것이다. 그는 그 한계를 근본적인 것으로 보지 않았다. 왜냐하면, 그는 비가역성은 사물의 본성이 지닌 성질이 아니라 개별 원자의 불규칙한 운동을 추적할 능력이 없어서 나온 결과라고 생각했기 때문이었다. 헬름홀츠는 최소 작용 원리가 가장 좁은 공간, 즉 하나의 방정식의 공간에 물리 문제의 모든 조건을 압축해 놓기 때문에 그것을 가치 있게 여겼다. 최소 작용 원리 역시 경로를 한 과정만 결정하기 때문에 그 원리는 에너지 원리보다 더 많은 것을 내놓는다. 그는 또한 그것이 물리학 어디서나 적용되고, 새로운 현상이 어디에서 발생하건 그것의 법칙을 구성하는 길잡이를 제공하기에, 그 원리를 가치 있게 여겼다.[24]

1892년부터 1894년 사망할 때까지 그의 연구에서 헬름홀츠는 일반화된 최소 작용 원리의 관점에서 전기 동역학을 궁구했다.[25] 더 일찍이 그는 프란츠 노이만의 퍼텐셜 법칙과 다른 제한된 전기 동역학 과정에 최소 작용 원리를 적용할 가능성을 논의했다. 이제 그는 그 작업을 더 온전한 맥스웰의 전기 동역학 방정식, 특히 헤르츠의 방정식으로 확장했다. 최근에 헤르츠는 매질의 운동에 명시적으로 의존하는 항들을 도입한 적이 있었다. 순수한 에테르는 마찰이 없고 압축되지 않는 관성이 없는

---

24 Helmholtz, "Über die physikalische Bedeutung," 142~143; "Rede über die Entdeckungsgeschichte des Princips der kleisten Action," in Adolf Harnack, ed., *Geschichte der Königlich preussischen Akademie der Wissenschaften zu Berlin*, 3 vols. (Berlin: Reichsdruckerei, 1900), 2; 282~296 중 283~287. 헬름홀츠는 이 발표를 1887년 1월 27일에 프로이센 과학 아카데미에서 했는데 그 내용을 출판하지는 않았다. 왜냐하면, 그는 그 주제를 이미 수학자 마이어(Adolf Mayer)가 다룬 적이 있다는 것을 알았기 때문이었다.

25 [역주] 최소 작용 원리를 전기 동역학을 비롯한 여러 물리 분야에 적용하여 그 보편성을 헬름홀츠가 널리 인식시킨 것은 이후 물리학의 진로에서 중요한 기여를 했다. 가령, 양자역학에서 최소 작용 원리는 물리적 계를 이해하는 기본적인 도구로서 그 활용성이 매우 크다는 것이 입증되었다.

유체라고 가정한 헬름홀츠는 변분 원리에서 헤르츠의 운동하는 물체의 기본 전자기 방정식을 유도했다. 그는 마찬가지로 그 이론에서 기동력을 유도했지만, 이것은 그가 제대로 풀지 못하는 복잡한 문제들을 내놓았다.[26]

헬름홀츠는 이러한 나중의 연구에서 물리학의 일반 원리, 즉, "외부적으로 파괴할 수도 창조할 수도 없는 세계의 에너지 공급의 흐름"을 지배하는 에너지와 최소 작용의 원리를 강조했다. 그는 가설적인 모델의 가치를 온전히 이해하고 있었지만, 그것으로 연구하기보다는 이 일반 원리들을 구체화하는 미분 방정식으로 연구하는 것을 선호했다.[27]

1891년에 헬름홀츠의 70회 생일을 맞이하여 헤르츠는 헬름홀츠가 최근에 그의 이전의 관심사로 돌아갔다는 것이 잘 알려지지 않았다고 썼다. 1847년에 그는 에너지 원리를 모든 힘으로 확장했고 이제 그는 최소 작용의 원리를 모든 자연으로 확장하고 있었다. 헬름홀츠는 외로운 길을 가고 있다고 헤르츠는 말했고 모든 현상을 최소 작용의 원리까지 추적하는 헬름홀츠의 일을 추종자가 이어가 그 결과를 보이려면 수년이 걸릴 것으로 생각했다.[28]

그 추종자 중에서 첫째는 아니더라도 가장 중요한 인물은 플랑크Max

---

[26] Hermann von Helmholtz, "Das Princip der kleinsten Wrikung in der Elektrodynamik," *Ann.* 47 (1892): 1~26, 재인쇄본, *Wiss. Abh.* 3: 476~504; "Folgerungen aus Maxwell's Theorie über die Bewegungen des reinen Aethers," *Ann.* 53 (1893): 135~143, 재인쇄본, *Wiss. Abh.* 3: 526~535; "Nachtrag zu dem Aufstze: Ueber das Princip der kleinsten Wirkung in der Elektrodynamik" (1894), in *Wiss. Abh.* 3: 597~603.

[27] Helmholtz, "Rede über die Entdeckungsgeschichte," 287. Hertz, *Principles of Mechanics*의 헬름홀츠의 서문.

[28] Heinrich Hertz, "Hermann von Helmholtz," in supplement to *Münchener Allgemeine Zeitung* 31 (Schriften vermischen Inhalts) (London, 1896), 340.

Planck였다. 그는 전체 물리학에 대한 최소 작용의 원리의 의미에 관련된 문제를 헬름홀츠처럼 자신의 최선의 노력을 들일 가치가 있는 일로 보았다. 플랑크는 이론 물리학에서 헬름홀츠의 업적에 대해 말하면서 헬름홀츠는 "모든 자연의 힘의 통일된 개념으로 가는 길"을 지시했고 "미래에는 그의 생각의 실현을 보게 될 것이 틀림없다"고 덧붙였다.[29]

헬름홀츠가 제국 연구소로 옮긴 후에 그가 베를린 대학에서 이론 물리학의 주된 강의자가 되는 것은 의도된 것이 아니었다. 키르히호프의 자리를 대신한 플랑크는 공식적 일자리를 맡았고 그와 헬름홀츠는 경쟁하지 않았다.

그렇다 해도 헬름홀츠는 베를린 대학에서 연속적인 학기에 이론 물리학의 주요 부분을 모두 다루는 이론 물리학의 전체 강의 과정을 개설했다. 이론 물리학이 독일에서 몹시 필요하다는 확신으로 물리학 강의를 시작한 그는 오로지 그것만을 강의하면서 그의 교직을 마쳤다. 1892년에 그는 자신의 강의를 출판하고 싶다는 것을 알렸고 다음 12년에 걸쳐서 그의 강의는 물리학의 분야마다 한 권씩 멋지게 만들어진 책으로 나왔다. 그 출판물은 헬름홀츠의 강의를 속기한 노트에 주로 의지하고 헬름홀츠의 강의 노트와 학생들의 노트로 보완된 것이었다. 주로 그의 이전 학생들인 편집자들은 그 강의록들이 베를린의 수강생들이 들었던 것처럼 그 강의들을 충실하게 설명해주는 책이 되기를 원했다. 그 책들은 저자에게는 헌정되고 미래의 물리학자들에게는 교재가 되는 책이었다.

그 강의와 출판 사이의 몇 년 동안 물리학은 큰 변화를 겪었다. 1903년

---

29 Hertz, "Helmholtz," 340. Max Planck," Helmholtz's Leistungen auf dem Gebiete der theoretischen Physik," *ADB* 51 (1906): 470~472. Planck, *Phys. Abh.* 3: 321~323 중 323에 재인쇄.

에 헬름홀츠의 개론 강의가 출판되어 나왔을 때 논평자들에게는 물리학의 혁명이 한창 진행되고 있는 것으로 보였고 그 강의록들은 과거에서 온, 혁명적인 변화를 진정시키는 손길로 환영받았다.[30] 이 개론 강의『이론 물리학 개론 강의』*Einleitung zu den Vorlesungen über theoretische Physik*는 기대대로 역학 강의로 구성된 것이 아니라 훨씬 더 기본적인 문제들, 즉 물리학의 모든 분야에 적용되는 방법론상의 원리들로 구성되었다. 헬름홀츠는 "우리가 작업할 때 사용하는 도구를 탐구해야 한다"는 근거에서 그 원리들을 포함하는 것을 정당화하면서 이론 물리학의 작업을 이해하려면 개념, 가설, 법칙의 구성construction과 더불어 미분 방정식과 적분에서 그것들의 정량적 공식화formulation에 대해 논의해야 한다고 주장했다.[31] 그의 학생 중 하나인 빈Wilhelm Wien은 헬름홀츠의 베를린 이론 물리학 강의를 위대한 성취로 간주했다. 그 이유는 그것이 이전의 모델 없이 헬름홀츠가 온전하게 창조해낸 것이었기 때문이었다.[32]

헬름홀츠의 개론 강의는, 힘을 일정한 원인으로 논의한, 힘의 보존에 관한 그의 논문의 도입부를 생각나게 했다. 강의에서 그는 우리의 "개념"과 "소원", 우리의 "의식"과 "의지"는 우리가 경험으로 아는 현상에 영향을 미칠 수 없다고 강조했다. 그가 말한 바로는 현상들은 우리와 독립적으로 존재한다. 우리는 그것들의 법칙을 추구한다. 우리는 종종 이 법칙을 "힘"이라고 부른다. 왜냐하면 "힘"은 다름 아니라 "현상이 나타날 조건을 주는 각 경우에 법칙이 나타날 것"임을 의미하기 때문이다.

---

[30] Karl Böhm, "H. von Helmholtz, *Einleitung zu den Vorlesungen über theoretische Physik*," *Phys. Zs*. 5 (1904): 140~143.

[31] Helmholtz, *Einleitung*, 1쪽에서 인용. 헬름홀츠의 *Vorlesungen über theoretische Physik*의 1권 1부를 구성하는 이 강의는 1893년에 제시되었다.

[32] Wien, "Helmholtz als Physiker," 697.

힘은 "외부 세계"에 속하고, 항상 존재하고, 올바른 조건에서는 작용할 준비가 되어 있다. 우리는 물체의 모든 변화가 법칙을 따르고 우리가 이해할 수 있는 원인을 갖고 있다고 가정한다. 그것이 물리학의 정당성이다.[33]

물리학의 임무를 달성하기 위해 헬름홀츠는 그의 수강생들에게 우리는 "수학적 분석의 더 깊은 곳으로 침투"할 필요가 있다고 말했다. 그는 산수의 공리에 대해 논의하면서 물리적 양들에 그것을 적용할 수 있는가는 실험으로 결정해야 한다고 지적했다. 그는 물리 법칙의 진술에 나타나는 다양한 종류의 수에 대해 논의했고 물리 현상을 정량적으로 묘사할 개념적 기저를 논의했다. 『이론 물리학 개론 강의』에서 그는 이론 물리학을 하는 데 유용한 수학적 방법을 제시하지는 않았다. 그는 이후의 강의들에서 그것을 제시하면서 물리 현상의 법칙들을 전개했다.[34]

헬름홀츠의 이후 강의들은 수학 공식으로 채워졌고 『이론 물리학 개론 강의』에서 그는 왜 이것이 그러해야 하는지 설명했다. 물체 변화의 법칙을 표현하기 위해 우리는 미분 방정식이 필요하다. 그 방정식은 본질적인 것 즉, 한 종류의 변화의 모든 사례에 공통적인 것을 담지만, 모든 부수적인 것, 가령, 우리가 개별 실험에서 관찰하는 개별 물체의 형태, 크기, 시간, 장소는 제외한다. 우리는 물체의 기본적 부분들의 상호 작용을 분석함으로써 미분 방정식을 구축한다. 그것들에서 우리가 경험하는 더 큰 물체의 작용을 얻기 위해, 우리는 기본적 작용들을 더할 필요가

---

[33] Helmholtz, *Einleitung*, 7, 10~11, 14~16. [역주] 힘에 대한 헬름홀츠의 개념은 뉴턴식의 힘보다 더 지칭하는 바가 크다. 1847년에 제시된 그의 논문에서 '힘의 보존'이란 에너지의 보존을 의미했는데 여기에서는 그보다 더 일반화된 자연 현상의 원인으로서 힘의 개념을 제시했다.

[34] Helmholtz, *Einleitung*, 25에서 인용함.

있어서 미분 방정식을 적분하게 되는데 그것이 유달리 이론 물리학이 수학적인 이유이다. 미분 방정식의 구성과 적분은 이론 물리학의 모든 부분에 걸쳐서 다시 나타나는 "사고 과정"을 포함한다.[35]

개론 강의에서 헬름홀츠는 물리학자들이 물체를 다루는 두 가지 방법에 대해 일반적인 용어로 논의했다. 당면한 문제에 따라서 그들은 물체를 질점의 집합체나 물질로 채워진 부피 요소로 간주한다. 두 방법 간의 차이는 현격해서 헬름홀츠는 각각의 방법을 서로 다른 학기에 강의하고, 그에 따라 각각 분리해서 책을 출간했다. 머리말의 뒤를 잇는 첫 번째 강의에서 헬름홀츠는 띄엄띄엄 떨어진 물질의 점, 곧 질점의 동역학을 다루었다. 질점은 두 물체가 거리를 두고 서로에게 작용할 때처럼 물체의 실제 형태와 연장extension이 무시될 수 있는 문제를 푸는 데 유용한 개념이다. "이론 물리학의 첫 번째 가장 중요한 임무 중 하나인, 질점 운동의 기술을 위해서, 그 점의 위치는 연속적이고 미분 가능한 시간의 함수로 정의되어야 한다. 그렇지 않으면 그 점은 동시에 두 장소에 있을 수 있고 여기에서 사라졌다가 순간적으로 저기에서 나타나야 한다. 그러한 불연속성은, 물질은 창조되거나 파괴될 수 없다는 "모든 자연 현상에 대한 경험의 근본 법칙"에서 유도되는 질점의 정체성에 어긋난다. 비파괴적이고 띄엄띄엄 떨어져 있다는 질점에 대한 "묘사"를 가지고 헬름홀츠는, 뉴턴의 세 가지 운동의 공리를, 작용하는 힘에 대한 보충적 가정과

---

[35] Helmholtz, *Einleitung,* 22~24. 이후의 동역학 강의에서 헬름홀츠는 더 나아가 이론 물리학에서 미분 방정식의 역할에 대해 논의했다. 그는 물리학자들이 시간에 대해 특별한 실험 관찰 결과를 수학적으로 형식화한 것을 미분함으로써 어떻게 일반 법칙을 유도하는지 설명했다. 물리학자들이 우선 그러한 수학적 형식이 없을 때, 그들은 미분 방정식을 가정이나 유비로부터 세우고 결과로 얻은 적분을 실험 관찰 결과와 비교한다. Hermann von Helmholtz, *Vorlesungen über theoretische Physik*, vol. 1, pt. 2, *Vorlesungen über die Dynamik discrete Massenpunkte, ed. Otto Krigar-Menzel* (Leipzig, 1898), 42~44.

함께 소개했다. 이것들에서 그는 "일반적인 동역학의 근본 원리"를 유도했다.[36]

동역학 2강에서 헬름홀츠는 연속적으로 분포하는 덩어리mass라는 중심 개념을 밝히면서 그것을 띄엄띄엄 떨어진 질점의 개념과 비교했다. 둘 사이의 차이는 밀도, 즉 질량 대 부피의 비 계산에서 자명하게 드러난다. 연속적인 덩어리의 묘사에서 우리는 밀도를 준 위치에서 극한값에 접근하는 아주 작은 닫힌 부피를 상상할 수 있다. 대조적으로 띄엄띄엄 떨어진 질점의 묘사에서는 몇 개의 질점만을 포함하는 아주 작은 닫힌 부피를 상상할 수 있어서 이 경우에 밀도의 극한값에 대해 말하는 것은 의미가 없다.[37]

---

[36] Helmholtz, *Einleitung*, 22, 38, 41. *Dynamik discreter Massenpunckte*, 2, 7. 이 후자의 강의는 1893년 12월부터 1894년 3월까지 진행된 헬름홀츠의 베를린 강의록 사본(transcript)을 토대로 했다. 헬름홀츠가 다른 이들에게 위임하여 만들어진 그 사본은 편집자 크리가-멘첼(Krigar-Menzel)이 이전에 자신이 필기한 헬름홀츠의 이론 물리학 강의 노트를 추가해 보완했고 에너지 원리의 유효성에 대한 자료는 그 주제에 대한 헬름홀츠의 실험 물리학 강의로 보완했다. 시간이 모자랐기에 헬름홀츠는 종종 그가 강의에서 의도한 모든 것을 다루지 못했다. 그것은 헬름홀츠가 사용한 강의 노트를 보면 알 수 있다고 크리가-멘첼은 말했다. 그러나 헬름홀츠는 강의 중에 좀처럼 그 강의 노트를 보지 않았다. Krigar-Menzel, "Vorwort," v~vi. 강의의 이번 권은 네 부분으로 나뉘어 있다. 질점의 운동학, 질점의 동역학, 덩어리 계의 동역학, 동역학의 포괄적 원리가 그것이다.

[37] Hermann von Helmholtz, *Vorlesungen über theoretische Physik*, vol. 2, *Vorlesungen über die Dynamikcontinuirlich verbreiteter Massen*, ed. Otto Krigar-Menzel (Leipzig: J. A. Barth, 1902), 2. 1894년에 베를린에서 한 이 강의는 헬름홀츠의 마지막 강의였고 그 강의는 그의 병으로 중단되었다. 주된 주제는 고체의 탄성 이론이었지만 헬름홀츠는 유체 동역학도 다루었다. 그는 강의를 그의 소용돌이 운동에 대한 연구로 마무리 지으려고 했지만, 이 연구를 다루지 못했다. 강의의 '몸통'을 이루는 그 책은 4부로 나뉘어 있다. 처음 2부는 연속적으로 분포하는 질량의 운동학과 동역학을 다루고 마지막 2부는 변형을 주고 힘을 결정하는 문제와 힘을 주고 변형을 결정하는 문제를 다룬다. Krigar-Menzel, "Vorwort," v~vi.

연속적으로 분포하는 덩어리의 개념이 시각과 촉각에 대한 우리의 직접적인 감각 인상과 일치한다 해도 헬름홀츠는 물질이 실제로 연속적이라고 결론지을 수 없다고 주의를 주었다. 물질의 최종 분할에 대해 우리는 아는 것이 아무것도 없다. 우리가 할 수 있는 것은 물체의 역학적, 열적, 화학적 특성을 설명하기 위해 그것에 대한 가설을 수립하는 것이다. 우리는 일반적으로 최종 분할이 원자이거나 분자를 이루는 원자 집단이라는 가정을 가지고 작업한다. 왜냐하면, 원자나 원자 집단들의 주된 특성은 특징적인 중심력을 통해 상호 작용하는 띄엄띄엄 떨어진 질점의 묘사에 상응하기 때문이다. 그러나 가령, 유체 동역학과 탄성 이론에서 하듯이 우리가 물체를 분자 간격에 비해 큰 부피 요소로 수학적으로 나눔으로써 현상을 기술할 때, 우리는 원자론적으로 구조화된 질점보다는 연속적으로 분포된 덩어리의 묘사 안에서 작업한다. 심지어 여기에서도 헬름홀츠는 연속적으로 분포된 덩어리라는 단순한 구도로는 불충분하여 분자 가설이 동원되어야 하는 빛의 분산과 같은 문제가 있다는 것을 언급했다.[38]

연속적으로 분포된 덩어리의 동역학을 다룰 근본 개념을 도입한 후에 헬름홀츠는 우리가 어떻게 수학을 거기에 적용할지 기술했다. 우리는 편미분 방정식, 즉 하나 이상의 독립적인 변수를 갖는 계의 동역학을 다룰 수학적 언어를 도입한다. 우리는 연속적인 물체 곳곳에 분포된 작은 공간의 벽을 상상하면서 그것을 일체로 움직이는 물체로서 정체성을 갖는 덩어리들로 나눈다. 오해의 여지 없이 우리는 띄엄띄엄 떨어진 질점들의 동역학의 경우처럼 현재의 경우에서도 “질점”에 대해 말할 수 있다. 단지 여기에서는 그 의미가 다르다. “질점”은 이제 정해진 질량이

[38] Helmholtz, *Dynamik continuirlich verbreiteter Massen*, 2~3.

없다. 그것은 질량으로 채워진 부피 요소의 모서리 점을 나타낼 단축 표현이다. 분자 묘사와 같이 연속적인 덩어리의 묘사에서는 질점의 위치가 시간에 대해 미분될 수 있다. 그러나 이 질점들은 연속체를 형성하므로 질점들의 속도는 시간에 따라 미분되어 가속도를 구성할 수도 있을 뿐 아니라 3차원 좌표에 대해서도 미분될 수 있다. "시간이 유일한 원시 변수primitive variable[39]인, 띄엄띄엄 떨어진 질점의 계와 대조하여 연속적으로 분포하는 덩어리의 본질적 특성"은 속도를 미분할 수 있는 변수로서 공간 좌표가 존재한다는 수학적 차별성이다.[40] 연속적으로 분포하는 덩어리의 묘사에서 헬름홀츠는 형태 변화와 물체의 힘, 즉 "변형"strain과 "변형력"stress에 대한 일반적인 수학적 이론을 전개했고 그것을 팽창, 굽어짐, 갑작스러운 방향 전환sheer, 압력, 장력, 비틀림 등을 포함하는 문제에 적용했다.

헬름홀츠는 띄엄띄엄 떨어진 질점의 개념과 연속적으로 분포하는 덩어리 개념의 차이를 "무질서한" 운동과 "질서 잡힌" 운동을 구별함으로써 강조했다. 무질서한 운동에서 각 분자는 이웃 분자의 운동에 무관하게 운동한다. 연속적으로 분포하는 덩어리의 경우에, 이웃하는 부피 요소는 서로 압박하여 독립적으로 움직일 수 없고, 무질서한 운동의 개념은 여기에 적용될 수 없다. 그 차이를 예시하기 위해 헬름홀츠는 그림을 제시했다. 그는 무질서한 운동을 파리 떼 속의 개별 파리의 운동에 비유

---

39 [역주] 질점의 역학에서는 특정한 물리량의 변화율은 그 물리량을 시간으로 미분하여 얻을 수 있다. 그렇지만 연속체의 역학에서는 시간에 대한 물리량의 변화율뿐 아니라 특정한 위치 좌표에 대한 물리량의 변화율을 생각할 수 있다. 가령 $\partial f/\partial t$뿐 아니라 $\partial f/\partial x$, $\partial f/\partial y$와 같은 변화율을 생각할 수 있다. 다시 말해서 질점 역학에서는 상미분 방정식으로 운동을 기술할 수 있지만, 연속체 역학에서는 편미분 방정식이 필요하다.

40 Helmholtz, *Dynamik continuirlich verbreiteter Massen*, 8~9.

하고 질서 잡힌 운동을 전체 파리 떼의 형태와 위치의 변화에 비유했다. 전기 이론에 대한 강의에서 그는 파리 떼에만 관심이 있었다.[41]

헬름홀츠가 연속적으로 분포하는 덩어리의 동역학에 대한 강의에서 도입은 했지만 사용하지는 않은 무질서한 운동의 개념은, 역학적 열 이론의 강의에서 중심을 이룬다. 열은 "물체의 가장 작은 입자의 무질서한 운동"이다. 즉, 개체의 속도와 변위는 그 이웃 개체의 속도와 변위와 관계가 없는, 파리 떼 속 파리들의 운동이기 때문이다. 기체의 분자가 파리처럼 무질서한 운동이라는 가정에서 헬름홀츠는 기체의 성질 대부분을 유도했다. 우리는 개별 분자나 질점의 운동을 기술할 수 없으므로 단지 평균값만을 계산할 수 있다.[42]

물질의 조성을 묘사하는 두 가지 방법에서 물체의 변화는 "동역학"의 고유한 주제인 힘에 의해 일어난다. 연속적으로 분포하는 덩어리들은 질점의 계에서는 만나지 못하는 힘, 가령, 표면 힘surface force을 도입한다. 그렇더라도 그것은 힘이니, 질점의 경우로부터 힘의 개념을 확장한 것이다. 열 이론 강의에서 헬름홀츠는 힘 개념을 또 한 번 확장했고 동시에 상태에 대한 열역학적 변수의 수를 통상적인 둘(온도와 부피)로부터 늘렸다. 일반적으로 하나의 상태 변수, 즉 일반화된 "좌표" v_a 각각의 변화에 대해 대응하는 일반화된 "힘" P_a가 있어서 그 곱인 $P_a dv_a$는 일work이 된다. 더 복잡한 과정에 대한 열역학 제1법칙 $dQ=dU+pdv$의 유비는 $dQ=dU+\sum(P_a dv_a)$라는 것이 따라 나온다. 헬름홀츠는 역학적이건, 전기

---

41 Helmholtz, *Dynamik continuirlich verbreiteter Massen*, 7~8.

42 Helmholtz, *Theorie der Wärme*, 256~258. 이 권은 1893년 여름 학기에 그의 강의를 적은 속기 노트와 1890년 여름 학기 강의 노트, 1880년대 초 편집자가 적은 노트에서 모은 것을 편집한 것이다. Richarz, "Vorwort." 그 권은 세 부분으로 나뉜다. 순수 열 이론, 열역학 또는 역학적 열 이론, 분자 열운동 이론이 그것이다.

적이건, 화학적이건 모든 힘의 일에 대해 공통적인 표현과 척도가 "더 새로운 물리학"의 진정한 진보를 이루어낼 것이라고 말했다. 헬름홀츠는 스스로 이 진보의 많은 부분을 이루어냈고, 그의 강의는, 이 장과 다음 여러 장에서 보듯이, 그 자신의 연구를 광범하게 보고한 것이었다.[43]

띄엄띄엄 떨어진 질점의 동역학에 대한 강의에서 헬름홀츠는 역학적 법칙과 보존력의 가정에서 에너지 보존 원리를 유도했다. 그는 이렇게 유도했다고 해서 그 원리의 귀결이 역학에만 속해야 하는 것은 아니라고 지적했다. 다양한 "에너지 형태"가 존재하고 "가설적인 개념을 통해 비역학적 에너지 형태를 역학적인 원래의 형태로 환원"하려는 노력이 있었지만, 가설적 개념들은 에너지 보존의 내용에 속하지 않는다. 그 원리는 경험에 무관한 사실로 서 있고 "모든 자연 현상을 지배하는 것은" 완전히 일반적인 원리이다.[44]

에너지 원리는 동역학 문제를 푸는 데 아주 유용하지만 종종 계산을 수행하기에는 불충분한 기저라고 헬름홀츠는 지적했다. 다른 "포괄적인 원리"가 역시 고려되어야 한다며 헬름홀츠는 띄엄띄엄 떨어진 입자의 동역학에 대한 강의의 마지막 부분을 그것에 할애했다. 가상변위 원리, 달랑베르의 원리, 해밀턴의 최소 작용 원리 같은 원리들의 이점은 각 질점에 대한 특별한 고찰을 요구하지 않고 계의 행동에 대한 일반적인 조망을 제공한다는 것이다. 포괄적인 원리 중에서 헬름홀츠는 자연스럽게 관심 대부분을 해밀턴의 원리에 쏟았는데, 그 강의의 몇 군데에서 직접 뉴턴의 공리들과 보존력의 가정에서 시작해서 그 원리를 유도하거나, 띄엄띄엄 떨어진 질점의 동역학에 대한 강의에서처럼 달랑베르의

---

[43] Helmholtz, *Theorie der Wärme*, 277~280; *Dynamik disreter Massenpunkte*, 22; *Dynamik continuirlich verbreiteter Massen*, 55, 72.

[44] Helmholtz, *Dynamik discreter Massenpunkte*, 231.

원리로부터 힘들에 대한 같은 가정을 써서 해밀턴의 원리를 유도했다. 해밀턴의 원리를 구체화하는 변분 방정식으로는 뉴턴의 운동 방정식을 내놓고 이 방정식에 이미 표현되어 있지 않은 것은 아무것도 담지 않았다. 그것의 "큰 중요성"은 그 원리가 좌표계의 선택에 무관하다는 것이다. 일반화된 힘과 좌표 그리고 라그랑주의 운동 방정식을 도입하고서 헬름홀츠는, 에너지 원리를 그것이 기원한 역학의 영역 너머로 확장한 것처럼, 최소 작용 원리를 확장했다.[45] 특히, 헬름홀츠는 열 이론에 대한 강의의 끝에서, 해밀턴의 원리를 열역학으로 확장했다. 그는 확장된 해밀턴의 원리에서 운동 퍼텐셜을 채용하고, 관련된 라그랑주 운동 방정식에서 기체 운동 이론에 수반하는 열의 역학적 유비를 순환 운동으로 유도했다.[46] 그는 자연 현상 중에, 해밀턴의 원리와 모순이 되거나 적용 범위가 너무 좁아서 자연적 힘들에 제한적으로 적용된다고 알려진 원리가 없음을 지적했다. 그는 이 원리도 "보편적 유효성"이 있다고 가정하는 것이 정당하다고 결론지었다.[47]

헬름홀츠의 이론 물리학 강의의 나머지 권들은 음향학, 광학, 전기 동역학, 자기를 다룬다. 헬름홀츠는 음향학을 보통 역학의 응용으로 제시했다. 왜냐하면, 음향학은 보존력의 작용을 받는 물체 속의 작은 진동에 대한 연구이기 때문이다.[48] 그는 역학적 광학 이론들이 "역사적 관심이

---

[45] 헬름홀츠는 몇 곳에서 해밀턴의 동역학 원리를 유도했다. 가령, *Dynamik discreter Massenpunkte,* 309~314; *Theorie der Wärme*, 338~341; *Vorlesungen über theoretische Physik*, vol. 3, *Vorlesungen über die mathematischen Principien der Akustik,* ed. Arthur Konig and Carl Runge (Leipzig, 1898), 57~62 중 인용은 62.

[46] Helmholtz, *Theorie der Wärme*, 353~370. 헬름홀츠는 *Dynamik discreter Massenpunkte*, 359~373에서 운동 퍼텐셜을 전개했다.

[47] Helmholtz, *Dynamik discreter Massenpunkte*, 368~369, 373.

[48] Helmholtz, *Akustik,* 1.

많고" 그 이론들의 개념과 언어로 표현되는 "사실적 지식의 막대한 양" 때문에 그의 광학 강의를 역학적 광학 이론으로 시작했지만, 그는 이 강의들의 제목으로 관습적인 "광학"이 아니라 "빛의 전자기 이론"을 사용했다. 헬름홀츠는 헤르츠의 실험이 전기가 진동하는 매질의 실재성과 그것을 통과하여 전파되는 전기 진동의 속도의 유한성에 의문을 남기지 않았다는 것을 제시했다. 그가 말한 바로는 전기 진동은 "빛 진동의 모든 객관적 성질을 지닌다." 이것은 이 강의가 전자기 이론을 강조하는 것을 정당화해 준다.[49] 전기 동역학과 자기 이론에 대한 헬름홀츠의 강의는 마지막에 등장했다. 헬름홀츠가 그 강의를 한 후 책이 나올 때까지 약 15 년 동안 그 분야에서 큰 발전이 이루어졌기에 이 권은 《물리학 잡지》*Physikalische Zeitschrift*의 어떤 적절한 논평도 받지 못했으나 "위대한 대가의 영구적인 기념물"이 완성된 것으로는 인정되었다.[50]

헬름홀츠의 이론 물리학 강의는 어느 정도의 물리학에 대한 친숙성을 전제했다. 그런 친숙성은 학생들이 일반 물리학 강의 과정에서 얻는 것으로 여겨졌다. 그 강의는 또한 수리 해석학에 대한 약간의 친숙성도 전제했다. 가령, 방정식 이론, 미분과 적분, 변분 미적분, 상미분 및 편미분 방정식, 벡터 해석이 필요했다. 헬름홀츠는 학생들이 그의 유도를 따라갈 준비가 충분히 되어 있지 않다고 생각하면 때때로 수학으로 "이탈"해서 강의하곤 했다.

---

49 Helmholtz von Helmholtz, *Vorlesungen über theoretische Physik*, vol. 5, *Vorlesungen über die elektromagentische Theorie des Lichtes*, ed. Arthur Konig and Carl Runge (Hamburg and Leipzig, 1897), 14~16.

50 Hermannn von Helmholtz, *Vorlesungen über theoretische Physik,* vol. 4, *Vorlesungen über Elektrodynamik und Theorie des Magnetismus*, ed. Otto Krigar-Menzel and Max Laue (Leipzig: J. A. Barth, 1907). 보제(Emil Bose)도 *Phys. Zs.* 9 (1908): 141에서 인정했다.

드러난 것처럼 헬름홀츠의 강의가 어려운 것은 수학적 이유 때문이 아니었다. 가령, 키르히호프는 그의 강의에서 헬름홀츠보다 더 많이 이론 물리학의 수학적 측면을 강조했다. 헬름홀츠의 강의는 주로 개념적 전개에 대한 강조 때문에 어려웠다. 그것은 학생들에게 물리적 사고방식을 요구하기 때문이었다.[51]

헬름홀츠의 베를린 대학 수강생들은 그의 강의를 끝마칠 때가 되면 물리학을 사물들을 설명하는 서로 관련 없는 원리들로 보지 않고 전체가 연관이 있는 하나의 과학으로 보게 되었다. 연관성은 무엇보다도 동역학에 의존한다. 동역학은 물리학이 가장 일반적인 관점을 표현할 때 쓰는 개념, 묘사, 법칙, 포괄적 원리, 불변의 양invariant magnitude을 제공한다. 동역학은 물리학의 보편성의 근원이다. 해밀턴의 원리와 에너지 원리, 뉴턴의 운동의 세 번째 공리는 보편적 유효성을 가진다. "보편적", "포괄적", "일반적", "불변의"라는 말들은 헬름홀츠가 이론 물리학을 제시하는 데 두드러지는 단어들이고 그의 이론 물리학에 개별적 특질을 부여한다. 이런 점에서 헬름홀츠의 강의와 연구는 우리가 이 논의에서 본 것처럼 일체를 구성한다.

본의 헤르츠

1889년에 헤르츠는 헤비사이드에게 보낸 편지에서 "에테르의 구조와 관련하여 지금까지 상상이 된 모든 모형의 구조는 확실히 에테르의 구조

---

[51] 헬름홀츠의 이론 물리학 강의의 논평자들은 그 강의를 키르히호프의 것과 비교했다. 가령, 로렌츠(Hans Lorenz)의 6권에 대한 논평, *Phys. Zs.* 4 (1903): 684~685와 체르멜로(Ernst Zermelo)의 2권에 대한 논평, *Phys. Zs.* 5 (1904): 475이 있다.

가 아닙니다."라고 말했다.[52] 헤르츠는 하이델베르크 강의의 정신을 유지하면서 다양한 접근법을 통해 물리학의 근본적인 문제인 에테르의 특성을 알아내기 위해 노력했다. 가령, 그는 에테르를 통과하는 중력이 전파 속도가 유한하다는 가능성의 증거를 찾아서 천문학을 주제로 한 서신 교환을 시작했다. 그것은 그와 "모든 물리학자"에게 "최고로 흥미로운" 주제였다. 왜냐하면, 그것은 원격 작용 대신에 연속적인 작용으로 물리 이론을 계속 전개하려는 전망을 담고 있었기 때문이었다.[53]

헤르츠는 동시에, 그의 주장으로는, 맥스웰의 전기 이론이 적용될 수 있는 광학 문제를 연구하는 다수 물리학자와 서신 교환을 하고 있었다. 그는 드루데에게 금속에서 빛이 반사되는 현상에 전기 이론을 적용하는 것이 어렵다고 해서 전기 이론을 의심하는 것은 "우습다"고 말했다. 그는 포크트에게 포크트의 광학 이론은 그 원리의 명확성보다는 그 이론의 결과 때문에 더 많은 확신을 주고, 이 때문에 포크트는 그의 방정식을 전기 이론으로 뒷받침해야 한다고 말했다.[54] 그는 비너에게 광학적 문제는 "주로 전기적 관점에서" 그의 관심을 끈다고 말했고, 비너에게 에테르를 통과하는 지구의 절대 운동을 검출하는 문제에 헤르츠의 정지 전파의 광학적 대응물인 정지 광파의 발견을 적용하라고 조언했다. 에테르는 그에게 여전히 수수께끼였기에 "에테르에 대한 우리의 생각에는 이해하

---

52 헤르츠가 헤비사이드에게 보낸 편지, 1889년 9월 3일 자, Appleyard, *Pioneers,* 239.

53 헤르츠가 레만-필케스(Rudolf Lehmann-Filkés)에게 보낸 편지, 1889년 11월 10일, 17일 자; 레만-필케스가 헤르츠에게 보낸 편지, 1889년 11월 12일 자, Ms. Coll., DM, 3178~3179, 2975.

54 헤르츠가 드루데에게 보낸 편지, 1892년 5월 15일 자, Ms. Coll., DM, 3209. 헤르츠가 포크트에게 보낸 편지, 1890년 2월 6일 자, Voigt Papers, Göttingen UB, Ms. Dept.

기 어려운 상당히 많은 모순이 존재하지만 아마도 우리는 그것을 이해하기까지 여전히 오래 기다려야 한다고 생각합니다."[55]라고 말했다.

1890년 말에 헤르츠는 본 대학에 그의 실험실을 차리는 일을 마쳤고 이제는 연구를 할 시간을 더 많이 갖게 되었다. 그는 중력 작용을 통한 편광 실험을 시도하는 등 다양한 다른 실험을 시도하다가 반복되는 실패에 피곤해져서 새로운 방향을 찾아 나섰다. 1891년 3월에 그는 일기에 그가 이제 역학을 연구하고 있다고 적었다.[56] 그때부터 그는 실험 연구에 거의 관심을 두지 않았다. 그는 동료에게 보낸 편지에서 그가 역학 연구에 "전적으로 몰두"하고 있는데 거기에는 "불행하게도 순수하게 이론적 이익만 있고 실용적 이익은 없다"라고 말했다.[57]

그 연구는 책이 될 예정이었다. 3년 동안 헤르츠는 각 용어를 서너 번씩 바꾸고 전체를 종종 다시 쓰면서 "훌륭하고 무엇보다 지속성이 있는" 책을 집필하려고 노력했다. 그의 최고의 목표는 역학에 "절대적 명확성"을 부여하는 것이었다. "옛사람들"의 본을 따 그는 그것을 정의와 명제로 제시했다.[58]

『역학의 원리』*Die Principien der Mechanik*는 1894년에 나왔는데 "모든 물리학자는 물리학 문제는 자연 현상을 역학의 가장 단순한 법칙들까지 추적

---

55 헤르츠는 정상파로 하는 실험이 전망이 없어 보인다는 것을 깨닫게 되었지만, 에테르의 엄청난 속도가 어떤 감지할 수 있는 광학적 결과를 내놓지 않을 것이라고는 믿을 수 없었다. 헤르츠가 비너에게 보낸 편지, 1890년 12월 25일과 1891년 1월 6일 자, Ms. Coll., DM.

56 헤르츠가 콘에게 보낸 편지, 1890년 12월 31일 자, Ms. Coll., DM, 3204. 헤르츠의 일기, Hertz, *Erinnerungen*, 314.

57 헤르츠가 자라진(Sarasin)에게 보낸 편지, 1893년 5월 19일 자, Ms. Coll., DM, 3149.

58 헤르츠가 마이너(Arthur Meiner)에게 보낸 편지, 1893년 11월 12일 자, Ms. Coll., DM, 3245.

해 들어가는 것으로 이루어져 있다는 것에 동의한다"는 의견으로 시작했다. 그러나 모든 물리학자는 그러한 단순한 법칙들이 무엇인가에 대해서는 의견이 일치되지 않으므로 "역학의 법칙들에 에테르의 운동 방정식을 기초하려는 시도는 시기상조"였다. 그런 것은 나중에 나와야 할 것이다. 헤르츠는 역학의 법칙들이 모든 알려진 운동을 포섭하고 모든 미지의 운동은 배제하도록 그 법칙들을 재구성하기 시작했다. 그는 자신의 연구가 마흐의 『역학』*Science of Mechanics*과 톰슨과 테이트의 책[59]과 다른 역학 논저들에 상당히 많은 빚을 지고 있다고 말했지만, 무엇보다도 그의 역학 연구는 헤르츠가 "물리학의 가장 큰 진보"라고 부른 1880년대 헬름홀츠의 역학 탐구에 가장 큰 빚을 졌다.[60]

『역학의 원리』의 첫 부분은 기하학과 운동학을 다루고 있고 "경험에 완전히 독립적"이어서 사고 과정에 따른 물질 입자의 경로와 연결에 대한 진술에만 관심을 두었다. 두 번째 부분은 고유하게 역학을 다루며 자유계가 따라가는 경로에 대한 진술인 역학의 "근본 법칙"을 통하여 경험에 호소한다.[61] 힘의 개념은 근본적인 개념 중 하나로 등장하지 않는다. 이는 헤르츠가 힘을 논리적으로 모호하다고 보고 원격 작용이라는 배격된 물리학에 속하는 것으로 간주했기 때문이었다. 헤르츠는 이 세계에서 덩어리들의 가시적 운동을 일으키는 보이지 않는 원인인 힘을 덩어리와 운동으로 대체했다. "덩어리와 운동"과 물리학자들이 관찰하는 운

---

59 [역주] 『자연철학 논고』(*A Treatise on Natural Philosophy*)를 지칭한다. 이 책은 역학의 수학적 기초를 놓은 저술로서 많은 연구자에게 큰 영향을 미쳤다.

60 Hertz, *Principles of Mechanics,* 저자 서문과 17.

61 헤르츠의 근본 법칙은 이렇다. "모든 자유계는 정지 상태나 직선 경로에서 등속 운동 상태를 지속한다." *Principles of Mechanics*, 144. 여기에서 "자유계"는 단지 내부의 정상적인, 또는 시간에 독립적인, 연결을 가진 물질계를 지칭하고 "직선 경로"란 가장 작은 곡률을 갖는 경로를 지칭한다.

동하는 덩어리의 유일한 차이점은 "덩어리와 운동"이 우리의 감각에는 너무 미세하다는 것이다. "덩어리와 운동"은 헬름홀츠가 그의 역학 연구에서 도입한 "숨은 덩어리"와 "숨은 운동"에 관계되며 보이는 물체에 대한 "덩어리와 운동"의 작용을 과거의 물리학자들은 힘의 작용으로 생각한 것이다. "덩어리와 운동"의 존재는 명쾌하게 역학에서 원격력을 배제한다.[62]

헤르츠는 자신의 역학 구성이 "가정된 원격 작용의 뿌리를, 모든 곳에 퍼져 있는, 가장 작은 부분들이 견고하게 연결된 매질에서의 운동에서 찾아내기"에 적합할 것이라고 믿었다.[63] 헤르츠가 여러 가지 다른 방식으로 구성되는 역학 중 어느 것이 옳은지를 결정할 수 있으리라 기대한 것이 이 영역에서였고, 최근에 그가 경쟁하는 전기 동역학 이론 사이에서 어느 것이 옳은지를 결정하도록 도운 것처럼, 그는 이제 역학 원리에서도 그렇게 하려고 했다.[64]

헤르츠의 책을 읽고서 헬름홀츠는 헤르츠의 역학의 원리가 힘에 대한 새로운 이해에 이르게 할 것으로 생각했고 그는 그 논리와 수학을 훌륭하다고 생각했다. 그러나 그는 헤르츠가 숨은 덩어리의 메커니즘이 어떻게 작용하는지 보여줄 구체적 예를 제시하지 않은 것을 유감스럽게 여겼

---

62 [역주] 헤르츠는 맥스웰의 연속적 매질에서의 전자기학을 역학에도 적용하기를 원했다. 전자기력의 원격 작용을 배격하고 연속적 매질에서 전달되는 파동으로 나타내기를 원했듯이 중력 또한 원격 작용으로 나타내려 하지 않았고, 모든 역학에서의 힘도 미세한 덩어리로 이루어진 매질이 진동하면서 전달하는 파동에 의해 전달되는 것으로 바꾸고자 했다. 이러한 노력은 아인슈타인의 일반 상대성 이론에서 중력장의 개념으로 결실을 거둔다.

63 Hertz, *Principles of Mechanics*, 41.

64 [역주] 헤르츠는 자신이 맥스웰의 새로운 전기 동역학이 옳음을 실험을 통하여 입증했듯이 자신의 연속체 역학 또한 실험을 통해서 입증할 수 있다고 생각했지만, 그의 때 이른 죽음으로 그러한 실험적 결과를 제시하지는 못했다.

다.[65] 헤르츠의 원리들을 어떤 문제에 적용한 사람들도 있었지만 대체로 물리학자들은 그 원리들에 관해 헬름홀츠처럼 존경심을 가지고 판단을 유보하고 있었다. 헤르츠의 관점은 세기 전환기에 역학의 기초에 대한 논의에서 다른 관점과 비교되었다. 그러나 가장 큰 영향력을 가지게 될 것은 그 책의 머리말에 나오는 그의 인식론과 방법론에 관한 논의였다. 헤르츠는 역학의 경쟁하는 이론들에 대한 그의 비판에서 자연에 대한 물리학자들의 "묘사들"과 그것들을 판단할 기준들을 분석했다.

1892년에 역학을 연구하다가 헤르츠는 머리에 염증이 생겼고 그것은 아주 심해져서 그는 강의를 취소해야 했다. 휴식, 수술, 온천욕은 단지 일시적인 안정만을 가져왔다. 『역학의 원리』의 원고 대부분을 송고한 직후인 1894년 1월에 헤르츠는 사망했다.[66] 헬름홀츠는 헤르츠 사후에 출판된 책의 서문에서 헤르츠의 죽음은 그에게 "깊은 슬픔"을 가져왔다고 썼다. 헬름홀츠는 그의 모든 학생 중에서 헤르츠가 "과학 사상에서 나의 영역으로 가장 깊이 들어온 사람이었고 나의 연구를 더욱 발전시키고 확장할 사람으로 가장 크게 기대한 이가 그였다."라고 말했다.[67]

헤르츠의 사망 후에 본 대학 철학부의 과학 부서는 그의 후임자로 몇 명의 실험 연구자를 제안했다. 콜라우시Friedrich Kohlrausch, 바르부르크가 추천받았고, 그다음으로 3위에는 존케Leonhard Sohncke, 카이저Heinrich Kayser

---

65 헬름홀츠의 서문, Hertz, *Principles of Mechanics*.

66 헤르츠의 의사는 분명히 그가 연구소 때문에 죽었다고 믿었다. 헤르츠의 후임자인 카이저는 결국 정부 부처에 연구소 방들을 환기하게 했다. "Erinnerungen aus meinenm Leben" (1936), 181~183. 이 출간되지 않은 자서전은 American Philosophical Society Library, Philadelphia에 있다.

67 헬름홀츠의 서문, Hertz, *Principles of Mechanics*.

가 추천받았다. 그 자리는 쿤트의 제자이자 헬름홀츠의 제자였던 카이저에게 돌아갔다. 그는 무엇보다 "화학 원소의 스펙트럼(빛띠)에 대한 그의 극히 정확한 탐구가 오늘날 물리학의 가장 탁월한 성취에 속한다."고 하여 추천받았다.[68]

카이저는 본 대학 물리학 연구소가 축축하여 건강에 좋지 않고 철로에 가까워 일하기에는 "거의 불가능"함을 발견했다. 그는 이런 상황을 발견하자마자 거기에서 일하려 하지 않았고, 사강사 플뤼거Alexander Pflüger는 거기에서 오로지 밤 1시부터 4시까지 그것도 건물 옆으로 지나가지 말라고 밖에 교통 신호 깃발을 설치해 놓은 후에야 일했다. 분광학 연구는 그 연구소에서 보통은 수행될 수 없는 종류의 정확한 측정을 요구하기에 카이저는 분광학 개요서를 쓰는 데 몰두했다. 6권까지 나온 이 기념비적 문헌 덕분에, 이후로 분광학 개요서에는 영원히 카이저의 이름이 붙게 되었다. 부임했을 때부터 카이저는 새로운 연구소 건물을 달라고 정부에 호소했지만 필요한 돈이 확보된 것은 1910년이었고 새 건물이 준비된 것은 1913년이었다. 이 새 건물은 본 대학의 전문 분야가 된 분광학 연구 장비가 잘 갖춰져 있었다.[69]

이론 물리학의 관점에서 본 대학은 클라우지우스와 헤르츠 이후에는 이전과 같지 않았다. 카이저는 그 분야에 대해 거의 관심을 보이지 않았다. 분광학 연구에서 그는 스펙트럼(빛띠) 선들의 파장이 지닌 법칙적 규칙성을 거의 언급하지 않았다. 그에게 파장의 정확한 측정은, 파장에 연

---

[68] 카이저의 연구가 칭찬받은 후에 그의 교육이 언급되었다. 그것은 강의, 실험실 지도, 실험 물리학과 스펙트럼 분석에 대한 교재 집필을 포함했다. 헤르츠의 뒤를 이을 후보자 추천서 초안, 1894년 1월 31일 자, Akten der phil. Fak.betr. Hertz, Bonn UA.

[69] Kayser, "Erinnerungen," 183~187. Heinrich Kayser and Paul Eversheim, "Das physikalische Institut der Universität Bonn," *Phys. Zs*. 14 (1913): 1001~1008.

관이 있을지 모르는 이론적 통찰력을 주는 것이 아니라, 자체로 엄청난 중요성이 있었다.[70] 그는 이론 물리학에 대해 강의하지 않았고 그것을 부교수와 한두 명의 사강사에게 맡겼다.[71]

쾨니히스베르크의 폴크만

1884년부터 1886년에 세워진 새로운 쾨니히스베르크 대학 물리학 연구소에서 수리 물리학 교수와 실험 물리학 교수는 각각 부속 건물을 받았다. 각각은 물리학 연구소의 모든 부분을 갖추고 있었고 건물의 도면은 물리학의 두 부분의 담당자가 평등함을 표현했다. 작은 대학임을 고려할 때 쾨니히스베르크 대학은 새로운 이론 물리학자인 폴크만Paul Volkmann에게 합리적인 공간을 제공했다.[72]

---

[70] Friedrich Paschen, "Heinrich Kayser," *Phys. Zs.* 41 (1940): 429~433 중 423.

[71] 이론 물리학 부교수인 로르베르크는 카이저와 관계가 안 좋았다. 그 관계는 말년에 로르베르크의 질병과 카이저의 인내 부족으로 악화했다. 사강사 플뤼거와 부허러(Alfred Bucherer)가 처음에는 이론 물리학 강의를 맡았지만, 카이저는 이론 물리학의 모든 분야를 연관해 다룰 수 있는 부교수를 원했다. 그는 1903년에 실험 연구자 카우프만(Walter Kaufmann)을 임용하면서 원하던 것을 얻었다. 그러나 로르베르크는 카우프만에게 자리를 물려주려 하지 않았고 그것은 1906년에 로르베르크가 사망할 때까지 카이저의 계획을 복잡하게 만들었다. 카이저가 본 대학 감독관에게 보낸 편지, 1901년 12월 10일과 1902년 10월 4일 자, 같은 파일에 더 많은 편지가 있다. Bonn UA, IV E II b, Lorberg.

[72] 폴크만의 연구소에 대한 이 논의는 부분적으로 연례 보고서, *Chronik der Königlichen Albertus-Universität zu Königsberg i. Pr.*에 기초해 있다. 여기에서 고려된 연도는 1892~1893년도부터 1901~1902년도까지이다. 포크트가 쾨니히스베르크 대학을 떠나 괴팅겐 대학으로 간 후에 폴크만은 수리 물리학 연구소의 책임을 이어받았다. 1880년에 쾨니히스베르크 대학을 졸업한 폴크만은 그 대학에서 1882년에 사강사가 되었고 1886년에 부교수가 되었으며 1894년에 정교수가 되었다. "Neubau des physikalischen Instituts in Königsberg i. Pr.," *Centralblatt der*

폴크만의 수강생 수는 점차 증가했다. 쾨니히스베르크 대학의 수학 물리학 세미나의 물리학부에서 폴크만은 1892년에는 학생이 없었고 이듬해에는 1명, 그 이듬해에는 2명을 받았다. 이에 고무되어 폴크만은 오랫동안 중단된 정규 세미나 실습을 다시 제공했다. 1901년에 학생들이 유입되자 정부 부처는 그 연구소에 새 기구를 갖출 상당한 추가 지원금을 지급했고 실험실 예산을 증가시켰다. 1902년까지 실험실의 강의 수요는 폴크만이 두 번째 조수 자리를 요청할 정도로 증가했다.[73]

폴크만의 실험실 과정에 출석하는 학생 수는 1899년 12명에서 3년 후에는 24명까지 증가했다. 출석수가 2배가 되면 많은 업무가 추가로 생긴다고 폴크만은 감독관에게 설명(또는 오히려 불평)했다. 이해할 만한 정도의 과장을 허락한다면, 폴크만의 설명에는 실험실을 감독하는 일에 대한 좋은 아이디어가 담겨 있다. 실험실에서 모든 학생은 "물리적 정밀 측정"에 관한 문제를 부과받았다고 폴크만은 감독관에게 설명했다. 그 작업을 시작하기 전에 학생은 준비를 해야 했고 실험실 실습을 하기 위해 예정된 시간에 실험실에 왔다. 그 학생은 보통 몇 시간 준비한 후에는 실제로 측정을 했다. 학생이 뒤이은 학기에도 계속 실험실에 오면, 그 학생은 "물리 연구"를 시작했다. 신체적으로 정신적으로 학생 실험 연구 지도는 대학에서 가장 힘든 교육에 속했다. 학급의 구성원은 문제를 할당받아야 했고 각 문제를 풀이하는 데는 다른 학생들의 실험을 방해하지 않기 위해 선택되고 배열될 수 있는 기구밖에 쓸 수 없었다. 소장은 강의에서처럼 주의를 집중할 수 없었고 학생들의 다양한 필요를 동시에 돌아보아야 했다. 학급은 복도와 계단을 포함하는 일련의 방으로

Bauverwaltung 7 (1887): 13~14.

[73] 폴크만이 쾨니히스베르크 대학 감독관에게 보낸 편지, 1902년 7월 14일 자, STPK, Darmst. Coll. 1923.16.

나뉘어 있었기에 소장과 조수는 모든 것이 제대로 되는지 살피고 물리학의 모든 측면에서 제기되는 학생들의 질문에 답하기 위해 이리저리 뛰어야 했다. 또한, 기구가 손상된 것을 수리하려면 몇 주가 걸릴 것이기에 그들은 기구를 적절히 사용하도록 감독해야 했다. 마지막으로 그들은 학생들이 집에서 해온, 관측에 대한 정리 작업을 자세히 검사하고 많은 경우에는 재계산해야 했다. 실험실 과정의 이 모든 힘든 노동은 "수리물리학이라는 전문 분야의 본성"에 그것의 기저가 있다고 폴크만은 밝혔다.[74]

폴크만의 글에서 우리는 이 전문 분야의 본성에 대한 그의 인식에 대해 더 많은 것을 알 수 있다. 1896년에 그는 자연 과학의 인식론에 관한 책을 출간했다. 그는 그것이 패러데이와 맥스웰이 물리학을 인도한 결과로 최근에 주목받게 된 주제라고 말했고 그 증거로 그는 헬름홀츠, 마흐, 볼츠만, 오스트발트, 헤르츠의 글을 인용했다. 폴크만에 따르면 물리학은 모든 자연 과학 중에서 가장 강한 인식론적 추동을 경험한다. 사실의 배열로만 만족하지는 못한다는 점으로는 어떤 다른 자연 과학도 물리학을 뛰어넘지 못하며, 어느 과학도 사실들을 뛰어넘어 기본 법칙으로 그것들을 연관 짓는 데 그렇게 결연한 의지를 갖고 있지 않다. 어느 과학도 엄밀한 이론을 주의 깊게 구성하는 데 그렇게 헌신하지 않는다. 폴크만은 당시의 모든 지적 생활의 "추진력"으로서 물리학과 또 다른 과학에 대한 생생하고 도발적인 상황을 만들어냈다.[75] 폴크만은 이 책을 교육받

---

[74] 폴크만이 감독관에게 보낸 편지, 1902년 7월 14일 자.

[75] Paul Volkmann, *Erkenntnistheoretishe Grundzüge der Naturwissenschaften und ihre Beziehungen zum Geistesleben der Gegenwart Allgemein wissenschaftliche Vorträge* (Leipzig, 1896), iii, 4, 13.

은 대중을 대상으로 썼다. 그는 동료와 학생들을 대상으로 쓸 때에도 전문적인 문제를 더 많이 포함시켰을 뿐 비슷한 내용을 많이 썼다. 특히 이론 물리학 강의에서 그는 이론 물리학이 일반적으로 지적 중요성이 크다는 것을 강조했다.

그 당시 물리학이 판가름해야 하는 큰 질문인, 빛이 탄성 현상이냐 전자기적 현상이냐 하는 문제는, 1891년에 폴크만이 이론 광학에 관한 그의 강의를 출판하도록 이끈 문제였다. 그는 자신의 학생들에게 그 분야에서 수용된 인식을 직접 제시하지 않고 대신에 어느 것이 옳은지 결정해야 하는 크고 동등한 이론적 개념들 사이의 비교를 제시했다. 그는 순수 역학에서 빛 이론을 전개하고 빛이 우주를 채우는 탄성 물질 속의 횡파로 이루어져 있다는 가정을 자세히 살핌으로써 그의 광학 강의를 시작했다. 그다음에 그는 전자기 이론들을 조사했다. 첫째는 원격 작용에 기초한 오래된 것이었고 다음은 패러데이와 맥스웰의 새로운 것이었다. 그는 각각이 탄성 횡파의 미분 방정식과 일치하는 미분 방정식을 내놓는다는 것을 보였다. 그는 당시에 행해진 지 겨우 3년밖에 안 된 헤르츠의 실험에 대해 논의했고 전자기 이론에 관한 맥스웰과 헬름홀츠의 연구에 추가하여 헤르츠와 콘의 최근의 이론적 연구에 대해서도 논의했다. 빛의 속도가 전자기 이론에 들어가는 자연스러운 방식 때문에 폴크만은 더는 빛의 전자기적 관점의 우월성에 대해 어떤 의심도 있을 수 없다고 결론지었다. 그러나 탄성적 관점에는 하나의 이점이 있었다. 이 관점에 따르면 광학은 과학의 과도기적 단계들이 "과학의 진보"의 기초가 되는 "물리적 직관Anschauung"을 제공해 준다는 점에서 영속적인 가치를 가짐을 우리에게 가르쳐준다.[76] 또한 이론 간의 비교는 물리학에 대한

76 [역주] 폴크만의 이 언급은 왜 과학사, 즉 낡은 과학에 대한 연구가 자연 과학이

학생들의 이해를 확장시켜 준다. 그것에는 인식론적 가치가 있다.[77]

1900년에 폴크만은 이론 물리학의 기초 과목으로서 역학 강의를 출간했다. 그 책의 서문에서 그는 거의 50쪽에 걸쳐서 물리적 인식론에 대해 논의했고 그 교재의 나머지의 곳곳에서도 이 인식론적 논의를 자주 언급했다. 역학 이외 모든 분야를 연구할 기초로 선택해야 하는 특별한 분야가 무엇이냐는 질문과 관련하여 그는 전기학이 자격을 갖추고 있음을 인정했다. 그러나 그것을 그 자체로서 다루는 것은 역학이 근본이 되어 온 물리 과학의 역사적 발전을 무시하는 것이었다. 역사적 논거 외에 물리학에서 역학의 논리적 위치도 역학을 선택해야 한다는 논증의 근거였다. "역학적 유비"가 폭넓게 사용된다는 것도 마찬가지로 근거가 되었다. 폴크만은 이론 물리학에 대한 그의 강의에서 자신의 임무를 역학이 없으면 물리학이 아무것도 아님을 보이는 것으로 간주했다.[78]

고유한 역학을 제시하면서 폴크만은 뉴턴의 세 가지 운동의 공리에서 시작하여 선행 연구로서 헬름홀츠와 윌리엄 톰슨의 제시를 인용했다. 그는 라그랑주가 구성한 역학을 싫어했다. 그것은 "닫힌계"로서 수학의 공부에는 적합했으나 이론 물리학의 공부에는 적절하지 않았다. 이후 등장하는 대부분의 역학에서 발견되는 결함은 일방적으로 수학에 편중하면서 "주관적인 연구 요소"에 대한 시각을 잃어버린 것이었다. 헤르츠

발전하는 데 가치가 있는지를 지적해 준다. 옛 과학은 틀린 이론을 담고 있기는 하지만 미래의 과학을 위해 유익한 통찰력을 제공해준다는 점에서 그 가치는 영원하다. 그러므로 이전의 과학 이론들의 핵심을 정확하게 전달해주는 과학사적 저술은 과학자들의 필독서가 되어야 한다.

77 Paul Volkmann, *Vorlesungen über die Theorie des Lichtes. Unter Rücksicht auf die elastische und die elektromagentische Anschauung* (Leipzig, 1891), iii~vii, ix, 17~30.

78 Volkmann, *Einführung*, 9, 41~42, 349.

와 볼츠만은 객관적 측면뿐 아니라 주관적 측면도 고려했다는 점에서 예외였다. 그들은 역학을, 그림이 그것의 대상에 연결되듯이, 주관을 객관에 연결해주는 "실재에 대한 그림"으로 보았다. 폴크만은 여전히 그들이 그 그림에 너무 많은 주의를 기울이고 대상에는 충분히 주의를 기울이지 않아 그들의 그림을 닫혀 있게 만들어서, 주로 수학자에게 흥미롭게 만들고 이론 물리학의 공부에는 적당한 도입이 되지 못하게 한다고 생각했다. 폴크만은 역학과 실재의 관계를 철저하게 취급함으로써 그들의 실수를 피했고 물리학의 필요성에 주의를 기울였다. 그의 제시는 처음부터 끝까지 "물리계physical system 내에서 토대가 되는 전문 분야로서 역학을 보는 관점"에 대한 논증이었다.[79]

그의 강의에서 폴크만은 이론 물리학의 구조에 들어가는 정신적 구성물의 종류, 즉 개념, 법칙, 가설, 공준에 대해 주의 깊게 논의했다. 그는 또한 정밀 측정에 대해 상세하게 논의했고 물리적 실재의 기록인 데이터도 자주 제시했다. 그는 자신의 과학 가정들을 명확하게 만들었고 그것들을 비판에 대해 열어놓았다. 그는 "학생들"에게 직접 말을 할 때 항상 이론 물리학의 "공부"에 대해 말했다. 그는 그들에게 물리 이론에 대해 생각하는 법을 가르치고 있었고 그것은 그들에게 물리적 인식론에 대해, 이론과 실재의 관계에 대해 숙고하라는 요구였다.[80]

폴크만은 쾨니히스베르크 대학에서 전력을 편하게 이용할 수 있게 되자 감독관의 추가 지원금의 도움으로 그의 "수리 물리학 실험실"을 외부

---

[79] Volkmann, *Einführung*, iii~vii, 349. 교재의 마지막 부분에서 폴크만은 뉴턴 이후 달랑베르, 라그랑주, 가우스, 해밀턴의 원리에 이르는 역학의 일반 원리를 취급했고 뉴턴의 법칙과 이 원리들의 일치를 주제로 논의했다.

[80] Volkmann, *Einführung*, 3~4.

관측소station와 연결했다. 전력을 편하게 이용하게 된 것은 연구소에 이익을 가져다주는 것 외에 문제도 일으켰다. 지나가는 전차가 연구소의 정밀 측정에 일으킬 수 있는 교란 때문에 당국자들은 연구소의 자기장을 결정하라고 명령했다. 폴크만과 "다수"의 학생들이 밤낮으로 "떠돌아다니는 전류current"를 측정하는 일에 착수했다. 폴크만은 한 동료에게 자신이 그 문제 때문에 "말처럼" 일한다고 불평했다.[81] 연구소의 전기 교란 때문에 일어난 혼란은 감독관의 결단으로 분명히 차단되었다. 그러나 폴크만의 연구소에서는 연구가 거의 이루어지지 않았다. 연구소의 부적합한 여건 때문이 아니었다.[82] 폴크만 자신이 거의 연구를 하지 않았고 물리학자들을 끌어들이지 못했다. 그는 주로 물리학 선생이자 보급자였다.

프란츠 노이만의 후임자들이 그의 장치와 기구 컬렉션을 그 대학에 남겨두었을 때, 폴크만은 그것들이, 특히 노이만이 그의 연구에서 사용한 것들이, 역사적 가치가 있다고 간주했기에 그 목록을 만들고 그 목적으로 지원금을 받아서 그 장치들을 분리된 방에 설치했다. 폴크만은 노이만의 연구처럼 위대한 물리학 연구는 더는 수행될 수 없다고 생각했고, 그가 물리학의 최근의 발전을 강의에 도입했어도 과거에 대한 그의 존경과 학생들을 물리학의 "고전"으로 이끄는 경향은 연구소의 물리 교육에 박물관 관람의 성격을 부여했다.[83] 장차 이론 물리학자가 될 조머펠트[84]는 쾨니히스베르크 이론 물리학 연구소의 수업에 출석했지만, 그는

---

[81] 폴크만이 조머펠트(Sommerfeld)에게 보낸 편지, 1899년 10월 17일 자, Sommerfeld Correspondence, Ms. Coll., DM.

[82] 1892년부터 10년 동안 폴크만은 그의 연구소에서 단 한 편의 출판물만을 쾨니히스베르크 *Chronik*에 보고했다.

[83] Paul Volkmann, *Franz Neumann. 11. September 1798, 23 Mai 1895* (Leipzig, 1896), 27.

폴크만이 아니라 여러 해 동안 폴크만의 조수로 있는 비헤르트Wiechert를 그의 "최고의 모델"로 보았다.[85]

폴크만의 강의 수준은 수학 교수 힐베르트와 힐베르트의 후임자인 민코프스키Minkowski가 1890년대에 쾨니히스베르크를 떠났을 때 후퇴할 수밖에 없었다. 그들의 후임자인 프란츠 마이어Franz Meyer가 지도할 때 수학 교육은 부끄러울 정도로 초보적 수준으로 전락했다. 쾨니히스베르크의 명성은 무엇보다도 수학의 "배움터"로 얻어진 것이었다. 얼마 동안 쾨니히스베르크에서 수리 물리학은 수학 없이는 이룰 수 없었을 만큼 수학과 더불어 번창했던 것이다.

---

[84] [역주] 독일의 물리학자 조머펠트(Arnold Sommerfeld, 1868~1951)는 원자 물리학과 양자역학의 형성에 지대한 공을 세웠다. 원자 모형을 사용해서 미세구조 스펙트럼을 설명했다. 특히 보어의 수소 원자 구조의 설명을 수정하여 전자가 타원으로 회전할 수 있다고 제안했다.

[85] Arnold Sommerfeld, "Autobiographische Skizze," AHQP.

21 뮌헨의 이론 물리학 교수직

키르히호프가 1887년에 사망했을 때 그 대신 베를린 대학의 자리를 대신할 비슷한 명성을 가진 이론 물리학자는, 그때 오스트리아의 그라츠 대학에서 물리학을 가르치고 있었으나 점차 불만이 커지고 있었던 볼츠만이었다. 기초 물리학에 대한 볼츠만의 강의 과정은 주로 의학과 약학 학생이 수강했고 그에게 "이론 강의를 할 자극이나 여유"를 제공하지 않았다. 어쨌든 그라츠 대학은 이론 물리학을 배울 준비가 된 학생이 거의 없었다. 볼츠만은 또한 물리학 연구소를 관리하는 "부담" 때문에 그의 연구가 잘 진행되지 않음에 불만을 느끼고 있었다. 보통 연구소의 한계에 불만을 느끼는 경향이 있었던 전형적인 연구소 소장과 대조적으로 볼츠만은 그의 연구소가 너무 크고 그 때문에 그라츠 대학의 상황에 실제로 걸맞지 않는다고 불평했다.[1] 간단히 말해서 볼츠만은 그라츠를 떠나면서 실험 물리학 교수 자리를 그만두고 이론 물리학 교수 자리로 옮기고 싶어 했다. 그래서 베를린 대학이 그에게 키르히호프의 자리를 제안했을 때 그는 수락했다, 또는 그런 것처럼 보였다. 볼츠만은 프로이

---

[1] 볼츠만의 한 동료[로멜이나 바우어(Bauer)]에게 보낸 편지, 1889년 11월 3일 자, Munich UA, E II-N, Boltzmann.

센 정부 부처에 베를린으로 가겠다고 말하면서 그가 어떤 강의를 할당받게 될지, 그것이 언제 시작될지 물었고 심지어 쿤트의 허락을 받아 임시로 베를린 물리학 연구소에 그의 방까지 정했다. 그러나 그다음에 볼츠만은 베를린 대학에 그의 문제와 한계에 대해서 말하기 시작했다. 그는 눈과 신경에 문제가 있었고 또한 키르히호프처럼 이론 물리학 전부가 아니라 일부에만 대가였다. 그는 베를린에서 일하게 되는 것과 그에게는 무뚝뚝해 보이는 프로이센 사람들 사이에서 사는 것에 개인적인 거리낌이 있었다. 결국, 그는 베를린 대학에 한 약속에서 풀어주기를 요청했고 그것은 그라츠 대학에서 받던 봉급의 거의 2배인 봉급을 포기하는 것을 의미했다.[2]

뮌헨 교수직의 설치와 볼츠만의 임용

볼츠만이 가지 않겠다고 베를린 대학에 통보하자마자 뮌헨 대학이 그에게 접근했고 그에게 베를린 대학의 자리와 유사한 일자리인 이론 물리학 정교수 자리를 제시했다. 그것은 새로 만들어진 자리였고 뮌헨 밖의 다른 곳에서는 거의 들어본 적이 없는 자리였으므로 뮌헨 대학 철학부에서는 그것을 주의 깊게 정당화해야 했다. 물리학 교수 로멜과 수학 교수 바우어Gustav Bauer가 작성한 그들의 첫 번째 논거는 "이론 물리학이 실험

---

2 볼츠만이 알트호프에게 보낸 편지, 1888년 6월 6일, 24일 자, 볼츠만이 프로이센 문화부에 보낸 편지, 1888년 6월 24일 자, STPK Darmst. Coll. 1913~1951. 베를린에서 볼츠만의 봉급은 13,700마르크 또는 8,220플로린이 되었을 것이다. 그라츠 대학에서 그의 봉급은 4,240플로린이었는데 그것은 오스트리아 정부가 1,000플로린을 올린 것이었다. Schobestberger, "Die Geschichte … der Universität Graz," 102.

물리학에서 점진적으로 분리되는 것"이 "그 분야들의 방법상의 차이" 때문에 자연스럽게 생겨난 결과로, 그에 따라 각 분야의 노동도 분리되어야 한다는 것이었다. "귀납적 작업을 하는 실험 물리학이 점점 복잡해지는 실험 기술에 대한 지식과 실행을 요구하는 반면, 이론 물리학은 연역적 과정에서 수학을 주된 도구로 사용하며 빠르게 진보하는 이 과학의 모든 수단과의 긴밀한 친숙성을 요구한다." 이에 이어진 논증을 따르면, 빠르게 성장하는 물리학의 이 두 연구 방법을 같은 완성도로 통달할 수 있는 물리학자는 점점 줄어들 것이고, 물리학자들은 둘 중 하나를 전공할 수밖에 없고 대학은 특화된 교수직을 제공하지 않을 수 없게 된다. 그러나 뮌헨 대학 교수진은 물리학이 완전히 분리된 두 분야로 갈라지리라 생각하지는 않았고 실험 물리학과 이론 물리학이 "서로 보완하고 침투하게" 될 것이라고 예상했다. 이론 물리학 교수직을 설치하기 위한 그들의 두 번째 논거는 그 자리가 뮌헨 대학에 이론 물리학을 연구하는 물리학자를 끌어올 것이라는 점이었다. 몇 사람이 이미 뮌헨 대학에서 이론 물리학을 가르쳤고, 그중에는 1년 과정에서 전 과목을 섭렵하는 부교수도 있었는데 이것은 이론 물리학에서 뮌헨 대학 학생들이 다른 독일 대학의 학생들과 비슷한 수준의 교육을 받는 것을 의미했다. 그러나 만약 이론 물리학 선생이 그 과목의 지식을 학생들에게 단지 전달하는 것 이상의 일을 해야 한다면 그는 "새로운 진리"로 이론 물리학에 기여하는 독립적인 연구자일 필요가 있었다. 뮌헨 대학의 현재의 강사들은 이론 물리학을 하지 않았고 어찌 되었든 실험 물리학에 더 관심이 많았다. 철학부는 볼츠만을 원했다.[3]

---

[3] 뮌헨 대학 철학부 제2학부장 배여(Baeyer)가 뮌헨 대학 평의회에 보낸 문서, 1889년 11월 24일 자, Munich UA, E II-N, Boltzmann.

볼츠만의 연구는 거의 배타적으로 이론 물리학을 다룬다고 뮌헨 대학 교수진은 파악했다. "가장 철저한 수학 교육"과 함께 이론 연구를 하는 탁월한 재능 때문에 그는 "맥스웰, 클라우지우스, 헬름홀츠의 이론들을 한층 발전시킬 것이고 그 이론들을 보완"할 수 있었다. 탄성학, 유체 동역학, 전기학, 그리고 무엇보다도 역학적 열 이론과 기체 운동 이론에서의 그의 연구는 가장 훌륭한 이론 물리학자 중 하나라는 명성을 얻게 해주었다. 뮌헨 대학 교수진은 열역학 제2법칙의 역학적 의미와 그 법칙의 확률 이론과의 관계, 기체 마찰과 확산 이론, 열전도와 기체 평형, 기체 분자의 본성과 속도에 대한 볼츠만의 논문들을 예로 거론했다.[4]

볼츠만은 뮌헨의 새 일자리를 뮌헨 교수진이 그를 원한 것과 같은 이유로 열망했다. 그가 그들에게 말했듯이 그 자리는 "나의 교육과 연구의 영역을 일치"시켰다.[5] 뮌헨 대학은 비어 있던 교수 자리 두 개의 봉급을 통합하여 볼츠만에게 제공할 수 있었고 1890년 8월에 그는 그들의 "이론 물리학 정교수"가 되었다.[6]

뮌헨의 물리학 교육

볼츠만이 합류하기 전 몇 년간 뮌헨 대학 교수진은 물리 교육 시설을 개선하려고 노력해왔다. 욜리가 1884년에 사망했을 때 그들은 뮌헨 대학

---

4 학부장 배여가 뮌헨 대학 평의회에 보낸 문서, 1889년 11월 24일 자.

5 볼츠만이 동료[로멜 또는 바우어]에게 보낸 편지, 1889년 11월 3일 자.

6 볼츠만의 봉급은 7,800마르크였다. 뮌헨 대학 평의회가 바이에른 내무부에 보낸 문서, 1890년 6월 11일 자. 루이트폴트(Luitpold) 바이에른 왕자의 임명장, 1890년 7월 6일 자, Munich UA, E II-N, Boltzmann.

의 열악한 연구 여건 때문에 유명한 물리학자들을 그의 자리로 데려올 수 없었다. 처음에 그들은 많은 실험 연구를 출판했을 뿐 아니라 "이론을 모든 범위에서" 통달한 마흐를 추천했다. 그러나 프라하 대학이 그를 잡아두려고 노력했고 그는 계속 거기 머물렀다. 다음으로 뮌헨 교수진은 쿤트에게 접근했는데 스트라스부르 대학에 좋은 연구소가 있었기에 그는 옮기려는 마음을 품지 않았다. 그리하여 그들은 어쩔 수 없이 바이에른의 다른 기관에 있는 물리학 교수를 고려하기로 했다. 정부 부처가 너무 몸값이 비싸고 너무 늙었다고 판단한, 뮌헨 고등공업학교의 베츠Beetz, 그리고 적절한 물리학 연구소를 약속받으면 뮌헨의 자리를 고려할, 뷔르츠부르크 대학의 프리드리히 콜라우시가 있었다.[7]

다시 의견을 달라는 정부 부처의 요청을 받은 뮌헨 대학 철학부는 모든 학부의 학생이 욜리의 실험 물리학 강의를 수강했었고 그 대학의 어떤 강의보다 수강생이 많았던 강의였다고 설명했다. 먼저 욜리가 교육에서 거둔 성공을 지속하려면 철학부는 1급 실험 물리학자를 데려와야 했고 그를 데려오려면 물리 교육을 할 방과 기구 컬렉션이 확장되어야 함을 깨달았다. 정말로 필요한 것은 돈이 많이 필요한 새로운 물리학 연구소였으므로 철학부는 문화적 선善으로서 물리학의 일반적 유용성에 호소했다. "물리학은 단순히 의학의 보조 과학도 자연 과학자를 위한 기술 과학도 아닌, 소위 자연 과학 중 어느 것도 같은 정도로 기여하지 못하는 일반 교육에 속하는 과학이다."[8]

---

[7] 뮌헨 대학 평의회가 바이에른 내무부에 보낸 문서, 1885년 1월 28일, 4월 20일, 5월 20일 자; 내무부가 평의회에 보낸 문서, 1885년 5월 5일 자; 마흐가 젤리거(Hugo Seeliger)에게 보낸 편지, 1885년 2월 28일 자; Munich UA, E II-N, Boltzmann.

[8] 대학 물리학에 대해 바이에른이 이러한 논거를 제시한 데에는 독특한 이유가 있었다. 다른 곳에서는 물리학이 일반적으로 김나지움에서 교육되었지만, 바이에른에

철학부가 호소한다 해서 새로운 물리학 연구소를 즉각 확보할 전망은 없었으므로, 뮌헨 대학이 할 수 있는 최선의 방안은 로멜이 욜리를 대신하게 하는 것이었다. 로멜은 열악한 물리학 연구소가 있는, 바이에른의 작은 지방 대학인 에를랑엔 대학의 물리학 교수였다. 10여 년에 걸쳐서 다른 대학에서 초빙을 전혀 받지 못한 로멜을 에를랑엔 대학에서 뮌헨 대학으로 승진 임용함으로써 바이에른 정부는 감당할 여유가 없는 일류 인재를 얻으려는 경쟁을 적어도 일시적으로는 포기했다. 뮌헨의 일자리를 잡은 후에 로멜은, 몇 년을 새로운 물리학 건물에 대한 제안을 관철하는 데 보내고 몇 년은 그 건물의 건축을 감독하는 데 보냈다.[9]

이와 연관하여 우리가 언급한 적이 있는 나르, 플랑크, 그래츠는 볼츠만이 부임하기 전에 뮌헨 대학에서 이론 물리학을 가르친 적이 있었다. 셋 중에서 가장 나이가 많은 사람은 그 과목을 1870년에 가르치기 시작한 뮌헨 대학 졸업생인 나르였다.[10] 학생일 때 그는 뷔르츠부르크 대학에서 열과 전기 이론에 관한 클라우지우스의 강의에 출석한 적이 있었다. 기체의 열적 특성에 대한 그의 뮌헨 실험 교수 자격 논문은 클라우지우

서는 그것이 김나지움에서 배제되었고, 대신 바이에른 대학생은 일반 교육에 속하는 여덟 강의 과정을 수강할 것이 요구되었다. 그리고 그 과정들을 통해 "무엇보다도 물리학을 이해"할 수 있다고 여겨졌다. 뮌헨 대학 철학부가 대학 평의회에 보낸 문서, 1885년 12월 3일 자, Munich UA, 뮌헨 대학 평의회가 바이에른 내무부에 보낸 문서, 1885년 4월 20일 자.

9 Ludwig Boltzmann, "Eugen von Lommel," *Jahresber. d. Deutsch. Math.-Vereinigung* 8 (1900): 47~53 중 49~50. Wilhelm Wien, "Das physikalische Institut und das physikalische Seminar," in *Die wissenschaftlichen Anstalten der Ludwig-Maximilians-Universität zu München,* ed. K. A. von Müller (Munich: R. Oldenbourg und Dr. C. Wolf, 1926), 207~211 중 208~210.

10 바이에른 내무부가 뮌헨 대학 평의회에 보낸 문서, 1870년 12월 25일 자, Munich UA, E II-N, Narr.

스의 열 이론 연구를 그가 의지했음을 드러내는 "이론적 결론"을 포함했다. 나르는 뮌헨 대학에서 이론 물리학 정규 강의를 맡았고 때때로 실험 및 실험실 물리학을 가르쳤고 세미나도 도왔다.[11] 1880년대에 플랑크와 그래츠, 그리고 다른 사강사 두 명이 이론 물리학 강의를 정규 강의로 개설하는 데 볼츠만과 함께했다. 그래츠는 베를린 대학에서 공부했고 헬름홀츠와 키르히호프에게 자극을 받아, 주로 그가 실험 물리학을 쿤트의 실험실에서 배운 스트라스부르 대학과 그가 1879년에 졸업한 브레슬라우 대학에서 주로, "이론 물리학"에 몰두했다.[12] 플랑크는 클라우지우스의 역학적 열 이론에 관련된 학위 논문으로 1879년에 뮌헨 대학에서 졸업한 후에 이듬해 또 하나의 열에 대한 이론적 연구로 그 대학에서 사강사의 자격을 얻었다.[13] 4, 5학기에 걸쳐 진행되는 과정에서 플랑크는 "이론 물리학의 주된 주제" 모두에 대해 강의했고 반복해서 해석 역학에 대해 강의했다. 그와 그래츠는 함께 약 10명의 구성원을 데리고 "물리학

---

11 교수 자격 심사 논문과 관련된 나르의 "이력서", *Ueber die Erkaltung und Wärmeleitung in Gasen* (Munich, 1870), Munich UA, E II-N, Narr. 배여 학부장이 뮌헨 대학 평의회에 보낸 문서, 1889년 11월 24일 자.

12 바이에른 내무부가 뮌헨 대학 평의회에 보낸 문서, 1881년 8월 8일 자와 그래츠의 이력서, Munich UA, E II-N Graetz.

13 플랑크가 뮌헨 대학 철학부 제2학부장에게 보낸 편지, 1879년 2월 12일 자; 제2학부장 자이델(Seidel)이 제2학부의 구성원들에게 보낸 문서, 1879년 2월 14일 자, 플랑크의 박사학위 논문에 대한 욜리와 바우어의 평가가 들어 있다. Munich UA, OCI-5p. "Max Planck, Promotion … 28 Juni 1879" 플랑크의 이력서가 들어 있다. Munich UA. 플랑크가 제2학부장에게 보낸 편지, 1880년 4월 28일 자. 이력서가 포함되어 있다. 제2학부장 라들코퍼(L. Radlkofer)가 제2학부 구성원들에게 보낸 문서, 1880년 4월 29일 자, 플랑크의 교수 자격 논문에 대한 욜리의 평가와 바우어의 언급이 들어 있다. "Protocoll über die Habilitation des Herren Dr Max Planck als Privatdozent für Physik am 14. Juni 1880"; Munich UA, OCI-6~7. 학부장 라들코퍼가 뮌헨 대학 평의회에 보낸 편지, 1880년 6월 14일 자"; 뮌헨 대학 평의회가 바이에른 내무부에 보낸 편지, Munich UA, E II-N, Planck. [Munich UA E II-N, Boltzmann.]

콜로키엄"을 진행했다. 플랑크가 1885년에 킬Kiel로 떠났을 때, 그가 뮌헨 대학에서 한 아홉 학기 동안의 강의는 10명에서 30여 명에 이르는 수강생을 모은 "탁월한 성공"으로 간주되었다.[14] 뮌헨 대학 철학부는 그 기회를 플랑크를 대신할 이론 물리학 부교수를 요청하는 데 사용했다. 그들의 요청은 수락되었고 나르가 1886년에 그 자리에 임명되었다.[15]

그래서 볼츠만이 1890년에 뮌헨 대학에 도착했을 때, 나르와 그래츠는 이미 이론 물리학에 대해 강의를 하고 있었다. (그리고 로멜 역시 그가 주로 맡은 실험 물리학 강의에 더해 이론 물리학의 특별한 주제들에 대해 강의하고 있었다.)[16] 볼츠만의 위치와 뮌헨 대학의 다른 이론 물리학 강사들의 차이는 볼츠만의 자리가 독립적이라는 점이었다. 그는 국립 연구소의 소장이었고 수리 물리학 세미나의 관리자였다.[17] 그는 로멜과

---

14 킬 대학 철학부 학부장 슈티밍(A. Stimming)이 프로이센 문화부 장관 고슬러(Gossler)에게 보낸 편지, 1885년 2월 13일 자, DZA, Merseburg.

15 뮌헨 철학부 제2학부장은 그 구성원들이 이론 물리학 부교수 자리 설치는 "조만간 수락되어야 하는 부정할 수 없는 필요 사항"이라고 반복해서 주장했다고 회상했다. 이러한 호소를 지지하여 학부장은 플랑크를 뮌헨 대학에서 "이 전문 분야의 유일한 대표자"로 지목했다. 그것은 교수 자리 문제를 "매우 긴급하게" 만들었다. 제2학부장 젤리거(D. Seeliger)가 뮌헨 대학 평의회에 보낸 편지, 1885년 4월 12일 자, Munich UA, E II-N, Planck. 나르는 새로 설치된 부교수 자리를 맡았는데 "전문 분야인 이론 물리학"에 대해 정규 강의를 맡고 연구소와 세미나에서 실습을 지도하는 임무를 맡았다. 바이에른 내무부가 뮌헨 대학 평의회에 보낸 문서, 1886년 8월 2일 자, Munich UA, E II-N, Narr.

16 나르는 볼츠만이 임용될 때부터 질병 때문에 거의 계속 자리를 비웠다. 로멜이 뮌헨 대학 철학부 제2학부에 보낸 편지, 1892년 10월 23일 자, Munich UA, E II-N, Graetz. 이전처럼 1892년에 로멜은 그래츠를 실험실 실습 과정을 지도하는 임무를 지는 무급 부교수로 삼기를 제안했다. 1893년에 나르가 사망했을 때 그래츠는 승진했다. 그는 물리학 실험실에서 실습을 지도할 뿐 아니라 이론 물리학 정규 강의 임무를 지는 부교수가 되었다. 그는 3,180마르크의 봉급도 받았다. 사강사로서 이 임무를 받기 이전에 그래츠는 이미 "이론 물리학의 전 분야"에 대해 강의하고 실습을 지도한 적이 있었다. 킬 대학 철학부의 추천서, 1889년 2월, DZA, Merseburg, Boltzmann, "Lommel," 50.

동급이어서 로멜이 실험 물리학에서 하듯이 이론 물리학의 완전한 프로그램을 개설했다.

볼츠만이 1891년에 관리한 국립 연구소는 "수리 물리학 컬렉션"이었다. 그 컬렉션은 연구에 사용하는 장치로 이루어졌다. 그 컬렉션은 옴과 다른 뮌헨의 물리학자들을 일찍이 도운 컬렉션이었고 볼츠만은 그것을 확대했다. 그의 조수는 그 컬렉션의 목록을 만들었는데, 거기에는 장치 1,000점 이상이 망라되었다.[18] 잘 갖추어진 이 실험실 덕택에 볼츠만은 세미나에서 지도할 수 있었던 이론 연구뿐 아니라 "실험 연구"도 지도할 수 있었다.[19]

맥스웰의 전자기 이론에 대한 볼츠만의 글과 강의

수리 물리학 컬렉션의 관리자로서 볼츠만은 몇 점의 전기 장치를 추

---

17 Arnold Sommerfeld, "Das Institut für Theoretische Physik," in *Die wissenschaftlichen Anstalten … zu München*, 290~291. 바이에른 내무부가 뮌헨 대학 평의회에 보낸 문서, 1891년 5월 15일 자, Munich UA, E II-N, Boltzmann.

18 볼츠만의 쉬츠(Ignaz Schütz)에 대한 보고서, 1893년 12월 19일 자, Munich UA, Acta … phys. Cab., Nr. 289. 볼츠만의 소장 목록은 45쪽 분량이었고 1,254점의 기구를 망라했다. 14개 종류 중에서 뮌헨의 전문 분야인 광학은 가장 많은 수의 기구를 차지했고 그다음은 역학, 그다음은 도량형이었다. 기구 중 다수는 슈타인하일(Carl August Steinheil)과 라이헨바흐(Georg von Reichenbach) 같은 유명한 뮌헨의 기구 제작자들이 제작했다고 그 목록에는 적혀 있다. Boltzmann, "Inventar der mathematisch-physikalischen Sammlung des Kgl. Bayerischen Staats," 1894, Ms. Coll., DM, 1954-52/8.

19 볼츠만의 쉬츠(Ignaz Schütz)에 대한 보고서, 1893년 12월 19일 자. 쉬츠는 세미나와 학생들의 실험 연구를 지도하는 일에서 볼츠만을 도왔다. Broda, *Boltzmann*, 5. 그 컬렉션 때문에 볼츠만이 몇 명의 특별한 학생만을 받아서 소수의 연구만을 지도하는 실행을 바꾸지는 않았다. Voigt, "Boltzmann," 81.

가했는데 그중에는 이른바 그의 이중 순환bicycle, 즉 전류의 상호 작용을 입증하기 위한 모형을 포함했다.[20] 1892년에 독일 수학회가 볼츠만의 것을 포함하여 기구와 수학적 및 물리적 모형들의 목록을 출판했을 때 볼츠만은 그 기회를 이론 물리학의 연구 방법에 대한 생각을 정리하는 데 사용했다. 물리학 강의를 최근에 보완하게 된 이 모형들은 그 분야에서 가장 전망 있는 새로운 연구 방법을 그에게 상징했다. 볼츠만은 이 모형들 덕분에 대체된, 더 오래된 이론 물리학 연구 방법을 먼저 프랑스인들의 이론과 관련지었다. 프랑스인들은 물리 이론이 현상을 설명해준다고 믿었고 그들의 이론을 구축한 전기 점과 질점과 중심력이 실재와 일치한다고 믿었다. 볼츠만은 이론이 단지 현상을 "기술해" 줄 뿐이며 설명해주지 못함을 지적함으로써 프랑스인들의 주장을 바로잡은 키르히호프에게 동의했다. 이러한 더 새로운 이해에 따라, 프랑스인들이 한 것처럼 역학적 이해로부터 물리 이론을 전개하는 것은 여전히 적절했지만, 이제 메커니즘은 실재가 아니라 "묘사"나 "유비"로 인식되어야 했다. 맥스웰은 일찍이 이 점을 파악했고 역학적 유비에 호소함으로써 "믿을 수 없는 마술적 힘"을 가진 전자기 방정식을 전개했다. 맥스웰은 자연의 여기저기에서 똑같은 설계가 다시 나타나는 것을 보고 자연의 유비에 강한 인상을 받았다. 같은 법칙이나 미분 방정식이, 도체에서 전기 분포에 적용되듯이 열전도에 적용되고 에테르에서의 전자기 과정에 적용되듯이 소용돌이에 적용된다. 맥스웰은 물리학자들에게 이해한다는 것은 유비를 보는 것이라고 가르쳤고 그의 방법은 이론 물리학의 새로운 연구 방법이 되었다. 볼츠만이 보기에 그 방법은 가까운 미래를 지배할 것이었다. 시범 장치는 가시적으로 역학적 유비를 보여줄 수 있었고 그것은

---

[20] Sommerfeld, "Das Institut für Theoretische Physik," 290.

볼츠만이 유비들을 그렇게 중시한 이유였다.[21]

이론 물리학의 새로운 방법에 관한 에세이를 쓰던 때에 볼츠만은 그 방법의 대표적 예시인 맥스웰의 전자기 이론에 큰 관심을 기울였다. 1891년에 독일 과학자 협회 모임에서 볼츠만은 그에 관해 보고했고 1893년 모임에서 그는 전기와 자기에 관한 새로운 이론들에 관해 전반적으로 보고했다. 여기에서 볼츠만은 독일과 영국의 물리학자들이 개발한 몇 가지 에테르 이론을 분류하고 자신의 새로운 이론을 짤막하게 기술할 뿐 아니라, 헤르츠의 예를 배타적으로 추종하는 것을 경고했다. 볼츠만은 실험에서 주어진 대로 전자기 방정식에 대한 1890년 헤르츠의 제시는 유용함을 인정하면서, 역학적 이론에 대한 물리학자들의 열정이 약화한다면 물리학은 후퇴할 것이라고 했다. 역학적 개념화는 무한히 할 수 있다는 맥스웰의 의견을 되살리며 볼츠만은 그러한 개념화는 다수가 이미 시도되었고 더 많이 시도되어야 한다고 말했다. 역학적 이론들은 맥스웰 자신이 발견한 이력이 보여주듯이 사실을 예시하고 발견하는 데 큰 가치가 있기 때문이다.[22]

1892년에 바이에른 아카데미에 볼츠만은 맥스웰의 전자기 방정식으로 추정된 에테르의 기계적 특성에 대한 논문을 제시했다. 그는 에테르를 두 가지 역학적 유비로, 즉 처음에는 질량과 관성을 갖지만 무게는 없는 연속적인 비압축성 유체로, 두 번째는 균질하고 등방성을 가지며 탄성이 있는 고체로 표현했다. 볼츠만은 연속체 역학의 법칙들과 에너지

---

[21] Ludwig Boltzmann, "Ueber die Methoden der theoretischen Physik" (1892), in *Populäre Schriften*, 1~10.

[22] Ludwig Boltzmann, "Über die neueren Theorien der Elektrizität und des Magetismus," *Verh. Ges. deutsch. Naturf. u. Ärzte* 65 (1893): 34~35. *Wiss. Abh.* 3: 502~503에 재인쇄.

원리를 사용하여, 기호들이 제대로 해석될 때 유체와 고체 안에서 작용하는 힘이 맥스웰의 것과 동등한 방정식을 내놓는다는 것을 보여주었다. 물론 볼츠만의 분석에는 에테르가 정말로 비압축성의 유체거나 탄성 고체라는 암시는 전혀 없다.[23]

뮌헨 대학에서 볼츠만은 맥스웰의 전자기 이론을 주제로 강의했고 학생들의 요청에 따라 그의 강의에서 발췌한 것을 1891년과 1893년에 두 권의 교재로 출판했다.[24] 볼츠만은 헤르츠처럼 맥스웰 이론의 "내용"에 불만이 있었던 것이 아니라 맥스웰의 제시에서 여전히 "형식"이 "모호"하다는 데 불만이 있었다. 헤르츠처럼 볼츠만도 맥스웰의 『전기자기 논고』*Treatise on Electricity and Magnetism*에서 옛 전기 개념과 새 전기 개념이 혼재하는 것을 보았다. 그는 맥스웰이 "전기"와 "전기 변위"로 의도한 의미를 파악하고 그가 원격력에서 출발하지 않았음을 알려면 맥스웰의 이전 전자기 논문들을 읽어야 한다고 했다.[25] 볼츠만은 자신이 맥스웰의 "해석자"라고 말했다.

볼츠만은 이미 역학적 열 이론과 기체의 운동 이론에서 역학적 유비를 가지고 연구한 적이 있었다. 더욱이 우리가 보았듯이 그는 최근에 열 이론의 제2법칙에 대한 헬름홀츠의 단일 순환 유비에 관심을 두게

---

23 Ludwig Boltzmann, "Über ein Medium, dessen mechanische Eigenschaften auf die von Maxwell für den Electromagnetismus aufgestellten Gleichungen führen," *Sitzungsber. bay. Akad.* 22 (1892): 279~301. *Wiss. Abh.* 3: 406~427에 재인쇄.

24 Ludwig Boltzmann, *Vorlesungen über Maxwells Theorie der Electricität und des Lichtes, vol. 1, Ableitung der Grundgleichungen für ruhende, homogene, isotrope Körper* (Leipzig, 1891): vol. 2, *Verhältniss zur Fernwirkungstheorie; specielle Fälle der Elektrostatik, stationären Strömung und Induction* (Leipzig, 1893). 볼츠만은 그의 강의록의 내력에 대해 이전 판을 확장해 출간한 영문판에서 설명했다.

25 Boltzmann, *Maxwells Theorie* 2: iii~iv.

되었고 그 유비를 몇 편의 논문에서 심화시켜 전개했으며 이를 제2법칙을 역학적으로 환원하는 자신의 이전 시도와 비교했다.[26] 맥스웰의 전자기 이론에 대한 그의 뮌헨 강의의 첫 부분에서 볼츠만은 헬름홀츠의 "순환" 운동처럼 에테르와 무게가 있는 물체에서의 운동은 전류 현상을 일으키는 것으로 해석했다. 볼츠만은 이 운동을 라그랑주 방정식을 써서 연구했는데, 이는 맥스웰이 라그랑주의 역학을 써서 전류 사이의 작용을 유도한 것을 볼츠만이 크게 존경했기 때문이었다. 그 유도는 원인이 되는 메커니즘에 대해 세세하게 가정해서 얻은 것이 아니었다.[27] 운동과 위치를 두 개의 "순환" 좌표가 결정하는 "이중 순환"에 대해 볼츠만은 라그랑주 운동 방정식을 적었다. 그다음에 이 방정식을 모형을 가지고 예시했다. 그 모형의 핵심은 움직일 수 있는 중앙의 축으로 연결된 두 개의 독립적인 크랭크였다.[28] 그는 크랭크들의 각 위치angular position를 써서 두 순환 좌표를 나타내면 이중 순환 운동은 두 개의 상호 작용하는 전류와 완전한 유비를 형성한다는 것을 보여주었다. 그러나 독자가 그

---

26 Klein, "Mechanical Explanation," 70~71.

27 헬름홀츠가 "순환적"이라고 부른 운동에서 계의 운동 에너지는 어떠한 순환 좌표 l에도 의존하지 않지만, 순환 운동의 속도 l'에는 의존한다. 그것은 또한 천천히 변하는 좌표 k에 의존할 수도 있는데 이것의 시간 미분은 무시할 수 있다. 어떤 점에서 오로지 천천히 변하는 좌표 k와 구동하는 점의 단일한 속도 l'에 의해서만 속도가 결정되는 덩어리의 계로 정의되는 "순환"에 대해, 라그랑주의 일반 운동 방정식은 심지어 계의 실제 메커니즘이 알려지지 않았어도 적용될 수 있다. 즉 $L = d/dt \cdot \partial T/\partial l' + W$이다. 여기에서 T는 운동 에너지이고, W는 순환 운동에 대한 저항이고 L은 l을 증가시키는 경향이 있는 힘이다. 이 유비에서 전류는 순환이어서 l'이 전류의 세기에 비례하고 L은 기전력에 비례하며, W는 전기 저항의 척도가 된다. 도체의 형태 및 위치와 근처의 철 알갱이들의 상대적 위치가 k에 의해 결정되고 그것들이 변한다면 운동 l'이 변한다. Boltzmann, *Maxwells Theorie*, vol. 1, 제3강.

28 [역주] 이것은 바퀴가 두 개 달린 자전거의 모양이었다. 바퀴가 순환 운동을 나타내고 이 계 전체는 자전거처럼 두 순환의 배열을 유지한 상태에서 움직일 수 있다.

장치를 실재와 혼동하지 않도록 볼츠만은 그가 역학적 유비를 도입한 방법론 교육으로 돌아갔다. 전류의 메커니즘은 그 장치의 메커니즘과 완전히 다르고 더욱이 우리에게 완전히 미지의 대상이다. 그러나 그 장치가 단지 자연을 거칠게 유비할 뿐이라는 것이 그 유비의 발견학습적 heuristic 가치를 약화하지는 않는다. 그 유비는 잘 정의된 역학계를 가지고 연구할 수 있게 해준다. 그것은 볼츠만에게 상당히 큰 이익이었다.[29]

볼츠만은 맥스웰의 이론에 대한 그의 강의의 2권에서 에테르가 한 부피 요소에서 이웃하는 부피 요소로 전기 작용과 자기 작용을 전달한다는 가정에서 출발했다. 각각의 요소는 가정하건대 변위를 일으키는 미지의 운동을 담고 있고 그것을 볼츠만은 패러데이의 용어를 빌어 "전기 긴장 상태"라고 불렀다. 그러한 상상을 하는 출발점으로 볼츠만은 각 요소 안의 핵의 회전각으로 변위를 상정했는데 각의 변화는 운동 에너지를 일으킨다. 하나의 요소의 퍼텐셜 에너지를 나타내기 위해 볼츠만은 두 개의 회전하는 핵 사이에 마찰 롤러friction roller로 기능하는 입자들이 있다는 맥스웰의 아이디어로 돌아갔다.[30] 그러면 퍼텐셜 에너지는 이 입자의 변위를 통해 이루어진 일에 비례한다. 운동 에너지와 퍼텐셜 에너지를 나타내는 항들을 해밀턴의 원리를 표현하는 방정식에 대체함으로써 볼츠만은 맥스웰의 방정식 한 벌을 유도했다. 다른 방정식들은 단순히 그

---

29 볼츠만은 전자기장(마당)을 재현하기 위해 상상할 수 있는 메커니즘을 보여줄 "동역학적 예시"라는 맥스웰의 표현을 승인했다. 그는 이것과 관련된 요점들에 대해 *Maxwells Theorie*, 1: 13, 35와 그의 강의의 다른 곳에서 논의했다.

30 [역주] 맥스웰의 전자기 모형은 역학적 작동이 장(마당)에서 전자기력이 퍼져 나가는 것을 설명한다. 마찰 롤러는 마찰을 일으키는 두 면 사이에 작은 구슬이 들어가 구름으로써 마찰을 줄여주는 기계 장치를 말한다. 이러한 기계적 작용으로 전자기력을 설명하는 방식은 전자기학을 역학으로 환원시켜 풀어나가는 길을 열어주는데, 맥스웰은 이러한 역학적 모형이 실재를 그대로 반영하는 것은 아니라고 생각했다.

유도의 가정들을 진술한다.[31]

원격 작용 이론에서 나온 개념들이 맥스웰의 이론에 어떻게 연관되는지 보이고, 다른 이론들이 다루는 것처럼 맥스웰의 이론으로 철저하게 특별한 문제를 다루어, 학생들이 더는 이전의 교재들로 돌아갈 필요가 없게 만드는 것이 그의 강의에서 볼츠만이 의도한 바의 일부였다. 퍼텐셜의 언어로 볼츠만은 맥스웰의 방정식을 이전의 이론들의 방정식과 비교했다. 퍼텐셜은 이웃하는 부피 요소의 상태들에 따르기보다는 오히려 모든 공간에 걸쳐서 적분으로 표현되므로, 볼츠만은 적분 방정식을 "접촉 작용" 편미분 방정식에 대조하여 "맥스웰의 원격 작용 방정식"이라고 불렀다. 볼츠만은 노이만의 유도 법칙, 헬름홀츠의 일반 이론, 이전의 전기 동역학의 다른 부분들을 유도하기를 계속했다.[32]

맥스웰의 방정식 결과를 전개하기 위해 볼츠만은 새로운 "역학적 묘사들"을 도입했고 그것을 그 이론의 "역학적 토대들"과 구분했다. 일반적으로 그의 뮌헨 강의 여기저기에서 볼츠만은 지속해서 그의 수강생들에게, 실재를 기술하는 것이 아니라 제시된 새로운 연구 방법에 따라 이론 물리학을 하고 있음을 환기했다. 즉, 그는 볼츠만의 방식으로 물리학의 이론들을 구축하는 방법을 보여주었다.[33]

---

31 Boltzmann, *Maxwells Theorie*, vol. 2, 제1강.

32 Boltzmann, *Maxwells Theorie*, vol. 2, 서문, 제12강, 제13강.

33 Boltzmann, *Maxwells Theorie*, 2: 22, 50. 볼츠만은 이론 물리학을 하는 다른 새로운 방법들과 그것들의 한계에 대해서도 논의했다. 그는 맥스웰의 방정식을 경험적으로 주어지는 것으로 헤르츠가 받아들인 것의 가치를 인정했지만 "내적 연관성"에 명쾌한 통찰력을 제공하는 데에는 헤르츠가 실패했음을 지적했다. 대조적으로 맥스웰의 역학적 유비는 전자기의 사실들의 "내적 연관성에 대한 깊은 통찰력"을 주었다. 볼츠만은 또한 이론 물리학을 하는 키르히호프의 방법의 가치를 높이 평가했다. 그것은 일반 미분 방정식의 특수 적분해를 발견하고 그다음에 그것들의 물리적 의미를 찾는 것이었다. 그러나 볼츠만은 자신의 방법을 선호했는데, 그것은 특수 적분해 중 어떤 것이 왜 중요하고 다른 것은 그렇지 않은지에 대한 물리적

볼츠만의 자리가 없어지다

1893년 초에 빈 대학의 슈테판이 사망하자 오스트리아는 볼츠만을 그의 후임자로 택해 "이론 물리학 정교수 자리"를 주어 빈으로 돌아오게 하려고 노력했다. 그를 뮌헨에 붙들어 두기 위해 바이에른 정부는 그의 지위를 개선하려고 서둘렀다. 그에게 봉급을 상당히 인상해주었고 직함과 조수를 주었다. 볼츠만은 이러한 호의에 대해 바이에른에 빚을 졌다고 주장하면서 오스트리아의 제안을 거절했지만, 당분간뿐이었다. 그는 빈에서 이론 물리학 교수직을 얻기를 원했지만 1894년 가을까지 얻지 못했다. 볼츠만은 한편으로 조용히 오스트리아와 협상을 계속하면서 오스트리아 문화부도 높이 평가하는 그의 명성에 상당히 걸맞은 조건들을 요구했다. 오스트리아뿐 아니라 독일에서도 "이론 물리학이라는 분야의 가장 탁월한 대표자" 중 하나로 평가받는 오스트리아인을 고향으로 돌아오게 하는 것이 그들에게는 "명예 문제"였다. 9,000플로린의 봉급(여기에 부가 수입으로 2,000플로린 추가)을 달라는 그의 요청을 받아들이지는 않았지만, 그들은 그에게 당시 오스트리아 대학 교수에게 지급된 최고 봉급인 6,000플로린을 제안했고 결국에는 수입이 충분히 나올 다른 일을 찾아내어 총액이 어쨌든 9,000플로린이 넘게 해주었다. 볼츠만과의 협상이 진행되는 동안 슈테판의 강의 의무는 이론 물리학 부교수인 아들러Gottlieb Adler에게 할당되었다. 아들러가 1894년 봄에 사망했을 때 볼츠만과 오스트리아 정부는 최종 계약에 이르렀고 볼츠만은 그 기회에 바이에른 정부에 자신이 떠나리라는 것을 알렸다. 7월에 그는 4년 동안 이론 물리학을

이유를 찾을 수 있었으므로 이해에 이점이 있었다. Boltzmann, *Maxwells Theorie*, 2: 42, 113~114.

가르쳤던 뮌헨 대학에서의 자신의 의무에서 공식적으로 풀려났다.[34]

볼츠만이 떠나자 뮌헨 대학은 다시 철학부에 이론 물리학자가 없는 상태가 되었다. 이미 이론 물리학을 맡고 있는 "소수의 담당자들" 중에서 뮌헨 대학 철학부는 먼저 포크트나 플랑크를 볼츠만의 후임자로 가능성을 두었다. 그들은 특별히 플랑크를 원했지만 그를 데려올 가능성은 별로 없다고 생각했다. (볼츠만의 제안으로 그들은 로렌츠도 고려했다.) 적당한 이론 물리학자를 찾는 어려움 때문에 로멜은 이론 물리학 교수 자리를, 뮌헨 대학에는 아직 설치된 적이 없는 물리 화학으로 전환하고 그 자리를 네른스트에게 제시하자고 제안했다.[35]

뮌헨 대학 철학부는 이론 연구의 방법을 가르칠 탁월한 연구자를 채용할 자리라고 그 자리를 정의했었기에, 그들이 이론 물리학자를 고용한다면 그는 볼츠만만큼 위상이 있는 사람이어야 했다. 1896년에 잠깐 그들의 문제는 풀린 것처럼 보였다. 볼츠만이 빈에서 편지를 써서, 1894년에 그를 뮌헨에 머무르게 하려고 그들이 제안한 봉급을 이제 받을 수 있다면 기꺼이 돌아가겠다고 했기 때문이었다. 그에 따라 학부 임용 위원회가 볼츠만과 포크트 두 사람으로 새로운 후보자 목록을 만들었지만, 철학부는 볼츠만을 원했으므로 그들은 공식적으로 오직 그에게만 요청

---

[34] 볼츠만과 협상한 정부 관리가 오스트리아 문화교육부에 보낸 보고서, 1893년 7월 14일과 1894년 5월 30일 자, 볼츠만에게 보낼 편지들의 초고와 볼츠만의 답장, 1893년 12월 26일 자, Öster. STA, 4 Phil, Physik, 1375/1849. 볼츠만이 뮌헨 대학 총장에게 보낸 편지, 1894년 5월 9일 자, Munich UA, E II-N, Boltzmann. 치텔(Zittel) 학부장이 뮌헨 대학 철학부에 보낸 편지, 1894년 5월 21일 자, Munich UA, OCI 20. 볼츠만은 1894년 7월 14일에 공식 해임장을 받았다.

[35] 뮌헨 대학 교수진은 로렌츠(H. A. Lorentz)를 1위, 플랑크를 2위, 네른스트(Walther Nernst)를 3위로 제안했다. 실제로는 네른스트가 가장 먼저 초빙받았으나 거절했다. 뮌헨 대학 철학부 제2학부 회의록, 1894년 6월 6일, 13일 자, 1895년 5월 4일 자, 1896년 3월 5일 자, Munich UA, OCI 각각 20, 21, 22.

했다. 그들은 볼츠만이 빈으로 돌아가는 "애국적 임무"를 이행했으나 이제는 그것을 재고하면서 결국 뮌헨을 더 선호하고 있다고 추론했다. 그들은 그를 다시 부르는 데 모든 노력을 기울이라고 촉구했다. 왜냐하면, 볼츠만은 "이론 물리학 분야에서 따를 자 없는 첫 번째 대표자"였고 "모든 국가에서 그렇게 인식"했기 때문이었다.[36] 그러나 바이에른 내무부는 같은 일자리를 다시 볼츠만에게 제시하기를 거절했다.[37] 철학부는 저항했다. 로멜이 1899년에 사망했을 때 그들은 그의 후임자로 볼츠만과 로렌츠를 순서대로 제안했다. 그들이 볼츠만이나 로렌츠를 이론 물리학자로 확보할 수 없다면, 그들은 둘 중 하나를 실험 물리학자로 부를 것이라 했다. 그들은 볼츠만이 "이론 연구자"일 뿐 아니라 "실험 물리학의 선생"으로도 알려진, "전체적으로 보아" 유럽 제일의 물리학자라고 말했다. 그들의 세 번째 후보자는 뢴트겐이었는데 결국에는 그가 그 일자리를 얻었다.[38]

뮌헨 대학에서 볼츠만이 담당했던 이론 물리학 교수 자리는 20세기로 접어든 지 한참이 지나도록 비어 있었다. 정부 부처는 볼츠만의 수리 물리학 컬렉션을 연구에 사용하는 것을 허락했고 그것의 예산과 조수의 봉급을 유지했으며 심지어 그 컬렉션에 추가 지원금까지 지급했다.[39] 뮌헨 대학에서 이론 물리학 강의는 그래츠가 이어서 담당했고 볼츠만이

---

[36] 뮌헨 대학 철학부의 제2학부 회의록, 1896년 4월 30일 자, Munich UA, OCI 22.

[37] 바이에른 내무부가 뮌헨 대학 평의회에 보낸 문서, 1896년 5월 21일 자, Munich UA, OCI 22.

[38] 뮌헨 대학의 실험 물리학 교수로 철학부가 뽑은 후보자 목록을 담은 것으로, 뮌헨 대학 철학부 학부장 린데만(Lindemann)이 대학 평의회에 보낸 편지, 1899년 7월 19일 자, Röntgen Personalakte, Munich UA.

[39] 국가 과학 컬렉션 종합 보존부가 뮌헨 대학 평의회에 보낸 문서, 1894년 7월 31일 자, Munich UA. 바이에른 내무부가 종합 보존부에 보낸 문서, 1896년 3월 21일 자, Munich UA, OCI 22.

떠난 이듬해인 1895년부터는 "이론 물리학" 사강사 코른Arthur Korn이 담당했다.[40]

1890년대 독일 물리학에서 이론 물리학의 위치

볼츠만이 받은 최고 봉급은 물리학의 최고 연구자에 부여된 가치, 그들의 희소성, 그들이 이론 물리학 일자리의 업무 조건을 수락하기를 꺼리는 양상을 반영했다. 결국 그런 학자들은 실험 물리학 교수직도 함께 얻으면서 그에 따라 물리학 연구소를 지배할 수 있었다. 볼츠만은 그의 동료들이 부적절하다고 생각할 제도적 배치에 대단히 만족했다는 점에서 특이했다.

물리학자들은 물리학자, 특히 뮌헨 대학 철학부가 주목한 이론 연구를 전공하는 좋은 물리학자가 적은 것은 일반적으로 이론 물리학에 무관심하다는 양상이 반영되었기 때문이라고 보았다. 이는 그들이 보았듯이 물리학자들이 실험 물리학을 연구하는 것을 선호하는 것과 관계가 있었다. 적어도 1890년대 중반부터 포크트는 독일의 이론 물리학이 실험 물리학만큼 가치를 인정받지 못한다고 불평해왔다. 그는 뛰어난 실험 결과가 이론적 준비 없이 나올 수 있는 것처럼 여겨진다고 했다. 1899년에 어떤 자리에 채용할 이론 물리학자를 추천해 달라는 부탁을 받은 포크트는 많은 이름을 거론할 수 없었고, 이 채용 대상이 될 만하지는 않지만 이론 물리학에 열정이 있다고 느낀 이들은 더 적었다. 그가 제시한 이유는 "쿤트의 순수한 실험적 지향"이 "독일에서 표준"이 되었다는 것이다.

---

[40] 뮌헨 대학 철학부 학부장이 학부에 보낸 문서, 1895년 7월 1일 자, 코른의 업무에 대한 로멜의 평가서, 1895년 7월 11일 자가 포함되어 있다. Munich UA, OCI 21.

젊은 물리학자 중 "엄밀한 이론"을 가치 있게 여기는 이는 거의 없었다. 그들 중에는 플랑크, 빈, 드루데, 조머펠트처럼 훌륭한 이론 연구자가 없었다.[41] 1899년에 포크트는 아헨 고등공업학교에서 공학도를 가르치기 시작하려는 조머펠트에게 조머펠트가 이론 물리학에 대한 관심을 잃게 될까봐 염려한다고 편지에 썼다. 1902년에 그는 다시 편지를 써서 조머펠트가 여전히 이론 물리학을 연구하고 있는 것을 기뻐하며 그가 "키르히호프 등이 떠난 이후에 잃어버린 세계적인 지위를 우리가 재탈환하는 일을 돕기"를 기대한다고 말했다.[42] 1898년에 조머펠트에게 보낸 편지에서 빈은 독일 이론 물리학의 상태를 포크트와 비슷한 용어로 분석했다.

> 독일의 이론 물리학은 온전히 쉬고 있는 것과 마찬가지입니다. 이런 상태가 그것을 부흥시키는 데 도움을 주는 이유가 되어야 하지만 상황은 이미 이론 물리학의 필요성조차 더욱더 느끼지 못하는 지경까지 이르렀습니다. 이에 대한 이유는 첫째, 물리학자들이 거의 순수한 실험만을 하고 이론에 어떤 흥미를 갖는 일이 거의 없는 것이고 둘째, 수학자 대부분이 전적으로 추상적 영역으로 돌아가 응용에 관심을 두지 않는 것입니다. 이것은 순수 이론 물리학을 단 두 곳(베를린과 괴팅겐)에서만 가르치는 것과 뮌헨 대학처럼 중요한 이론 물리학 교수직이 완전히 사라진 것에서 외적으로 드러납니다. 이론 물리학은 요즈음에 교수 자리를 차지할 사람을 찾지 못합니다. 나중에는 이 상황이 다시 완전히 달라져야 할 것입니다. 왜냐하면, 그렇지 않으면 물리학은 완전히 쇠퇴할 것이기 때문입니다. 그러나 저는 시대적 조류를 참작해야 하고 여전히 외부의 자리를 얻기 위해 연구해야

41 포크트가 동료에게 보낸 편지, 1899년 6월 6일 자, STPK Darmst. Coll. 1923.54.
42 포크트가 조머펠트에게 보낸 편지, 1899년 12월 3일과 1902년 11월 24일 자, Sommerfeld Correspondence, Ms. Coll., DM.

하는 한, 순수하게 실험적인 연구로 철저하게 분주해야 합니다.[43]

빈은 아헨 고등공업학교에서 부교수로 있으면서 대학교수 자리로 첫 번째 초빙을 받기를 기다리고 있었다. 물리학의 교수 자리, 그리고 어떻게 그것을 얻을 것인가가 그의 마음을 채우고 있었다. 그 분야에 대한 그의 언급은 1890년대에 물리학자가 대학에 이론 물리학 교수 자리가 있는 것을 당연하게 여길 수 있다는 것을 보여주는 점에서 시사적이다. 그의 언급의 요지는 이론 물리학이 물리학 교과 과정의 독특하고 필수적인 부분이라는 점이었다.

19세기 말에 정교수 중에서 베를린 대학의 플랑크, 괴팅겐 대학의 포크트, 쾨니히스베르크 대학의 폴크만만이 이론 물리학 연구소가 있었고 이 중 단 두 곳, 베를린과 괴팅겐만이 빈이 알고 있었던 것처럼 언급할 가치가 있었다는 것은, 독립적인 교육 과목으로서 이론 물리학이 느리게 성장하고 있었음을 보여준다. 더욱이 이론 물리학은, 뮌헨 대학에서 바로 전에 일어난 일, 빈이 그 손실을 민감하게 느낀 그 일처럼, 여전히 독립적인 위치에서 부수적인 위치로 전락함으로써 토대를 잃을 수도 있었다.

교수직 수준은 아닌, 물리학의 많은 하급 일자리는 우리가 보았듯이 1870년대부터 대학들에 설치되었다. 대학들은 이론 물리학 교육을 사강사와 부교수에게 할당했고 이들의 임무는 점차 짐이 많아진 물리학 정교수들의 교육을 돕는 것이었다. 그러니까 그들은 실용적 필요에 대응했다고 할 수 있다. 그들은 새롭게 완성된 전문 분야인 이론 물리학의 인식된 필요와 요구에 대한 물리학자들과 정부 관리의 반응을, 특히 확실히, 처

---

[43] 빈이 조머펠트에게 보낸 편지, 1898년 6월 11일 자, Sommerfeld Correspondence, Ms. Coll., DM.

음에는 드러내지 않았다. 점차 그러한 필요에 대한 인식이 생겼고 그러한 인식은 독일 물리학의 불균형을 포크트와 빈이 감지하고 그에 대해 불만을 느끼는 원인이 되었다. 이론 물리학의 부속 일자리가 많이 있었지만 이것이 더는 충분한 것으로 보이지 않았다.

19세기 말에 물리학자 대부분은 실험 물리학에 속하는 연구를 하는 물리학 교수들에게 훈련받았다. 이때까지는 실험 물리학을 연구할 기회가 많았다. 왜냐하면, 대학 물리학 연구소가 점차 그 목적으로 잘 갖춰지고 있었기 때문이었다. 일자리를 정상적으로 얻으려면 실험 물리학 연구를 해야 했다. 실험 물리학에서 최고의 일자리, 곧 큰 물리학 연구소의 소장직은 이제 준비된 것으로 보였다. 한편에서는 기구와 실험 방법의 진보로, 다른 한편에서는 수학적 방법의 최근의 진보로 실험과 이론에 모두 상당히 통달한 키르히호프 같은 물리학자가 나타나는 일은 어쩔 수 없이 점차 더 뜸해졌다. 포크트와 빈의 불만을 받아주는 데 필요한 것은 훌륭한 물리학자가 더 많이 나타나 이론을 개발하고, 이와 똑같은 비중으로, 자신과 같은 이론 연구자를 더 많이 훈련하기 위해 연구소를 이끄는 것이었다. 포크트와 빈의 독일 물리학에 대한 질책이 있은 지 얼마 되지 않아 20세기 초에 이론 물리학에서 이러한 발전이 실현되었다.

우리는 우리의 논의를 두 개의 표로 마무리 지으려 한다. 표 1은 독일 물리학 연구소들의 예산을 요약해주고 표 2는 독일에서 가르친 물리학 과목들을 보여준다. 이 표들은 볼츠만이 뮌헨 대학에서 이론 물리학을 가르치고 있을 때 이론 물리학이 모든 곳에서 물리 교육의 필수적인 부분으로 받아들여진 것을 보여준다. 또한, 이 표들은 여전히 하급 교원들이 그 과목을 가르쳤다는 것을 보여준다. 볼츠만이 뮌헨 대학에 있는 것이 두드러졌는데, 그 후에 그가 거기에 없게 된 것도 마찬가지로 두드러졌다.

표 1. 1891년 독일 대학과 고등공업학교의 물리학 연구소의 예산 요약

		아헨 공업학교	베를린 대학	베를린 공업학교	본 대학	브라운슈바이크 대학	브레슬라우 대학
예산		3000		3000	4400	2710	3763
충분했나?				N	Y	Y	N
소장이 비용을 충당하기를 기대하는 항목	작은 건물 수리						
	가스/물 공급선 교체						
	건물 설비, 가구						
	가스, 물, 난방, 청소				Y		Y
	조수와 급사 봉급				Y 2000		
조수 수					460	1500	144
조수 봉급		1		1	1		2
급사 수		2300		1800	1200		1200 1200
급사 봉급		2		1	2	1	2
중앙 난방		1800 1350		1380	1200 960	1500	1500 900
단독 건물		Y		Y		Y	Y
전기 기술 교수							
이론 물리학 교수		Y		Y		Y	
물리 화학 교수		부			부		부
출석수[1]							
조정된 출석수		797	4611	1640	1386	273	1342
조정된 예산[2]		797	2305	1640	693	273	671
학생 100명당 예산		3000		3000	1740	1210	3418
조정된 조수 수[3]		1500		183	250	445	500
조정된 급사 수[4]		3		2	2	1	3
		1		2	2	2	3

표 1에 대한 주석

1. 출석수: 조사 당시의 출석수
2. 조정된 예산: 예산 − 연구소 운영 경비
3. 조정된 조수 수: 조수 수 + 남아있는 물리학 교수직 수
4. 조정된 급사 수: 중앙 난방이 있으면 급사 + 1

표 1. 1891년 독일 대학과 고등공업학교의 물리학 연구소의 예산 요약(계속)

		다름슈타트 공업학교	드레스덴 공업학교	에를랑엔 대학	프라이부르크 대학	기센 대학	괴팅겐 대학
예산		1430	2700	2450	2900		4900
충분했나?		N	N	N			N
소장이 비용을 충당하기를 기대하는 항목	작은 건물 수리						
	가스/물 공급선 교체				Y		
	건물 설비, 가구			Y	Y		Y
	가스, 물, 난방, 청소						
	조수와 급사 봉급						
조수 수		1	2	1	1		2
조수 봉급		1000		1250	1200		1200 1200
급사 수		2	1.5	1	1		2
급사 봉급		1100 900		750	545+ f.l.q.		1100 600
중앙 난방			Y		Y		
단독 건물		예정			Y		Y
전기 기술 교수		Y	Y				
이론 물리학 교수			부				Y
물리 화학 교수							
출석수[1]		316	403	1078	1138	562	831
조정된 출석수		316	403	539	569	281	415
조정된 예산[2]		1430	2700	2250	2500		4700
학생 100명당 예산		455	675	415	437		1100
조정된 조수 수[3]		2	4	1	1		3
조정된 급사 수[4]		2	2	1.5	2		2

"Y"은 "예", "N"은 "아니요"를 의미한다.
돈의 단위는 마르크이다.
"f.l.q."는 "연구소 안에 무료 숙소"(free living quarters in the institute)를 의미한다.
이론 물리학 항목에 "부"는 "부교수"를 의미한다.
에를랑엔 대학의 중앙 난방 항목에는 분명히 "Hausm."이라는 글자가 있었으나 우리가 표에서는 뺐다.

표 1. 1891년 독일 대학과 고등공업학교의 물리학 연구소의 예산 요약(계속)

		그라이프스발트 대학	할레 대학	하노버 공업학교	하이델베르크 대학	예나 대학	카를스루에 공업학교
예산			1325 +	1450	4000	4500	1100
충분했나?			N	Y	N	Y	N
소장이 비용을 충당하기를 기대하는 항목	작은 건물 수리				Y		Y
	가스/물 공급선 교체				Y	Y	Y
	건물 설비, 가구				Y	Y	Y
	가스, 물, 난방, 청소				Y	Y	청소
	조수와 급사 봉급				1800	1700	
조수 수			1	1	1	1	1
조수 봉급			1200	1350	1000	800 + f.l.q.	1200
급사 수			1	1	1	1	2
급사 봉급			600		800 + f.l.q.	900 + f.l.q.	1600800
중앙 난방			Y	Y			
단독 건물			Y			Y	
전기 기술 교수				Y			
이론 물리학 교수			Y		Y	Y	Y
물리 화학 교수							
출석수[1]		834	1483	580	1089	645	585
조정된 출석수		417	741	580	544	322	585
조정된 예산[2]			1325 +	1450	− 400	2400	400
학생 100명당 예산			178 +	250	− 74	745	67
조정된 조수 수[3]			2 +	2	1	2	1
조정된 급사 수[4]			2 +	2	1	1	2

표 1. 1891년 독일 대학과 고등공업학교의 물리학 연구소의 예산 요약(계속)

		킬 대학	쾨니히스베르크 대학	라이프치히 대학	마르부르크 대학	뮌헨 대학	뮌헨 공업학교
예산		3200	5270		4280	2143 (4000)	3100
충분했나?		N	N		N	N	Y?
소장이 비용을 충당하기를 기대하는 항목	작은 건물 수리				Y	Y	
	가스/물 공급선 교체					Y	Y
	건물 설비, 가구	Y	Y			Y	
	가스, 물, 난방, 청소	Y	1260		1500		
	조수와 급사 봉급		1950				
조수 수		2	1	2	2	1	2
조수 봉급		1080+ f.l.q. 480	1200		1200 1200	1200	
급사 수		1	2	2	1	2	
급사 봉급		1280+ f.l.q.	750+ f.l.q.		1000	1398 1398	
중앙 난방							
단독 건물		Y			Y	예정	Y
전기 기술 교수							Y
이론 물리학 교수					부	Y+ 부	
물리 화학 교수				Y			
출석수[1]		605	717	3242	952	3551	882
조정된 출석수		302	358	1621	476	1775	882
조정된 예산[2]		1000	1860		2580	3400	2900
학생 100명당 예산		330	515		545	191	325
조정된 조수 수[3]		3	2	3	3	3	3
조정된 급사 수[4]		1	2	2	1	2	1

표 1. 1891년 독일 대학과 고등공업학교의 물리학 연구소의 예산 요약(계속)

		뮌스터 아카데미	로스토크 대학	스트라스부르 대학	슈투트가르트 공업학교	튀빙겐 대학	뷔르츠부르크 대학
예산		1620		6000	2000	6600	
충분했나?				Y	N	N	
소장이 비용을 충당하기를 기대하는 항목	작은 건물 수리						
	가스/물 공급선 교체		Y				
	건물 설비, 가구	Y		Y		Y	
	가스, 물, 난방, 청소			물		2000	
	조수와 급사 봉급					Y	
조수 수		1		3	1	1	
조수 봉급		1200		1425 + 900 + 400 모두 f.l.q.	1820	1280	
급사 수		1		3	1	1	
급사 봉급		1200		1800 + f.l.q. 1350 + f.l.q. 1050	1930	1560	
중앙 난방					Y	Y	
단독 건물		예정		Y		Y	
전기 기술 교수					Y		
이론 물리학 교수				부		부	
물리 화학 교수							
출석수[1]		377	368	917	486	1393	1422
조정된 출석수		188	184	458	486	696	711
조정된 예산[2]		1420		5500	2000	1760	
학생 100명당 예산		755		1120	470	253	
조정된 조수 수[3]		1		4	2	2	
조정된 급사 수[4]		1		3	2	2	

우리는 어떤 경우에도 표를 바꾸지 않았고 레만(Lehmann)의 계산을 수정하지도 않았다.

1891년에 레만(Otto Lehmann)은 직접적인 문의를 통해 이 정보를 모았다. 그 직전에 카를스루에 고등공업학교로 옮긴 레만은 그곳의 물리학을 가르치는 제도를 개선하려고 이 조사를 했다. 가령, 그의 조사는 카를스루에 고등공업학교가 학생당 경비에서 다른 학교보다 등수가 아래에 있는 것을 보여준다. 이 정보는 확실히 불완전하다. 베를린, 기센, 라이프치히 대학에 관해서는 레만은 데이터를 "정부에서만 얻을 수 있었다"고 적었다. 그라이프스발트 대학에 관해서는 "연구소가 완전히 새롭게 조직되어 요청이 아직 승인을 받지 못했다." 로스토크 대학에 관해서는 "연구소의 소장이 매우 아파서 응답할 수 없었다." 뷔르츠부르크 대학에 대해서는 "무응답." 레만은 또한 할레 대학에 대해서는 "두 연구소가 존재하는데 그중 하나에 문의하는 것을 빠뜨렸다."라고 적었고 드레스덴 고등공업학교에 대해서는 카를스루에 고등공업학교로 오기 전에 레만이 있었던 곳이어서 "데이터는 내 기억에 따랐다."라고 적었다. 표에 요약된 직원과 상세 예산에는 이 연구 여러 곳에서 우리가 연구소별로 시기별로 논의하던 사안들이 들어 있다. 우리는 19세기 말 독일 물리학 교수가 약간 고생해서 독일 여러 곳의 물리학 연구소에 대해 갖게 된 인상을 알려주려고 레만의 요약을 여기에 재현해 놓았다. 1891년은 《물리학 연보》의 연구에 대해 마지막으로 개관한 시기에 해당한다. 레만이 1891년 6월 26일이라고 날짜를 붙인 이 표는 Bad. GLA, 235/4168에 있다.

우리는 이 표 중에서 우리의 주제인 이론 물리학에 관한 줄에 대해 몇 가지 관찰사항을 언급하겠다. 베를린과 기센 대학에 관한 이 표의 정보는 불완전한데 두 대학에는 1891년에 이론 물리학 부교수가 있었고 쾨니히스베르크 대학에도 한 명이 있었다. 여기에서 그것이 빠진 것은 쾨니히스베르크 대학의 제2 물리학 연구소에 편지를 쓰지 않았기 때문으로 짐작된다. "부" 대신 "Y"로 예나와 킬 대학이 응답한 것은 오해일 것이다. 두 대학은 이 시기에 오직 이론 물리학 부교수만 있었다. 튀빙겐 대학의 "부"라는 응답도 시기에 앞선 것이었다. 그해에 튀빙겐 대학 평의회는 이론 물리학 사강사를 부교수로 승진시키자고 제안했지만 거부되었고 그 승진은 1895년에야 이루어졌다. 대학의 이론 물리학에 관계되는 한도 안에서 조사를 종합하면, 1891년에 독일의 20개 대학 중 열두 개에 이론 물리학 정교수나 부교수가 있었고 뮌헨의 경우에는 둘 다 있었다.

표 2에 대한 주석

1892년 여름 학기와 1892~1893년 겨울 학기에 발표된 것임. 선생들의 이름 옆의 숫자는 그 과정이 요구하는 주당 시간 수를 의미한다. 문자 (d)는 선생이 사강사임을 나타내고, 문자 (e)는 부교수, 아무런 문자가 없는 것은 정교수임을 나타낸다. 무료 과정은 (gr)이라고 표시되어 있다. Lexis, ed. *Die deutschen Universitäten* 2: 164~165에서 재인쇄.

표 2. 1892~1893년 독일 대학에서 개설한 물리 과정의 요약

Universitäten	Experimental-Physik	Theoretische Physik	Theorie der Elektricität und des Magnetismus	Wärmetheorie	Praktische Uebungen im Laboratorium: I. für Anfänger II. f. Geübtere	Bemerkungen
Berlin. . . .	Kundt 5, König (e) 4.	v. Helmholtz 4, Planck 4, Glan (d) 2, Rubens (d) 2.	Glan (d) 4.	Weinstein (d) 3.	Kundt I. 7, II. 39. Planck (Institut für theoretische Physik) 2.	Ferner war angekündigt: Die elektromagnetische Theorie des Lichts: Berlin Wien (d) 2. — Kinetische Gastheorie: Berlin Pringsheim (d) 2; Freiburg Zehnder (d) 1; Giessen Fromme (e) 3. — Ueb. elektr. u. magnet. Messmethoden: Berlin Arons (d) 2; Freiburg Zehnder (d). — Hydrodynamik: Erlangen Knoblauch (d) 2. — Krystalloptik in mathemat. Behandlung: Göttingen Pockels (d) 2. — Verwendung d. Elektricität in der Technik und Medicin: Halle Schmidt (d) 2. — Induct. u. Dynamomasch.: Kiel Hagen (d) 2. — Spektralanalyse u. ihre Verwendung: Halle Schmidt (d) 1. — Physikal.-chemische Theorien: Heidelberg Horstmann (h) 2; Leipzig Le Blanc (d) 2. — Diffusion des Lichts: Jena Abbe (h) 3. — Photometrie: Kiel Weber (e) 17. — Interferenz u. Doppelbrechung des Lichts: Leipzig
Bonn	Hertz 4.	Lorberg (e) 4.	[Lorberg (e) 4.]	Lorberg (e) 2 gr.	Hertz I. 8, II. 54.	
Breslau. . .	Meyer 6.	Dieterici (e) 5.	—	[Dieterici (e) 4.]	Meyer 3 u. 6. Dieterici (e) 3 u. 6.	
Erlangen .	Wiedemann 5.	Ebert (d) 2.	[Ebert (d) 2.]	[Knoblauch (d) 2].	Wiedemann II. 40.	
Freiburg. .	Warburg 5.	Warburg 2, Meyer (d) 2.	—	—	Warburg II.	
Giessen. . .	Himstedt 5.	[Fromme (e) 3.]	—	Fromme (e) 3.	Himstedt I. 12, II. täglich.	
Göttingen .	Riecke 4.	Voigt 5, Drude (d) 2.	[Drude (d) 2.]	—	Riecke II. 48 u. 4.	
Greifswald	Holtz (e) 4.	[Oberbeck 2.]	Oberbeck 4.	—	Oberbeck I. 6, II. täglich.	

표 2. 1892~1893년 독일 대학에서 개설한 물리 과정의 요약(계속)

Halle	Knoblauch 4.	[Dorn 2.]	Dorn 4.	[Dorn 4.]	Dorn 6.
Heidelberg	Quincke 5.	Quincke 3, Eisenlohr(e)4.	—	—	Quincke II. täglich.
Jena.	Winkelmann 5, Schaeffer(h)4.	[Auerbach (e) 1.]	Auerbach (e)3.	—	Winkelmann II. 48.
Kiel	Karsten 6.	[Weber (e) 2.]	—	Weber (e) 3.	Karsten } Weber } 20.
Königsberg	Pape 5.	—	Volkmann(e)4.	[Wichert(d)1.]	Pape. Volkmann (e).
Leipzig. . .	Wiedemann 6.	[Des Coudres (d) 2.]	—	—	Wiedemann 39.
Marburg . .	Melde 5.	[Feussner(e)4.]	s. theor. Physik.	Elsass (e) 2.	Melde 12. Feussner(e) 12.
München . .	Lommel 5.	Grätz (d) 4.	Boltzmann 4.	[Grätz (d) 4.]	Lommel } Narr } 15.
Münster . .	Ketteler 4.	Hittorf 3 (gr.)	Ketteler 2 (gr.)	[Hittorf 3].	Ketteler 9.
Rostock . .	Matthiessen 5.	—	—	Mönnich (d) 2.	Matthiessen 24.
Strassburg	Kohlrausch 5.	[Cohn (e) 3.]	Cohn (e) 3.	[Hallwachs(d) 2].	Kohlrausch I. 12, II. 39.
Tübingen .	Braun 5.	[Waitz (e) 3.]	Waitz (e) 3.	[Waitz (e) 3.]	Braun I. 4, II. täglich.
Würzburg.	Röntgen 5.	Heydweiller (d) 2.	Selling 4, Heydweiller (d) 2.	Geigel (d) 2.	Röntgen I. 10, II. täglich.

des Coudres (d) 2; **München** Donle (d) 2. — Theorie des Mikroskops und seine Anwendung: **Leipzig** Ambronn (e) 2. — Photogrammetrie: **Heidelberg** Wolf. — Grundzüge der Elektrostatik: **Strassburg** Hallwachs (d) 2. — Potentialtheorie: **Heidelberg** Eisenlohr; **Jena** Auerbach 3 (s. Tab.); **Kiel** [Weber (e) 2]; **Königsberg** [Volkmann (e) 4]; **München** Boltzmann 3; **Strassburg** [Reye 4]; **Würzburg** Selling 4 (s. Tab.).

Die physikalisch-mathematischen Seminare s. u. — Ausserdem waren noch Uebungen, Repetitionen etc. angekündigt in Berlin (u. a. Praktischer Kursus für Mediciner: Kundt 3), Bonn, Göttingen, Halle, Erlangen, Giessen, Heidelberg, Jena, Leipzig, Strassburg, Tübingen, Würzburg.

Oeffentliche Vorlesungen in Berlin (5), Greifswald (1), Halle (2), Jena (2), Kiel (2), Königsberg (3), Marburg (3), Münster (2), Strassburg (2).

22 라이프치히 대학의 이론 물리학

20세기 독일의 이론 물리학에서 최초로 이루어진 주된 제도적 발전은 라이프치히 대학 이론 물리학 연구소의 설립이었다. 이 발전이 이떻게 이루어졌으며 그것이 부엇을 의미하는지를 알기 위해 우리는 그보다 먼저 라이프치히 대학 이론 물리학 부교수 자리의 설치와 그 자리를 차지한 사람의 교육과 연구에 대해 논의하고, 그다음에 그 연구소의 설립과 초기 소장들의 연구에 대해 논의하겠다.

드루데의 초기 연구와 교육

과학자들과 교사들의 훈련을 돕기 위해 라이프치히 대학은 이론 물리학 부교수 자리를 정부에 요청했고 1894년에 그 자리를 확보했다. 그 새로운 자리의 첫 임용자는 에베르트Hermann Ebert였는데 그는 겨우 몇 달 후에 더 나은 자리로 가기 위해 그 자리를 그만두었다. 에베르트가 "성공적으로" 도입한 강의와 실습을 중단하지 않고 지속하도록 대학은 정부에 조속하게 후임자를 임용하라고 촉구했다. 대학은 그 대학의 사강사인 데쿠드레[1]가 너무 어리다는 이유로 그를 배제한 후에 드루데Paul Drude를 추천했다. 라이프치히 대학은 전에 그를 에베르트와 비교한 적이 있었기에(적임자가 아닌 것으로) 그에 대해 잘 알고 있었다. 전에 그들이 드루데의 임용을 반대한 이유는 그가 과학에 종사하면서 부적절하게도 스승 포크트[2]에 의존해 있고 성급하게 서두르는 바람에 그의 출판물을 불완전하게 내놓았다고 간주했기 때문이었다. 그러던 중에 드루데에 대한 그들의 의견은 그의 책 『에테르의 물리학』*Physik des Aethers*이 나오면서 급격하게 호전되었다. 그 책 덕택에 그들은 드루데가 자립했으며 더욱이 명쾌하고 고상하게 설명하는 재능이 있다고 인정하게 되었다. 드루데에게 그 일자리가 제시되었고 그는 수락했다.[3]

드루데를 통해 라이프치히 대학은 이론적 방법을 잘 교육받은 물리학자를 얻게 되었다. 원래 수학 전공으로 졸업하려고 한 드루데는 포크트의 영향을 받아 물리학으로 전향하여 1887년에 포크트의 지도로 논문을

---

1 [역주] 데쿠드레(Theodor des Coudres, 1862~1926)는 독일의 물리학자로서 제네바, 라이프치히, 뮌헨 대학에서 자연 과학과 의학을 공부하고 1887년 베를린 대학의 헬름홀츠 밑에서 수은의 광학 상수에 대한 논문으로 학위를 받았다. 라이프치히 대학의 비데만 밑에서 조수로 임용되었고 1895년에 응용 전기로 괴팅겐 대학에 임용되었다. 1901년에 뷔르츠부르크 대학에 가서 이론 물리학 부교수가 되었다. 1903년에 라이프치히 대학에서 볼츠만의 후임자가 되었다. 금속 반사, 케어(Kerr) 효과, 고압 물리학에서 업적을 남겼으며 알파 입자의 전하와 속력을 최초로 결정했다.

2 [역주] 포크트(Woldemar Voigt, 1850~1919)는 독일의 물리학자로서 물리학 각 분야의 이론적 규명에 종사하여 특히 물질의 전기적 · 자기적 성질과 물질의 빛과의 상호 작용 문제를 가지고 제만 효과와 패러데이 효과와 관련지어 자기광학적 현상을 검토했으며, 물질의 자성을 설명하는 등 결정 물리학에서 크게 공헌했다. 라이프치히 태생으로 쾨니히스베르크 대학과 괴팅겐 대학에서 교수로 있었다.

3 라이프치히 대학 철학부가 작센 문화 공교육부에 보낸 문서, 1894년 8월 1일 자; 작센 문화 공교육부가 라이프치히 대학 철학부에 보낸 문서, 1894년 8월 27일 자; Drude Personalakte, Leipzig UA, PA 422. 드루데가 카이저(Heinrich Kayser)에게 보낸 편지, 1894년 8월 10일 자, STPK, Darmst. Coll. F 1 c 1897.

썼다. 같은 해에 그는 괴팅겐 수리 물리학 연구소에서 포크트의 조수가 되었고 1890년에 사강사도 되었다.[4] 졸업 후에도 몇 년간 포크트를 도와 임무를 수행하면서 드루데는 인내를 가지고 인정과 초빙을 기다리면서 많은 연구를 수행했다.[5]

빛을 흡수하는 결정에서 빛의 운동에 관한 포크트의 일반적인 이론을 발전시킨, 드루데의 순수한 이론 논문은 빛을 흡수하는 결정의 계면에서 빛의 반사와 회절(에돌이)을 알아내기 위한 경계 조건과 관련되어 있었다. 포크트의 연구소는 이러한 유형의 이론을 테스트할 측정 장치를 갖추고 있었으므로 다음 논문에서 드루데는 포크트의 결정 중 하나를 사용하여 그의 이론적 결론을 실험적으로 검증했다. 이렇게 포크트의 연구소가 지향하는 이론적 연구와 실험실 측정의 결합은 "드루데의 모든 과학 활동의 특징"이었고, 이를 통해 드루데는 여전히 "이론과 실험을 똑같이 통달한" 몇 안 되는 물리학자 중 하나라는 명성을 얻었다.[6]

드루데는 헤르츠가 맥스웰의 이론에 대한 실험 연구를 시작한 해에 졸업했고, 일반적으로 드루데가 연구자로 완성되는 시기는 맥스웰 이론이 독일에 도입되는 시기와 일치했다.[7] 드루데는 즉시 맥스웰의 이론을 받아들이지는 않았다. 그는 초기 광학 연구에서 에테르를 연속적인 탄

---

4 Max Planck, "Paul Drude," *Verh. phys. Ges*. 8 (1906): 599~630, 재인쇄는 Planck, *Phys. Abh*. 3: 289~320 중 290. 괴팅겐 철학부 학부장이 감독관 마이어(Ernst von Meier)에게 보낸 편지, 1890년 1월 18일 자, Drude Personalakte, Göttingen UA, 4/V c/205.

5 Woldemar Voigt, "Paul Drude," *Phys. Zs*. 7 (1906): 481~482 중 481.

6 Franz Kiebitz, "Paul Drude," *Naturwiss. Rundschau* 21 (1906): 413~415 중 413.

7 리하르츠(Franz Richarz)의 발표와 함께 출판된 발터 쾨니히(Walter König)의 발표, *Zur Erinnerung an Paul Drude* (Giessen: A. Töpelmann, 1906), 18~19. Planck, "Drude," 298. Max Laue, "Paul Drude," *Math.-Naturwiss. Blätter* 3 (1906): 174~175 중 175.

성 고체로 보았고, 빛을 이 물체의 역학적 진동으로 보았다. 역학적 이론은 일관된 방식으로 광학적 현상 대부분을 설명했으므로 드루데는 그것을 포기할 긴급하고 내재적인 이유가 없다고 주장했다. 맥스웰의 이론은 특별한 가설들을 포함했으므로 독일 물리학자들은 비판적으로 조금씩 그 이론에 접근하고 있었고 드루데는 맥스웰의 이론을 역학적 이론과 함께 자세히 조사하면서 둘 중 어느 쪽이 더 본질적인지 결정하려고 했다.[8]

드루데는 겉보기에 끝이 없고 해결할 수 없는 광학의 논쟁에 대응하여 경쟁하는 빛 이론들이 "실험 물리학의 요구 조건을 만족하게 하는" 정도를 결정하고자 1892년에 중요한 연구를 출간했다. 물리학자들은 여전히 19세기 초부터 나온 광학 이론들과 그 이후에 나온 키르히호프, 포크트와 다른 이들의 이론들의 장점에 관해 논쟁을 벌였고 결과적으로 이론 광학은 주로 수학적이면서 철학적인 사색으로 보이게 되었고 전 분야가 불신을 받게 되었다.[9]

드루데는 이러한 이론 광학의 미결정적인 "수학적 · 사색적" 지향과, 그가 "실행적 · 물리적" 지향이라고 부르는 것을 대립시켰다. 후자는 광학 이론이 현상을 정성적으로는 가장 "경제적으로", 정량적으로는 수학적 도움을 받아 묘사하기만을 요구한다. 이러한 목적을 달성하는 편미분 방정식과 그것에 연관된 경계 조건들을 드루데는 "설명 체계"라고 불렀다. 그의 "방법"은 헤르츠의 방법과 비슷했다. 헤르츠는 2년 전인 1890년에 방정식 계를 써서 전기 동역학적 현상을 체계적으로 정돈하여 "전문 분야의 지배"를 달성한 적이 있었다.[10]

---

8 Planck, "Drude," 291~292.

9 Paul Drude, "In wie weit genügen die bisherigen Lichttheorieen den Anforderungen der praktischen Physik?" *Gött. Nachr.*, 1892, 366~391, 393~412 중 366.

드루데가 1892년에 수행한 연구의 과제는 다양한 광학 이론을 환원할 수 있는 올바른 설명 체계가 존재한다는 것을 보이는 것이었다. 그것을 달성하기 위해 드루데는 역학적 이론들로부터 끌어온 어떤 방정식들을 가정하되 그 방정식 속의 항들을 역학적으로 해석하지는 않았다. 왜냐하면, 이러한 해석들은 사실을 초월해 있었고 광학에서 늘 있어왔던 논쟁만을 일으켰기 때문이었다. 방정식들은 빛 벡터 u, v, w를 포함했고, 이것들로부터 벡터 연산 회오리curl에 의해 유도된 두 번째 벡터 ξ, η, ζ와 광학 상수 a를 포함했다.[11] 드루데는 이것에 두 벌의 경계 조건을 첨가했는데 그것들은 광학 매질의 계면에서 두 벡터를 연관시킨다. 한 벌의 경계 조건은 노이만의 광학 이론에 속한다. 여기에서 에테르의 밀도는 모든 매질에서 같고 선형으로 편광된 광파의 벡터는 편광면에 놓인다. 또 한 벌의 경계 조건은 프레넬의 이론에 속하는데 여기에서 에테르의 탄성은 모든 매질에서 같고 선형으로 편광된 빛의 벡터는 노이만의 벡터에 수직이다. 드루데는 광 벡터가 u, v, w 대신에 ξ, η, ζ에 연관된다면 프레넬의 경계 조건이 노이만의 경계 조건에서 유도될 수 있다는 것을 증명했다. 또 한 벌의 경계 조건은 코시의 이론에 속한다. 드루데는 이 이론들과 경계 조건들에 공통적인 편미분 방정식들이 실험적으로 확인되었기에, 설명 체계를 구성하는 것으로 간주했다.[12]

---

10 Drude, "In wie weit genügen die bisherigen Lichttheorieen," 367~368.

11 투명한 등방성 매질에 대해 드루데는 다음과 같이 적었다.

$$\frac{\partial^2 u}{\partial t^2} = a\Delta u = a(\frac{\partial \eta}{\partial z} - \frac{\partial \zeta}{\partial y})$$

이에 더해 v와 w 성분에 해당하는 방정식들이 따로 있다. 이 방정식 계에서 기호 Δ는 연산 $\partial^2/\partial x^2 + \partial^2/\partial y^2 + \partial^2/\partial z^2$를 의미한다. Drude, "In wie weit genügen die bisherigen Lichttheorieen," 369.

빛의 전자기 이론의 측면에서 드루데는 헤르츠가 1890년에 제시한 공식 계system of formulas를 가정했다.[13] 전자기 상수들은 이 식들에 어떤 조합 $1/A^2\mu\epsilon$(여기에서 A는 광속의 역수이고 μ와 ϵ은 투자율과 유전 상수)으로 나타나고 그 값을 드루데는 광학 상수 a와 같다고 놓았다. 그다음에 드루데는 이 식의 자기력을 빛 벡터로 해석하여 전자기 이론이 편미분 방정식과 노이만의 역학 이론의 경계 조건을 내놓는다는 것을 증명했다. 역으로 전기력을 빛 벡터로 해석함으로써 그는 전자기 이론이 프레넬 이론의 경계 조건을 내놓는 것을 증명했다.[14]

이런 식으로 드루데는 일련의 현상에 대한 다양한 광학 이론의 공식을 비교했다. 방정식을 형식적으로 일치시킬 필요가 있을 때에는 언제든 드루데는 작은 여벌의 항들을 그것들의 물리적 의미를 논의하지 않고 자유롭게 첨가했다. 그는 다수의 역학적 이론들과 빛의 전자기 이론이

12 Drude, "In wie weit genügen die bisherigen Lichttheorieen," 369~371.

13 헤르츠의 형식을 따라 드루데는 자기력 L, M, N을 전기력 X, Y, Z에 연결하는 "공식 계"를 작성했다.

$$A\mu\frac{\partial L}{\partial t}=\frac{\partial Z}{\partial y}-\frac{\partial Y}{\partial z},\quad A\epsilon\frac{\partial X}{\partial t}=\frac{\partial M}{\partial z}-\frac{\partial N}{\partial y}$$

와 함께 M과 N 성분을 구할 해당 방정식과 Y와 Z 성분을 구할 해당 방정식이 있다. 이것들에서 드루데는 다음 방정식들을 유도했다.

$$A\mu\frac{\partial L}{\partial t}=\frac{\partial Z}{\partial y}-\frac{\partial Y}{\partial z},\quad A\epsilon\frac{\partial^2 X}{\partial t^2}=\frac{1}{A\mu}\Delta X,\ \cdots$$

14 $1/A^2\mu\epsilon=a$로 놓고 자기력 L, M, N을 빛 벡터 u, v, w로 해석함으로써 앞의 각주의 자기력을 구할 방정식들은 각주 12번의 빛 벡터를 구할 방정식들과 같아진다. 같은 것이 전기력을 빛 벡터로 해석할 때에도 유효하다. Drude, "In wie weit genügen die bisherigen Lichttheorieen," 377~378.

많은 수의 현상에 대해 별로 다르지 않은 동일한 설명 체계를 갖기에 그것이 모두 옳은 이론이라고 간주할 수 있다고 결론지었다. 하나의 이론에서 다른 이론으로 가기 위해서는 방정식에 들어가는 역학적 양을 전자기적 양으로 바꿔주기만 하면 된다. 즉, 밀도, 탄성 계수, 속도를 투자율, 유전 상수, 장의 세기로 바꾸어주면 된다.[15]

드루데는 특별한 이론들이 더 나은 설명 체계로 가는 길을 지시하는 데 유용하며 이런 점에서 최근에 빛의 전자기 이론이 역학적 이론들보다 더 유용하다는 것이 입증되었다는 것을 인정했다.[16] 그러나 "실험 물리학"의 관점에서 중요한 것은 방정식이므로 방정식을 유도하면서 가정한 특별한 이론들은 결국에 가서는 불필요한 비계scaffolding[17]로서 폐기될 수 있었다.

금속 표면에서 빛의 반사는 드루데가 설명 체계와 연관하여 논의한 현상들에 속했다. 헤르츠는 같은 현상들에 관심이 많았다. 그는 공기 중 전파electric waves에 대한 실험 후에, 빛의 전자기 이론의 인도를 받아 금속 반사에 대한 실험을 수행하여 포크트의 금속 광학 이론의 식에 도달하려고 노력했으나 실패했다.[18] 1892년과 1893년에 드루데와의 서신 교환 중에 헤르츠는 이 주제에 대한 연구를 제대로 준비하는 데 시간과 인내가

15 Planck, "Drude," 299~300.

16 Drude, "In wie weit genügen die bisherigen Lichttheorieen," 411.

17 [역주] 비계는 건물을 짓기 위해서 설치하는 발판과 기둥 등을 말한다. 건물을 다 짓고 나면 비계는 철거되듯이 방정식을 수립하기 위해서 임시방편으로 동원된 가정들과 특별한 이론들은 적절한 방정식을 찾은 후에는 폐기하면 된다는 뜻을 드루데는 피력한 것이다.

18 헤르츠가 포크트에게 보낸 편지, 1890년 2월 6일 자, Voigt Papers, Göttingen UB Ms. Dept.

부족했다고 설명했다. 그는 코시, 맥큘러, 포크트, 케텔러의 이론들과 모든 다른 주요 광학 이론을 공부하는 데는 6개월이나 1년이 필요하리라 여겼지만, 드루데가 이미 이 이론들을 "부러워할 정도로" 잘 알고 있었으므로 헤르츠는 그에게 "금속 반사에 대한 유용하고 정확한 전자기 이론"을 만들어 달라고 강력하게 촉구했다. 그는 드루데에게 그것이 "전기 저항, 전류 등의 본성에 대한 우리의 관점"을 세우기 위해 중요함을 강조했다. 드루데의 도움으로 금속 광학[19]에 대한 전기적 접근을 함으로써 물리학자들은 이미 전자기학의 측면에서 광학적 이해를 확장했듯이 광학의 측면에서 그들의 전기적 이해를 확장할 수 있을 것이었다. 금속 광학에 대한 드루데의 전기적 연구는 헤르츠의 최신 실험에서 헤르츠를 인도한 전자기 이론과 광학 간의 유비를 확장했다.[20]

---

[19] [역주] 금속 광학은 금속과 전자기파의 상호 작용을 연구하는 광학의 한 분야이다. 금속의 주된 광학적 특성은 넓은 파장 영역에 대해 큰 반사율, 큰 흡수율(전자기파가 금속의 내부를 통과하면서 약해진다)이다. 이러한 특징들은 금속 속의 전도 전자(conduction electron)가 많은 것과 관련이 있다. 전도 전자는 금속 표면에 부딪히는 전자기파와 상호 작용하면서 진동하는 격자 이온과 동시에 상호 작용한다. 그들이 전자기장에서 얻는 에너지 대부분은 2차파의 형태로 방출되고 그것은 반사파와 합쳐진다. 격자에 전달된 에너지 일부는 금속 내부에서 파의 약화를 초래한다. 전도 전자는 전자기 에너지 $h\omega$(h는 플랑크 상수이고 ω는 복사 진동수이다)를 흡수할 수 있다. 그러므로 전자는 모든 진동수 대역에서 광학적 현상에 관여한다. ω가 증가함에 따라 전도 전자가 금속의 광학적 특성에 기여하는 부분은 줄어들며 금속과 유전체의 차이는 적어진다. 19세기 말의 금속 광학은 양자역학이 등장하기 이전이었기에 고전 역학과 전자기적 광학 이론에 따라 금속 광학의 현상들을 설명하기를 시도했다.

[20] 헤르츠는 흡수력이 강하나 비정상으로 분산시키는 매질을 설명할 광학 방정식을 가정한다면 진동이 느려지는 한계에서 상수들은 금속에 대한 정상적인 전기 상수들과 일치하도록 전기적으로 그 방정식들을 해석할 수 있다고 생각했다. 헤르츠는 파장이 아주 긴 적외선에서 광학 현상이 전기 현상으로 바뀔 수 있는 것으로 보인다는 루벤스(Rubens)와 뒤부아(Du Bois)의 최신 연구를 인용했다.

드루데는 광학 연구로부터 1892년에 빛의 전자기 이론에 관한 강의 과정을 괴팅겐 대학에서 개발하여 맥스웰의 연구에 대한 그의 이해도를 심화시켰다. 2년 후에 그는 그 강의를 그의 첫 번째 책인『에테르의 물리학』으로 출판했다.[21] 전기와 광학을 맥스웰 이론의 관점에서 다룬 이 "최초의 독일어 교재"는 맥스웰 이론을 주제로 한 최초의 포괄적인 책 중 하나였다. (푀플[22]은 같은 해인 1894년에 뮌헨 공업학교에서 한 맥스웰 이론에 대한 그의 강의를 출판했고 톰슨J. J. Thomson은 그 이론에 대한 논저를 최근에 출판했는데 드루데는 자신의 책이 완성되기까지 그것을 보지 못했다. 푸앵카레Henri Poincaré도 같은 주제에 대한 소르본 강의를 얼마 전에 출판했다.) 드루데는 그의 교재를 최근에 출판된 볼츠만의 뮌헨 강의와 심지어 맥스웰의 글들에 대한 개설서라고 했다.[23]

드루데는 그의 교재를 실험과 긴밀하게 접촉하고 있는 이론 물리학의 저작으로서 제시했다. 그의 교재는 맥스웰의 이론을 쉽게 이해할 수 있는 방식으로 소개하는 데 목적이 있었다. 드루데는 교육적 이유에서 헤르츠의 제시 형태를 따르지는 않았지만, 헤르츠처럼 맥스웰의 이론을 사실에 대한 수학적 기술로 제시했다.[24] 드루데는 원격 작용이 전자기학

---

[21] Paul Drude, *Physik des Aethers auf elektromagnetischer Grundlage* (Stuttgart, 1894).

[22] [역주] 푀플(August Otto Föppl, 1854~1924)은 독일의 물리학자로 뮌헨 공업학교의 기술역학 교수였다. 1894년에 맥스웰의 전자기 이론을 소개한 책을 썼고 그것은 널리 읽혔는데 제럴드 홀턴은 전자기 유도에 대한 푀플의 논의가 아인슈타인의 특수 상대성 이론 논문에 영향을 미쳤다고 주장한다.

[23] König, in König and Richarz, *Drude*, 22. Drude, "Vorwort," *Physik des Aethers*, v~viii.

[24] [역주] 이 절에서 드루데가 헤르츠의 전자기파 검출 이후에 독일에서 맥스웰의 전자기학과 광학 이론이 널리 수용되는 데 어떻게 기여했는가에 초점을 맞추고 있다. 독일에서 교육받고 독일에서 훈련받은 드루데가 대륙에서 이해가 잘 되지 않았던 맥스웰의 전자기학을 이해할 수 있는 형태로 제시함으로써 이후 흑체 복사

에서 배제된다고 맥스웰의 이론이 말하는 것으로 해석했다. 즉, 헤르츠의 실험들이 이 점을 명확히 밝혔고, "최근에 에테르의 물리학에 대한 연구에서 이루어진 진보는 전체가 본질적으로, 접촉력[25] 개념이 지속적으로 실현되느냐에 달려 있다"는 것이었다.[26] 《물리학의 진보》*Fortschritte der Physik*는 그 교재를 "전기 현상에 대한 통일된 현대적인 이론"의 장점을 보여주는 것으로 추천했다.[27] 많은 학생과 선생이 드루데의 교재를 공부했으므로 그 교재는 맥스웰의 이론을 독일 대학에 소개하는 데 큰 영향력을 발휘했다.[28]

라이프치히 대학의 이론 물리학자 드루데

드루데는 라이프치히 대학의 부교수로서 전자기 이론의 주제들에 대해 강의하고 학생 연구를 지도했다. 그는 스스로 헤르츠의 전파에 대해 연구했고 전파의 파장을 정밀 측정했으며 이제는 전자기적 관점에서만 광학을 연구했다. 라이프치히 대학 시절은 그에게 아주 생산적이어서 1897년에만 11편의 충실한 연구를 출간했고 그중에는 그해의 독일 과학

를 둘러싸고 양자역학이 등장하고, 맥스웰의 전자기학 이해 과정에서 상대성 이론이 등장하는 데 그 기초를 놓았다고 할 수 있다.

25 [역주] 접촉력은 원격 작용에 대립하는 개념으로서 연속체(continuum)에서 접촉하는 이웃의 매질에 힘을 작용하여 영향력이 퍼져 나가는 방식으로 작동되는 힘을 말한다. 반면에 원격 작용 또는 원격력은 중간의 매개하는 물질이 전혀 없이 전달되는 힘을 지칭한다.

26 Drude, *Physik des Aethers*, v~11, 342, 345.

27 Carl Brodmann의 Drude, *Physik des Aethers*에 대한 논평, *Fortschritte … im Jahre 1894,* 1895, pt. 2, 407~410 중 410.

28 König, in König and Richarz, *Drude*, 22. Planck, "Drude," 301.

자 협회 회의의 물리학 및 관련 과학 연합 회기session에 초청 보고를 한 것도 있었다.[29] 이 보고는 8년 전 독일 과학자 협회에서 헤르츠가 한 보고의 속편으로 간주할 수 있는데 드루데는 물리학에서 원격 작용을 접촉 작용으로 환원하겠다는 목표를 내걸었다. 이 목표의 달성에 큰 장애는 중력이었다. 천문학 연구와 접촉 작용으로 중력을 재해석하는 문제에 관련된 거의 50여 편의 출판물을 언급하며 드루데는 물리학자들이 중력을 전자기와 관련지을 근거가 아직 없다고 결론 내렸다. 접촉 작용이 약속한 물리 이론의 단순화와 통일은 아직 충분히 달성되지 않았다. 그러나 드루데는 에테르로 매개되는 접촉 작용이, 모든 작용을 원격 작용으로 해석함으로써 물리 이론에 일관성을 부여하는 똑같이 존경할 만한 목표보다 더 전망이 있다고 생각했다. 이러한 이해에 따라 그는 물리학자들에게 물리 세계에 대한 그들의 설명을 재구성하기를 촉구했다. 그는 에테르의 "보편적" 특성의 기초 위에서 "절대" 단위계를 제안했다. 새 체계에서 에테르 원자의 평균 자유 행로는 길이의 단위가 될 수 있고 광속은 시간의 단위가 될 수 있어서, 이전 시대에 "절대" 단위계에 특성을 부여한 물질의 우연적 속성에서 근본 단위들을 해방할 수 있었다.[30] 드루데에게 측정 물리학의 언어는 물리학의 지배적인 개념, 즉, 이제는 가우스와 베버의 개념이 아니라 맥스웰의 개념과 조화를 이루어야 하는 것이었다.

드루데는 라이프치히 대학에서 지내는 시간이 거의 끝날 즈음에 출판

[29] 비너(Wiener)가 볼츠만에게 보낸 편지, 1900년 5월 6일 자, Wiener Leipzig UB, Ms. Dept. "Lebenslauf von Paul Drude," 1899년 2월 12일 자; Personalakte Drude, Giessen UA, Paul Drude, "Über Fernwirkungen," 1897년 독일 협회 회의 보고서, *Ann.* 62 (1897): i~xlix, 보충권.

[30] Drude, "Über Fernwirkungen," xlviii~xlix.

사에서 그의 전문 분야인 광학에 대한 교재를 써달라는 요청을 받았다. 광학의 현대적인 전자기적 취급이 존재하지 않는데다 교재를 쓰는 것은 자신의 주제에 대한 "더 심오한 통찰력"을 주기 때문에 드루데는 그 요청을 수락했다. 그는 1900년에 그의 『광학론』*Lehrbuch der Optik*을 내놓았다. 광학의 물리적 부분을 제시하면서 그는 "전자기적 관점"을 도입하여 맥스웰의 방정식을 헤르츠의 형식과 기호로 제시했다.[31] 그는 전자기 이론이 대안적인 역학적 이론들보다 나은 점을 상세히 제시할 뿐 역학적 이론들에 대해 거의 말하지 않았다.[32] 드루데에 따르면, 전자기 이론은 "광학적 관계들의 가장 단순하고 가장 일관성 있는 취급"을 제공하며, 이전에 구별되는 분야였던 전기학과 광학을 "정량적 측정의 분야가 될 수 있는 관계"로 만듦으로써 "자연 과학에서 새 시대를 여는 진보"를 달성한다.[33]

드루데는 그의 교재에서 광학을 제시하면서 최근에 나온 다수의, 에테르의 특성에 대한 이론 및 실험 연구를 들어 "광학은 물리학의 오래되고 낡은 분야가 아니며 그 안에서 새로운 생명이 요동친다"는 그의 주장을 정당화했다. 그는 광학이 사실들을 연관짓는 특별한 이론들을 통해, 특히 맥스웰의 이론과, 광학적 분산과 움직이는 물체의 광학에 관해서는 맥스웰 이론의 확장판인 로렌츠의 '이온' 이론[34]을 통해 더 넓은 사실의

---

[31] Paul Drude, *Lehrbuch der Optik* (Leipzig: S. Hirzel, 1900). 번역본은 *The Theory of Optics* by C. R. Mann and R. A. Millikan (New York: Longmans, Green, 1902).

[32] 드루데가 상술한 장점은 흔히 인용되던 것들이었다. 실례로, 맥스웰의 방정식이 횡파만을 내놓는다. 그것들의 경계 조건은 빛의 진동에 대해 특별한 가정을 요구하지 않는다. 그리고 그 파동의 속도는 순수하게 전자기적 측정으로 결정될 수 있다. Drude, *Theory of Optics*, 261.

[33] Drude, *Theory of Optics*, vi, 261

[34] [역주] 로렌츠의 이온 이론은 전자 이론이라고도 불리는데 여기에서 이온이나 전자는 모두 전기를 띤 입자를 지칭한다. 로렌츠는 맥스웰의 전자기 이론을 확장하

영역을 확보했음을 보여주었다. 드루데는 그의 교재의 마지막 장들에서 복사의 열역학을 취급했다. 거기에는 1899년과 1900년에 플랑크가 "전자기 이론"에서 유도한 식과 함께 흑체 복사에 대한 충분한 논의가 포함되어 있었다. 플랑크를 따라서 드루데는 중력과 광속 법칙에 표현된 것과 같은 에테르의 "보편적" 특성과 전체 흑체 복사의 "보편적" 법칙에 기초하여, 또 하나의 "진정한 절대 단위계"를 개선하고 진전시켰다.[35]

드루데는 19세기 말 물리학의 위대한 개념 중 하나인 "에테르의 물리학"에 감동했다. 왜냐하면, 그것은 전기, 자기, 빛, 복사열의 영역을 포함했고 물리학의 총체적 이론의 가능성을 보여주었기 때문이다. 드루데가 그의 학자적 경력을 시작할 때 낸 『에테르의 물리학』은 독일의 독자들을 패러데이와 맥스웰의 개념들과 친숙하게 해주는 임무를 띠었다. 발터 쾨니히Walter König는 17년이 지나 드루데가 사망한 후에 그 책의 2판을 내놓았을 때, 이제 맥스웰의 이론이 "확고한 지배"를 획득했으므로 드루데의 임무가 성취되었다고 말할 수 있었기에, 드루데가 이전의 역학적 이론과 맥스웰의 이론을 주의 깊게 비교한 부분을 삭제했다.[36] 맥스웰 이론을 따르는 독일어 교재가 몇 권 더 나왔고 그중에는 콘Cohn과 아브라함[37]의 것이 유명했으므로 드루데의 교재는 이제 단지 개론서 중 하나로

여 물질의 구조와 물성, 더 나아가서 역학적 현상까지도 전자기적 현상의 연장선상에서 취급하는 포괄적 이론으로 이온 이론을 내놓았다. 로렌츠의 전자 이론은 가히 물리학이 역학적 세계관에서 전자기적 세계관으로 탈바꿈하는 데 선도적인 역할을 했다고 말할 수 있다. 전자 이론은 아인슈타인의 특수 상대성 이론이 도출되면서 에테르의 물리학에서의 지위가 상실됨과 동시에 그 명맥도 잃게 되었다.

[35] Drude, *Theory of Optics*, ix, 527. 우리는 플랑크의 흑체 복사 연구를 25장에서 다룬다.

[36] Paul Drude, *Physik des Aethers auf elektromagetischer Grundlage*, 2d ed. Walter König (Stuttgart: F. Enke, 1912), vii.

[37] [역주] 아브라함(Max Abraham, 1875~1922)은 독일 물리학자로 유대인 상인의

귀착되었다.

드루데는 그의 연구와 교육으로 라이프치히 대학의 동료들에게 강한 인상을 주었으므로, 그들은 1898년에 바덴의 하이델베르크 대학이 드루데에게 한 자리를 제시했을 때 그를 붙잡기 위해 작센 교육부 장관에게 그의 소원을 들어주라고 요청했다. 장관은 건강이 좋지 않은 물리학 정교수 비데만Gustav Wiedemann이 담당하는 강의, 실습, 시험을, 필요할 경우에 드루데가 대신하기를 허락해 달라는 드루데의 요청을 들어주었다. 그는 비데만과 나란히 제2 물리학 정교수가 되고 싶다는 드루데의 더 야심 찬 소원도 긍정적으로 경청했다. 드루데는 승진이 이루어질 것이고 연구소 소장으로서 결정권을 쥔 조수를 고용할 자금을 받을 수 있으리라는 확신을 얻자 하이델베르크 대학의 제의를 거절했다. 그가 라이프치히 대학에서 누리게 될 "더 큰 독립성"과 "특별한 학생들", 봉급과 강의 사례금이라는 상당한 수입, 기초 실험실 과목을 담당하는 임무를 지지 않아도 되는 점 등에서 그는 연구소 소장과 거의 동등했다. 라이프치히 대학에서 드루데의 개인적 위치는 강화되었고 그와 더불어 이론 물리학의 지위도 강화되었다.[38]

라이프치히 대학에서 드루데와 이론 물리학의 미래에 대한 의문이 또

아들로 태어나 베를린 대학에서 플랑크 밑에서 배웠으며 졸업 후 그의 조수로도 일했다. 1900년에 괴팅겐 대학에서 사강사가 되었고 1902년에 자신의 전자 이론을 전개했다. 여기에서 그는 전자를 전자가 표면에 고르게 분포하는 완벽한 구로 가정하여, 전자 이론으로 더 유명해진 로렌츠와 상대성 이론을 제시한 아인슈타인과 대립했다. 미국을 거쳐 이탈리아 밀라노에서 교편을 잡았다가 제1차 세계대전 후에 독일로 돌아와 대학과 공업학교에서 가르치다 사망했다.

38 라이프치히 대학 철학부 학부장이 작센 문화 공교육부에 보낸 문서, 1898년 7월 13일 자; 그에 대한 답신, 1898년 7월 30일 자; 드루데가 철학부에 보낸 문서, 1898년 7월 30일 자, Drude Personalakte, Leipzig UA, PA 422. 드루데가 "Geheimrath"에게 보낸 편지, 1898년 7월 16일과 29일 자, Bad. GLA 235/3135.

하나의 맥락에서 곧 제기되었다. 1898년 말에 비데만은 물러났고 그것은 드루데가 더는 그 연구소의 소장으로서 그의 역할을 대신할 수 없다는 것을 의미했다. 라이프치히 대학 학부는 "유명한" 실험 물리학자인 뢴트겐Röntgen을 비데만의 후임으로 야심차게 추천했다. 그들은 유일하게 뢴트겐만을 추천했는데 그 이유는 그들의 눈에는 그가 다른 누구보다 훨씬 뛰어났기 때문이었다. 뢴트겐이 그것을 거절했을 때 그들은 드루데를 포함해 비데만의 자리에 앉힐 다른 몇 명의 물리학자를 검토했다. 드루데가 아닌 누군가가 비데만을 대신한다면 새로운 임용과 함께 드루데가 동시에 이론 물리학 정교수로 승진해야 한다고 어떤 이들은 제안했다. 물리학에 대한 책임을 두 정교수에게 나누고 한 자리를 드루데에게 주라는 프리드리히 콜라우시의 충고에도 불구하고 그 제안은 채택되지 않았다. 비데만을 대신하기 위해 위원회는 관습에 따라 선호하는 후보자 세 명의 목록을 작성했다. 거기에는 브라운Braun과 비너Wiener와 드루데가 있었는데 그들은 그 순서에서 처음 두 사람만을 추천했다.[39] 브라운과 비너는 새로운 물리학 연구소의 설립을 최근에 감독한 적이 있었기에, 새로운 교수가 그들의 연구소를 개선하기를 원하는 라이프치히 철학부의 호감을 샀다. 브라운은 그 자리를 거절했고 비너는 수락했다. 그리하여 "실험 물리학" 교수직 문제는 해결되었고 철학부는 드루데가 얼마 전에 요청한 두 번째 물리학 교수 자리인 "이론 물리학 정교수직" 문제를 다룰

---

[39] 라이프치히 대학 철학부가 작센 문화 공교육부에 보낸 문서, 1898년 11월 5일 자; 그에 대한 답신, 1898년 12월 8일 자; 물리학 교수 재임용 위원회 회의록, 1898년 12월 9일 자, 18일 자; 라이프치히 대학 철학부(추정)가 작센 문화 공교육부에 보내는 편지 초고, 1898년 12월 17일 자, Wiener Personalakte, Leipzig UA, PA 1064. 뢴트겐이 첸더(Ludwig Zehnder)에게 보낸 편지, 1898년 11월 18일 자와 12월 8일 자, W. C. Röntgen, *W. C. Röntgen. Briefe an L. Zehnder,* ed. Ludwig Zehnder (Zurich, Leipzig, and Stuttgart: Rascher, 1935), 70~71.

수 있게 되었다. 그 사이에 철학부는 그 국면에 새로운 연구소 소장이 등장하여 드루데가 부교수로 일했던 조건을 그에게 불리하도록 변경하기를 원하지 않았다.[40]

드루데는 비데만이 병을 앓았던 기간에 얻었던 독립성을 잃기를 원하지 않았다. 그는 비데만의 박사 과정생들 몇 명의 연구 지도를 넘겨받았고 몇 명은 졸업을 시켰으며 그들이 비록 비데만의 실험실 과정에 등록했지만(드루데는 그런 과정을 개설하지 않았으나 비데만은 학생들이 그에게 낸 수강료를 드루데에게 넘겨주었다.) 드루데의 학생들로 생각되었다. 비너가 라이프치히로 오면 드루데의 학생들이 차지하고 있던 "옛 건물"의 공간을 요구할지 모른다는 걱정이 앞서자 드루데는 비너에게 자신이 상급 학생들의 연구를 계속 지도하고(그 당시에 그는 5명을 맡고 있었다), 실습 과목Praktikum을 개설하고, 강의 목록에 그렇게 한다는 것을 밝히고, 자신이 쓸 조수를 갖기를 원한다는 것을 알렸다. 그러나 그의 소망과 걱정을 비너에게 전달하자마자 드루데는 상급 학생들과 자신의 연구를 공식적으로 개설하게 해달라는 자신의 요청을 철회하겠다고 비너에게 다시 편지를 썼다. 그는 비너에게 "연구소에서 독립적인 권리들"을 요구한다는 인상을 주었을지 모른다고 걱정했다. 그 일은 소장의 권위라는 언제나 민감한 문제를 건드렸기 때문이었다. 비너 역시 소장의 권리를 나누는 데 마찬가지로 조심스러웠다. 드루데의 두 번째 편지를 받기 전에 그는 이미 첫 번째 편지에 답장을 보내어 드루데가 가지고 있지 않은 "특별한 연구소"를 갖게만 된다면 드루데가 독립적인 연구자

---

[40] 작센 문화 공교육부에 보내는 편지의 초고, 1898년 12월 17일 자; 작센 문화 공교육부가 라이프치히 대학 철학부에 보내는 편지, 1899년 1월 31일 자; Wiener Personalakte, Leipzig UA, PA 1064. 뢴트겐이 첸더에게 보낸 편지, 1899년 1월 19일 자, *Briefe an L. Zehnder*, 73.

를 양성하는 실험실 과정을 개설할 수 있다고 귀띔했다. 비너는 드루데가 자신의 연구소를 얻을 때까지 상급 학생들을 가르칠 실험실 과정을 공동으로 개설하고 그들 사이의 공간과 급료 문제를 해결한다면 "외부에는 경쟁자로" 보이지는 않을 것이라고 했다. 드루데는 그가 비너에게 "압력"을 가했었기에 처음에는 공동 발표에 대한 비너의 제안을 거절할 생각이었으나 "감사하는 마음이 없는" 사람으로 보이지 않기 위해 그것을 받아들이기로 했다. 이렇게 드루데와 비너는 라이프치히에서 "활동적인 과학인의 삶을 함께" 살기를 고대함을 서로에게 확신시켰다.[41]

드루데와 비너는 시작할 때 서로에 대한 이해에 도달하고, 흔히 일어나는 정교수와 부교수 간의 "충돌"을 피하려는 노력으로 거의 날마다 편지를 주고받고 그 사이사이에는 전보를 주고받았다. 그들의 이해는 강요된 것이 아니라 호혜적이었다. 비너보다 겨우 1살 연하였던 드루데는 아직도 부교수였지만 비너는 이미 7년 동안 정교수였다. 더욱이 비너는 라이프치히 철학부가 표현했듯이 "1급의 연구"를 그의 업적 목록에 가지고 있었다. 그것은 정지 광파의 실험적 증명이었는데 그것을 빼면 그는 출판물이 거의 없었다.[42] 드루데는 훨씬 더 많은 출판물이 있었지만, 여전히 누구나 인정할 1급 연구가 없었다. 그는 오랫동안 그의 가치가 부적절하게 평가받고 있다고 느끼고 있었다. 그와 비너는 앞으로 그들의 연구 관계에 대해 기민하게 논의했다.

드루데와 비너가 라이프치히에서 그들의 임무 분담에 대해 논의하고 있을 때, 드루데가 라이프치히를 떠날 기회가 생겼다. 드루데는 비너에게 비너가 가르친 적이 있었던 기센 대학에서 자리를 제안받았다고 말

---

41 드루데가 비너에게 보낸 편지, 1899년 1월 19일, 21일, 23일, 2월 24일 자; 비너가 드루데에게 보낸 편지, 1899년 1월 22일 자; Wiener Papers, Leipzig UB, Ms. Dept.

42 작센 문화 공교육부에 보낸 편지의 초고, 1898년 12월 17일 자.

했다. 기센 대학의 일자리가 분명히 비너의 승인을 받아 다른 사람, 빈[43]에게 돌아갔을 때, 드루데는 비너에게 그 "슬픈 일"이 라이프치히에서 앞으로 있을 협력에 어두운 그림자를 던지지 않을 것임을 재확인시켰다. 그는 빈의 과학적 성취를 자신의 것보다 나은 것으로 평가했다고 비너를 비난하지 않았고 라이프치히 대학의 이론 물리학 정교수가 되고자 하는 그의 소망을 격려해준 것에 감사했다. 그러나 그는 라이프치히 대학에서 정교수 자리를 잡을 가능성이 과거의 오해들 때문에 크지 않다고 느꼈다.[44]

이론 물리학 정교수직의 설립: 볼츠만의 임용

물리 화학자 오스트발트[45]가 라이프치히 대학의 **실험** 물리학 교수 후보자 목록을 작성하는 위원회에 참가한 날에 볼츠만은 라이프치히 대학의 이론 물리학 교수 자리의 전망에 대해 그에게서 비밀 편지를 받았다. "원칙상" 작센 정부는 이론 물리학 교수 자리를 설치할 준비가 되어 있

---

43 [역주] 빈(Wilhelm Wien, 1864~1928)은 독일의 물리학자로 1893년에 흑체의 복사와 온도와의 관계를 밝힌 변위 법칙을 제시했다. 그는 빈의 흑체 복사 법칙을 제시했고 플랑크의 복사 법칙의 기초를 놓았고 그로써 양자역학의 출현에 기여했다. 열 복사에 대한 그의 연구를 인정받아 1911년에 노벨 물리학상을 받았다.

44 드루데가 비너에게 보낸 편지, 1899년 2월 12일과 24일 자, 3월 12일, 15일 자, Wiener Papers, Leipzig UB, Ms. Dept.

45 [역주] 오스트발트(Friedrich Wilhelm Ostwald, 1853~1932)는 라트비아 출신으로 1909년에 촉매, 화학 평형, 반응 속도에 대한 연구 공로로 노벨 화학상을 받았다. 반트호프, 아레니우스와 함께 물리 화학 분야를 창시한 것으로 인정받는다. 에스토니아의 타르투(Tartu) 대학에서 박사학위를 받았고 리가 종합기술학교에서 1881년부터 1887년까지 가르쳤다. 또한, 질산을 생산하는 방법인 오스트발트 과정을 1902년에 특허 냈고 희석의 법칙과 몰 개념의 창시자로도 유명하다.

었으므로 오스트발트는 볼츠만이 그 자리를 제안받으면 받아들일지 궁금해했다. 볼츠만은 라이프치히 대학이 그의 필요를 채워준다면 수락할 것이라고 말했고 정교수 자리가 그의 "특별한 과학인 이론 물리학"을 위해 설치되리라는 데 기뻐했다. 왜냐하면, 이론 물리학은 "독일에서 몇 안 되는 대학"에서만 정교수 자리를 마련하고 있었기 때문이었다. 그는 오스트리아에서 그의 불만에 대해 감추지 않았다. 그곳에서는 독일보다 "훨씬 적은 학생들이 과학 연구에 준비"되어 있었고 과학적인 모임이나 학회가 거의 없었으며 과학적 자극도 없었다. 그곳에서 그의 활동은 "중등 교육을 담당할 지망생들을 선생이 훈련하는 성격"을 띠고 있었다. 그런 일은 그의 재능이나 열망에 걸맞지 않았다.[46]

오스트발트가 볼츠만에게 라이프치히 대학의 자리에 대해 알려준 지 몇 달 후 오스트발트는 그에게 한 가지 문제에 대해 편지를 썼다. 라이프치히 대학의 이론 물리학 부교수인 드루데 때문에 같은 분야에 정교수로 임용이 안 된다는 내용이었다. 오스트발트는 드루데가 스스로 정교수가

---

46 오스트발트가 볼츠만에게 보낸 편지, 1898년 12월 9일 자; 볼츠만이 오스트발트에게 보낸 편지, 1898년 12월 13일 자; 헨리에테 볼츠만(Henriette Boltzmann)이 오스트발트에게 보낸 편지, 1899년 4월 29일 자. Wilhelm Ostwald, *Aus dem wissenschaftlichen Briefwechsel Wilhelm Ostwalds*, vol. 1, Briefwechsel mit Ludwig Boltzmann, Max Planck, Georg Helm und Josiah Willard Gibbs, ed. Hans-Günther Körber (Berlin: Akademie-Verlag, 1961), 22~30. 볼츠만은 뮌헨에서 빈으로 옮긴 것을 후회했다. 그의 아내는 친구들에게 그의 우울증에 대해 편지에 적었다. 그는 고급 이론 물리학을 가르칠 수 없었던 빈의 열등한 학생들에 대해 그의 이전 뮌헨의 동료들에게, 나중에는 라이프치히의 동료들에게 말했다. 그는 오스트발트에게 오스트리아의 정치적 상황에 대한 불만도 토로했다. 뮌헨 대학 철학 2부의 회의록에 첨부된 편지, 1896년 4월 30일 자, Muich UA, OCI 22. 라이프치히 대학 철학부를 대표하여 비너가 작센 문화 공교육부에 보낸 편지, 1900년 3월 12일 자; Wilhelm Ostwald, "Beibrief an den Minister in Sachen Boltzmann," 1900년 3월 12일 자; Boltzmann Personalakte, Leipzig UAS, PA 326. 헨리에테 볼츠만이 레오 쾨니히스베르크(Leo Koenigsberg)의 아내에게 보낸 편지, 1895년 1월 13일 자, STPK, Darmst. Coll. 1922.93.

되고 싶어 하고 이 승진에 대해 그는 유력한 지원을 받고 있다고 설명했다. 볼츠만을 라이프치히로 부를 필요조건은 드루데를 다른 곳으로 부르는 것임이 분명한데, 그런 일이 아직 일어나지 않았다는 것이었다. 오스트발트는 그런 일이 일어나기를 바라는 것뿐 달리 방법이 없었다. 볼츠만은 희망이 나타나자마자 사라진 것을 유감스러워했다.[47]

볼츠만에게 탈출구를 제공하기 위해 오스트발트는 드루데의 명성이 올라가고 있음을 의지했다. 그 명성 때문에 곧 어디선가 자리를 제안할 전망이 있었다. 실례로 바로 그해에 볼츠만은 하이델베르크 대학의 이론물리학 부교수 후보자 중 드루데를 가장 앞에 놓았다. 독일 물리학의 지도자들이 드루데에게 부여한 신뢰는 《물리학 연보》의 편집자로 그를 임명하려고 한 데에서 표출되었다. 드루데의 기회와 그와 더불어 발생하는 볼츠만의 기회는, 빈이 기센에서 1년만에 떠나기로 했을 때 왔다. 빈의 자리가 1년 전에 그의 경쟁자였던 드루데에게 돌아갈 수 있게 되었다. 1900년 이른 봄에 오스트발트는 다시 볼츠만에게 편지를 써서 그가 감히 희망을 품었던 때보다 점점 더 낙관적인 전망을 품게 된다고 말했다. 드루데는 떠날 예정이었고 라이프치히 대학 철학부는 볼츠만을 원했기에 그들의 선택을 정부 부처에 밀어붙일 예정이었다. 오스트발트가 볼츠만에게 그의 성공은 "매우 가능성이 크다"라고 말했을 때 볼츠만은 "침체된 기분"에서 벗어났다.[48]

---

[47] 오스트발트가 볼츠만에게 보낸 편지, 1899년 5월 5일 자; 볼츠만이 오스트발트에게 보낸 편지, 1899년 5월 6일 자, *Briefwechsel…Ostwalds*, 26~27.

[48] 볼츠만이 레오 쾨니히스베르거에게 보낸 편지, 1899년 6월 3일 자, STPK, Darmst. Coll. 1922.93. 드루데가 비너에게 보낸 편지, 1899년 12월 30일 자, Wiener Papers, Leipzig UB, Ms. Dept. 작센 문화 공교육부가 라이프치히 대학 철학부에 보낸 문서, 1900년 3월 15일 자, Drude Personalakte, Leipzig UA, PA 422. 헤센 내무부가 기센 대학에 보낸 문서, 1900년 3월 24일 자, Drude Personalakte, Giessen UA.

비너는 라이프치히 대학에서 실험 물리학 교수로 1년을 보내면서 그의 연구소에 드루데가 연구할 공간을 만들었고 그를 도울 조수를 채용하도록 승인했다. 왜냐하면, 이론 연구자는 스스로 실험 연구를 해야 하고 "부분적으로 실험 연구"를 하면서 학생들을 지도해야 한다고 믿었기 때문이었다. 드루데는 특수한 장치 컬렉션이 없었으므로 비너는 자신의 연구소에 사용할 자금으로 드루데와 그의 학생에게 필요한 것은 무엇이든 지급했다. 비너는 반복해서 드루데에게 말했듯이, 드루데에게 독립성을 가져다줄, 두 번째 이론 물리학 연구소를 세우기를 고대했다. 드루데가 기센으로 떠났을 때 비너는 그를 대신하게 된 볼츠만의 필요를 채우는 데 같은 이유를 들었다.[49]

비너는 라이프치히 대학 철학부에 볼츠만의 연구는 "물리적 내용"과 "실험 물리학과의 연관성"을 강조하므로 "수리 물리학"보다는 "이론 물리학"에 속한다고 설명했다. 볼츠만은 수학 자체를 목적으로 취급하지 않았기에 수학은 다른 이들, 특히 라이프치히 대학의 카를 노이만이 하는 일이었다. 비너와 철학부는 정부 부처에 볼츠만이 헬름홀츠, 키르히호프, 클라우지우스를 잇는 최근 독일의 위대한 이론 물리학자 중 마지막 한 사람으로서 통찰력이 있고 강력하고 독창적이며 아이디어가 풍부하다고 소개했다. 그들은 볼츠만이 56세로서, 라이프치히를 뛰어난 물리학의 중심지이며 이론 물리학 분야에서 첫째가는 대학으로 만들기에 여전히 아주 젊다고 주장했다. 드루데의 임박한 사퇴로 정부 부처가 이론 물리학 부교수 자리를 정교수 자리로 변환할 때가 되었다고 했다. 그것

오스트발트가 볼츠만에게 보낸 편지, 1900년 3월 10일 자; 볼츠만이 오스트발트에게 보낸 편지, 1900년 3월 13일 자; *Briefwechsel…Ostwalds*, 28.

49 비너가 볼츠만에게 보낸 편지, 1900년 4월 25일과 5월 6일 자, Wiener Papers, Leipzig UB, Ms. Dept.

은 이미 정부 부처가 거의 2년 전에 그렇게 하려는 의지가 있음을 보여주었기 때문이었다. 철학부는 그렇게 하면 라이프치히 대학이 베를린 대학과 빈 대학, 또는 괴팅겐 대학이나 쾨니히스베르크 대학 같은 중소 대학처럼 이론 물리학 교수 자리와 실험 물리학 교수 자리를 함께 갖추어 다른 대학과 나란히 서게 될 것이라고 주장했다. 철학부는 볼츠만이 "독일과 여타 지역에서 가장 중요한 물리학자"이므로 그 자리에 오직 볼츠만만을 추천했다. 더욱이 그는 오스트발트가 확인했듯이 라이프치히로 오기를 원했다. 볼츠만은 그 일자리를 제안받았고 예상대로 수락했다.[50]

오스트발트는 계획된 새 물리학 연구소에서 볼츠만이 이론 물리학을 연구할 설비 배치를 지시할 수 있게 빨리 움직여 달라고 정부에 요청했다. 그는 볼츠만의 연구 관심사의 특성을 고려할 때 이러한 설비는 복잡하지 않고 그냥 본질적으로는 책과 모형을 갖춘 세미나실만을 포함할 것이라고 설명했다. 비너는 볼츠만을 위해 더 거창한 계획을 세우고 있어서 추가로 이론 연구자인 볼츠만이 이론 연구를 수행하고 그의 학생들이 실험 연구를 수행할 넓은 공간을 원했다. 그와 더불어 비너는 라이프치히 대학에 "이론 물리학 연구소"가 있어야 한다고 주장하면서 그것이 없으면 중요한 학자는 아무도 데려올 수 없을 것이라고 했다. 그는 정부 부처에 베를린 대학에는 이론 물리학 연구소가 없었기에 헤르츠가 이론 연구자로서 베를린 대학에 가지 않았음을 지적했다. 또 다른 사례로서 그는 빌헬름 빈을 들었다. 빈은 그러한 연구소가 없는 일자리는 절대

---

50 비너가 라이프치히 대학 철학부 학부장 지버스(Eduard Sievers)에게 보낸 편지, 1900년 3월 10일 자; 작센 문화 공교육부에 보낸 것으로 비너가 초고를 쓰고 오스트발트, 분트(Wilhelm Wundt), 브룬스(Heinrich Bruns), 횔더(Otto Hölder), 노이만(Carl Neumann), 지벤스(Sievens)가 서명한 편지, 1900년 3월 12일 자; Ostwald, "Beibrief," 1900년 3월 12일 자; 작센 문화 공교육부가 라이프치히 대학 철학부에 보낸 편지, 1900년 8월 4일 자, Boltzmann Personalakte, Leipzig UA, PA, 326.

잡지 않을 것이라고 말한 적이 있었다. 새로운 건물을 위한 비너의 층별 계획에는 3층 건물 일부를 차지하는 이론 물리학 연구소가 나와 있었다. 그것은 특별한 대형 연구소였다. 위층에는 200명의 학생을 수용할 이론 연구자의 강의실이 있고 그 옆에는 강의 준비실이 있었다. 그 강의실에서 엘리베이터를 타고 이론 연구자는 서재와 실험실이 딸려 있는 그의 장치 컬렉션으로 내려간다. 실험실에서 이번에는 나선형 계단을 통해 다시 내려가면 실험 연구를 할 여러 개의 방에 이른다. 이론 연구자는 그의 필요가 실험 연구자의 필요와 충돌하지 않으면 "커다란 실험 물리학 컬렉션"에 접근할 권한을 가진다. 그 계획은 드루데를 염두에 두고 작성되었으므로 비너는 볼츠만에게 그가 생각한 것이 있으면 말하라고 했다.[51]

볼츠만은 "훌륭하고" "적당하다"고 대답했다. 그러나 불행하게도 그는 이론 물리학 연구소에 대한 경험이 거의 없다고 설명했다. 뮌헨에서 그는 함께 일한 사람이 거의 없었다. 왜냐하면, 더 유능한 젊은이들이 실험 연구자인 로멜과 함께 더 완전한 그의 연구소에서 연구했기 때문이었다. 그가 지금 있는 빈에서는 짐꾼들과 조수들 때문에 그는 "아주 귀찮았고" 일반적으로 그는 사람들과 함께 일하는 데 운이 좋지 않았다. 시력이 나빴으므로 그는 지속적인 실험 연구를 수행할 수 없었고 장치를 꾸미는 데 "미숙"했다. 그는 모든 것을 보여줄 필요가 없는 한 기꺼이 상급 학생들이 그의 아이디어를 따라 연구하게 했다. 비너가 충분히 준비된 학생들이 충분히 있다고 생각하고 정부 부처가 볼츠만에게 필요한 것을 승인할 준비가 되었다면(그는 드루데가 분리된 컬렉션과 분리된

---

[51] Ostwald, "Beibrief," 1900년 3월 12일 자. 비너가 볼츠만에게 보낸 편지, 1900년 4월 25일 자와 5월 6일 자.

자금이 있었는지 물었다.) 볼츠만은 계획된 연구소를 맡을 수 있다고 추정했다. 그러나 실제로는 자신이 그 자리에 적임자인지 의심했다. 특히 자신의 오래된 신경쇠약이 재발했을 때에는 더욱 자신이 없었다.[52]

볼츠만은 새 건물이 완성되기 전에 라이프치히를 떠났기에 비너의 층별 계획이 구현된 연구소에서는 전혀 가르치지 않았다. 그는 2년간 거기에 있었는데 통상적인 강의를 했다. 그는 이론 물리학에 대한 포괄적인 강의 과정을 개설하여 그가 가장 좋아하는 해석 역학에서 시작하여 이론 물리학의 세부 분야 대부분을 그럭저럭 섭렵했다. (라이프치히 대학 수학자들이 역학을 가르쳤기에 드루데는 그 과목을 가르치지 않았지만 비너는 볼츠만에게 그가 원한다면 누구도 그가 그것을 가르치는 것을 막을 수 없다는 확신을 주었다.) 그에게는 다수는 아니었다 하더라도 유능한 학생들이 있었고 그는 비너와 좋은 관계를 맺었다. 그러나 그는 라이프치히에서 행복하지 않았고 작센 정부에 "건강상의 이유"로 그를 해임해 달라고 요청했다. 나중에 볼츠만은 비너에게 자신이 왜 불행을 느꼈는지 말하기 어려웠다. 아마도 축축한 기후나 북독일의 개신교 관습이나 어떤 다른 이유 때문이었을 것이다. 어쨌든 볼츠만은 빈으로 돌아가자 기분이 나아졌고 빈 대학에서 다시 이론 물리학자로서 자리를 잡았다.[53]

---

52 볼츠만이 비너에게 보낸 편지, 1900년 4월 30일 자, Wiener Papers, Leipzig UB, Ms. Dept.

53 비너가 볼츠만에게 보낸 편지, 1900년 5월 6일 자; 볼츠만이 비너에게 보낸 편지, 1903년 1월 3일과 2월 7일 자; Wiener Papers, Leipzig UB, Ms. Dept. 작센 문화공교육부가 라이프치히 대학 철학부에 보낸 문서, 1902년 6월 4일 자, Boltzmann Personalakte, Leipzig UA, PA 326.

볼츠만 이후 라이프치히 이론 물리학 연구소: 데쿠드레의 임용

볼츠만이 떠난 후에 라이프치히 대학은 곧 자신의 연구소를 갖게 될 이론 연구자로 데려올 학자들에게 계속 큰 기대를 걸었다. 철학부는 다음 후보자로 독일어권 밖을 살펴서 볼츠만과 동급의 유럽 이론 물리학자인 로렌츠[54]를 주목했다. 그들은 로렌츠에게 개인적으로 접촉해, 그가 있는 라이덴에 계속 있기를 원한다는 대답을 들었다. 그의 거절로 라이프치히 철학부는 더 젊고 덜 유명한 물리학자들, 특히 빈과 드루데를 (이제는 친숙한) 순서대로 고려하게 되었다. 그들은 후보자의 목록을 이 둘로 제한했는데 그 이유는 그들이 빈의 과학적 명성이나 드루데의 연구 능력이 있는 제3의 인물을 떠올릴 수 없었기 때문이었다.[55]

철학부는 볼츠만에게 한 것처럼 빈과 드루데를 그들의 이론 연구뿐 아니라 그들의 실험 연구 때문에, 그리고 형식적으로는 교육의 우수성 때문에 천거했다. 빈과 드루데는 이론 연구자였고 역시 다재다능한 물리학자였으며 비너가 정의했듯이 그 자체로서 라이프치히 자리에 적합했

---

54 [역주] 로렌츠(Hendrik Antoon Lorentz, 1853~1928)는 네덜란드의 물리학자로 전자 이론의 창시자이며 아인슈타인이 시공간의 기술에 사용하게 되는 로렌츠 변환의 발견자로도 유명하다. 1902년에 제만 효과를 이론적으로 설명한 공로로 제만과 함께 노벨 물리학상을 받았다. 라이덴 대학에서 물리학과 수학을 공부했고 피터 리케 밑에서 빛의 반사와 굴절에 대한 이론으로 1875년에 박사학위를 받았다. 1878년에 라이덴 대학에 새로 개설된 이론 물리학 교수직에 임명되었다. 이후 전자기 이론을 깊이 있게 연구하여 전자 이론을 구축했다. 1895년에 마이컬슨과 몰리의 실험 결과를 설명하기 위해 움직이는 물체의 수축을 제시했고 좌표계의 이동에 따른 시공간의 변환을 수학적으로 제시했다.

55 이론 물리학 교수 재임용 위원회 회의록, 1902년 6월 18일과 7월 3일과 8일 자; 비너가 라이프치히 대학 철학부 학부장에게 보낸 편지, 1902년 7월 1일 자; 철학부가 작센 문화 공교육부에 보낸 문서, 1902년 7월 11일 자; Des Coudres Personalakte, Leipzig UA, PA 410.

다. 철학부는 두 사람의 업적을 가까운 과거부터 현재까지 오스트리아와 독일의 뛰어난 물리학자들인 볼츠만, 슈테판, 플랑크, 헤르츠, 헬름홀츠, 리케, 포크트의 업적을 잇는 것으로 보았다. 그들은 빈을 "무게 있는 물질과 에테르의 상호 작용을 결정하거나 역학을 전자기 현상과 관련짓는 일과 같은 "물리학의 가장 위대한 과업"을 떠맡을 이론 연구자로 칭송했다. 철학부는 드루데를 빈보다 독창성이 부족하다고 보았고 다른 물리학자들이 수행한 연구 때문에 최근에 가장 많은 관심을 끄는 문제는 무엇이든 연구하기를 선호하는 사람으로 간주했다. 그들은 그들이 오래 전에 반대한 이유를 다시 들고 나왔다. 철학부가 보았듯이 드루데는 포크트에게 훈련을 받아서 물리학의 "현상학적"[56]이고 "더 형식 수학적인" 지향을 띠는 결함을 갖게 되었다. 그 지향은 가끔 "더 나은 것이 없을 때에는" 유용했지만, 배타적으로 사용되면 "모든 물리적 사고를 죽여버리곤" 했다. 운 좋게도 드루데는 "물리적 개념"을 강조한 최근의 연구로 드러났듯이 점차 이러한 편향성에서 벗어났다. 이로써 그의 추천이 정당성을 얻게 되었다.[57]

빈과 드루데는 이론 연구에 편향되어 있었기에 라이프치히 대학 철학부는 둘 중 하나가 이론 물리학자로서 임용되는 자리를 수락할 것으로

---

[56] [역주] 현상학이라는 말 자체는 18세기 독일의 수학자이며 철학자인 람베르트가 자신의 인식론 일부에 붙인 이름에서 비롯되었는데 19세기에 헤겔은 감각경험부터 '절대지'(絶對知)까지 인간 정신의 발달을 추적하면서 이 용어를 사용했다. 현대적인 현상학은 20세기 초 오스트리아 태생 독일의 철학자 에트문트 후설에서 시작된다. 그의 슬로건인 '사상(事象) 자체로'는 구체적으로 경험하는 현상에 대한 새로운 접근법으로써 가능한 한 개념적 전제를 벗어던지고 그 현상을 충실히 기술하려는 시도를 가리킨다. 현상학의 지지자들은 대부분 경험 또는 상상으로 얻어진 구체적 사례를 머릿속에서 체계적으로 변형하면서 자세히 연구하면 이 현상의 본질적 구조와 관계를 통찰할 수 있다고 주장한다.

[57] 라이프치히 대학 철학부가 작센 문화 공교육부에 보낸 편지(이 편지에 대한 이전의 초고 포함), 1902년 7월 11일 자.

생각했다. 그러나 철학부 역시 그들이 둘 다 라이프치히를 위해 계획된 물리학 연구소 이론 부서의 설비보다 우수한 설비를 갖춘 현재 물리학 연구소를 이끌고 있음을 인식했다. 그들이 두려워했듯이 빈과의 협상은 곧 연구소의 설비와 연구소에 딸린 생활 구획 문제에 부딪혔다. 비너, 오스트발트와 천문학자 브룬스[58]가 최고의 이론 물리학자를 특별히 요청했음에도 불구하고(학생들의 훈련은 "이론 물리학을 누가 담당하느냐에 따라 결정적으로 영향을 받기에") 정부 부처는 그 자리를 빈이 수락하도록 설득하기에 충분하게 보이게 하는 데 실패했다. 라이프치히의 일자리는 빈에게 연구를 할 시간을 더 많이 준다는 점에서 그에게 매력적이었지만 그는 이론 물리학만 하기를 원하지는 않았고 그의 재능이 그것에 적합한지도 의심했다.[59] 그다음에 드루데가 그 자리를 제안받았다. 정부 부처는 높은 봉급뿐 아니라 연구소의 그의 부서의 설비를 갖추는 데 6만 마르크를 주고 그 위에 연구소 안에 생활 구획을 약속했다. 그러나 결국에는 드루데도 거절했다. 그는 기센에 머물기를 선호했다. 왜냐하면, 그가 라이프치히의 일자리를 받아들이면, 실험 경력을 배제해야 할 것이 두려웠기 때문이었다. 비너는 이런 점에서 드루데에게 동의하지 않았지만 드루데가 그 이상의 진보를 얻는 데는 이론 물리학 연구

---

[58] [역주] 브룬스(Ernst Heinrich Bruns, 1848~1919)는 천문학, 수학, 측지학에 관심이 있었고 3체 문제를 연구했다. 1866년과 1871년 사이에 베를린 대학에서 수학, 천문학, 물리학을 공부했다. 1876년에 베를린에서 수학 부교수가 되었고 1882년에 라이프치히 대학에서 천문학 교수이자 천문대장이 되었다. 지구의 모양에 대한 이론적 탐구에 종사했고 퍼텐셜 이론도 탐구했다.

[59] Wilhelm Wien, "Ein Rückblick," in *Aus dem Leben und Wirken eines Physikers,* ed. K. Wien (Leipzig: J. A. Barth, 1930), 1~76 중 24. 비너와 브룬스와 오스트발트가 라이프치히 대학 철학부 학부장인 키르히너(Wilhelm Kirchner)에게 보낸 편지, 1902년 9월 12일 자; 작센 문화 공교육부가 라이프치히 철학부에 보내는 편지, 1902년 9월 29일 자; Des Coudres Personalakte, Leipzig UA, PA 410.

소보다는 실험 물리학 연구소가 더 쉬울 것임은 동의했다.[60]

빈과 드루데가 거절한다면 그 선택은 "더는 쉽지 않을 것"이라는 라이프치히 대학 철학부의 걱정이 옳았음이 드러났다. 물리학 연구소 건축 계획이 그 임용을 시급하게 만들자 철학부 위원회는 한 번 더 후보자 목록을 내놓았다. 이번에 그 목록의 길이는 점차 정돈이 이루어지면서 요동을 쳤고 이론 물리학자의 바람직한 자격에 대한 논쟁을 일으켰다. 그 위원회가 데쿠드레, 비헤르트, 룽에[61], 조머펠트를 이 순서대로 추천하기로 했을 때 비너는 따로 이견異見 보고서를 썼고 그 복사본을 카를 노이만에게 보냈다. 노이만은 비너가 반대하는 후보자인 조머펠트를 아마도 지지하고 있었을 것이다. 비너는 조머펠트의 후보 자격이 먼저, 이론 물리학 교수직을 설치하게 한 원칙에 어긋난다고 주장했다. 조머펠트는 연구소와 학생들의 실험실 연구를 지도할 능력이 없을 것이고 그렇다면 새로 설립한 이론 물리학 연구소는 쓸모없어 지고 무가치해질 것이었다. 조머펠트의 이름이 제외되지 않는다면, 비너는 정부 부처에 그 위원회가 그의 의견을 무시하고 후보자 목록에서 적임자 두 사람을 삭제했다는 것을 알리겠다고 했다. 하나는 콘Cohn으로 그는 유대인이기에 제외되었고 다른 하나는 뼤르크네스[62]로 그는 외국인이었기에 제외되었다.[63]

---

60 드루데가 비너에게 보낸 편지, 1902년 9월 22일, 10월 11일, 11월 4일 자; 비너가 드루데에게 보낸 편지의 사본, 1902년 11월 1일 자; Wiener Papers, Leipzig UB, Ms. Dept. 드루데는 빠르게 영전했다. 기센 대학에서 그의 두드러진 업적 덕택에 그는 1905년에 베를린 대학의 영예로운 자리에 임용되었다.

61 [역주] 룽에(Carl Runge, 1856~1927)는 독일의 수학자이자 물리학자로 1880년에 베를린에서 수학으로 박사학위를 받았고 1886년에 독일 하노버에서 교수가 되었다. 그의 관심은 수학, 분광학, 측지학, 우주 물리학을 포함했다. 카이저(Heinrich Kayser)와 함께 다양한 원소의 스펙트럼(빛띠)을 실험적으로 연구했다. 1904년에 펠릭스 클라인의 초빙으로 괴팅겐 대학으로 옮겨 그곳에서 은퇴하기까지 일했다.

62 [역주] 뼤르크네스(Vilhelm Bjerknes, 1862~1951)는 노르웨이의 물리학자이자 기상학자로 일기 예보의 현대적 실행의 기초를 놓는 데 기여한 인물이다. 아버지의

조머펠트에 대한 비너와 노이만의 이견은 이론 물리학의 본질에 대한 그들의 이해가 서로 대립했기 때문이었다. 노이만은 조머펠트의 후보 자격을 옹호하면서 물리학의 진보는 서서히 이루어지며 능숙한 수학적 연구에 의존해야 한다고 주장했다. 노이만은 그와 비너의 견해는 "아주 달랐다"고 조머펠트에게 보낸 편지에 적었다. 노이만에게는 "이미 존재하는 것을 주의 깊게 조사하고 다듬는 일이 필요하고 중요했다." 이런 일은 당연히 수학자만이 할 수 있었다. 반면에 비너에게는 그 목적이 "**새로운 실험 연구**로 이끄는 **이론적**[메트로놈과 같은] **박자 맞추기**였다." 비너는 물리학이 수학적 정교화를 통해 점진적으로 진보하지 않고 새로운 아이디어를 통해 빠르게 진보하리라 기대했다. 노이만은 비너가 두 번째 물리학 교수 자리에 최종 결정권을 가져야 한다고 생각했으므로 어떤 의미에서는 비너가 그 논쟁에서 승리했다.[64]

영향으로 일찍부터 유체 역학에 접했고 17세에 수학 지식과 기계적 능력으로 전기와 자기 현상을 재현하는 장치를 만들어 내었고 1881년에 파리 전기 국제 박람회에서 큰 관심을 끌었다. 1890년에 하인리히 헤르츠의 조수가 되었고 전자기 공명에 대한 헤르츠의 연구에 크게 기여했다. 크리스티아나 대학에서 실험을 계속하여 표피 효과를 발견하고 전기 공명 이론을 구축했다. 이는 이후 무선 전신의 발전에 크게 기여했다. 1895년에 스톡홀름 대학에서 응용 역학 및 수리 물리학 교수가 되었다. 기후 모형에서 사용되는 원시 방정식을 만들었고 그것은 이후 현대적 일기 예보의 토대가 되었다. 1917년에 지구 물리학 연구소를 베르겐 대학에 설립했고 베르겐 기상학파의 기초를 놓았다.

[63] 라이프치히 대학 철학부가 작센 문화 공교육부에 보낸 편지, 1902년 7월 11일 자; 비너의 메모, 1902년 10월 30일 자; 이론 물리학 교수직 재임용 위원회 회의록, 1902년 11월 6일, 20일, 29일, 12월 3일 자; 비너가 철학부 학부장에게 보낸 편지와 비너의 첨부된 "Separatbericht," 1902년 11월 30일 자; Des Coudres Personalakte, Leipzig UA, PA 410.

[64] 카를 노이만이 비너에게 보낸 편지, 1902년 11월 29일 자, 다음에서 인용, Hans Salié, "Carl Neumann," in *Bedeutende Gelehrte in Leipzig,* vol. 2, ed. G. Harig (Leipzig: Karl-Marx-Universität, 1965), 13~23 중 14~15. 노이만이 조머펠트에게 보낸 편지, 1903년 5월 22일 자, Sommerfeld Papers, Ms. Coll., DM.

결국, 위원회는 그들의 불일치가 철학부 전체의 걱정이 되지 못하게 투표로 조머펠트의 이름을 목록에서 삭제했고 룽에의 이름도 비슷한 이유로 삭제했다. 철학부는 둘 중 어느 쪽이든 "근본적으로 새로운 물리학의 아이디어를 이론에 도입"할 것이라고 기대하지 않았다. 룽에는 어떤 실험 연구에서 다른 물리학자와 함께 일한 적이 있었지만 "근본적으로 중요한 이론 물리학 연구"를 출판한 적이 없었다. 조머펠트는 "완성된 이론적 문제에 수학을 강력하게 적용하는" 데 강점이 있었으나 한 번도 실험 연구를 수행한 적이 없었다. 라이프치히 철학부가 원한 것은 수학이 아니라 물리학에 강점이 있는 물리학자였고 그 학부는 그들이 이러한 기준에 맞는 사람을 알고 있다고 믿었다. 데쿠드레는 라이프치히에 "가장 물리적인 자극과 과학적인 삶"을 가져올 것으로 여겨졌다. 철학부는 데쿠드레가 만족스러운 이론 물리학 강의를 제공할 수 있다는 것을 빈에 의해 한번 확인했기에 데쿠드레의 연구가 실험 중심이라는 점을 상대적으로 덜 문제 삼았다.[65]

빈과 드루데와 달리 데쿠드레는 그 당시에 물리학 연구소의 소장이 아니었고 뷔르츠부르크 대학의 이론 물리학 부교수일 뿐이었다. 그래서 라이프치히 대학의 새로운 일자리가 그에게는 비교적 매력적으로 다가왔다. 데쿠드레는 "이론 물리학 부서"의 수장으로 물리학 연구소로 옮기게 되어 아주 반가워했다. "좀 강한 투쟁" 후에 그는 작센 교육부에서 그가 원하는 모든 것을 얻었다. 그것은 대부분이 그 정부 부처가 드루데에게 약속한 것이었다. 다만 물리학 연구소 건물 안의 생활 구획만 빠져 있었다. 그는 생활 구획에 대해 걱정하지 않는다고 말했다. (물리학 건물이

---

[65] 라이프치히 대학 철학부가 작센 문화 공교육부에 보낸 편지 초고, 1902년 12월 6일 자, Des Coudres Personalakte, Leipzig UA, PA 410.

완성되었을 때 그는 다른 목적으로 지어진 방들을 자신이 쓸 공식적 거주 공간으로 전용했다.) 그는 자신의 학과 예산으로 사용할 6만 마르크를 얻었고 3천 마르크의 연례 예산을 확보했다. 여기에는 비너와 나누어 치르게 될 난방, 조명, 물, 보수에 사용할 공동 예산은 포함되지 않았다. 비너는 데쿠드레의 연구소가 "풍부하게 장비를 갖추게" 될 것을 기뻐했다. 그것이 작동되게 하려고 데쿠드레는 즉시 조수를 요청해 허락을 얻고 1904년에 기계공을 얻어주겠다는 약속을 얻었다. 그해에 데쿠드레와 비너의 요청으로 정부 부처는 그 부서를 데쿠드레의 지도로 "이론 물리학 연구소"라는 명칭을 갖는 "독립적으로 재정 지원을 받는 교육 연구소"로 격상시켰다.[66]

1905년 새로운 연구소 건물의 개관 연설에서 비너는 이론 물리학자들이 자신의 방이 없이 실험 물리학자들의 호의에 의존한 날들을 회고했다. 그러나 오늘날의 이론 물리학자는 더는 "지우개와 분필"만을 든 사람이 아니라 "드릴과 망원경"도 가진 사람이므로 그는 "특별한 이론 연구소"가 필요했다. 강의에서 이론적 강조를 제외하면 라이프치히 이론 물리학 연구소는 실험 물리학 연구소와 크게 다르지 않았다. 물론 그 예산은 실험 물리학 연구소의 일부에 지나지 않았다.[67]

데쿠드레의 연구소는 사용할 수 있는 공간이 분리된 건물을 허락하지

---

[66] 데쿠드레가 비너에게 보낸 편지, 1902년 12월 13일과 17일 자; 비너가 데쿠드레에게 보낸 편지, 1902년 12월 11일과 26일 자; Wiener/Des Coudres Correspondence, Leipzig UB, Ms. Dept. 데쿠드레가 비너에게 보낸 편지, 1902년 12월 24일 자, Wiener Papers, Leipzig UB, Ms. Dept. 작센 문화 공교육부가 라이프치히 대학 철학부에 보낸 편지, 1903년 2월 20일 자; 장관 자이데비츠(Seydewitz)가 라이프치히 대학 평의회에 보낸 편지, 1904년 6월 7일 자; Des Coudres Personalakte, Leipzig UA, PA 410.

[67] Otto Wiener, "Das neue physikalische Institut der Universität Leipzig und Geschichtliches," *Phys. Zs.* 7 (1906): 1~14 중 6.

않았기에 비너의 연구소와 같은 새 건물에 있었다. 그것은 북관north wing의 3층에 있는 방 여러 개를 차지했고 그것은 "정확한 측정"에 도움이 되었다. 비너는 동료에게 두 연구소 간의 조화를 유지하기 위해 "방화벽"을 설치하라는 충고를 받았지만, 자신과 데쿠드레 사이에는 그런 것이 필요하지 않았고 두 연구소의 장래 소장들이 그들처럼 우호적인 관계를 유지하기를 원했다. 4년 후에 데쿠드레는 그의 연구소에 대한 설명을 적었고 그도 건물 공유의 이점을 강조했다. 그의 컬렉션을 더 큰 실험 물리학 컬렉션과 구분 짓는 유리벽의 문으로 장치를 정기적으로 교환했고, 데쿠드레가 언급했듯이 그것은 과학뿐 아니라 국가 재정에도 유익했다. 더욱이 공동 물리학 콜로키엄은 보통 이론 강의 홀에서 열렸다. 큰 컬렉션이 옆방이 아니라 1킬로미터 떨어져 있었다면 거기에서 항상 실험 시범이 수행될 수는 없었을 것이다. 새로운 연구소 건물은 건축상(부분적으로는 우연이었지만) 실험 물리학자와 이론 물리학자 사이의 관계에 대한 관점을 구현했다. 나란히 서 있는 그들의 두 연구소에서 그들의 장치와 인력은 그 사이를 자유롭게 오갔기에 비너와 데쿠드레의 관계는 매끄러웠다. 그렇게 된 데에는 좋은 이유가 있었다. 두 물리학자가 유형이 다르지 않았기 때문이었다. 데쿠드레는 이론 연구자였기에 더 많이 "측정"을 수행했고 비너는 실험 연구자였기에 더 많이 "실험"을 했다. 그렇지만 둘 다 실험 연구를 했고 그것이 요점이었다.[68]

볼츠만은 이론 연구소에 갖춰둘 최초의 장비 목록을 작성했었는데 그

[68] Wiener, "Das neue physikalische Institut," 9. Theodor Des Coudres, "Das theoretisch-physikalische Institut," in *Festschrift zur Feier des 500 jährigen Bestehens der Universität Leipzig*, vol. 4, *Die Institute und Seminare der Philosophischen Fakultät*, pt. 2, *Die mathematisch-naturwissenschaftliche Sektion* (Leipzig: S. Hirzel, 1909), 60~69 중 62~64.

것은 상당히 수수했고, 데쿠드레의 표현에 따르면, 그 당시 볼츠만의 의기소침과 일치했다. 볼츠만의 목록보다 덜 수수했지만 데쿠드레의 목록은 같은 기본 원리를 따랐기에 일정한 방향으로 컬렉션을 구축하려고 했고 모든 물리학의 분야를 동등하게 취급하려고 시도하지 않았다. 그의 컬렉션은 곧 그의 연구 관심과 일치하는 강력한 압축 펌프와 높은 진동수의 발전기 같은 다수의 값비싼 품목을 포함했다. 기계공과 조수의 도움으로 그는 곧 그의 연구소에서 연구를 수행하고 5명에서 7명의 상급 학생들의 실험 연구를 감독했다.[69]

데쿠드레는 무엇보다 실험 연구자였다. 그는 헬름홀츠 밑에서 실험 논문으로 학위를 받았다. 그 후에 라이프치히로 가서 비데만의 조수이자 사강사로 있다가 다른 젊은 물리학자가 외부에서 새 이론 물리학 부교수로 영입되자 실망하여 그곳을 떠났다. 그 젊은 물리학자는 에베르트였는데 얼마 지나지 않아 드루데로 바뀌었다. 데쿠드레는 괴팅겐 대학으로 가서 사강사가 되었고 거기에서 응용 전기학 부교수로 승진했다. 그 직책을 맡으면서 그는 이론 물리학도 강의했다. 1901년에 그는 뷔르츠부르크 대학에 이론 물리학 부교수로 부임했고 볼츠만의 후임자로 라이프치히로 돌아와 달라고 초청받을 때까지 거기에 있었다. 이때까지 그는 지속적으로 매년 2, 3편의 논문을 출간했다. 일반적인 주제와 전기 기술에 관한 것이 몇 편, 이론 물리학에 대한 것이 몇 편 있었고, 나머지는 실험 물리학에 대한 것이었는데 그중에서 가장 중요한 것이 자기적 편향을 받는 음극선의 측정이었다.[70]

---

[69] Des Coudres, "Das theoretisch-physikalische Institut," 65~66, 68.

[70] 1891년 데쿠드레의 "교수 자격 논문"과 1894년 9월 27일에 라이프치히를 떠난 일에 관한 문서들; 라이프치히 대학 철학부가 작센 문화 공교육부에 보낸 편지(초고), 1902년 12월 6일 자; Des Coudres Personalakte, Leipzig UA, PA 410. 데쿠

라이프치히 대학의 자리에 추천받았을 때 독창성으로 찬사를 받은 데쿠드레는 비너의 기대에 미치지 못했다. 라이프치히 대학의 이론 물리학 정교수로서 데쿠드레는, 비너가 물리학을 진전시킬 것이라고 믿은(그 믿음은 옳은 것이었다) 새로운 아이디어를 발표하지 않았다. 사실상 그는 연구를 거의 발표하지 않았다. 라이프치히에서 거의 25년간 그는 단 세 편의 논문만을 출간했고 그중에 두 편이 고압 실험 물리학에 속했다. 비너가 찾아낸 칭찬거리는 그가 콜로키엄에 기여하고 학생들에게 좋은 문제에 관해 연구하도록 격려한 것이었다.[71] 비너가 생산적인 연구자를 제2 물리학 교수로 확보하지 못한 것은 비너가 그를 위해 설계한 자리와 상당히 관계가 깊었다. 비너는 실험 연구자로 채워진 연구소를 지도할 수 있는 1급 연구자를 원했지만, 그 연구자에게 단지 2급 연구소만을 제공할 수 있었다.

비너는 물리학자들에게 고급 수학이 필요하지 않다고 믿은 쿤트 밑에서 공부했었다. 비너는 라이프치히 대학에서 제2 물리학 교수를 선택할 때 그러한 태도를 포기했다. 그의 동료는 자신처럼 이론 물리학과 실험 물리학을 모두 잘할 수 있는 다재다능한 물리학자여야 했다. 비너가 이론 연구자가 사용할 공간을 갖춘 라이프치히 연구소 건물을 계획하고 있을 때조차 그는 다양한 물질의 물리 광학에 대한 긴 시리즈의 이론 연구를 시작하고 있었다. 그는 다양한 물질의 광학적 특성들을 그의 박사학위 학생들이 실험으로 검사하게 했다. 나중에 1920년대에 그는 운동

트레가 라이프치히 대학 교수에게 보낸 편지, 1894년 10월 23일 자, STPK, Darmst. Coll. 1919.237. Otto Wiener, "Nachruf auf Theodor Des Coudres," *Verh. sächs. Ges. Wiss*. 78 (1926): 358~370; Wilhelm Wien, "Theodor Des Coudres," *Phys. Zs*. 28 (1927): 129~135.

[71] Wiener, "Des Coudres," 364; Wien, "Des Coudres," 133.

에테르 이론과 "자연의 근본 법칙"에 기초를 둔 세계상을 구축하기 위해 집중적으로 연구했다. 그것은 모든 물리적 사건의 일관성을 순수한 운동에서 찾아내고 모든 원격력distance force[72]을 제거하는 것이었다.[73] 이 이론은 당시 물리학의 이론적 필요와 거의 관련이 없었지만, 그의 이전의 이론 연구와 함께 비너를 그 자신이 독자적인 이론 연구자로 있을 수 있었던 분야인 실험 물리학 연구자로 부각시켰다.

유럽에서 "수학 탐방"Studienreise 중에 독일 대학 물리학 연구소 건물 중 가장 큰 라이프치히 물리학 연구소를 둘러본 일본의 물리학자 나가오카Hantaro Nagaoka[74]는 1911년에 러더퍼드Earnest Rutherford에게 보낸 편지에서 실험실을 작동시키는 것은 규모와 돈이 아니라 그 안의 사람들이라고 말했다.[75] 라이프치히 대학의 사람들이 그들이 점유한 건물만큼 다른 사

---

[72] [역주] 원격력은 원격 작용의 다른 명칭이다. 연속체를 통해 전달되는 연속력과 대립하는 개념으로, 힘을 전달하기 위해 중간에 매개하는 물질 없이 전달되는 힘이며 중력이 대표적이다. 19세기에는 전기력이나 자기력이 원격력인가, 연속력인가를 놓고 유럽 대륙과 영국 물리학자들 사이에 대립이 일어났으나, 맥스웰의 전자기학이 대륙에서 승리를 거두자 결국 전자기력을 연속력으로 인식하게 되었다. 이로부터 에테르가 전자기학의 논의에서 핵심으로 떠올랐고 이후 20세기에 장 물리학의 도래를 예고했다.

[73] Ludwig Weickmann, "Nachruf auf Otto Wiener," *Verh. sächs. Ges. Wiss.* 79 (1927): 107~118; Karl Lichtenecker, "Otto Wiener," *Phys. Zs.* 29 (1928): 73~78.

[74] [역주] 나가오카(長岡 半太郎, 1865~1950)는 일본의 물리학자로 메이지 시대 초기에 일본 물리학의 선구자였다. 나가사키에서 태어나 도쿄 대학에서 공부하고 1887년 졸업 후에 자기에 대해 영국에서 방문한 물리학자 노트(C. G. Knott)와 연구했고 1893년에 유럽을 여행하고 베를린, 뮌헨, 빈 대학에서 계속 공부했다. 1900년 마리 퀴리의 강의를 듣고 원자 물리학에 관심을 두게 되어 1901년부터 도쿄 대학 교수로 근무했다. 톰슨의 건포도빵 모형을 반대하고 양으로 대전된 중심을 회전하는 다수의 전자로 이루어진 이른바 토성과 고리 모형을 제시했다. 무거운 핵과 정전기력으로 속박된 전자의 회전이 러더퍼드에 의해 실험적으로 확인되었다. 그렇지만 전하를 띠는 고리 개념은 옳지 않음이 드러났고 1913년에 러더퍼드와 보어는 더 나은 모형을 제기했다.

람들에게 항상 강한 인상을 주지 않았다면, 그 책임은 부분적으로 비너에게 있었다. 왜냐하면, 그가 그곳에서 제2 물리학 정교수를 고르는 데 주된 결정권이 있었기 때문이었다. 그가 볼츠만을 잡아두거나 로렌츠를 데려올 수 있었다면, 또는 그가 노이만의 촉구를 따라 조머펠트를 선택했다면, 라이프치히는 그 이론 연구소가 상대적으로 넓고 편리하다고 느꼈을 1급 이론 연구자를 확보했을 것이다. (이론 연구소는 당시에 드물었고 처음 생길 당시의 상태에 머물러 있었다.) 3년 후 뢴트겐은 라이프치히의 자리와 유사한 뮌헨의 자리와 연구소에 채용하려고 조머펠트를 데려왔고 그로써 비너가 라이프치히에서 기대한 것처럼 물리학이 뮌헨에서 번성하게 되었다. 조머펠트를 고용함으로써 뮌헨은, 스스로 실험을 하지 않지만, 연구소의 시설을 사용하고 그의 이론을 테스트할 훌륭한 실험 연구자들을 연구소로 데려오는 생산적인 이론 연구자를 얻게 되었다. 비너의 마지막 선택지인 데쿠드레를 임용함으로써 라이프치히는 물리학의 이론적 측면에서 유능한 담당자가 없게 되었고 20세기 물리학에서 그것이 심각한 한계임이 입증되었다. 같은 해에 광양자(빛양자)[76]가 물리 이론에 등장했고 관련된 발전이 이루어지면서 불연속적인 원자 과정의 이론 물리학과 함께 새로운 수학적 연구 방법들이 도입되었다. 얼마 지나지 않아 라이프치히 대학의 데쿠드레를 하이젠베르크[77]가 대

---

[75] 나가오카가 러더퍼드에게 보낸 편지, 1911년 2월 22일 자, Rutherford Papers, Cambridge University Library.

[76] [역주] 광양자(빛양자, light quantum)는 아인슈타인이 광전 효과를 설명하기 위해 1908년에 도입했다. 아인슈타인은 광전 효과에서 빛 입자가 진동수에 비례하는 에너지를 가져서 띄엄띄엄 떨어져 있는 에너지 양자로 행동한다는 개념을 처음 도입했다. 이것은 광전자가 일정한 진동수(문턱 진동수) 이상의 빛을 쪼일 경우에만 발생하고 그 이하의 진동수를 갖는 빛에 대해서는 광전자가 발생하지 않는 현상을 설명하려는 것이었다.

[77] [역주] 하이젠베르크(Werner Karl Heisenberg, 1901~1976)는 독일의 이론 물리학

신하게 되었고 그의 연구는 현대적인 발전에 속해 있었다. 그러나 하이젠베르크는 1920년에야 오게 되었고 그때는 이미 때가 늦었다.

볼츠만은 라이프치히 대학에서 이론 물리학이 처하게 될 어려움과 잃어버릴 기회를 예견했다. 이론 물리학 정교수 자리는 여전히 드물고 새로운 것이었고, 그는 그곳에 그 정교수 자리가 설치되는 것을 자신만을 위해서가 아니라 그 전공을 위해서 환영했었다. 그가 라이프치히 대학의 자기 자리를 누가 맡게 될지 들었을 때 그는 비너에게 쓴 편지에서 (위로하는 어조로) 데쿠드레는 최고는 아닐지라도 촉망되는 젊은이라고 말했다. 문제는 데쿠드레가 "특히 수학적 두뇌"가 없다는 점이었다. 볼츠만은 데쿠드레가 "결국 이세는 주로 수학이라고 이해되는 이론"에 더 친숙해지기를 원했다.[78]

자로서 1925년에 양자역학을 행렬로 정식화하는 방법을 발견했고 그 공로로 1932년에 노벨 물리학상을 받았다. 1927년에는 불확정성 원리를 발표하여 명성을 얻었다. 난류의 유체 역학 이론, 원자핵, 강자성, 우주선, 아원자 입자 등에서 중요한 기여를 했다. 뮌헨과 괴팅겐 대학에서 물리학과 수학을 공부하고 1923년에 뮌헨 대학에서 조머펠트의 지도로 박사학위를 받았다. 괴팅겐에서 사강사가 되었고 코펜하겐에 가서 닐스 보어와 함께 연구했다. 괴팅겐으로 돌아온 후 막스 보른, 파스쿠알 요르단과 함께 양자역학을 위한 행렬 역학을 구축했다. 1927년에 라이프치히 대학에서 물리학 정교수가 되었다. 유대인 과학자를 옹호한 것으로 나치의 핍박을 받았으나 2차 대전 중에 나치를 위해 원자탄 개발에 참여하는 동안 고의적으로 태업했다는 것에 대해 진위 논란이 일기도 했다.

[78] 볼츠만이 비너에게 보낸 편지, 1903년 1월 3일과 2월 7일 자, Wiener Papers, Leipzig UB, Ms. Dept.

23 빈 이론 물리학 연구소

1890년에 빈 대학의 사강사 모저James Moser는 헤르츠에게 편지를 써서 "빈의 물리학이 놓인 상황"에 대해 이야기했다. 빈 대학에는 물리학 정교수가 3명이 있었다. 의대생들에게 강의하는 랑[1], 약대생들에게 강의하는 로슈미트[2], 교사 지망생들에게 강의하는 슈테판Josef Stefan이 그들이었다. 랑은 의대생을 모두 담당했지만, 그것은 재정적으로 볼 때 부러움을 살 만한 부담이었다. 그는 매년 400~500명을 테스트했지만, 모저에 따르면 그들은 그의 강의를 꺼렸기에 출석자가 종종 10명 아래로 떨어졌

---

1 [역주] 랑(Viktor von Lang, 1838~1921)은 오스트리아의 물리학자이며 결정학 연구의 개척자이다. 빈 대학에서 공부하고 하이델베르크 대학에서 키르히호프와 분젠에게 배웠고 파리의 실험 물리학자인 르뇨에게도 배웠다. 1861년에 빈으로 돌아와 결정 물리학으로 교수 자격 논문을 썼다. 1864년에 그라츠 물리학 부교수가 되었고 1866년에 쿤첵의 뒤를 이어 빈의 물리학 교수가 되었다.

2 [역주] 로슈미트(Johann Josef Loschmidt, 1821~1895)는 오스트리아의 화학자, 물리학자로서 열역학, 광학, 전기 동역학에서 중요한 연구를 했다. 1861년에 300개의 분자의 2차원 표현법을 제안했고 벤젠을 원으로 표현했는데 이를 보고 그가 그 고리 구조를 케쿨레보다 먼저 알았다는 주장도 있다. 1865년에 공기를 구성하는 분자들의 크기를 처음으로 추정했고 같은 방법으로 기체 분자의 크기를 추정하는 길을 개척했으며, 주어진 부피의 기체 안에 몇 개의 분자가 있는지 결정하게 되어 로슈미트 상수라는 용어가 지금도 쓰인다. 1868년에 빈 대학 물리 화학 교수가 되었다. 볼츠만과 함께 연구했고 그가 열역학 제2법칙을 확률론적으로 재정의하는 데 영향을 미쳤다.

다. 로슈미트는 "마음으로는 화학자"였지만 약대생들에게 물리 화학뿐 아니라 물리학도 가르쳤다. 랑과 로슈미트는 모두 이론에 관심이 있었다. 실례로, 랑의 이론에 대한 관심은 그의 교재『이론 물리학 개론』*Einleitung in die theoretische Physik*을 통해 알려졌고 로슈미트의 관심은 그의 "대단한 수학적 재능"을 통해 알려졌다. 그러나 빈의 이론 연구자 중 첫째가는 인물은 슈테판이었다. 그는 "강의에서 수리 물리학을 실험 물리학과 분리"시키지 않았다. 슈테판은 강의자로서 "뛰어나지는 않았지만" 그 과목에 진지한 소수의 학생이 있었기에 학급에 25~30명의 수강생이 있었다.[3]

이러한 "상황"은 곧 바뀌었다. 로슈미트는 심하게 병이 들었고 그의 강의는 그의 조수가 될 예정이었던 모서에게 일시적으로 맡겨졌다. 1891년에 로슈미트의 뒤를 엑스너[4]가 이었다. 슈테판은 1893년에 사망했고 이듬해에 볼츠만이 그의 뒤를 이었다. 볼츠만은 실질적으로 빈 이론 물리학 연구소에 취임했는데 그 당시에는 그 기관이 아직 그 이름을 얻지 못할 때였다. 슈테판은 물리학 교수로 불렸지만, 볼츠만이 그의 후임으로 논의되었을 때 그 자리는 "이론 물리학" 교수로 변경되었다. 직함이 당시에는 느슨하게 사용되고 있었기에 이렇게 이름이 바뀌면서 바뀐 것은 볼츠만이 이론 물리학 강의를 할당받게 되었으며 물리학 연구소에

---

3 모저가 헤르츠에게 보낸 편지, 1890년 3월 21일 자, Ms. Coll., DM, 2982.

4 [역주] 엑스너(Franz S. Exner, 1849~1926)는 오스트리아의 물리학자로 취리히 대학에서 쿤트의 지도로 박사학위를 받았고 빈으로 돌아와 랑 밑에서 교수 자격 논문을 썼다. 하제뇔은 그의 제자였으며 오스트리아의 물리학을 개척한 인물이다. 그의 집안은 오스트리아-헝가리 제국에서 유명한 학자 집안이었다. 그의 아버지는 철학 교수로 오스트리아 대학 개혁자였다. 1908년에는 빈 대학 총장이 되었다. 방사능, 분광학, 전기화학, 색 이론에서 뛰어난 연구 성과를 냈다. 노벨상을 받은 슈뢰딩거를 비롯하여 뛰어난 제자를 많이 양성해 오스트리아 물리학의 발전에 기여했다.

대한 권한을 얻게 되었다는 것이었다. 우리가 보았듯이 1900년에 볼츠만은 빈을 떠나 라이프치히로 갔다. 1902년에 그는 다시 빈으로 돌아왔고 이전과 같은 강의 책임과 이전의 연구소에서 갈라져 나온 더 작은 연구소를 할당받았다. 이 연구소는 그의 실제 교육이나 관습과 일치했다. 우리는 뒤에서 이러한 배치를 빈 대학 물리학 교육의 재조직과 함께 논의할 것이다.

빈 대학 물리학의 재조직과 볼츠만의 귀환

1901년에 빈 대학의 철학부 위원회는 볼츠만의 재임용 문제에 관해 보고했다. 그들은 빈 대학 물리학 분야에 필요한 것을 열거했다. 하나는 이론 물리학 강의를 새롭게 고치는 것이었고 다른 하나는 물리학에서 더 실제적인 실습을 제공하는 것이었다. 보고서는 두 번째 필요를 상술했다. 볼츠만이 1894년에 물리학 연구소의 소장으로 빈에 왔을 때 그는 통상적으로 실험실 과정을 지도할 책임이 있었다. 그러나 볼츠만은 이 임무에서 벗어나기를 청했기에 그 일은 엑스너가 담당하게 되었다. 마음대로 쓸 공간도 없고 도움도 적었기에 엑스너는 약 50명 이상의 학생들을 수용할 수 없어서, 그의 실험실의 자리들은 다음 몇 년 동안 들어올 학생이 예약되어 있었다. 실험실 연구가 "모든 자연 과학 분야"의 학생에게 "최선의 배움터"를 제공했으므로 실험실은 꼭 확장해야 했다. 뮌헨 공업학교에는 실험실 과정에 약 200명의 학생이 있었고 프라하의 체코Czech 대학에는 실험실 과정에 아주 많은 학생이 있었으므로 그 학생들은 독일 대학으로 흘러나갔다. 빈 대학에서 기회가 없다는 것은 교사 지망생에게 특별한 "재앙"이어서 그들 모두의 미래 전문직 활동에 "어두운 그림자"를 드리웠다. 새로운 규정들이 실험에 비중을 두었음에도 불구하고 그 분야의 심사자들은 중등 교사들이 실험에 능하지 않다고 생각하게 되었다.[5]

볼츠만에 대한 특혜는 혼란스러운 상황이라고 말하지는 않더라도 "신기한 일"을 유발했다. "물리 화학" 교수라는 엑스너의 직함은 그가 물리학 실험 과정을 수행하거나 동시에 그가 원래 가르치기로 할당받은 과목을 제대로 가르치는 것을 불가능하게 만들었으므로 "완전히 유명무실"해졌다. 그리하여 빈 대학에는 물리학 실험 교육을 할 물리학 연구소가 있어도 그런 교육이 이루어지지 않았고, 동시에 물리 화학을 가르치지 않는 물리 화학 실험실이 있었다. 이 모두에 이성적으로 대처하려고 철학부 위원회는 엑스너에게 물리학 연구소를 제공하고 그의 직함을 그에 따라 바꾸기를 제안했다. 추가로 철학부는 이론 물리학 정교수 자리를 볼츠만에게 제공하기를 제안했다. (물론 그는 실제로는 빈 대학의 그 자리를 막 떠난 뒤였다.) 볼츠만이 원한다면 엑스너가 비운 방 몇 개를 그에게 제공하고 다른 방들은 새로 임명될 물리 화학 교수에게 제공하기로 했다. 물리학 연구소의 장치와 봉급과 조수는 물리학, 이론 물리학, 물리 화학 교수에게 나누어주기로 했다.[6]

볼츠만은 오스트리아로 돌아가는 것이 전적으로 수월하지는 않을 것임을 깨달았다. 그 길을 준비하기 위해 그는 빈 대학 철학부의 개별 구성원들뿐 아니라 오스트리아 문화교육부에, 라이프치히 대학이 그의 기대에 미치지 못했고 그는 돌아가기를 원한다는 것을 알렸다. 그는 장관이 요구하는 것을 해줄 준비가 되어 있었다. 그것은 그가 돌아가면 다시

---

5 볼츠만의 후임자를 고르기 위한 빈 대학 철학부 위원회의 보고서, 랑(Victor von Lang)이 작성, 1901년 6월 14일 자, Boltzmann file, Öster. STA, 4 Phil.

6 볼츠만의 후임자를 고르기 위한 위원회의 보고서, 1901년 6월 14일 자.

오스트리아를 떠나지 않겠다는 도의적 약속이었다. 이런 점에서 장관은 볼츠만이 "도덕적으로 속박되어" 있음을 볼츠만의 재임용을 촉구하는 편지에서 황제에게 확신시켰다. (이 확언이 오스트리아에는 실질적인 의미가 있었지만, 의학적 의미까지 갖지는 못했다. 왜냐하면, 볼츠만이 과거에 겪었던 심각한 우울증에서 벗어나는 길은 다른 일자리로 옮기는 것이었기 때문이었다. 자문해준 의사들처럼 정부 부처는 볼츠만의 병을 심각하게 보지 않았다.)[7] 볼츠만이 많은 액수의 봉급을 받으므로 정부 부처로서는 그가 좋은 오스트리아인임을 입증하는 것이 무엇보다 더 중요했다. 이전에 볼츠만이 빈의 일자리를 떠나 라이프치히로 가게 해달라고 청했을 때 장관은 황제에게 볼츠만이 "매국적 동기"에서 행동하는 것이 아니라고 말했다. (빈을 떠날 때 그 장관이 이해했듯이 볼츠만은 "대도시 생활"에 대한 혐오와 그가 낫다고 생각하는 곳에서 있고 싶은 소망과 그의 명성을 널리 퍼뜨릴 더 유능한 학생들을 얻으려는 소망에 따라 행동하고 있었다.)[8] 볼츠만의 "조국에 대한 사랑"은 그가 외국에 있을 때 "오스트리아 태생"에 대해 수차례 언급한 것과 그가 돌아가기를 간절히 바란 것으로 드러났다. "과학계 1급 지도자"인 이 오스트리아인을 돌려받는 것은, 특히 오스트리아가 최근에 독일 대학들에 좋은 학자들을 빼앗겼기에, 국가적 관심사였다. 장관은 볼츠만의 경우에, 독일 정부 부처들이 이미 베를린의 제안을 거절하고 빈으로 오려고 뮌헨과 라이프치히를 떠난 사람에게 관심을 보이지 않을 것이므로, 독일의 어떤 위협이 더는 없을 것 같다고 덧붙였다.[9]

---

7 오스트리아 문화교육부 장관 하르텔(Wilhelm von Hartel의 "Vortrag", 1902년 5월 20일 자, Boltzmann file, Öster. STA, 4 Phil.

8 오스트리아 문화교육부 장관 하르텔, 1900년 7월 4일 자, Boltzmann file, Öster. STA, 4 Phil.

그러한 확신은 들어맞았고 1902년에 볼츠만은 다시 임용되었다. 처음에 볼츠만은 그의 빈 대학 교수 자리가 그가 떠날 때와 같게 회복되어 그가 물리학 연구소의 소장이 되기를 원했다. 그러나 철학부는 이미 그 자리를 아직은 임시 소장이었던 엑스너에게 주기로 했고 볼츠만에게는 한 부서를 맡기기로 했다. 그리하여 그는 이론 물리학 교수 자리와 이론 물리학 연구소 방들과 도서실 몇 개만 맡게 되었다. 그는 실험실 과정과 "더 큰 물리학 연구소"를 지도하는 일에 책임을 지지 않게 되었다. 사실 그런 일들은 별로 그의 관심을 끌지 않았고 시간만 많이 빼앗는 일이었다. 그는 이렇게 줄어든 활동을 받아들였다. 특히 이전에도 그는 선임자인 슈테판이 물리학 연구소에서 맡은 책무를 모두 받아들이지는 않았었다.[10] 그는 심지어 물리학 연구소에 마련된 그의 오래된 아파트와 교육 연구소로 만들 도서실 공간도 포기할 준비가 되어 있었다.[11]

빈 대학 철학부는 어떤 것보다도 그곳의 물리학자들에게는 새로운 물리학 연구소 건물이 필요하다고 주장했다. 그렇게 되어야만 만족스러운 물리학 교육이 가능할 것이라 했다.[12] 그러나 당시는 그들이 가진 것을 재조직하여 새로 이름을 붙이는 방식으로 해나가야 했다. 랑의 "물리 기구실"은 이제 "제1 물리학 연구소"로, 엑스너의 "물리 화학 연구소"는 "제2 물리학 연구소"로, 볼츠만의 "소위 '물리학 연구소'"는 "이론 물리

---

9 하르텔의 "Vortrag," 1902년 5월 20일 자.

10 1900년 10월 26일 자 항목, Öster. STA, Phil, Physik, 4 G 867. 하르텔의 "Vortrag" 1902년 5월 20일 자, 볼츠만이 빈 대학 철학부 학부장에게 보낸 편지, 날짜 미상 [1902년 초], Boltzmann file, Öster. STA, 4 Phil.

11 볼츠만이 한 관리에게 보낸 편지, 1902년 6월 5일 자, Öster. STA, 4 G Philosophie, physikal. chem. Institut.

12 물리 교육에 관한 빈 대학 철학부 위원회 회의록, 1902년 6월 18일 자, Öster. STA, 4 G Philosophie, physikal. chem. Institut.

학 연구소"라고 불렸다. 랑과 엑스너가 자신들의 직원이 있었듯이 볼츠만도 자신의 직원을 갖게 되었다. 조수 한 명에 기계공이나 급사까지 고용할 자금을 받았다. 그가 할당받은 강의는 그 분야 전문가에게 일반적으로 주어지듯이 이론 물리학의 포괄적 강의 과정, 세미나, 가끔 하는 일련의 공개 강의였다.[13]

볼츠만이 빈 대학에 재임용된다는 소식이 들리자마자 물리 장치에 대한 통제와 사용에 관한 오해가 발생했다. 볼츠만은 항상 교육에 사용할 장치를 많이 준비했고, 자신이 그 모두를 다시 맡게 될 것을 엑스너가 동의했다고 믿었다. 엑스너는 다르게 이해했기에 그들이 합의에 이르도록 정부 부처가 개입해야 했다. 그 결과 볼츠만의 오래된 연구소 컬렉션은 볼츠만의 새 이론 물리학 연구소로 돌아가고 엑스너는 그중에서 실험 장치들을 고르기로 했다. 볼츠만과 엑스너는 서로의 장치를 사용하는 것을 허용하기로 했고 정부 부처는 볼츠만이 잃은 것과 여전히 필요한 것을 사들일 비용을 주겠다고 볼츠만에게 확실하게 약속했다. 이러한 이해에 따라 엑스너는 그 자신이 실험실 과정을 개설할 준비가 되었다고 했고 볼츠만은 조심스럽게 만족을 표현했다. 정부 부처는 "대학 내의 협력 관계를 십중팔구 망칠 수 있는 긴장"을 피했다는 일시적 안도감을 느꼈다.[14] 철학부 물리 업무 분담 위원회는 가을에 볼츠만이 빈에 도착한

---

[13] 오스트리아 문화교육부가 볼츠만에게 보낸 편지, 1902년 6월 1일 자, Boltzmann file, Öster. STA, 4 Phil.

[14] 볼츠만이 "Sectionsrath"에게 보낸 편지, 1902년 6월 5일 자; 엑스너와 문화교육부의 두 관리가 서명한 합의서, 1902년 6월 23일 자; 교육부 관리가 볼츠만에게 보낸 편지, 날짜 미상 [1902년 6월 또는 7월]; 볼츠만이 "Sectionsrath"에게 보낸 편지, 1902년 7월 5일 자; 교육부 관리가 볼츠만에게 보낸 편지, 1902년 7월 5일, Öster. STA, 4 G Philosophie, physikal. chem. Institut. 엑스너가 교육부에 보낸 편지, 1902년 10월 22일 자, Öster. STA, 4 G Philosophie, theoretisch-physikal. Institut.

후에 장치 문제를 다루기로 했다.

볼츠만은 교육부가 그의 희생을 잊도록 그냥 두지 않았다. 그가 교육을 시작하자마자 그는 그들에게 그의 연구소가 "그 장치의 가장 큰 부분"을 포기해야 했다는 것을 상기시켰다. 장치를 엑스너의 연구소에서 빌릴 수 있다는 것이 볼츠만의 연구소에 그 장치가 없는 문제를 해결해 주지는 않았다. 특히 그 문제의 장치를 항상 사용해야 한다면 더욱 문제가 되었다. 이 때문에 볼츠만의 연구소 물품 목록에 추가될 사항은 "시급하게 필요한 것들"이었다. 그는 학생 지원금을 요청했고, 그 지원금을 자신의 컬렉션을 구축할 자금과 장치를 사는 데 전용해도 좋다는 허락을 얻으려 했다. 그가 원하는 것을 교육부가 허락하여 그는 가까스로 그의 동료들과 컬렉션을 두고 다투는 것을 피할 수 있었다. 그 컬렉션 때문에 철학부가 관여하면서 "가장 불행한 악감정"을 일으킬 수도 있기 때문이었다.[15]

빈에서의 두 번째 해에 볼츠만은 원래 받은 이론 물리학 강의에 추가하여 또 하나의 강의를 할당받았다. 철학부가 마흐의 후임자가 될 후보자들을 제안하기를 기다리며 교육부는 볼츠만에게 매 학기 "자연 과학의 본성과 방법론의 철학"에 대해 가르치기를 제안했다. 그것은 1주일에 2시간으로 별로 큰 임무는 아니었지만, 그에게는 추가 봉급과 그의 철학적 관점을 제시할 대중적 토론장을 제공했다.[16]

---

[15] 볼츠만이 오스트리아 문화교육부에 보낸 편지, 1902년 11월 8일 자, Öster. STA, 4G Philosophie, theoretisch-physikal. Institut. 볼츠만은 1902년분으로 1000크로넨을 받았고 1903년분을 다시 받았다. 정부 부처는 이듬해에 그가 요청하면 그에게 기구를 갖출 돈을 더 많이 줄 계획이었다. 볼츠만은 그렇게 했고 그 돈을 받았다. (1903년 11월 18일과 28일 자)

[16] 오스트리아 문화교육부 장관이 철학부 학부장에게 보낸 편지, 1903년 5월 5일 자, Boltzmann file, Öster. STA, 4 Phil.

볼츠만의 교육과 집필

볼츠만은 연구소의 강당에서 이론 물리학 강의를 했다. 그것은 과도하게 큰 강당은 아니었고 그의 강의를 듣는 학생들로 그곳은 가득 차곤 했다. 강사로서 볼츠만은 힘 있고 유머가 많고 때로는 예리했다. 그는 학생들에게 자신의 전 자아를 바쳤고 학생들은, 특히 그들 중 최고의 학생들은 "완전히 새로운 놀라운 세계"를 그가 보여주었다고 느끼기까지 했다.[17] 그것은 결국에는 강단 뒤의 큰 칠판에 그가 적은, 그의 전체 주장이 재구성될 수 있었던 질서 정연한 방정식들보다 더 중요했다.[18] 세미나 담당자로서 볼츠만은 학생들을 자신의 관심사로 끌어들였다. 가령, 헤르츠의 역학을 주제로 진행된 그의 세미나에서 재능 있는 학생인 에른페스트[19]는 헤르츠의 접근법을 유체에 적용하라는 제안을 채택했다. 에른페스트는 곧 그 제안을 볼츠만의 지도를 받아 학위 논문으로 발전시켰다.[20]

---

[17] Ludwig Boltzmann, "Antrittsvorlesung, gehalten in Wien im Oktober 1902," in "Zwei Antrittsreden," *Phys. Zs*. 4 (1902~1903): 274~277 중 277.

[18] 빈 대학에서의 볼츠만의 이론 물리학 강의에 대한 마이트너(Lise Meitner)와 슈카우피(Franz Skaupy)의 회고, Broda, *Boltzmann,* 9~11에서 인용.

[19] [역주] 에른페스트(Paul Ehrenfest, 1880~1933)는 오스트리아와 네덜란드의 물리학자로서 통계역학과 양자역학에서 크게 기여하여, 상전이 이론과 에른페스트 정리로 유명하다. 빈의 유대인 가정에서 태어나 공업학교에서 화학을 전공하고 빈 대학에서 볼츠만에게 열역학을 배웠다. 이론 물리학에 고무되어 괴팅겐 대학에서 공부했고 1912년 로렌츠가 사망하자 라이덴 대학의 그의 자리를 이어받았다. 그는 뛰어난 제자들을 많이 키워냈으며 그의 논문은 명쾌한 언어로 유명했다. 아인슈타인이 1920년에 라이덴 대학의 부교수 자리를 받아들여 1년에 몇 주씩 라이덴에 있는 동안 에른페스트의 집에 머물렀는데, 어떤 때는 보어도 초대하여 논쟁이 벌어지곤 했다. 이 논쟁은 1927년 솔베이 회의까지 이어졌는데 에른페스트는 유감스럽게도 보어의 입장에 섰다. 말년에 지나친 업무 부담과 다운 증후군을 앓는 아들로 우울증에 시달리다 아들을 죽이고 자살했다.

볼츠만은 강의실과 세미나실 너머로 그의 강의를 확장해 그의 글을 점차 그의 교육의 일부로 삼았다. 1889년에 뮌헨을 시작으로 빈, 라이프치히, 다시 빈으로 옮겨가면서 이론 물리학 교수 자리를 이어가는 동안 그가 연구 성과를 출간하는 일은 줄어들었다. 1890년대에 그는 여전히 많은 연구를 출간했고 그 대부분이 기체 이론과 관계가 있었지만 1900년 이후에 그는 이런 종류의 출판물을 전혀 내지 않았다. 대신에 그는 자신의 대중 강연과 이론 물리학 강의를 출간하면서 그의 출판물이 마음이 열린 동료와 유능한 학생 독자에게 널리 퍼지기를 원했다. 강의록 출간은 과학계의 지도력을 얻기 위해 자신의 견해를 인정받으려는 그의 열망을 반영했다. 이런 열망을 빈의 교육부 장관은 볼츠만의 "거의 병석인 야심"이라고 불렀다.[21]

볼츠만은 이론 물리학자로서 그의 일반적인 관점에 대해서 점점 많이 쓰고 말하면서 자신을 스스로 이론 물리학의 연구 방법과 앞으로의 방향에 대한 열띤 논쟁의 중심에 두었다. 볼츠만은 최근의 물리적 이해의 모든 발전은 연구 방법에서 기인하며 그것 때문에 이론 물리학자가 자연뿐 아니라 자연에 대한 탐구 방법에 대해 숙고하는 것이 필수가 되었다고 믿었다. 볼츠만은 그의 동료 사이에 점차 늘어가는, 편협성이라고 그가 부른 것에 대항하여, 연구 방법의 다양성을 주장하면서도 그 방법이 모두 동등하게 유용하지는 않으므로 그 방법들을 대하는 데 차등을 둘 것을 호소했다.[22]

볼츠만은 실험 물리학자들이 그들의 연구 방법이 있지만, 이 방법들

---

[20] Klein, *Ehrenfest* 1: 66.

[21] Hartel, "Vortrag," 1900년 7월 4일 자.

[22] 1899년 독일 과학자 협회 회의에서 한 볼츠만의 발표, "Über die Entwicklung," 198~227.

은 이론 연구자들의 연구 방법보다 단순하다고 설명했다. 실험 연구가 "지속해서 진보하는" 본성을 갖기 때문에 실험 연구를 하는 방법들은 더 단순했다. 실험 연구자들과는 달리 이론 연구자들은 결코 그들의 논쟁을 끝내지 않을 것 같았다. 특히 그들의 방법이 예술이나 문학의 스타일과 비슷하게 불연속적으로 전개되기 때문이었다. 그들은 선호하는 연구 방법을 "자신의 안경"을 통해 "매우 주관적으로" 바라보았다.[23] 그러나 논쟁 중에 이론 연구자들은 실험 연구자들에게 없는, 또는 그들에게 필요하지 않은, 믿는 구석이 있었다. 그것은 책을 출판하는 것이었다. 그들은 일반적으로 강의에 의지하여 이 책들을 그들 과학의 전 범위를 망라하여 그들이 선호하는 연구 방법의 관점에서 그것을 조명했다. 이론 물리학에 대한 볼츠만의 강의록은 이론 물리학 중 그가 가장 좋아하는 분야 즉, 맥스웰의 전자기 이론, 기체 이론, 해석 역학을 망라했는데, 그 책은 그 분야의 권위 있는 글을 종합한 것이 아니라 이론 물리학을 볼츠만의 관점으로 정리한 것이었다.

여러 학부가 여러 정부 부처에 칭송한 것처럼 볼츠만이 19세기에 나온 위대한 독일 이론 물리학자들의 반열에 오를 마지막 물리학자라 해도, 그는 자신이 구축한 명성의 토대인 물리적 개념들을 19세기, 즉 그가 연구하는 분야의 과거에 연결하기를 꺼렸다. 역학과 원자론의 개념들로부터 이론을 구축하는 방법들은, 그의 관점에서 보면, 그를 열 이론에 관한 이해로 이끌었던 것처럼 맥스웰, 클라우지우스, 헬름홀츠, 그리고 얼마 전의 다른 지도급 물리학자들을 뛰어난 성취로 이끌었으며, 그는

---

[23] Boltzmann, "Über die Entwicklung," 201, 205. Ludwig Boltzmann, "The Relations of Applied Mathematics," in *International Congress of Arts and Science: Universal Exposition, St. Louis, 1904*, vol. 1, *Philosophy and Mathematics* (Boston and New York: Houghton, Mifflin, 1905), 591~603 중 591~593.

그 방법들이 지속적으로 유용하다고 주장했다. 그는 자신을 "반동주의자"로 규정했고 자신의 물리학을 "고전적"이라고 불렀으며 자신의 물리학을 완수하는 것을 평생의 임무로 규정했다.[24]

논쟁 중에 볼츠만은 그의 대적들인 반역학주의자와 반원자론자들의 수와 세력을 과장하기를 좋아했다. 이것은 부분적으로는 관심을 끌기 위한 것이었지만 1890년대 중반부터는, 적어도 얼마간은, 그의 연구 방법의 운명에 대해 진정으로 비관적이었던 것 같다. 그는 기체 이론 분야가 "다시 관심을 끌게 되면, 이전에 발견했던 것이 묻혀 있지 않기를" 바라며 기체 이론에 대한 그의 강의를 출간했다. 그러나 그는 해석 역학에 대한 그의 강의를 출간하게 되자 곧 기체 이론 강의들의 출간을 중단했다. 왜냐하면, 그의 기체 이론은 해석 역학에 의존한 것이었고, 기체 이론에 대한 이미 출간된 강의는 그 모두를 포함하면 너무 부피가 커질 수밖에 없었기 때문이었다.[25] 기체 이론과 해석 역학에 대한 볼츠만의 출간된 강의들은, 1895년부터 1904년까지 10년에 걸쳐서 모두가 각각 2부로 나뉘어 나왔는데, 일반인까지 확장된 청중을 대상으로 물리학의 이론적 연구의 본성에 대한 그의 견해를 소개하는 긴 머리말을 포함했다.

볼츠만은 『기체 이론 강의』*Vorlesungen über Gastheorie*에서 클라우지우스, 맥스웰과 더불어 자신이 많은 이론적 발전을 이룩한 주제를 제시했다. 이 강의에서 그는 확률 미적분학과 더불어 분자 무질서의 개념을 도입했고, 속도 분포 법칙의 기초적인 유도, H 정리[26], 수송 방정식, 등분배

---

24 Boltzmann, "Über die Entwicklung," 205.

25 Ludwig Boltzmann, *Vorlesungen über Gastheorie*, 2 vols. (Leipzig, 1896~1898), 영역본은 *Lectures on Gas Theory,* trans. by Stephen G. Brush (Berkeley: University of California Press, 1964), 215~216. Ludwig Boltzmann, *Vorlesungen über die Prinzipe der Mechanik*, 2 vols. (Leipzig, 1897~1904), 1: v.

26 [역주] H 정리는 고전 통계역학의 비가역 과정에서 이상 기체의 엔트로피는 증가

정리[27], 그리고 다른 기체 이론의 결과들을 제시했으며, 그 모두는 그가 행한 이론 물리학 연구 방법의 유용성을 입증했다. 그는 독자들에게 기체 이론이 어떤 종류의 이론인지 명쾌하게 보이려고 노력했다. 그것은 역학적 묘사, 또는 맥스웰의 말로 표현하면 "역학적 유비"로, "새로운 발견들" 대부분에 기여한 이론이다. 볼츠만에게 이 묘사가 성공하게 할 열쇠는 원자론의 사용이었고 그는 원자론이 그때까지 자연에 대해 유일하게 만족스러운 역학적 설명이라고 믿었다.[28]

그의 보완적인 『역학 원리 강의』*Vorlesungen über die Prinzipe der Mechanik*에서 볼츠만은 기체 이론을 떠받드는 역학적 묘사를 보여주는 데 관심이 있었다. 그는 역학적 묘사를 구축했고, 그것을 고전적이고, 전통적이고, 그때까지 고안된 "가장 정확하고 명쾌한" 묘사로 간주했다. 그것은 "분명한" 묘사이기도 했다. 분명한 묘사라는 말은 묘사가 사실뿐 아니라 "생각의 법칙들과도 일치해야 한다"는 요구를 충족하도록 헤르츠가 해낸 묘사와 같은 것을 의미했다.[29] 경험보다 생각이 자연 묘사를 구성하는

한다는 내용을 담고 있는 것으로, 1872년에 볼츠만에 의해 제안되었다. 그것은 미시적으로 가역적인 동역학에도 불구하고 엔트로피가 비가역적으로 증가한다는 예측을 한다. 이에 대해 로슈미트는 시간 대칭적인 동역학에서 비가역 과정을 유도하는 것은 가능하지 않다고 하여 반대했다. 이에 대해 볼츠만은 개별 분자는 독립적이고 다른 분자와 연결되어 있지 않아 시간 대칭적으로 운동할 수 있는 개별 입자의 운동 총합은 비가역적 과정으로 나타날 수 있다고 주장했다.

27 [역주] 에너지 등분배 정리는 고전 통계역학에서 중요하게 여겨지는 법칙으로, 열 평형 상태에 있는 계의 모든 자유도에 대해 계가 가질 수 있는 평균 에너지가 같다는 원리이다. 가령, 단원자 이상기체의 경우 하나의 분자는 병진 운동을 위해 x, y, z의 세 방향에서 3개의 자유도를 가지므로 각각에 $\frac{1}{2}kT$의 에너지가 할당되면 $\frac{3}{2}kT$의 에너지를 각 분자는 갖게 된다. 그런데 이원자 분자의 경우에는 회전 방향 두 방향의 자유도가 더해져서 자유도가 5가 되어 $\frac{5}{2}kT$의 에너지를 갖게 된다.

28 Boltzmann, *Gas Theory*, 26~27.

29 Boltzmann, *Prinzipe der Mechanik* 1: 37~38.

적절한 출발점이었다. 볼츠만은 오도된 현상론자들이 마음에 자연의 그림들을 생성하는 대신에 직접 자연을 파악하려고 하는 시도에서 당시 역학 원리의 불명확성이 생긴다고 주장했다.[30]

역학에 대한 이러한 "연역적" 접근법에서 볼츠만은 실제 물체의 운동에 대한 우리의 지식보다는 질점계의 상호 가속도에 대한 가정에서 출발했다. 이 접근법에 따르면 그는 물질, 질량, 힘, 공간의 본성에 대해 질문을 제기할 필요가 없었다. 이 접근법은 자연 세계의 가장 큰 수수께끼들을 풀려고 노력하는 대신에 세계에 대한 유용하고 단순한 묘사를 구축하려는 그의 목표에 들어맞았다. 그가 "적어도 어떤 측면에서 실재를 다루게" 되는 것은 그의 강의록에서 100쪽을 지나간 나음이었고 여기에서도 그는 **실제** 물실인 물의 특성을 가지고 질량의 단위를 정의했을 뿐, 실재와 스치는 접촉밖에 하지 않았다. "실재에 한 걸음 더" 다가간 것은 질점간의 거리가 일정한 물체를 강체에 대한 근사로 도입함으로써 이루어졌다. 물론, 볼츠만은 단지 "사색적 묘사를 써서 게임"을 하고 있는 것이 아니었으므로, 그 묘사의 귀결이 경험과 자세하게 비교되어야 함을 이해하고 있었다.[31]

출판된 강의록 곳곳에서 볼츠만은 암시적으로 또는 명시적으로 이론

---

[30] Boltzmann, *Prinzipe der Mechanik* 1: 2~3.

[31] Boltzmann, *Prinzipe der Mechanik* 1: 6, 99, 115. 출판된 강의에서 제시된 것처럼 해석 역학에 대한 볼츠만의 관점은 Broda, *Boltzmann*, 43~51과 Dugas, *La théorie physique*, 61~67에서 논의되었다. 그의 역학 강의 첫 권이 출판된 후 두 번째 권이 출판되기 전에 볼츠만은 1899년에 클라크 대학(Clark University)에서 일련의 강의를 했다. 거기에서 그는 처음에는 "연역적" 방법으로, 다음에는 "귀납적" 방법으로 역학의 원리를 전개했다. 이 시리즈의 첫 강의의 번역본은 J. J. Kockelmans가 번역한 "On the Fundamental Principles and Basic Equations of Mechanics," in *Philosophy of Science,* ed. J. J. Kockelsmans (New York: Free Press, 1968), 246~260이다.

물리학의 연구 방법이라는 주제를 다루었다. 그는 독자에게 마흐의 가르침 중 어느 부분을 그가 받아들이는지(가령, 질량에 대한 마흐의 정의), 키르히호프의 가르침 중에서는 어느 부분을 받아들이는지(가령, 이론을 기술description로 성격 규정하는 것), 헤르츠의 가르침 중에서는 어느 부분을 받아들이는지(가령, 이론적 묘사에 대한 성격 규정) 등에 대해 말했다. 또한, 그는 독자에게 그가 받아들이지 않는 것을 말했다. 가령, 그는 질점 역학 대신 부피 요소의 역학을 취하면 원자론을 따르는 것이 아니라는 주장을 거부했다.[32] (그의 역학 강의에서 그는 독자들의 목전에서 그의 원자론적 가정을 지속적으로 유지하기 위해 연속적인 합을 구할 적분 기호를 쓰는 대신에 연속하지 않고 띄엄띄엄 내려간 값의 합을 구할 수학 기호 시그마를 통상적으로 썼다. 비록 곳곳에서 미적분을 사용하면서도 말이다.)

볼츠만은 모든 이론 물리학의 기초로서 역학을 제시했다. 최근에 물리학의 여기저기에서 역학적 유비를 구성하는 전체 프로그램에 대해 의문이 제기되었지만, 역학에 이러한 역할을 부여하는 것은 논리적이고 역사적으로 정당화될 수 있었다. 볼츠만이 1897년에 펼친 역학 강의들에서 그는 앞으로 자연에 대해 수백 년이나 수천 년 후에 역학적 묘사보다 더 명쾌하고 포괄적인 묘사가 등장할 수 있음을 시인했다. 그가 이러한 강의들을 출간한 지 겨우 7년 만에 볼츠만은 그가 수백 년이 걸릴 것이라고 예상한 이 일이 이미 일어난 것을 볼 수 있었다. 자연에 대한 일관되고 비역학적인 묘사가 이때 이미 등장했다. 에너지론자나 현상론자의 오래된 비원자론적 묘사를 의중에 둔 것이 아니었다. 볼츠만은 그것들을 이전처럼 흠이 있고 미성숙한 것으로 간주했다. 그가 의중에 둔 것은

---

[32] Boltzmann, *Prinzipe der Mechanik* 1: 4, 39~40.

새로운 원자론적 묘사인 "현대적인 전자 이론"이었다.[33] 이제 역학적 세계 묘사의 자격 있는 계승자[34]가 그럴듯해 보였기에 볼츠만은 그에 대해 수용적 태도를 보였다. 이론이란, 세계가 실제로 무엇으로 이루어졌는지에 대한 주장이라기보다는 정신적 묘사라고 이해했기에, 그는 그렇게 평정을 유지할 수 있었다.

그런 것을 제외하면 볼츠만의 삶은 그에게 거의 마음의 평안을 주지 못했다. 그는 재능 있는 강사였지만 수업 중에 기억이 제대로 나지 않을까봐 두려워했다. 그것은 실제가 아니라 그를 괴롭힌 자기 의심의 많은 형태 중 하나일 뿐이었지만 이는 신체의 질병과 되풀이되는 우울증의 짐을 가중시켰다. 그는 빈에서 가르치는 도중 여름휴가를 떠났다가 거기에서 자살했다. 그것이 1906년이었고 향년 62세였다.[35]

볼츠만의 조수인 마이어Stefan Meyer가 임시로 이론 물리학 연구소의 소장을 맡았다.[36] 1907년 봄에 빈 대학 철학부는 볼츠만의 자리를 맡을 후보자를 제안했다. 후보자 목록 첫 번째는 플랑크였는데 플랑크는 빈을

---

33 Boltzmann, *Prinzipe der Mechanik* 2: 137~139, 335. 24장에서 우리는 여기에서 언급한 물리학 변화 방향인 현상론, 에너지학, 전자 이론에 대해 논의한다.

34 [역주] 전자 이론을 지칭한다. 물질을 구성하는 입자로서 양전하나 음전하를 띤 입자를 지칭하는 것으로 사용된 전자 개념은 현대적인 전자 개념과는 다른 의미로 사용되었다. 로렌츠로 대표되는 전자 이론은 물질 입자가 전하를 띠고 있기 때문에 전자기학의 지배를 받는다는 점에서, 물질의 구조와 운동을 설명할 때 맥스웰의 전자기학이 중심적인 역할을 하게 만들어졌다. 이러한 이유로 역학적 현상마저 전자기적으로 설명하려는 시도를 낳게 되었고 이로써 물리학의 모든 현상을 맥스웰의 방정식의 토대 위에 세우려는 통합적 연구 프로그램이 탄생했으며, 그것을 주도한 인물이 로렌츠였다. 이로써 로렌츠는 역학적 세계상을 대체하는 전자기적 세계상으로 자연을 일관되게 기술하는 새로운 방식을 제시하여 19세기 말부터 20세기 초까지 한동안 물리학계에서 널리 지지받았다.

35 Broda, *Boltzmann*, 26; Klein, *Ehrenfest*, 76.

36 1906년 11월 7일 항목, Öster. STA, Phil. Physik, 4 G 867.

방문했고 "새롭고 아름다운 연구소"에 강한 인상을 받았다. 플랑크가 그 일자리를 거절한 것은 많은 자기 분석을 거친 후였다. 그는 베를린 대학의 철학부가 전체 문제를 다뤄 주는 "예상하지 못한 큰 관심" 때문에 자신이 있던 곳에 머물기로 했다.[37] 후보자 목록에서 플랑크 뒤에 있던 사람은 빈이었지만 오스트리아가 그를 빈으로 데려오기 위해서는 오스트리아가 가진 것보다 더 많은 자원을 동원해야 했을 것이다. 그 학부의세 번째 선택은 훨씬 젊은 오스트리아 빈 토박이인 하제뇔[38]이었다. 그는 당시에 빈 고등공업학교의 일반 및 기술 물리학 부교수였다. 특히 그 학부가 하제뇔에게 기울게 된 것은 그와 볼츠만과의 관계 때문이었다. 그는 볼츠만의 총애를 받던 제자였고 이미 볼츠만의 "새로운 방향"에서 교육과 연구를 해왔기에 그 "전통"을 지속하리라는 확신을 심어주었다. 그때까지 그의 주된 연구는 전자 이론에 속했고 볼츠만은 전자 이론이 물리학의 기본 분야로서 역학을 대체할 것으로 예측했었다.[39]

하제뇔은 제1차 세계대전 중에 전사했지만 빈 대학에서 가르치는 동안 그의 동료 마이어Stefan Meyer가 "배움터"school라고 부른 것을 이미 형성해 놓았다. 볼츠만이 죽던 해에 빈 대학에 들어간 슈뢰딩거[40]는 곧 하

37 플랑크가 빈에게 보낸 편지, 1907년 6월 19일 자, Wien Papers, STPK, 1973.110.

38 [역주] 하제뇔(Friedrich Hasenöhrl, 1874~1915)은 오스트리아-헝가리의 물리학자로 빈 대학의 슈테판과 볼츠만 밑에서 수학과 자연 과학을 공부했다. 또한, 라이덴에서 오네스에게 저온 물리학을 배웠고 로렌츠와도 사귀게 되었다. 1907년에 볼츠만의 자리를 이어 빈 대학에서 이론 물리학을 담당하게 되었고 슈뢰딩거를 비롯한 훌륭한 학생들을 키워냈다. 1914년에 전쟁이 나자 자원 입대했다가 전사했다. 가시적 질량과 전자기적 질량에 대한 개념을 정리했고 공동 복사와 관성의 관련성을 제기했다. 그리하여 레나르트는 $E=mc^2$식의 유도에서 하제뇔이 우선권이 있다고 주장하기도 했다.

39 오스트리아 문화교육부가 저지대 오스트리아(Niederösterreich)의 "Statthalter"에게 보낸 편지, 1907년 7월 13일 자, Öster. STA, 4 Phil., theoretische Physik.

40 [역주] 슈뢰딩거(Erwin Schrödinger, 1887~1961)는 오스트리아의 물리학자로 슈

제뇔의 학생이 되었다. 볼츠만의 "사고 노선"은 슈뢰딩거의 "과학에 대한 첫사랑"이었고 그는 다른 것이 "지금까지 나를 미칠 듯이 사로잡지 못했거나 다시 그렇게 하지 못할 것"이라고 말했다.[41] 슈뢰딩거는 하제뇔의 후임자로 빈에 초빙되었으나 오스트리아 교수들의 연구 여건이 매우 악화해서 그 일자리를 거절했다.[42] 볼츠만의 연구와 중요성에서 비견되는 이론 물리학 연구를 슈뢰딩거는 볼츠만과는 다른 분야에서 했다.

볼츠만의 재능과 자리를 쉽게 옮기는 성향 덕택에 그는 반복해서 여러 학부의 1순위 초빙자가 되었고 이론 물리학의 제도적 발전 과정에 남다르게 여러 번 개입하게 되었다. 그는 뮌헨과 라이프치히에서 그랬던 것처럼 빈에서도 이론 물리학 연구소의 첫 번째 임용자가 되었다. (종국에는 플랑크에게 돌아간 교수 자리 제안을 그가 받아들였다면 그는 베를린에도 갔을 것이다.) 그는 이 자리 중 어느 자리든 부임하기도 전에 가장 중요한 연구를 수행했지만, 나중에 이 연구소들에 부임한 하제뇔, 조

뢰딩거 방정식을 비롯한 양자역학에 대한 기여로 유명하다. 슈뢰딩거 방정식으로 1933년 노벨 물리학상을 받았고 슈뢰딩거의 고양이라는 유명한 사고 실험을 제안했다. 빈 대학에서 물리학 박사학위를 취득했으며, 제1차 세계대전 때는 포병 사관으로 종군하면서 몇 편의 논문을 출판했다. 취리히 대학 교수, 베를린 대학 교수 등을 역임했다. 1933년에는 나치스 정권에 반발하여 영국으로 망명했다가 1936년에 돌아와 그라츠 대학 교수가 되었다. 그러나 히틀러가 오스트리아를 병합하자 1938년에 로마로 도망갔다. 1939년에 제2차 세계대전이 일어나자 아일랜드에 가서, 1940년에는 더블린 고등연구소의 이론 물리학 부장이 되었으며, 1956년에 은퇴하고 조국에 돌아와 빈 대학 명예교수가 되었다. 원자 구조론, 통계역학, 상대성 이론 등에서 이론 물리학적 연구 업적이 있으며 특히 드브로이의 전자의 파동 이론을 발전시켜 슈뢰딩거 방정식을 세워서 파동역학을 수립했으며, 하이젠베르크의 행렬 역학과의 형식적 동등성을 1926년에 증명하여 양자역학이 발전하는 길을 열었다.

41 1929년 슈뢰딩거의 프로이센 과학 아카데미 취임 연설에서. Erwin Schrödinger, *Science and the Human Temperament,* trans. J. Murphy and W. H. Johnston (New York: W. W. Norton, 1935), xiv.

42 Armin Hermann, "Schödinger, Erwin," *DSB* 12: 217~223 중 218.

머펠트, 하이젠베르크 같은 이론 연구자들은 그 연구소에서 그들의 연구 중 가장 중요한 연구를 했다.

동료와 함께하는 물리학자들

독일의 물리학자들은 다양한 모임에서 다른 과학 분야의 동료들과 함께하면서 자신들을 그리거나 사진 찍게 했다. 물리학자들은 때때로 과학의 동역자들이며, 같은 기관에서 일하는 동료이자 독일 과학자 협회의 일반 강연의 청중이자 전문화된 베를린 물리학회(나중에는 독일 물리학회)의 구성원이었다. 그들은 20세기에는 물리학의 특별한 문제를 다룬 솔베이 회의처럼 아주 전문화된 초청자만 참가하는 회의에 참석하기도 했다.

1 1836년 예나에서 열린 독일 과학자 협회 모임. 이 그림은 아주 주의 깊게 그려져서 개개인의 얼굴을 알아볼 수 있다. *Bericht über die Versammlung deutscher Naturforscher und Arzte zu Jena 1836* (Weimar, 1837)에서 재인쇄.

2 클라우지우스와 동료들. 왼쪽에서 오른쪽으로, 서 있는 사람이 쿤트와 콜라우시, 앉은 사람이 크빙케와 클라우지우스.
Warburg, "Zur Geschichte der Physikalischen Gesellschaft," 36에서 재인쇄.

3 보른과 동료들. 왼쪽에서 오른쪽으로, 오젠, 보어, 프랑크, 클라인, 앉은 사람은 보른. 1922년 6월에 괴팅겐에서 열린 보어 축제에서 촬영. 여기에서 보어는 초청 강의를 했다. Lehrstuhl für Geschichte der Naturwissenschaften und Technik,
Universität Stuttgart 제공.

4 키르히호프와 동료들. 왼쪽에서 오른쪽으로, 키르히호프, 분젠, 로스코. 키르히호프와 분젠이 1862년에 잉글랜드의 로스코를 방문했을 때 촬영. Roscoe, The Life and Experiences, 73에서 재인쇄.

5 괴팅겐 물리학자들과 관련된 전문가들, 1907년 봄. 맨 앞줄 왼쪽에서 오른쪽으로, 응용 수학 및 역학 연구소 소장인 프란틀과 룽에, 주요 물리학 연구소 소장인 포크트와 리케, 응용 전기 연구소 소장인 지몬, 이론 물리학 사강사인 아브라함. 훈트 박사와 포크트 부인 제공.

6 괴팅겐 물리학 연구소와 응용 전기 연구소, 1906년. 새롭게 지어진 오른쪽의 주된 물리학 연구소에는 실험 물리학과 이론 물리학의 두 부서가 있었다. 상대적으로 작지만, 왼쪽의 새 응용 전기 연구소는 점점 중요해지는 물리학의 제3분야인 기술물리학을 대표했다. 그에 따라 이 페이지의 위쪽 사진에서 볼 수 있듯이 동료의 수가 증가했다. *Die physikalischen Institut der Universität Göttingen*, 49에서 재인쇄.

7 베를린 물리학회의 창립자들, 1845년. 왼쪽에서 오른쪽으로, 서 있는 사람이 카르스텐, 하인츠, 크노블라우흐, 앉은 사람이 브뤼케, 뒤부아레몽, 베츠이다. *Verh. phys. Ges. Zu Berlin* 15 (1896)의 권두 삽화.

8 솔베이 회의, 1911년. 왼쪽에서 오른쪽으로, 앉은 사람이 네른스트, 브릴루앵, 솔베이, 로렌츠, 바르부르크, 페랭, 빈, 퀴리, 푸앵카레, 서 있는 사람이 골트슈미트, 플랑크, 루벤스, 조머펠트, 린데만, 드브로이, 크누센, 하제뇔, 호스텔러, 헤르첸, 진스, 러더퍼드, 오네스, 아인슈타인, 랑주뱅. Instituts internationau de physique et de chimie 제공.

물리학의 경력

물리학에서 업무는 공유된다. 물리학에서 경력은 반복적이더라도 개별적이고 그들은 그들의 기록을 많은 분량의 서식과 문서에 남겨놓는다. 우리가 다룬 물리학자들에게 이것은 사치스러운 장식 활자로 찍힌 졸업증서부터 관리들의 메모와 서명으로 덮인 실용적인 관료주의적 보고서에 이르기까지 다양했다. 물리학에서 성공적인 경력을 쌓으려면 연구소에서 교육과 연구라는 힘든 일도 담당해야 했다. 반드시 그것은 많은 시간이 소모되는 문서 작업을 포함했다. 그 문서는 일부는 정부 부처의 문서, 일부는 그에 대한 응답이었다.

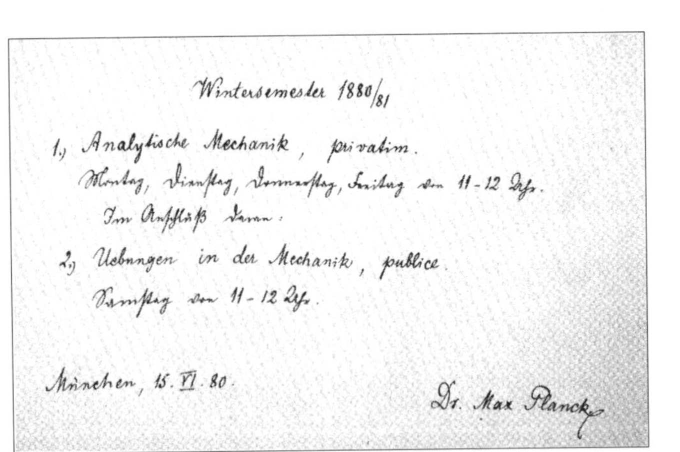

Wintersemester 1880/81

1.) Analytische Mechanik, privatim.
Montag, Dienstag, Donnerstag, Freitag von 11-12 Uhr.
Im Anschluß daran:

2.) Uebungen in der Mechanik, publice.
Samstag von 11-12 Uhr.

München, 15. VI. 80.

Dr. Max Planck

1 뮌헨 대학에서 막스 플랑크의 강의 개설 공고, 1880년. 플랑크는 뮌헨 대학에서 사강사로 가르치고 있었다. Archiv der Ludwig-Maximilians-Universität München 제공.

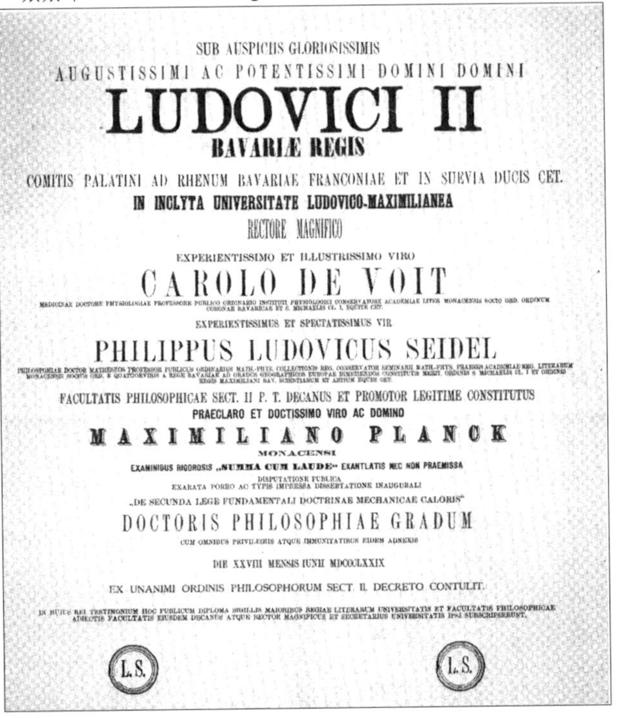

SUB AUSPICIIS GLORIOSISSIMIS
AUGUSTISSIMI AC POTENTISSIMI DOMINI DOMINI
LUDOVICI II
BAVARIÆ REGIS
COMITIS PALATINI AD RHENUM BAVARIAE FRANCONIAE ET IN SUEVIA DUCIS CET.
IN INCLYTA UNIVERSITATE LUDOVICO-MAXIMILIANEA
RECTORE MAGNIFICO
EXPERIENTISSIMO ET ILLUSTRISSIMO VIRO
CAROLO DE VOIT
MEDICINAE DOCTORE PHYSIOLOGIAE PROFESSORE PUBLICO ORDINARIO INSTITUTI PHYSIOLOGICI CONSERVATORE ACADEMIAE LITER MONACENSIS SOCIO ORD. ORDINUM CORONAE BAVARICAE ET S. MICHAELIS CL. I. EQUITE CET.
EXPERIENTISSIMUS ET SPECTATISSIMUS VIR
PHILIPPUS LUDOVICUS SEIDEL
PHILOSOPHIAE DOCTOR MATHESEOS PROFESSOR PUBLICUS ORDINARIUS MATH.-PHYS. COLLECTIONIS REG. CONSERVATOR SEMINARII MATH.-PHYS. PRAESES ACADEMIAE REG. LITERARUM MONACENSIS SOCIUS ORD. E QUATUORVIRIS A REGE BAVARIAE AD GRADUS GEOGRAPHICOS EUROPAE DIMETIENDOS CONSTITUTIS MERIT. ORDINIS S. MICHAELIS CL. I ET ORDINIS REGIS MAXIMILIANI BAV. SCIENTIARUM ET ARTIUM EQUES CET.
FACULTATIS PHILOSOPHICAE SECT. II P. T. DECANUS ET PROMOTOR LEGITIME CONSTITUTUS
PRAECLARO ET DOCTISSIMO VIRO AC DOMINO
MAXIMILIANO PLANCK
MONACENSI
EXAMINIBUS RIGOROSIS „SUMMA CUM LAUDE" EXANTLATIS NEC NON PRAEMISSA
DISPUTATIONE PUBLICA
EXARATA PORRO AC TYPIS IMPRESSA DISSERTATIONE INAUGURALI
„DE SECUNDA LEGE FUNDAMENTALI DOCTRINAE MECHANICAE CALORIS"
DOCTORIS PHILOSOPHIAE GRADUM
CUM OMNIBUS PRIVILEGIIS ATQUE IMMUNITATIBUS EIDEM ADNEXIS
DIE XXVIII MENSIS IUNII MDCCCLXXIX
EX UNANIMI ORDINIS PHILOSOPHORUM SECT. II. DECRETO CONTULIT.
IN HUIUS REI TESTIMONIUM HOC PUBLICUM DIPLOMA SIGILLIS MAIORIBUS REGIAE LITERARUM UNIVERSITATIS ET FACULTATIS PHILOSOPHICAE ADIECTIS FACULTATIS EIUSDEM DECANUS ATQUE RECTOR MAGNIFICUS ET SECRETARIUS UNIVERSITATIS IPSI SUBSCRIPSERUNT.

L.S. L.S.

2 막스 플랑크의 뮌헨 대학 졸업증서, 1879년. Archiv der Ludwig-Maximilians-Universität München 제공.

3 프로이센 문화부, 베를린 린덴(Linden) 가 4번지. 뮌헨 대학을 졸업한 지 6년 후에 뮌헨을 떠났을 때부터 플랑크는 이 베를린의 정부 부처의 결정에 영향을 줄 수 있는 경력을 추구했다. Guttstadt, ed., *Die naturwissenschaftlichen und medicinischen Staatsanstalten Berlins* 권두 삽화에서 재인쇄.

4 뮌헨 대학 사강사 시절의 플랑크, Dr. med. Hans Roos 제공.

5 베를린 물리학 연구소. 새 연구소 건물의 목판화, *Illustrierte Zeitung*, 532쪽, 1877년 12월 29일 자. 그 대학 건물의 오래된 구역에서 이 위치로 옮긴 지 얼마 되지 않았다. 새로운 건물은 플랑크가 거기에서 사강사가 되었을 때 사용된 지 겨우 10년밖에 되지 않았다.

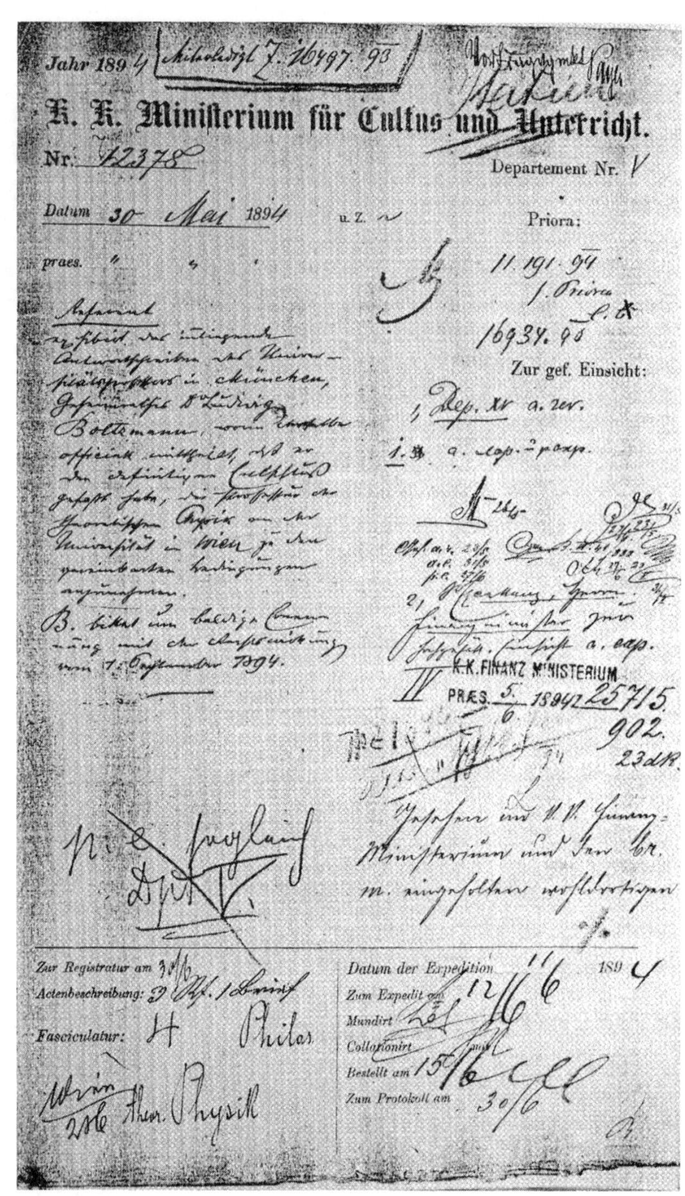
Jahr 1894

K. K. Ministerium für Cultus und Unterricht.

Nr. 42378

Departement Nr. V

Datum 30 Mai 1894 u. Z.

Priora:

praes.

11.191. 94

16934. 94

Zur gef. Einsicht:

K.K. FINANZ MINISTERIUM

PRÆS. 5/6. 1894 25715.

902.

Zur Registratur am

Actenbeschreibung:

Fasciculatur:

Wien 2816 theor. Physik

Datum der Expedition 11/6 1894

Zum Expedit am 12/6

Mundirt

Collationirt

Bestellt am 15/6

Zum Protokoll am 30/6

6 볼츠만의 빈 대학 임용에 관한 서류, 1894년. 볼츠만이 이론 물리학 교수로 빈에 기꺼이 돌아가겠다고 한다는 내용의 보고서 첫 페이지. 이런 종류의 서류는 전형적으로 많은 관리의 손을 거친 기록이 남아있다. Öster. STA. 제공.

7 볼츠만. Stefan Meyer, ed., *Festschrift Ludwig Boltzmann*의 권두 삽화에서 재인쇄.

8 현재의 오스트리아 국립 기록 보관소. 이 내부는 오스트리아에서 물리학자들의 경력에 관련된 수많은 정부 측 문서의 마지막 보관 장소이다.

물리학의 장소

19세기 동안 물리학의 공식 업무 장소는 다용도 대학 건물의 몇 개의 방에서 여러 개의 특화된 방으로 이루어진 넓은 특별실로 팽창했다. 특별실은, 형편이 좋으면, 그 자체의 건물이 따로 있거나 다른 건물의 날개 부분을 차지했다. 그 팽창은 바람직한 결과를 낳아서 실험실 교육을 받는 초급 학생은 점점 많아졌고 연구 시설을 제공받는 상급 학생과 조수와 선생도 점점 많아졌다. 실험실로 쓰는 층별 공간은 물리학 연구소의 비교 기준이 되었다. 특수 목적을 위해 건설되거나 개축된 물리학 연구소는 그 안에서 연구의 수행과 조직에 적합한 건물로서 특색을 갖추었다. 연구소가 연구 시설을 특화하는 일이 흔해졌다. 본 대학의 새로운 연구소는 소장의 관심사와 지역적 전통에 따라 분광학 연구 시설을 특화했다. 특화할 재정 지원이 추가로 필요했음은 본 대학의 방과 같은 크기

1 라이프치히 대학, 중간 파울리눔(Paulinum). 옛 수도원의 이 부분은 1835년까지 물리 컬렉션을 소장했다. *Die Universität Leipzig, 1409~1909*, 17에서 재인쇄.

의 분광학 기구와 이전 세기 중반의 키르히호프 분광기를 비교함으로써 이해될 수 있다. 베버와 가우스 때에 물리 연구의 주제였던 전기와 자기의 원리들은 20세기가 되자 교류 발전기와 다른 기계류에 적용되게 되었고 그것들은 새로운 물리학 연구소의 복잡한 많은 전기용품에 전력을 공급했다.

2 프라이부르크 "구 대학". 이 건물에는 1876년까지 수학 교수와 물리학 교수가 함께 관리한 수학 물리학 기구실이 있었다. Freiburg SA. 제공.

3 바이에른 과학 아카데미. 이 건물 역시 1826년에 대학이 뮌헨으로 옮겨졌을 때 그 대학의 첫 건물이었다.

4 괴팅겐 자기 관측소, 1836년. 남쪽 벽 방향에서 방 안의 기구들을 들여다보는 도판이다. 시계, 경위의와 눈금, 천장에 매달린 자기계. Wilhelm Weber, "Bermerkungen über die Einrichtung magnetischer Observatorien und Beschreibung der darin aufzustellenden Instrumente," in Weber, *Werke*, 2: 3~19, 도판 I을 재인쇄.

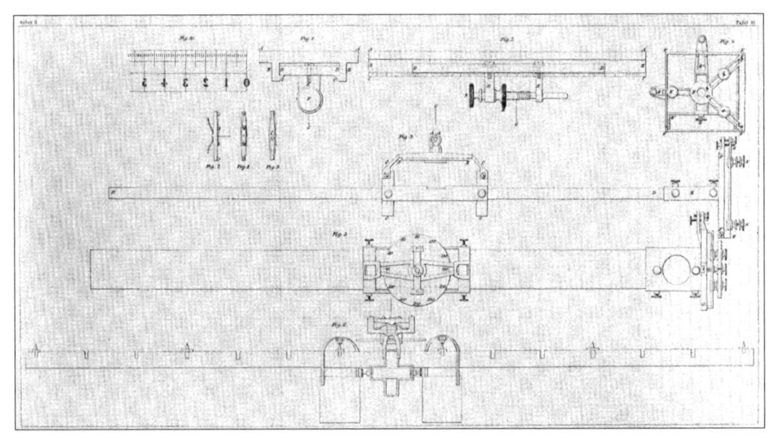

5 빌헬름 베버와 가우스의 자기계. 자침이 들어 있는 상자와 상자 끝의 거울 고정대를 세 방향에서 보여주고 다른 상세한 부품도 역시 보여준다. Weber, "Bemerkungen," 도판 III을 재인쇄.

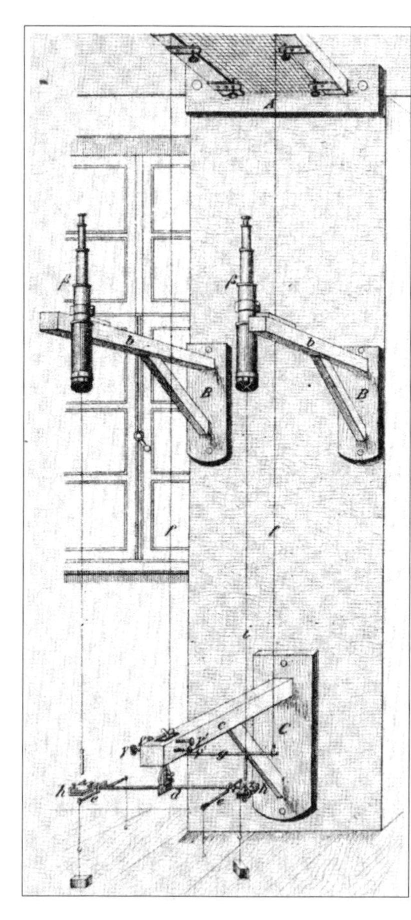

6 전기 이론을 검증하기 위한 구스타프 키르히호프의 장치, 1859년. 이 장치로 키르히호프는 탄성 강철선의 종방향 팽창에 대한 단면적 수축 비율을 측정했다. 이에 대해 다른 이론들이 다른 예측을 했다.
Kirchhoff, "Ueber das Verhältniss der Quercontraction zur Längendilation bei Stäben von federhartem Stahl," in Kirchhoff, *Ges. Abh.* 316~339, 권말의 도판 I, 그림 1을 재인쇄.

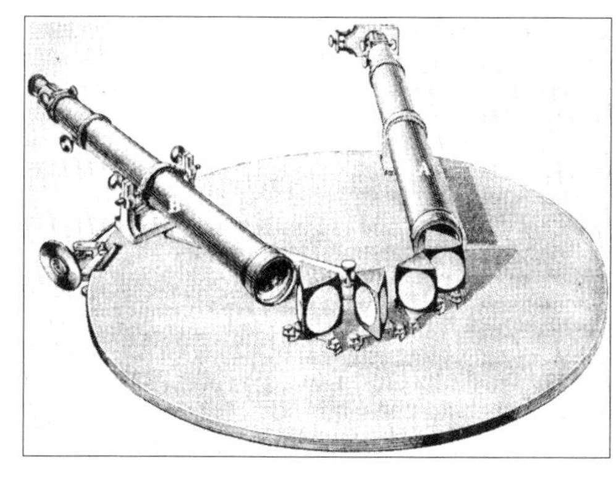

7 구스타프 키르히호프의 분광 장치. 뮌헨의 슈타인하일이 키르히호프를 위해 제작한 이 장치는 광선을 망원경 A, 네 개의 프리즘, 마지막으로 관찰하는 망원경 B로 통과시킨다.
Hermann von Helmholtz, *Populäre wissenschaftlische Vorträge.* Vol. 3 (Braunschweig, 1876)에서 재인쇄.

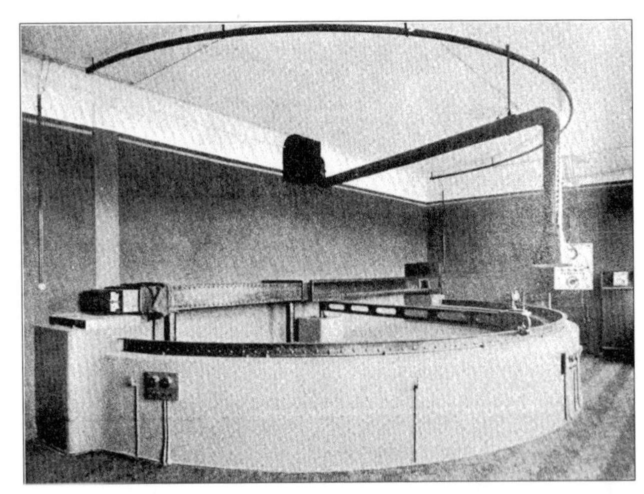

8 본 물리학 연구소의 로울랜드 오목 격자(살창), 1913년. 광학적으로 잘 갖춰진 새로운 연구소 건물이 6.5미터 곡률 반경의 격자 두 대를 갖추었다. 그중 한 대가 그림에 보인다. 그 외에 몇 대의 작은 격자(살창)들이 더 있다. 이 배열에서 격자(살창)와 카메라는 고정되어 있고 슬릿과 광원은 원을 따라 움직였다. Kayser and Eversheim, "Das physikalische Institut der Universität Bonn," 1004에서 재인쇄.

9 본 대학의 열과 역학을 실험하는 초급 학생 실험실. Kayser and Eversheim, 1005에서 재인쇄.

10 교환대를 갖춘 본 대학의 작업장. "제작소의 심장"인 이곳에서 연구소 곳곳에 다양한 종류의 전기가 보급되었다. Kayser and Eversheim, 1006에서 재인쇄.

11 본 대학의 기계실. 물리학 연구소에 전기가 중요했다는 점이 이 사진에서 파악될 수 있다. 가령, 왼쪽에 교류 변압기가 있다. Kayser and Eversheim, 1007에서 재인쇄.

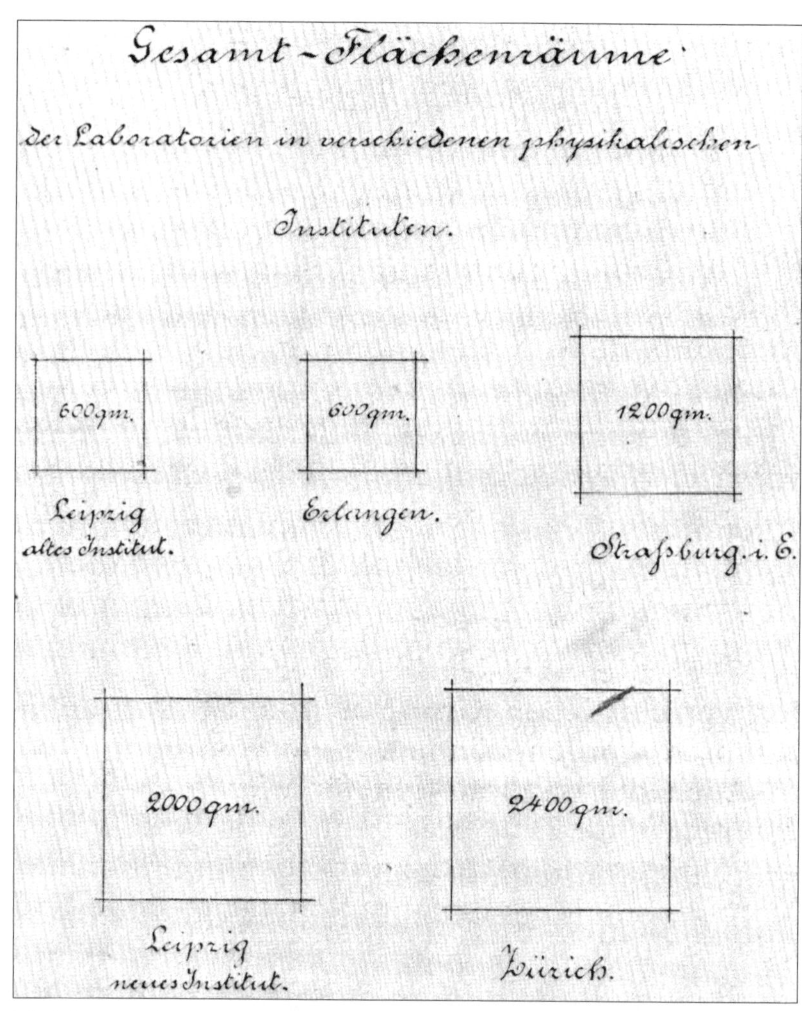

12 다양한 물리학 연구소의 실험실 바닥 면적, 1906. 실험실 건평에서 이 연구소들은 4배까지 차이가 난다는 것을 이 비교는 보여준다. 계산된 면적은 학생과 연구용 실험실을 포함했지만, 강의 준비실, 작업실 등은 포함하지 않았다. 새로운 라이프치히 연구소의 계산치는 이론 물리학 연구소로 사용할 방들도 포함했다. Wiener, "Das neue physikalische Institut der Universität Leipzig," 6에서 재인쇄.

13 에를랑엔 물리학 연구소. Kolde, *Erlangen*, 470에서 재인쇄.

14 라이프치히 물리학 연구소. Wiener, "Das neue physikalische Institut der Universität Leipzig," 7에서 재인쇄.

15 스트라스부르 물리학 연구소. *Handbuch der Architektur*, 234에서 재인쇄.

16 취리히 연방 종합기술학교 물리학 연구소. *Festschrift zur Feier des fünfzigjährigen Bestehens des Eidg. Polytechnikums*, pt. 2, 336에서 재인쇄.

연구를 발표하는 이론 물리학자들

이론 물리학자들은 학생들과 동료들에게 그들의 연구를 발표했다. 연구를 알리고 평가했을 뿐 아니라 비평을 받기 위해 그것을 제출했다. 발표의 고정된 형식은 교재, 논저, 논문집, 논문이었다. 덜 고정된 형식 중에는 분필과 칠판을 이용한 전통적인 강의가 있었다.

1 헤르만 폰 헬름홀츠. Wissenschaftliche Verlagsgesellschaft 제공.

2 아르놀트 조머펠트. Lehrstuhl für Geschichte der Naturwissenschaften und Technik, Universität Stuttgart 제공.

3 볼프강 파울리. Paulinum. Franca Pauli 제공.

4 알베르트 아인슈타인. 예루살렘 헤브루 대학 제공.

■ 참고문헌

미출판 원전

AHQP: Archive for the History of Quantum Physics, American Philosophical Society Library, Philadelphia, and elsewhere.
AR: Agemeen Rijksarchief, Den Hague
A. Schweiz. Sch., Zurich: Archiv des Schweizerischen Schulrates, ETH Zürich
Bad. GLA: Badisches Generallandesarchiv Karlsruhe
Bay. HSTA: Bayerisches Hauptstaatsarchiv, München
Bay. STB: Bayerische Staatsbibliothek München
Bonn UA: Archiv der Rheinischen Friedrch-Wilhelms-Universität Bonn
Bonn UB: Universitätsbibliothek Bonn
DM: Bibliothek des Deutschen Museums, München
DZA, Merseburg: Deutshes Zentralarchiv, Merseburg
EA: Einstein Archive, The Hebrew University of Jerulsalem
Erlangen UA: Universitäts-Archiv der Friedrich-Alexander- Universität Erlangen
Erlangen UB: Universitätsbibliothek Erlangen-Nürnberg
ETHB: Bibliothek der ETH Zürich
Freiburg SA: Stadtarchiv der Stadt Freiburg im Breisgau
Freiburg UB: Universitäts-Bibliothek Freiburg i. Br
Giessen UA: Universitätsarchiv Justus Liebig- Universität Giessen
Göttingen UA: Archiv der Georg-August- Universität Göttingen
Göttingen UB: Niedersächsische Staats- und Universitätsbibliothek Göttingen
Graz UA: Archiv der Universität in Graz
Heidelberg UA: Universitätsarchiv der Ruprecht-Karls-Universität Heidelberg
Heidelberg UB: Universitätsbibliothek Heidelberg
HSTA, Stuttgart: Württembergisches Hauptstaatsarchiv Stuttgart
Jena UA: Universitätsarchiv der Friedrich- Schiller- Universität Jena
LA Schleswig-Holstein: Landesarchiv Schleswig-Holstein, Schleswig
Leipzig UA: Archiv der Karl-Marx- Universität Leipzig

Leipzig UB: Universitätsbibliothek der Karl-Marx-Universität Leipzig
Munich SM: Müchner Stadmuseum
Munich UA: Archiv der Ludwig-Maximilians-Universität München
Münster UA: Universität-Archiv der Westfälischen Wilhelms-Universität Münster
N.-W. HSTA: Nordrhein-Westfälisches Hauptstaatsarchiv Düsseldorf
Öster. STA: Österreichisches Staatsarchiv, Wien
Rijksmuseum voor de Geschiedenis der Natuurwetenschappen, Leiden
STA K Zurich: Staatsarchiv des Kantons Zürich
STA, Ludwigsburg: Staatsarchiv Ludwigsburg
STA, Marburg: Hessisches Staatsarchiv Marburg
STPK: Staatsbibliothek preussischer Kulturesitz, Berlin
Tübingen UA: Universitätsarchiv Eberhard-Karls-Universität Tübingen
Tübingen UB: Universitätsbibliothek Tübingen
Wrocław UB: Biblioteka Uniwersytecka Wrocław (Breslau)
Würzburg UA: Archiv der Universität Würzburg

우리는 양자 물리학사 자료 모음(AHQP)에 특별히 많은 도움을 받았음을 밝힌다. 과학사학자들에게 매우 가치 있는 이 자료는 독일 20세기 물리학의 일차 사료에 대한 우리의 조사의 일차적인 출발점이었다. 우리가 AHQP의 보관소 중 하나인 미국 철학회 도서관의 마이크로필름에서 처음 본 풍부한 Sommerfeld and Lorentz Papers에서 우리는 많은 편지를 인용했다. 우리 연구를 위해 우리는 자주 원래의 자료 모음에서 이 편지들의 복사본을 얻었으며 이에 대해 우리의 출전에 밝혀놓는다. AHQP는 다음에 기술되어 있고 그 내용의 목록도 거기에 있다. Thomas S. Kuhn, John L. Heilbron, Paul Forman, and Lini Allen, *Sources for History of Quantum Physics: An Inventory and Report* (Philadelphia: The American Philosophical Society, 1967).

동독에서는 국가 아카이브들을 참고할 허락을 받지 못했다. 운 좋게도 거기에 소장된, 물리학에 관련된 많은 부분을 다른 문서에서 알 수 있었고, 어떤 경우에는 접근가능한 컬렉션에 그 사본들이 있었다.

출판된 출전

과학 논문은 각주에 제시했고 그 수가 많으므로 이 참고문헌에 다시 제시하지 않는다. 대학과 다른 학교에 대한 저작들은 베를린, 괴팅겐 등 위치에 따라 배열되어 있다.

Aachener Bezirksverein deutscher Ingenieure. "Adolf Wüllner." *Zs. D. Vereins deutsch. Ingenieure* 52 (1908): 1741~1742.

Abbe, Ernst. "Gedächtnisrede zur Feier des 50jährigen Besthens der optischen Werkstätte." In *Gesammelte Abhandlungen*, vol. 3, 60~95. Jena: Fischer, 1906.

Abraham, Max. *Theorie der Elektrizität*. Vol. 1, *Einführung in die Maxwellsche Theorie der Elektrizität,* by August Föppl, revised by Max Abraham. Leipzig: B. G. Teubner, 1904. Vol. 2, *Elektromagnetische Theorie der Strahlung*. Leipzig: B. G. Teubner, 1905.

Allgemeine deutsche Biographie. Vols. 1~56. 1875~1912. Reprint. Leipzig: Dunker und Humblot, 1967~1971 (*ADB*).

Angenheister, Gustav. "Emil Wiechert." *Gött. Nachr., Geschäftliche Mitteilungen aus dem Berichtsjahr 1927~1928*, 53~62.

Appleyard, Rollo. *Pioneers of Electrical Communication*. London: Macmillan, 1930.

Assmann, Richard, et al. "Vollendung des 50. Jahrganges der 'Fortschritte.'" *Fortshritte der Physik des Aethers im Jahre 1894 50*, pt. 2 (1896): i~xi.

Auerbach, Felix. "Ernst Abbe." *Phys. Zs.* 6 (1905): 65~66.

__________. Ernst Abbe, *sein Leben, sein Wirken, seine Persönlichkeit*. Leipzig: Akademische Verlagsgesellschaft, 1918.

__________. *Kanon der Physik. Die Begriffe, Principien, Sätze, Formeln, Dimensionsformeln und Konstanten der Physik nach dem neuesten Stande der Wissenschaft systematisch dargestellt.* Leipzig, 1899.

__________. *Die Methoden der theoretischen Physik*. Leipzig: Akademische Verlagsgesellschaft, 1925.

__________. *Physik in graphischen Darstellungen*. Leipzig and Berlin: B. G.

Teubner, 1912.

_________, *Das Wesen der Materie nach dem neuesten Stande unserer Kenntnisse und Auffassungen dargestellt.* Leipzig: Dürr, 1918.

_________. *The Zeiss Works and the Carl Zeiss Foundation in Jena: Their Scientific, Technical and Sociological Development and Importance.* Translated by R. Kanthack from the 5th German edition, 1925. London: Foyle, n.d.

Baerwald, Hans. "Karl Schering." *Phys. Zs.* 26 (1925): 633~635.

Band, William. *Introduction to Mathematical Physics*. Princeton: Van Nostrand, 1959.

Bandow, F. "August Becker." *Phys. Bl.* 9 (1953): 131.

Baretin, W. "Johann Christian Poggendorff." *Ann.* 160 (1877): v~xxiv.

_________. "Ein Rückblick." *Ann.*, Jubelband (1874): ix~xiv.

Baumgarten, Fritz. *Freiburg im Breisgau.* Berlin: Wedekind, 1907.

Becherer, Gerhard. "Die Geschichte der Entwicklung des Physikalischen Instituts der Universität Rostock." *Wiss. Zs. d. U. Rostock, Math.-Naturwiss*. 16 (1967): 825~830.

Benndorf, H. "Philipp Lenard." *Almanach. Österreichische Akad.* 98 (1948): 250~258.

Benz, Ulrich. *Arnold Sommerfeld. Lehrer und Forscher an der Schwelle zum Atomzeitalter, 1868~1951.* Stuttgart: Wissenschaftliche Verlagsgesellschaft, 1975.

Bergmann, Peter G. *The Riddle of Gravitation.* New York: Scribner's, 1968.

Berkson, William. *Fields of Force: The Development of a World View from Faraday to Einstein.* New York: Wiley, 1974.

Berlin. Academy of Sciences. *Max Planck in seinen Akademie-Ansprachen. Erinnerungsschrift.* Berlin: Akademie-Verlag, 1948.

Berlin. Technical Institute. *Die Technische Hochschule zu Berlin 1799~1924. Festschrift.* Berlin: Georg Stilke, 1925.

Berlin. University. *Chronik der Königlichen Friedrich-Wilhelms-Universität zu Berlin.* Berlin.

_________. *Forschen und Wirken. Festschrift zur 150-Jahr-Feier der*

Humboldt-Universität zu Berlin 1810~1960. Vol. 1, Berlin: VEB Deutscher Verlag der Wissenschaften, 1960.

_________. *Idee und Wirklichkeit einer Universität. Dokumente zur Geschichte der Friedrich-Wilhelms-Universität zu Berlin.* Edited by Wilhelm Weischedel. Berlin: Walter de Gruyter, 1960.

_________. *Index Lectionum.* Berlin, n. d.

_________. Kurt-R. Biermann, Rudolf Köpke, Max Lenz를 보라.

Bertholet, Alfred, et al. "Erinnerungen an Max Planck." *Phys. Bl.* 4 (1948): 161~174.

Besso, Michele. Albert Einstein을 보라.

Bezold, Wilhelm von."Gedächtnissrede auf August Kundt." *Verh. phys. Ges.* 13 (1894): 61~80.

_________. *Gesammelte Abhandlungen aus den Gebieten der Meteorologie und des Erdmagnetismus.* Braunschweig: F. Vieweg, 1906.

Biermann, Kurt-R. *Die Mathematik und ihre Dozenten an der Berliner Universität* 1810~1920. *Stationen auf dem Wege eines mathematischen Zentrums von Weltgeltung*. Berlin: Akademie-Verlag. 1973.

Biermer, M. "Die Grossherzoglich Hessische Ludwigs-Universität zu Giessen." In *Das Unterrichtswesen im Deutschen Reich, edited by Wilhelm Lexis,* vol. 1, 562~574.

Blackmore, John T. *Ernst Mach. His Work, Life, and Influence*. Berkeley, Los Angeles, and London: University of California Press, 1972.

Bochner, Salomon. "The Significance of Some Basic Mathematical Conceptions for Physics." *Isis* 54 (1963): 179~205.

Böhm, Walter. "Stefan, Josef." *DSB* 13 (1976): 10~11.

Bohr, Niels. *Abhandlungen über Atombau aus den Jahren 1913~1916.* Translated by H. Stintzing. Brauschweig: F. Vieweg, 1921.

_________. "The Genesis of Quantum Mechanics." In *Essays 1958~1962 on Atomic Physics and Human Knowledge,* 74~78. New York: Interscience, 1963.

Boltzmann, Ludwig. "Eugen von Lommel." *Jahresber. d. Deutsch. Math.-Vereinigung* 8 (1900): 47~53.

_________. Gesamtausgabe. Vol. 8, *Ausgewählte Abhandlungen der internationalen Tagung, Wien*. Vienna: Akademische Druck- u. Verlagsanstalt, 1982.

_________. *Gustav Robert Kirchoff*. Leipzig, 1888. Reprinted in Populäre Schriften, 51~75.

_________. "Josef Stefan." Rede gehalten bei der Enthüllung des Stefan-Denkmals am 8. Dez. 1895. In *Populäre Schriften*, 92~103.

_________. "On the Fundamental Principles and Basic Equations of Mechanics." First of Boltzmann's Clark University lectures, 1899. Translated by J. J. Kockelmans, editor of *Philosophy of Science*, 246~260. New York: Free Press, 1968.

_________. *Populäre Schriften*, Leipzig: J. A. Barth, 1905.

_________. "The Relations of Applied Mathematics." In *International Congress of Arts and Science: Universal Exposition, St. Louis, 1904*. Vol. 1, *Philosophy and Mathematics*, 591~603. Boston and New York: Houghton, Mifflin, 1905.

_________. "Über die Entwicklung der Methoden der theoretischen Physik in neuerer Zeit" (1899). In *Populäre Schriften*, 198~227.

_________. "Über die Methoden der theoretischen Physik" (1892). In *Populäre Schriften*, 1~10.

_________. *Vorlesungen über die Prinzipe der Mechanik*. 2 vols. Leipzig: J. A. Barth, 1897~1904.

_________. *Vorlesungen über Gastheorie*. 2 vols. Leipzig, 1896~1898. Translated as *Lectures on Gas Theory* by Stephen G. Brush. Berkeley: University of California Press, 1964.

_________. *Vorlesungen über Maxwells Theorie der Elektricität und des Lichtes*. Vol. 1, *Ableitung der Grundgleichungen für ruhende, homogene, isotrope Körper*. Leipzig, 1891. Vol. 2, *Verhältniss zur Fernwirkungstheorie; specielle Fälle der Elektrostatik, stationären Strömung und Induction*. Leipzig, 1893.

_________. *Wissenschaftliche Abhandlungen*. Edited by Fritz Hasenöhrl. 3 vols. Leipzig: J. A. Barth, 1909. Reprint. New York: Chelsea, 1968.

_________. "Zwei Antrittsreden." *Phys. Zs.* 4 (1902~1903): 247~256, 274~277. 1900년 11월 라이프치히 대학과 1902년 10월 빈 대학에서 행해진 볼츠만의 취임 강의.

Bonn. University. *Chronik der Rheinischen Friedrich-Wilhelms-Universität zu Bonn*. Bonn.

_________. *Geschichte der Rheinischen Friedrich-Wilhelm-Universität zu Bonn am Rhein* Edited by A. Dyroff. Vol. 2, *Institute und Seminare*, 1818~1933. Bonn: F. Cohen, 1933.

_________. *150 Jahre Rheinische Friedrich-Wilhelms-Universität zu Bonn 1818~1968. Bonner Gelehrte. Beiträge zur Geschichte der Wissenschaften in Bonn. Mathematik und Naturwissenschaften.* Bonn: H. Bouvier, Ludwig Röhrscheid, 1970.

_________. *Vorlesungen auf der Rheinischen Friedrich-Wilhelms-Universität zu Bonn*

Bonnell, E., and H. Kirn. "Preussen. Die höheren Schulen." In *Encyklopädie des gesamten Erziehungs- und Unterrichtswesens,* edited by K. A. Schmid, vol. 6, 180 ff. Leipzig, 1885.

Bopp, Fritz, and Walther Gerlach, "Heinrich Hertz zum hundertsten Geburtstag am 22. 2. 1957." *Naturwiss*. 44 (1957): 49~52.

Bork, Alfred M. "Physics Just Before Einstein." *Science* 152 (1966): 597~603.

_________. "'Vectors Versus Quaternions' −The Letters in Nature." *Am. J. Phys*. 34 (1966): 202~211.

Born, Max. "Antoon Lorentz." *Gött. Nachr.,* 1927~1928, 69~73.

_________. "Arnold Johannes Wilhelm Sommerfeld, 1868~1951." *Obituary Notices of Fellows of the Royal Society* 8 (1952): 275~296.

_________. *Ausgewählte Abhandlungen*. Edited by the Akademie der Wissenschaften in Göttingen. 2 vols. Göttingen: Vandenhoeck und Ruprecht, 1963.

_________. "How I Became a Physicst." In *My Life and My Views,* 15~27.

_________. "Max Karl Ernst Ludwig Planck 1858~1947." *Obituary Notices of Fellows of the Royal Society* 6 (1948): 161~188. Reprinted in *Ausgewählte Abhandlungen* 2: 626~646.

__________. *My Life and My Views*. New York: Scribner's 1968.
__________. *My Life: Recollections of a Nobel Laureate*. New York: Scribner's 1978.
__________. *Physics in My Generation: A Selection of Papers*. London and New York: Pergamon, 1956.
__________. "Sommerfeld als Begründer einer Schule." *Naturwiss.* 16 (1928): 1035~1036.
__________. *Vorlesungen über Atommechanik*. Vol. 1. Berlin: Springer, 1925. Translated as *The Mechanics of the Atom* by J. W. Fischer. Revised by D. R. Hartree. London: G. Bell, 1927.
__________. *Zur statistischen Deutung der Quantentheorie*. Edited by Armin Hermann. Dokumente der Naturwissenschaft, Abteilung Physik. Vol. 1. Stuttgart: E. Battenberg, 1962.
__________. Albert Einstein을 보라.
Born, Max, and Pascual Jordan. *Elementare Quantenmechanik* (*Zweiter Band der Vorlesungen über Atommechanik*). Berlin: Springer, 1930.
Born, Max and Max von Laue. "Max Abraham." *Phys. Zs*. 24 (1923): 49~53.
Borscheid, Peter. *Naturwissenschaft, Staat und Industrie in Baden (1848~1914).* Vol. 17 of Industrielle Welt, Schriftenreihe des Arbeitskreises für moderne Sozialgeschichte, edited by Werner Conze. Stuttgart: Ernst Klett, 1976.
Brauer, Ludolph, et al., eds. *Fortschungsinstitute, ihre Geschichte, Organisation und Ziele*. Vol. 1. Hamburg: Hartung, 1930.
Braun, Ferdinand. "Hermann. Georg Quincke." *Ann.* 15 (1904): i~viii.
Braunmühl, A. v. "Sohncke, Leonhard." *Biographisches Jahrbuch und Deutscher Nekrolog* 2 (1898): 167~170.
Breslau. University. *Chronik der Königlichen Universität zu Brelau.* Breslau.
__________. *Festschrift zur Feier des hundertjährigen Bestehens der Universität Breslau.* Pt. 2, *Geschichte der Fächer, Institute und Ämter der Universität Breslau 1811~1911*. Edited by Georg Kaufmann. Breslau: F. Hirt, 1911.
Broda, Engelbert. *Ludwig Boltzmann. Mensch, Physiker, Philosoph.* Vienna: F. Deuticke, 1955.
Broglie, Maurice de. *Les Premièrs Congrès de Physique Solvay*. Paris: Albin

Michel, 1951.
Bromberg, Joan. "The Concept of Particle Creation before and after Quantum Mechanics." *HSPS* 7 (1976): 161~191.
Brüche, E. "Aus der Vergangenheit der Physikalischen Gesellschaft." *Phys. Bl.* 16 (1960): 499~505, 616~621; 17 (1961): 27~33, 120~127, 225~232, 400~410.
_________. "Ernst Abbe und sein Werk." *Phys. Bl.* 21 (1965): 261~269.
_________. "Pascual Jordan 60 Jahre." *Phys. Bl.* 18 (1962): 513.
Brush, Stephen G. "Boltzmann, Ludwig." *DSB* 2 (1970): 260~268.
_________. "Irreversibility and Indeterminism: Fourier to Heisenberg." *Journ. Hist. of Ideas* 37 (1976): 603~630.
_________. *The Kind of Motion We Call Heat : A History of the Kinetic Theory of Gases in the 19th Century.* Vol. 1, *Physics and the Atomists.* Vol. 2, *Statistical Physics and Irreversible Processes.* Vol 6 of Studies in Statistical Mechanics. Amsterdam and New York: North-Holland, 1976.
_________. *Kinetic Theory.* Vol. 1, *The Nature of Gases and of Heat.* Vol. 2, *Irreversible Processes.* The Commonwealth and International Library; Selected Readings in Physics. Oxford and New York: Pergamon, 1965~1966.
_________. "Randomness and Irreversibility." *Arch. Hist. Ex. Sci.* 12 (1974): 1~88.
_________. "The Wave Theory of Heat." *Brit. Journ. Sci.* 5 (1970): 145~167.
Bucherer, Alfred. *Elemente der Vektoranalysis mit Beispielen aus der theoretischen Physik.* 2d ed. Leipzig: B. G. Teubner, 1905.
_________. *Mathematische Einführung in die Elektronentheorie.* Leipzig: B. G. Teubner, 1904.
Buchheim, Gisela. "Zur Geschichte der Elektrodynamik: Briefe Ludwig Boltzmanns an Hermann von Helmholtz." *NTM* 5 (1968): 125~131.
Budde, Emil. *Allgemeine Mechanik der Punkte und starren Systeme. Ein Lehrbuch für Hochschulen.* 2 vols. Berlin, 1890~1891.
Bühring, Friedrich. "Paul Drude." *Zs. für den physikalischen und chemischen Unterricht* 5 (1906): 277~279.

Burchardt, Lothar. *Wissenschaftspolitik im Wilhelminischen Deutschland. Vorgeschichte, Gründung und Aufbau der Kaiser-Wilhelm-Gesellschaft zur Förderung der Wissenschaften.* Göttingen: Vandenhoeck und Ruprecht, 1975.

Cahan, David. "The Physikalisch-Technische Reichsanstalt: A Study in the Relations of Science, Technology and Industry in Imperial Germany." Ph. D. diss., Johns Hopkins University, 1980.

Caneva, Kenneth L. "From Galvanism to Electrodynamics: The Transformation of German Physics and Its Social Context." *HSPS* 9 (1978): 63~159.

Cantor, G. N., and M. J. S. Hodge, eds. *Conceptions of Ether: Studies in the History of Ether Theories 1740~1900.* Cambridge: Cambridge University Press, 1981.

Cassidy, David C. "Heisenberg's First Core Model of the Atom: The Formation of a Professional Style." *HSPS* 10 (1979): 187~224.

Cath, P. G. "Heinrich Hertz (1857~1894)." *Janus* 46 (1957): 141~150.

Cermak, Paul. "Carl Fromme." *Nachrichten der Giessener Hochschulgesellschaft* 19 (1950): 92~93.

Christiansen, C., and J. J. C. Müller. *Elemente der theoretischen Physik*. 3d rev. ed. Leipzig: J. A. Barth, 1910.

Clark, Ronald W. *Einstein: The Life and Times*. New York: World, 1971.

Clausius, Rudolph. *Die mechanische Wärmetheorie*. 2d rev. and completed ed. Of *Abhandlungen über die mechanische Wärmetheorie*. Vol. 1. Second title page reads *Entwickelung der Theorie, soweit sie sich aus den beiden Hauptsätzen ableiten lässt, nebst Anwendungen.* Braunschweig, 1876. Vol. 2, *Die mechanische Behandlung der Electricität.* Second title page reads *Anwendung der mechanischen Wärmetheorie zu Grunde liegenden Principien auf die Electricität.* Braunschweig, 1879.

_________. *Ueber den Zusammenhang zwischen den grossen Agentien der Natur.* Rectoratsantritt, 18 Oct. 1884. Bonn, 1885.

_________. *Ueber die Energievorräthe in der Natur und ihre Verwerthung zum Nutzen der Menschheit.* Bonn, 1885.

Cohn, Emil. *Physikalisches über Raum und Zeit*. 3d ed. Leipzig and Berlin:

B. G. Teubner, 1918.
Conrad, Johannes. *Das Unversitätsstudium in Deutschland während der letzten 50 Jahre. Statistische Untersuchungen unter besonderer Berücksichtigung Preussens.* Jena, 1884.
Courant, Richard, and David Hilbert. *Methoden der mathematischen Physik.* Vol. 1. Vol. 12, *Die Grundlehren der mathematischen Wissenschaften in Einzeldarstellungen mit besonderer Berücksichtigung der Anwendungsgebiete*, edited by Richard Courant. Berlin: Springer, 1924.
Craig, Gordon. *Germany*, 1866~1945. New York: Oxford University Press, 1978.
Crew, Henry. "Heinrich Kayser, 1853~1940." *Astrophys. Journ.* 94 (1941): 5~11.
Crowe, Michael J. *A History of Vector Analysis: The Evolution of the Idea of a Vectorial System.* Notre Dame: University of Notre Dame Press, 1967.
Curry, Charles Emerson. *Theory of Electricity and Magentism.* London, 1897.
Cuvaj, Camillo. "Henri Poincaré's Mathematical Contributions to Relativity and the Poincaré Stresses." *Am. J. Phys.* 36 (1968): 1102~1113.
D'Agostino, Salvo. "Hertz's Researches on Electromagnetic Waves." *HSPS* 6 (1975): 261~323.
Darrow, Karl K. "Peter Debye (1884~1966)." *American Philosophical Society: Yearbook*, 1968, 123~130.
Davies, Mensel. "Peter J. W. Debye (1884~1966)." *Journ. Chem. Ed.* 45 (1968): 467~472.
Debye, Peter. "Antrittsrede." *Sitzungsber. preuss. Akad.*, 1937, cxiii~cxiv.
__________. *The Collected Papers of Peter J. W. Debye.* New York: Interscience, 1954.
De Haas-Lorentz, G. L., ed. *H. A. Lorentz. Impressions of His Life and Work.* Amsterdam: North-Holland, 1957.
Des Coudres, Theodor. "Ludwig Boltzmann." *Verh sächs. Ges. Wiss.* 85 (1906): 615~627.
__________. "Das theoretisch-physikalische Institut." In *Festschrift zur Feier*

des 500jährigen Bestehens der Universität Leipzig, vol. 4, pt. 2, 60~69.

Deutscher Universitäts-Kalender. Or *Deutsches Hochschulverzeichnis; Lehrkörper, Vorlesungen und Forschungseinrichtungen,* Berlin, 1872~1901. Leipzig, 1902~.

Dictionary of Scientific Biography. Edited by Charles Coulston Gillispie. 15 vols. New York: Scribner's 1970~1978 *(DSB)*.

Drude, Paul. "Antrittsrede." *Sitzungsber. preuss. Akad.*, 1906, 552~556.

__________. *Lehrbuch der Optik*. Leipzig: S. Hirzel, 1900. Translated as *The Theory of Optics* by C. R. Mann and R. A. Millikan. New York: Longmans, Green, 1902.

__________. *Physik des Aethers auf elektromagnetischer Grundlage*. Stuttgart, 1894. 2d. ed., edited by Walter König. Stuttgart: F. Enke, 1912.

__________. *Die Theorie in der Physik*. Antrittsvorlesung gehalten am 5. Dezember 1894 an der Universität Leipzig. Leipzig, 1895.

__________. "Wilhelm Gottlieb Hankel." *Verh. sächs. Ges. Wiss.* 51 (1899): lxvii~lxxvi.

Du Bois-Reymond, Emil. *Hermann von Helmholtz: Gedächtnissrede*. Leipzig, 1897.

Dugas, René. *A History of Mechanics*. Translated by J. R. Maddox. New York: Central Book, 1955.

__________. *La théorie physique au sens de Boltzmann et ses prolongements modernes*. Neuchâtel-Suisse: Griffon, 1959.

Dukas, Helen. Banesh Hoffmann을 보라.

Earman, John, and Clark Glymour. "Lost in the Tensors: Einstein's Struggles with Covariance Principles 1912~1916." *Stud. Hist. Phil. Sci.* 9 (1978): 251~278.

__________. "Relativity and Eclipse: The British Expeditions of 1919 and Their Predecessors." *HSPS* 11 (1980): 49~85.

Ebert, Hermann. *Hermann von Helmholtz*. Stuttgart: Wissenschaftliche Verlagsgesellschaft, 1949.

__________. *Lehrbuch der Physik, nach Vorlesungen an der Technischen Hochschule zu München*. Vol. 1, *Mechanik, Wärmelehre*. Leipzig and

Berlin: B. G. Teubner, 1912.
__________. *Magnetic Fields of Force*. Pt. 1. Translated by C. V. Burton. London, 1897.
Eggert, Hermann. "Universitäten." In *Handbuch der Architektur*, pt. 4, sect. 6, no. 2aI, 54~111.
Einstein, Albert. "Antrittsrede." *Sitzungsber. preuss. Akad.,* 1914. In *Ideas and Opinions*, 216~219.
__________. "Autobiographical Notes." In *Albert Einstein: Philosopher-Scientist*, edited by P. A. Schilpp, 1~95. Evanston: The Library of Living Philosophers, 1949.
__________. *Einstein on Peace*. Edited by O. Nathan and H. Norden. New York: Schocken, 1968.
__________."Emil Warburg als Forscher." *Naturwiss*. 10 (1922): 824~828.
__________. *Ideas and Opinions*. New York: Dell, 1973.
__________. "Leo Arons als Physiker." *Sozialistische Monatshefte* 25 (1919): 1055~1056.
__________. "Max Planck als Forscher." *Naturwiss*. 1 (193): 1077~1079.
__________."Maxwell's Influence on the Evolution of the Idea of Physical Reality," 1931. In *Ideas and Opinions*, 259~263.
__________. "Notes on the Origin of the General Theory of Relativity." In *Ideas and Opinions*, 279~283.
__________. *Sidelights on Relativity*. Translated by G. B. Jeffrey and W. Perrett. New York: E. P. Dutton, 1922.
__________. *Ueber die spezielle und die allgemeine Relativitätstheorie (Gemeinverständlich)*. 3d rev. ed. Braunschweig: F. Vieweg, 1918.
__________. H. A. Lorentz, Erwin Schrödinger를 보라.
Einstein, Albert and Michele Besso. *Albert Einstein-Michele Besso Correspondance 1903~1955.* Edited by P. Speziali. Paris: Hermann, 1972.
Einstein, Albert, Hedwig Born, and Max Born. *Albert Einstein-Hedwig und Max Born Briefwechsel 1916~1955.* Edited by Max Born. Munich: Nymphenburger Verlag, 1969.
Einstein, Albert and Arnold Sommerfeld. *Albert Einstein/Arnold Sommerfeld*

Briefwechsel. Edited by Armin Hermann. Basel and Stuttgart: Schwabe, 1968.

Elsasser, Walter M. *Memoirs of a Physicist in the Atomic Age*. New York: Science History Publications, 1978.

Emde, Fritz. "Gustav Mie 80 Jahre." *Phys. Bl.* 4 (1948): 349~350.

__________. Eugen Jahnke를 보라.

Encyklopädie der mathematischen Wissenschaften. Mit Einschluss ihrer Anwendungen. Vol. 1, pt. 1, *Reine Mathematik*. Edited by H. Burkhardt and F. Meyer. Leipzig, 1898. Vol. 4, *Mechanik*. Edited by Felix Klein and Conrad Müller. Pt. 1. Leipzig: B. G. Teubner, 1901~1908. Vol. 5, *Physik*. Edited by Arnold Sommerfeld. Pt. 2. Leipzig: B. G. Teuber, 1904~1922.

Erlangen. University. Theodor Kolde를 보라.

"Ernst Abbe (1840~1905). "The Origin of a Great Optical Industry." *Nature,* no. 3664 (20 Jan. 1940): 89~91.

Ernst Mach. *Physicist and Philosopher*. Vol. 6 of Boston Studies in the Edited Philosophy of Science. Edited by R. S. Cohen and R. J. Seeger. Dordrecht-Holland: Reidel, 1970.

Eulenburg, Franz. Der *akademische Nachwuchs; eine Untersuchung über die Lage und die Aufgaben der Extraordinarien und Privatdozenten.* Leipzig: B. G. Teubner, 1908.

__________. "Die Frequenz der deutschen Universitäten." *Abh. sächs. Ges. Wiss.* 24, pt. 2 (1904): 1~323.

Eversheim, Paul. Heinrich Kayser를 보라.

Ewald, P. P. "Ein Buch über mathematische Physik: Courant-Hilbert." *Naturwiss.* 13 (1925): 384~387.

__________. "Erinnerungen an die Anfänge des Münchener Physikalischen Kolloquiums." *Phys. Bl.* 24 (1968): 538~542.

__________. "Max von Laue 1879~1960." *Biographical Memoirs of Fellows of the Royal Society* 6 (1960): 135~156.

Falkenhagen, Hans. "Zum 100. Geburstag von Paul Karl Ludwig Drude (1863~1906)." *Forschungen und Fortschritte* 37 (1963): 220~221.

Ferber, Christian von. *Die Entwicklung des Lehrkörpers der deutschen Universitäten und Hochschulen 1864~1954*. Göttingen: Vandenhoeck und Ruprecht, 1956.

Fierz, M. "Pauli, Wolfgang." *DSB* 10 (1974): 422~425.

Fischer, Otto, *Medizinische Physik*. Leipzig: S. Hirzel, 1913.

Föppl, August. *Einführung in die Maxwellsche Theorie der Elektricität*. Leipzig, 1894.

__________. *Vorlesungen über techische Mechanik.* Vol. 1, *Einführung in die Mechanik.* 5th ed. Leipzig: B. G. Teubner, 1917.

__________. "Ziele und Methoden der technischen Mechanik." *Jahresber. d. Deutsch. Math.-Vereinigung* 6 (1897): 99~110.

Försterling, Karl. "Woldemar Voigt zum hundertsten Geburtstage." *Naturwiss.* 38 (1951): 217~221.

Folie, F. "R. Clausius. Sa vie, ses travaux et leur portée metaphysique." *Revue des questions scientifiques* 27 (1890): 419~487.

Forman, Paul. "Alfred Landé and the Anomalous Zeeman Effect, 1919~1921." *HSPS* 2 (1970): 153~261.

__________. "The Discovery of the Diffraction of X-Rays by Crystals: A Critique of the Myths." *Arch. Hist. Ex. Sci.* 6 (1969): 38~71.

__________. "The Doublet Riddle and Atomic Physics circa 1924." *Isis* 59 (1968): 156~174.

__________. "The Environment and Practice of Atomic Physics in Weimar Germany: A Study in the History of Science." Ph. D. diss., University of California, Berkeley, 1967.

__________. "The Finnacial Support and Political Alignment of Physicists in Weimar Germany." *Minerva* 12 (1974): 39~66.

__________. "Paschen, Louis Carl Heinrich Friedrich," *DSB* 10 (1974): 345~350.

__________. "Scientific Internationalism and the Weimar Physicists: The Ideology and Its Manipulation in Germany after World War I." *Isis* 64 (1973): 151~180.

__________. "Weimar Culture, Causality, and Quantum Theory, 1918~1927:

Adaptation by German Physicists and Mathematicians to a Hostile Intellectual Environment." *HSPS* 3 (1971): 1~115.

__________. V. V. Raman을 보라.

Forman, Paul, and Armin Hermann. "Sommerfeld, Arnold (Johannes Wilhelm)." *DSB* 12 (1975): 525~532.

Forman, Paul, John L. Heilbron, and Spencer Weart. "Physics *circa* 1900. Personnel, Funding, and Productivity of the Academic Establishments." *HSPS* 5 (1975): 1~185.

Fragstein, C. v. "Clemens Schaefer zum 75. Geburtstag." *Optik* 11 (1954): 253~254.

Franck, James. "Emil Warburg zum Gedächtnis." *Naturwiss*. 19 (1931): 993~997.

__________. "Max von Laue (1879~1960)." *American Philosophical Society: Yearbook,* 1960, 155~159.

Franck, James, and Robert Pohl. "Heinrich Rubens." *Phys. Zs*. 23 (1922): 377~382.

Frank, Philipp. *Einstein. His Life and Times*. Translated by G. Rosen. Edited and revised by S. Kusaka. New York: Knopf, 1947.

Franke, Martin. "Zu den Bemühungen Leipziger Physiker um eine Profilierung der physikalischen Institute der Universität Leipzig im zweiten Viertel de 20. Jahrhunderts." *NTM* 19 (1982): 68~76.

Franckfurt am Main. Physical Society. *Jahresbericht des Physikalischen Vereins zu Franckfurt am Main*. Franckfurt am Main, 1831~.

Freiburg i. Br. *Freiburg und seine Universität. Festschrift der Stadt Freiburg im Breisgau zur Fünfhhundertjahrfeier der Albert-Ludwigs-Universität.* Edited by Maximilian Kollofrath and Franz Schneller. Freiburg i. Br.: n. p., 1957.

Freiburg. University. *Aus der Geschichte der Naturwissenschaften an der Universität Freiburg i. Br.* Edited by Eduard Zentgraf. Freiburg i. Br.: Albert, 1957.

__________. *Die Universität Freiburg seit dem Regierungsantritt Seiner Königlichen Hoheit des Grossherzogs Friedrich von Baden.* Freiburg i. Br. And Tübingen, 1881.

_________. Fritz Baumgarten을 보라.

French, A. P. ed. *Einstein: A Centenary Volume.* Cambridge, Mass.: Harvard University Press, 1979.

Freundlich, Erwin. *The Foundations of Eintein's Theory of Gravitation.* Translated by H. L. Brose. London: Methuen, 1924.

Frey-Wyssling, A., and Elsi Häusermann. *Geschichte der Abteilung für Naturwissenschaften an der Eidgenössischen Technischen Hochschule in Zürich 1855~1955.* [Zurich], 1958.

Frick. Dieter. "Zur Militarisierung des deutschen Geisteslebens im wilhelminischen Kaiserreich. Der Fall Leo Arons." *Zs. f. Geschichtswissenschaft* 8 (1960): 1069~1107.

Fricke, Robert. "Die allgemeinen Abteilungen." In *Das Unterrichtswesen im Deutschen Reich*, edited by Wilhelm Lexis, vol. 4, pt. 1, 49~62.

Friedrich, W. "Wilhelm Conrad Röntgen." *Phys. Zs.* 24 (1923): 353~360.

Frommel, Emil. *Johann Christian Poggendorff.* Berlin, 1877.

Fueter, R. "Zum Andenken an Karl VonderMühll (1841~1912)." *Math. Ann.* 73 (1913): i~ii.

Fuoss, Raymond M. "Peter J. W. Debye." In *The Collected Papers of Peter J. W. Debye*, xi~xiv.

Galison, Peter Louis. "Minkowski's Space-Time: From Visual Thinking to the Absolute World." *HSPS* 10 (1979): 85~121.

Gans, Richard. *Einführung in die Vektoranalysis mit Anwendungen auf die mathematische Physik.* Leipzig: B. G. Teubner, 1905.

Gebhardt, Willy. "Die Geschichte der Physikalischen Institute der Universität Halle." *Wiss. Zs. d. Martin-Luther-U. Halle-Wittenberg, Math.-Naturwiss.* 10 (1961): 851~859.

Gehlhoff, Georg. "E. Warburg als Lehrer." *Zs. f. techn. Physik* 3 (1922): 193~194.

Gehlhoff, Georg, Hans Rukop, and Wilhelm Hort. "Zur Enführung." *Zs. f. techn. Physik* 1 (1920): 1~4.

Gehrcke, E. "Otto Lummer." *Zs. f. techn. Physik* 6 (1925): 482~486.

_________. "Warburg als Physiker." *Zs. f. techn. Physik* 3 (1922): 186~192.

Gerber, J. U. "Geschichte der Wellenmechanik." *Arch. Hist. Ex. Sci.* 5 (1969):

349~416.
Gerlach, Walther. "Edgar Meyer 80 Jahre." *Phys. Bl.* 15 (1959): 136.
__________. "Friedrich Paschen." *Jahrbuch bay. Akad.,* 1944~1948, 277~280.
__________. "Friedrich Matthias Konen." *Phys. Bl.* 5 (1949): 226.
__________. "Heinrich Rudolf Hertz 1857~1894." In *150 Jahre Rheinische Friedrich-Wilhelms-Universität zu Bonn 1818~1968. Mathamatik und Naturwissenschaften,* 110~116.
__________. "Peter Debye." *Jahrbuch bay. Akad.,* 1966, 218~230.
__________. Fritz Bopp을 보라.
German Physical Society. Fiftieth anniversary issue. *Verh. phys. Ges.* 15 (1896): 1~40.
__________. Foreword. *Die Fortschritte der Physik im Jahre 1845* 1 (1847).
__________. "Satzungen der Deutschen Physikalischen Gesellschaft." *Verh. phys. Ges.* 1 (1899): 5~10.
German Society for Technical Physics. "Zur Gründung der Deutschen Gesellschaft für technische Physik." *Zs. f. techn. Physik* 1 (1920): 4~6.
Gibbs, Josiah Willard. "Rudolf Julius Emanuel Clausius." *Proc. Am. Acad.* 16 (1889): 458~465.
Giessen. University. *Ludwigs-Universität, Justus Liebig-Hochschule, 1607~1957. Festschrift zur 350- Jahrfeier.* Giessen, 1957.
__________. *Die Universität Giessen von 1607 bis 1907. Beiträge zu ihrer Geschichte. Festschrift zur dritten Jahrhundertfeier.* Edited by Universität Giessen. Vol. 1. Giessen: A. Töpelmann, 1907.
__________. M. Biermer와 Wilhelm Lorey를 보라.
Glasser, Otto. *Dr. W. C. Röntgen.* Springfield, III.: Charles C. Thomas, 1945.
Glymour, Clark. John Earmann을 보라.
Göttingen. University. *Chronik der Georg-August-Universität zu Göttingen.* Göttingen.
__________. *Die physikalischen Institute der Universität Göttingen.* Edited by Göttingen Vereinigung zur Förderung der angewandten Physik und Mathematik. Leipzig and Berlin: B. G. Teubner, 1906.
__________. *Statuten des mathematisch-physikalischen Seminars zu Göttingen.*

Göttingen, 1886.

Goldberg, Stanley. "The Abraham Theory of the Electron: The Symbiosis of Experiment and Theory." *Arch. Hist. Ex. Sci.* 7 (1970): 7~25.

__________. "Early Response to Einstein's Theory of Relativity, 1905~1911: A Case Study in National Differences." Ph. D. diss., Harvard University, 1969.

__________. "The Lorentz Theory of Electrons and Einstein's Theory of Relativity." *Am. J. Phys.* 37 (1969): 982~994.

__________. "Max Planck's Philosophy of Nature and His Elaboration of the Special Theory of Relativity." *HSPS* 7 (1976): 125~160.

Goldstein, Eugen. "Aus vergangenen Tagen der Berliner Physikalischen Gesellschaft." *Naturwiss.* 13 (1925): 39~45.

Graetz, Leo. *Der Aether und die Relativitätstheorie. Sechs Vorträge.* Stuttgart: J. Engelhorns Nachf., 1923.

__________. *Die Atomstheorie in ihrer neuesten Entwickelung. Sechs Vorträge.* Stuttgart: J. Engelhorns Nachf., 1920.

__________. *Lehrbuch der Physik.* 4th rev. ed. Leipzig and Vienna: F. Deuticke, 1917.

Graz. University. *Academische Behörden, Personalstand und Ordnung der öffentlichen Vorlesungen an der K. K. Carl-Franzens-Universität und der K. K. medicinisch-chirurgischen Lehranstalt zu Graz.* Graz. n.d.

__________. *Verzeichniss der Vorlesungen an der K. K. Karl-Franzens-Universität in Graz, 1876~1890.* Graz, n.d.

Gregory, Frederick. *Scientific Materialism in Nineteenth Century Germany.* Dordrecht and Boston: Reidel, 1977.

Greifswald. University. *Chronik der Königlichen Universität Greifswald.* Greifswald.

__________. *Festschrift zur 500-Jahrfeier der Universität Greifswald.* Vol. 2. Greifswald: Universität, 1956.

Grüneisen, Eduard. "Emil Warburg zum achtzigsten Geburtstage." *Naturwiss.* 14 (1926): 203~207.

Günther, Siegmund. *Handbuch der Geophysik.* 2d rev. ed. 2 vols. Stuttgart,

1897~1899.

Guggenbühl, Gottfried. "Geschichte der Eidgenössischen Technischen Hochschule in Zürich." In *Eidgenössische Technische Hochschule 1855~1955*, 3~260.

Guttstadt, Albert, ed. *Die naturwissenschaftlichen und medicinischen Staatsanstalten Berlins. Festschrift für die 59. Versammlung deutscher Naturforscher und Aerzte*. Berlin, 1886.

Gutzmer, A. "Bericht der Unterrichts-Kommission über ihre bisherige Tätigkeit." *Verh. Ges. deutsch. Naturf. u. Ärzte* 77, pt. 1 (1905): 142~200.

Häusermann, Elsi. A. Frey-Wyssling을 보라.

Hahn, Otto. *My Life: the Autobiography of a Scientist*. Translated by E. Kaiser and E. Wilkins. New York: Herder and Herder, 1970.

Halle. University. *Bibliographie der Universitätsschriften von Halle-Wittenberg 1817~1885.* Edited by W. Suchier. Berlin: Deutscher Verlag der Wissenschaften, 1953.

_________. *Chronik der Königlichen Vereinigten Friedrichs-Universität Halle-Wittenberg*. Halle.

_________. *450 Jahre Martin-Luther-Universität Halle-Wittenberg*. Vol. 2. [Halle, 1953?]

_________. Willy Gebhardt와 Wilhelm Schrader를 보라.

Handbuch der Architektur. Pt. 4, *Entwerfen, Anlage und Einrichtung der Gebäude.* Sect. 6, *Gebäude für Erziehung, Wissenschaft und Kunst*. No. 2a, *Hochschulen, zugehörige und verwandte wissenschaftliche Institute.* I. *Hochschulen im allgemeinen, Universitäten und Technische Hochschulen, Naturwissenschaftliche Institute.* Edited by H. Eggert, C. Junk, C. Körner, and E. Schmitt. 2d. Stuttgart: A. Kröner, 1905.

Handbuch der bayerischen Geschichte. Vol. 4, *Das neue Bayern 1800~1970*. Edited by Max Spindler. Pt. 2. Munich: C. H. Beck, 1975.

Hanle, P. A. "Erwin Schrödinger's Reaction to Louis de Broglie's Thesis on the Quantum Theory." *Isis* 68 (1977): 606~609.

________. "Indeterminacy before Heisenberg: The Case of Franz Exner and Erwin Schrödinge." *HSPS* 10 (1979): 225~269.

Hanle, Wilhelm, and Arthur Scharmann. "Paul Drude (1863~1906)/Physiker." In *Giessener Gelehrte in der ersten Hälfte des 20. Jahrhunderts*, edited by H. G. Gundel, P. Moraw, and V. Press, vol. 2 of Lebensbilder aus Hessen, Veröffentlichungen der Historischen Kommission für Hessen, 174~181. Marburg, 1982.

Harig, G., ed. *Bedeutende Gelehrte in Leipzig*. Vol. 2. Leipzig: Karl-Marx-Universität, 1965.

Harman, P. M. *Energy, Force, and Matter: The Conceptual Development of Nineteenth-Century Physics*. Cambridge: Cambridge University Press, 1982.

_________. *Metaphysics and Natural Philosophy: The Problem of Substance in Classical Physics*. Brighton: Harvester Press, 1982.

Harnack, Adolf, ed. *Geschichte der Königlich preussischen Akademie der Wissenschaften zu Berlin*. 3 vols. Berlin: Reichsdruckerei, 1900.

Hartmann, H., ed. Schöpfer *des neuen Weltbildes Grosse Physiker unserer Zeit.* Bonn: Athenäum, 1952.

Havránek, Jan. "Die Ernennung Albert Einsteins zum Professor in Prag." *Acta Universitatis Carolinae-Historia Universitatis Carolinae Pragensis* 17, pt. 2 (1977): 114~130.

Heidelberg. University. *Anzeige der Vorlesungen … auf der Grossherzoglich Badischen Ruprecht- Carolinischen Universität, zu Heidelberg …* Heidelberg.

_________. *Ruperto-Carola. Sonderband. Aus der Geschichte der Universität Heidelberg und ihrer Fakultäten.* Edited by G. Hinz. Heidelberg: Brausdruck, 1961.

_________. *Die Ruprecht-Karl-Universität Heidelberg.* Edited by G. Hinz. Berlin and Basel: Länderdienst, 1965.

_________. *Zusammenstellung der Vorlesungen, welche vom Sommerhalbjahr 1804 bis 1886 auf der Grossherzoglich Badischen Ruprecht-Karls-Universität zu Heidelberg angekündigt worden sind.* Heidelberg.

_________. Reinhard Riese를 보라.

Heilbron, John L. "The Kossel-Sommerfeld Theory and the Ring Atom." *Isis 58* (1967): 451~485.

_________. "Lectures on the History of Atomic Physics 1900~1922." In *History of Twentieth Century Physics*, edited by Charles Weiner, 40~108.

_________. Paul Forman을 보라.

Heilbron, John L., and Thomas S. Kuhn. "The Genesis of the Bohr Atom." *HSPS* 1 (1969): 211~290.

Heilbrunn, Ludwig. *Die Gründung der Universität Frankfurt a. M.*: Joseph Baer, 1915.

Heimann, P. M. "Maxwell, Hertz and the Nature of Electricity." *Isis* 62 (1970): 149~157.

Heisenberg, Werner. "The Development of Quantum Mechanics." In *Nobel Lectures. Physics 1922~1941,* The Nobel Foundation, 290~301. Amsterdam, London, and New York: Elsevier, 1965.

_________. *The Physical Principles of the Quantum Theory*. Translated by C. Eckart and F. C. Hoyt. New York: Dover, 1930.

_________. *Physics and Beyond: Encounters and Conversations*. Translated by A. J. Pomerans. New York: Harper and Row, 1971.

_________. *Physics and Philosophy: The Revolution in Modern Science.* New York: Harper, 1958.

_________. "Professor Max Born." *Nature* 225 (1970): 669~671.

_________. "Quantenmechanik." *Naturwiss*. 14 (1926): 989~994.

_________. "Remarks on the Origin of the Relations of Uncertainty." In *The Uncertainty Principle and Foundations of Quantum Mechanics. A. Fifty Years' Survey,* edited by W. C. Price and S. S. Chissick, 3~6. London, New York, Sydney, and Toronto: John Wiley, 1977.

_________. *Wandlungen in den Grundlagen der Naturwissenschaft. Zwei Vorträge*. Leipzig: S. Hirzel, 1935.

Heitler, W. "Erwin Schrödinger, 1887~1961." *Biographical Memoirs of Fellows of the Royal Society* 7 (1961): 221~228.

Heller, Karl Daniel. *Emst Mach: Wegbereiter der modernen physik.* Vienna and New York: Springer, 1964.

Helm, Georg. *Die Energetik nach ihrer geschichtlichen Entwickelung* Leipzig, 1898.

__________. *Die Lehre von der Energie*. Leipzig, 1887.

__________. "Oskar Schlömilch." *Zs. f. Math. u. Phys*. 46 (1901): 1~7.

Helmholtz, Anna von. *Anna von Helmholtz, Ein Lebensbild in Briefen.* Edited by Ellen von Siemens- Helmholtz, Vol. 1. Berlin: Verlag für Kulturpolitik, 1929.

Helmholtz, Hermann (von). "Autobiographical Sketch." In *Popular Lectures on Scientific Subiects*, vol. 2, 266~291.

__________. *Epistemological Writings.* Edited by Paul Hertz and Moritz Schlick. Translated by M. F. Lowe. Vol. 37 of Boston Studies in the Philosophy of Science. Dordrecht and Boston: Reidel, 1977.

__________. "Gustav Magnus. In Memoriam." In *Popular Lectures on Scientific Subiects*, 1~25.

__________. "Gustav Wiedemann." *Ann*. 50 (1893): iii~xi.

__________. *Popular Lectures on Scientific Subjects*. Translated by E. Atkinson. London, 1881. New ed. in 2 vols. London: Longmans, Green, 1908~1912.

__________. "Preface." In Heinrich Hertz's *The Principles of Mechanics*.

__________. *Selected Writings of Hermann von Helmholtz*. Edited by R. Kahl. Middletown, Conn.: Wesleyan University Press, 1971.

__________. *Vorlesungen über theretische Physik.* Vol. 1, pt. 1, *Einleitung zu den Vorlesungen über theoretische Physik*. Edited by Arthur König and Carl Runge. Leipzig: J. A. Barth, 1903. Vol. 1, pt. 2, *Vorlesungen über die Dynamik discreter Massenpunkte*. Edited by Otto Krigar-Menzel. Leipaig, 1898. Vol. 2, *Vorlesungen über die Dynamik continuirlich verbreiteter Massen.* Edited by Otto Krigar-Mensel. Leipzig: J. A. Barth, 1902. Vol. 3, *Vorlesungen über die mathematischen Principien der Akustik*. Edited by Arthur König and Carl Runge. Leipzig, 1898. Vol. 4, *Vorlesungen über Elektrodynamik und Theorie des Magnetismus*. Edited by Otto Krigar-Menzel and Max Laue. Leipzig: J. A. Barth, 1907. Vol. 5, *Vorlesungen über die elektromagnetische Theorie des Lichtes*. Edited by Arthur König and Carl Runge. Hamburg and Leipzig, 1897. Vol.

6, *Vorelsungen über die Theorie der Wärme*. Edited by Franz Richarz. Leipzig: J. A. Barth, 1903.

__________. *Wissenschaftliche Ahandlungen*. 3 vols. Leipzig, 1882~1895.

__________. "Zur Erinnerung an Rudolf Clausius." *Verh. phys. Ges*. 8 (1889): 1~7.

Helmholtz, Robert, "A Memoir of Gustav Robert Kirchhoff." Translated by J. de Perott. In *Annual Report of the ··· Smithsonian Institution ··· to July,* 1889, 1890, 527~540.

Henssi, Jacob. *Der physikalische Apparat. Anschaffung, Behandlung und Gebrauch desselben, Für Lehrer und Freunde der Physik*. Leipzig, 1875.

Hermann, Armin. "Albert Einstein und Johannes Stark. Briefwechsel und Verhältnis der beiden Nobelpreisträger." *Sudhoffs Archiv* 50 (1966): 267~285.

__________. "Born, Max." *DSB* 15 (1978): 39~44.

__________. "Einstein auf der Salzburger Naturforscherversammlung 1909." *Phys. Bl*. 25 (1969): 433~436.

__________. *The Genesis of the Quantum Theory (1899~1913).* Translated by C. W. Nash. Cambridge, Mass.: MIT Press, 1971.

__________. "Hertz, Heinrich Rudof." *Neue deutsche Biographie* 8 (1969): 713~714.

__________. *Die Jahrhundertwissenschaft: Werner Heisenberg und die Physik seiner Zeit.* Stuttgart: Deutsche Verlags-Anstalt, 1977.

__________. "Laue, Max von." *DSB* 8 (1973): 50~53.

__________. *Max Planck in Selbstzeugnissen und Bilddokumenten.* Reinbek b. Hamburg: Rowohlt, 1973.

__________. "Schrödinger, Erwin." *DSB* 12 (1975): 217~223.

__________. "Sommerfeld und die Technik." *Technikgeschichte* 34 (1967): 311~322.

__________. "Stark, Johannes." *DSB* 12 (1975): 613~616.

__________. *Werner Heisenberg in Selbstzeugnissen und Biddokumenten.* Reinbek b. Hamburg: Rowohlt, 1976.

__________. Paul Forman을 보라.

Hermann. L. "Hermann von Helmholtz." *Schriften der Physikalish-ökonomischen Gesellschaft zu Königserg* 35 (1894): 63~73.

Herneck, Friedrich. "Max von Laue. Die Entdeckung der Röntgenstrahl-Interferenzen." In *Bahnbrecher des Atomzeitalters; grosse Naturforscher von Maxwell bis Heisenberg,* 273~326. Berlin: Buchverlag Der Morgen, 1965.

Hertz, Heinrich. *Electrical Waves, Being Researches on the Propagation of Electric Action with Finite Velocity through Space*. Translated by D. E. Jones. New York, 1893. Reprint. New York: Dover, 1962.

__________. *Erinnerungen, Briefe, Tagebücher*. Edited by J. Hertz. 2d rev. ed. by M. Hertz and Charles Süsskind. San Francisco: San Francisco Press, 1977.

__________. *Gesammelte Werke*. Edited by Philipp Lenard. Vol. 1, *Schriften vermischten Inhalts*. Vol. 2, *Untersuchungen über die Ausbreitung der elektrischen Kraft*, 2d. ed. Vol. 3, *Die Prinzipien der Mechanik*. Leipzig, 1894~1895.

__________. "Hermann von Helmholtz." In supplement to *Münchener Allgemeine Zeitung*, 31 Aug. 1891. Reprinted and translated by D. E. Jones and G, A. Schott in *Miscellaneous Papers*, 332~340.

__________. *Miscellaneous Papers*. Translation of *Schriften vermischten Inhalts* by D. E. Jones and G. A. Schott. London, 1896.

__________. *Die Prinzipien der Mechanik, in neuem Zusammenhange dargestellt.* Edited by Philipp Lenard. Leipzig, 1894. Translated as *The Principles of Mechanics Presented in a New Form* by D. E. Jones and J. T. Walley. London, 1899. Reprint. New York: Dover, 1956.

__________. *Ueber die Biziehungen zwischen Licht und Elektricität.* Bonn, 1889. Reprinted in *Gesammelte Werke* 1: 339~354.

__________. *Ueber die Induction in rotierenden Kugeln*. Berlin, 1880.

Heydweiller, Adolf. "Friedrich Kohlrausch." In Friedrich Kohlrausch's *Gesammelte Abhandlungen*, vol. 2, xxxv~lxviii.

__________. "Johann Wilhelm Hittorf." *Phys. Zs*. 16 (1915): 161~179.

Hiebert, Erwin N. "The Energetics Controversy and the New Thermodynamics."

In *Perspectives in the History of Science and Technology,* edited by D. H. D. Roller, 67~86. Norman: University of Oklahoma Press, 1971.

__________. "Ernst Mach." *DSB* 8 (1973): 595~607.

__________. "The Genesis of Mach's Early Views on Atomism." In *Ernst Mach. Physicist and Philosopher,* 79~106. Vol. 6, Boston Studies in the Philosophy of Science, ed. R. S. Cohen and R. J. Seeger. Dordrecht: D. Reidel, 1970.

__________. "Nernst, Hermann Walther." *DSB*, Supplement, 1978, 432~453.

Hiebert, Erwin N., and Hans-Günther Körber. "Ostwald, Friedrich Wilhelm." *DSB*, Supplement, 1978, 455~469.

Hilbert, David. "Axiomatisches Denken." *Math. Ann.* 78 (1918): 405~415.

__________. "Gedächtnisrede auf H. Minkowski." In Hermann Minkowski's *Gesammelte Abhandlungen* 1: v~xxxi.

__________. Richard Courant를 보라.

Hirosige, Tetu. "Electrodynamics before the Theory of Relativity, 1890~1905." *Jap. Stud. Hist. Sci.* no. 5 (1966): 1~49.

__________. "The Ether Problem, the Mechanistic Worldview, and the Origins of the Theory of Relativity." *HSPS* 7 (1976): 3~82.

__________. "Origins of Lorentz' Theory of Electrons and the Concept of the Electromagnetic Field." *HSPS* 1 (1969): 151~209.

__________. "Theory of Relativity and the Ether." *Jap. Stud. Hist. Sci.* no 7 (1968): 37~53.

Hölder, O. "Carl Neumann." *Verh. sächs. Ges. Wiss*. 77 (1925): 154~180.

Hönl, H. "Intensitäts- und Quantitätsgrössen. In Memoriam Gustav Mie zu seinem hundertsten Geburstag." *Phys. Bl.* 24 (1968): 498~502.

Hofmann, A. W. "Gustav Kirchhoff." *Berichte der deutschen chemischen Gesellschaft*, vol. 20, pt. 2 (1887): 2771~2777.

__________. *The Question of a Division of the Philosophical Faculty. Inaugural Address on Assuming the Rectorship of the University of Berlin, Delivered in the Aula of the University on October 15, 1880.* 2d ed. Boston, 1883.

Holborn, Hajo. *A History of Modern Germany, 1840~1945*. New York: Alfred A. Knopf, 1969.

Holt, Niles R. "A Note on Wilhelm Ostwald's Energism." *Isis* 61 (1970): 386~389.

Holton, Gerald. "Einstein's Scientific Program: The Formative Years," In *Some Strangeness in the Proportion*, edited by Harry Woolf, 49~65.

__________. "Einstein's Search for the *Weltbild*." *Proc. Am. Phil. Soc.* 125 (1981): 1~15.

__________. "Influences on Einstein's Early Work in Relativity Theory." *American Scholar* 37 (1967): 59~79. Reprinted in *Thematic Origins of Scientific Thought: Kepler to Einstein*, 197~217.

__________. "Mach, Einstein, and the Search for Reality." *Daedalus* 97 (1968): 636~673. Reprinted in *Thematic Origins of Scientific Thought: Kepler to Einstein*, 219~259.

__________. "The Metaphor of Space-Time Events in Science." *Eranos Jahrbuch* 34 (1965): 33~78.

__________. "On the Origins of the Special Theory of Relativity." *Am. J. Phys*. 28 (1960): 627~636. Reprinted in *Thematic Origins of Scientific Thought: Kepler to Einstein*, 165~183.

__________. "On Trying to Understand Scietific Genius." *Ameircan Scholar* 41 (1971~1972): 95~110.

__________. "The Roots of Complementarity." *Daedalus* 99 (1970): 1015~1055.

__________. *Thematic Origins of Scientific Thought: Kepler to Einstein*. Cambridge, Mass.: Harvard University Press, 1973.

Hoppe, Edmund. *Geschichte der Elektrizität*. Leipzig, 1884.

Hort, Wilhelm. "Die technische Physik als Grundlage für Studium und Wissenschaft der Ingenieure." *Zs. f. techn. Physik*. 2 (1921): 132~140.

Hund, Friedrich. *Geschichte der Quantentheorie*. 2d. ed. Mannheim, Vienna, and Zurich: Bibliographisches Institut, 1975.

__________. "Höhepunkte der Göttinger Physik." *Phys. Bl.* 25 (1969): 145~153, 210~215.

__________. "Peter Debye." *Jahrbuch der Akademie der Wissenschaften in Göttingen*, 1966, 59~64.

Hunt, Bruce. "Theory Invades Practice: The British Response to Hertz." *Isis* 74 (1983): 341~355.

Ignatowski, Waldemar von. *Die Vektoranalysis und ihre Anwendung in der theoretischen Physik*, 2 vols. Leipzig and Berlin: B. G. Teubner, 1909~1910.

Ilberg, Waldemar. "Otto Heinrich Wiener (1862~1927)." In *Bedeutende Gelehrte in Leipzig*, edited by G. Harig, 2: 121~130.

Illy, Józef. "Albert Einstein in Prague." *Isis* 70 (1979): 76~84.

J., D. E. "Heinrich Hertz." *Nature* 49 (1894): 265~266.

Jaeckel, Barbara, and Wolfang Paul. "Die Entwicklung der Physik in Bonn 1818~1968." In *150 Jahre Rheinische Friedrich-Wilhelms-Universität zu Bonn 1818~1968*, 91~100.

Jäger, Gustav. "Der Physiker Ludwig Boltzmann." *Monatshefte für Mathermatik und Physik* 18 (1907): 3~7.

Jahnke, Eugen, *Vorlesungen über die Vektorenrechnung. Mit Anwendungen auf Geometrie, Mechanik und mathematische Physik.* Leipzig: B. G. Teubner, 1905.

Jahnke, Eugen, and Fritz Emde. *Funktionentafeln mit Formeln und Kurven.* Leipzig and Berlin: B. G. Teubner, 1909.

Jammer, Max. *The Conceptual Development of Quantum Mechanics*. New York: McGraw-Hill, 1966.

__________. *The Philosophy of Quantum Mechanics: The Interpretations of Quantum Mechanics in Historical Perspective.* New York: John Wiley, 1974.

Jena. University. *Beiträge zur Geschichte der Mathematisch-Naturwissenschaftlichen Fakultät der Friedrich-Schiller-Universität Jena anlässlich der 400-Jahr-Feier.* Jena: G. Fischer, 1959.

__________. *Geschichte der Universität Jena 1548/1958. Festgabe zum vierhundertjährigen Universitätsjubiläum.* 2 vols. Jena: G. Fischer, 1958.

Jensen, C. "Leonhard Weber." *Meteorologische Zeitschrift* 36 (1919): 269~271.

Jordan, Pascual. "Werner Heisenberg 70 Jahre." *Phys. Bl.* 27 (1971): 559~562.

__________. "Wilhelm Lenz." *Phys. Bl.* 13 (1957): 269~270.

__________. Max Born을 보라.

Jost, Walter, "The First 45 Years of Physical Chemistry in Germany." *Annual Review of Physical Chemistry* 17 (1966): 1~14.

Junk, Carl. "Physikalische Institute." In *Handbuch der Architektur*, pt. 4, sec. 6, no. 2aI, 164~236.

Kalähne, Alfred. "Dem Andenken an Georg Quincke." *Phys. Zs*. 25 (1924): 649~659.

__________. "Zum Gedächtnis von Rudolf H. Weber." *Phys. Zs*. 23 (1922): 81~83.

Kangro, Hans. "Das Paschen-Wiensche Strahlungsgesetz und seine Abhänderung durch Max Planck." *Phys. Bl*. 25 (1969): 216~220.

__________. *Vorgeschichte des Planckschen Strahlungsgesetzes*. Wiesbaden: Franz Steiner, 1970.

Karlsruhe. Technical Institute. *Festgabe zum Jubiläum der vierzigjährigen Regierung Seiner Königlichen Hoheit des Grossherzogs Friedrich von Baden*. Karlsruhe, 1892.

__________. *Die Grossherzogliche Technische Hochschule Karlsruhe. Festschfit zur Einweihung der Neubauten im Mai 1899.* Stuttgart, 1899.

Kast, W. "Gustav Mie." *Phys. Bl*. 13 (1957): 129~131.

Kaufmann, Walter, "Physik." *Naturwiss.* 7 (1919): 542~548.

Kayser, Heinrich. *Handbuch der Spectrosocopie*. Vol. 1. Leipzig: S. Hirzel, 1900.

__________. Obituary of Hermann Lorberg in *Chronik der Rheinischen Friedrich-Wilhelms-Universität zu Bonn 1905~1906*, 13~14.

Kayser, Heinrich, and Paul Eversheim. "Das physikalische Institut der Universität Bonn." *Phys. Zs*. 14 (1913): 1001~1008.

Kelbg, Günter, and Wolf Dietrich Kraeft. "Die Entwicklung der theoretischen Physik in Rostock." *Wiss. Zs. d. U. Rostock.* 16 (1967): 839~847.

Kemmer, N., and R. Schlapp. "Max Born." *Biographial Memoirs of Fellows of the Royal Society*. 17 (1971): 17~52.

Ketteler, Eduard. *Theoretische Optik gegründet auf das Bessel-Sellmeier'sche Princip. Zugleich mit den experimentellen Belegen*. Braunschweig, 1885.

Kiebitz, Franz. "Paul Drude." *Naturwiss. Rundschau* 21 (1906): 413~415.
Kiel. University. *Chronik der Universität Kiel,* Kiel.
_________. *Geschichte der Christian-Albrechts-Universität Kiel, 1665~1965.* Vol. 6, *Geschichte der Mathematik, der Naturwissenschaften und der Landwirtschaftswissenschaften.* Edited by Karl Jordan. Neumünster: Wachholtz, 1968.
_________. Charlotte Schmidt-Schönbeck을 보라.
Kirchhoff, Gustav. *Gesammelte Abhandlungen.* Leipzig, 1882. *Nachtrag.* Edited by Ludwig Boltzmann. Leipzig, 1891.
_________. *Vorlesungen über mathematische Physik.* Vol. 1, *Mechanik.* 3d ed. Leipzig, 1883. Vol. 2, *Vorlesungen über mathematische Optik,* Edited by K. Hensel. Leipzig, 1891. Vol. 3, *Vorlesungen über Electricität und Magnetismus.* Edited by Max Planck. Leipzig, 1891. Vol. 4, *Vorlesungen über die Theorie der Wärme.* Edited by Max Planck. Leipzig, 1894.
Kirn, H. E. Bonnell을 보라.
Kirsten, Christa, and Hans-Günther Körber, eds. *Physiker über Physiker.* Berlin: Akademie-Verlag, 1975.
Kirsten, Christa, and H. J. Treder, eds. *Albert Einstein in Berlin 1913~1933.* Pt. 1, *Darstellung und Dokumente.* Berlin: Akademie-Verlag, 1979.
Kistner, Adolf. "Meyer, Oskar Emil." *Biographisches Jahrbuch und Deutscher Nekrolog* 14 (1912): 157~160.
Klein, Felix. "Ernst Schering." *Jahresber. d. Deutsch. Math.-Vereinigung* 6 (1899): 25~27.
_________. "Mathematik, Physik, Astronomie an den deutschen Universitäten in den Jahren 1893~1903." *Jahresber. d. Deutsch. Math.-Vereinigung* 13 (1904): 457~475.
_________. "Über die Encyklopädie der mathematischen Wissenschaften, mit besonderer Rücksicht auf Band 4 derselben (Mechanik)." *Phys. Zs.* 2 (1900): 90~96.
_________. *Vorlesungen über die Entwicklung der Mathematik im 19. Jahrhundert.* Pt. 1 edited by R. Courant and O. Neugebauer. Pt. 2, *Die Grundbegriffe der Invariantentheorie und ihr Eindringen in die*

mathematische Physik, edited by R. Courant and St. Cohn-Vossen. Reprint. New York: Chelsea, 1967.

Klein, Martin J, "The Development of Boltzmann's Statistical Ideas." In *The Boltzmann Equation: Theory and Applications,* edited by E. G. D. Cohen and W. Thirring, 53~106. In *Acta Physica Austraica,* Supplement 10. Vienna and New York: Springer, 1973.

__________. "Einstein and the Wave-Particle Duality." *The Natural Philosopher,* no. 3 (1964): 3~49.

__________. "Einstein, Specific Heats, and he Early Quantum Theory." *Science* 148 (1965): 173~180.

__________. "Einstein's First Paper on Quanta." *The Natural Philosopher,* no. 2 (1963): 59~86.

__________. "The First Phase of the Bohr-Einstein Dialogue." *HSPS* 2 (1970): 1~39.

__________. "Gibbs on Clausius, *HSPS* 1 (1969): 127~149.

__________. "Max Planck and the Beginnings of the Quantum Theory." *Arch. His. Ex. Sci.* 1 (1962): 459~479.

__________. "Maxwell, His Demon, and the Second Law of Thermodynamics." *American Scientist* 58 (1970): 84~97.

__________. "Mechanical Explanation at the End of the Nineteenth Century." *Centaurus* 17 (1972): 58~82.

__________. "No Firm Foundation: Einstein and the Early Quantum Theory." In *Some Strangeness in the Proportion,* edited by Harry Woolf, 161~185.

__________. *Paul Ehrenfest.* Vol. 1, *The Making of a Theoretical Physicist.* Amsterdam and London: North-Holland, 1970.

__________. "Planck, Entropy, and Quanta, 1901~1906." *The Natural Philosopher,* no. 1 (1963): 83~108.

__________. "Thermodynamics and Quanta in Planck's Work." *Physics Today* 19 (1966): 23~32.

__________. "Thermodynanics in Einstein's Thought." *Science* 157 (1967): 509~516.

Klein, Martin J., and Alllan Needell. "Some Unnoticed Publications by Einstein."

Isis 68 (1977): 601~604.

Klemm, Friedrich. "Die Rolle der Mathematik in der Technik des 19. Jahrhunderts." *Technikgeschichte* 33 (1966): 72~91.

Klinckowstroem, Carl von. "Auerbach, Felix." *Neue deutsche Biographie* 1 (1953): 433.

Knapp, Martin. "Prof. Dr. Karl Von der Mühll-His." *Verhandlungen der Schweizerischen Naturforschenden Gesellschaft* 95 (1912), pt. 1, *Nekrologe und Biographien*, 93~105.

Knott, Robert. "Hankel: Wilhelm Gottlieb." *ADB* 49 (1967): 757~759.

_________. "Knoblauch: Karl Hermann." *ADB* 51 (1971): 256~258.

_________. "Weber: Wilhelm Eduard." *ADB* 41 (1967): 358~361.

König, Walter. "Georg Hermann Quinckes Leben und Schaffen." *Naturwiss.* 12 (1924): 621~627.

König, Walter, and Franz Richarz. *Zur Erinnerung an Paul Drude*. Giessen: A. Töpelmann, 1906.

Königsberg. University. *Chronik der Königlichen Albertus-Universität zu Königsberg i. Pr.* Königsberg.

_________. Hans Prutz를 보라.

Koenigsberger, Johann. "F. Pockels." *Centralblatt für Mineralogie, Geologie und Paläontologie*, 1914, 19~21.

Koenigsberger, Leo. *Hermann von Helmholtz*. 3 vols. Braunschweig: F. Vieweg, 1902~1903.

_________. "The Investigations of Hermann von Helmholtz on the Fundamental Principles of Mathematics and Mechanics." *Annual Report of the … Smithsonian Institution … to July,* 1896, 1898, 93~124.

_________. *Mein Leben*. Heidelberg: Carl Winters, 1919.

Köpke, Rudolf. *Die Gründung der Königlichen-Wilhelms-Universität zu Berlin*. Berlin. 1860.

Körber, Hans-Günther. "'Hankel, Wilhelm Gottlieb." *DSB* 6 (1972): 96~97.

_________. "Zur Biographie des jungen Albert Einstein. Mit zwei unbekannten Briefen Einsteins an Wilhelm Ostwald vom Frühjahr 1901." *Forschungen und Fortschritte* 38 (1964): 74~78.

_________. Erwin N. Hiebert를 보라.
Körner, Carl. "Technische Hochschulen." *Handbuch der Architektur,* pt. 4, sec. 6, no. 2aI, 112~160.
Kohlrausch, Friedrich. "Antrittsrede." *Sitzungsber. preuss. Akad.*, 1896, pt. 2, 736~743.
_________. *Gesammelte Abhandlungen.* Edited by Wilhelm Hallwachs, Adolf Heydweiller, Karl Strecker, and Otto Wiener. 2 vols. Leipzig: J. A. Barth, 1910~1911.
_________. "Gustav Wiedemann. Nachruf." In *Gesammelte Abhandlungen,* vol. 2, 1064~1076.
_________. *Leitfaden der praktischen Physik, zunächst für das physikalische Practicum in Göttingen.* Leipzig, 1870. 11th rev. ed., *Lehrbuch der praktischen Physik*. Leipzig: B. G. Teubner, 1910.
_________. "Vorwort." In *Lehrbuch der praktischen Physik,* ix~xii. Reprinted in *Gesammelte Abhandlungen,* vol. 1, 1084~1088.
_________. Wilhelm v. Beetz. Nekrolog." In *Gesammelte Abhandlungen,* vol. 2, 1048~1061.
Kolde, Theodor. *Die Universität Erlangen unter dem Hause Wittelsbach, 1810~1910.* Erlangen and Leipzig: A. Deichert, 1910.
Konen, Heinrich. "Das physikalische Institut." In *Geschichte der Rheinischen Friedrich-Wilhelm- Universität zu Bonn am Rheim,* vol 2, 345~355.
Korn, Arthur. *Eine Theorie der Gravitation und der elektrischen Ersheiungen auf Grundlage der Hydrodynamik.* 2 vols. in 1. Berlin, 1892, 1894.
"Korn, Arthur." *Reichshandbuch Deutscher Geschichte* 1 (1930): 992~993.
Kossel, Walther, "Walther Kaufmann." *Naturwiss.* 34 (1947): 33~34.
Kraeft, Wolf Dietrich. Günter Kelbg를 보라.
Kragh, Helge. "Niels Bohr's Second Atomic Theory." *HSPS* 10 (1979): 123~186.
Kratzer, A. "Gerhard C. Schmidt." *Phys. Bl.* 6 (1950): 30.
Krause, Martin. "Oscar Schlömilch." *Verh. sächs. Ges. Wiss*. 53 (1901): 509~520.
Küchler, G. W. "Physical Laboratories in Germany." In *Occasional Reports by the Office of the Director-General of Education in India,* no. 4, 181~211.

Calcutta: Government Printing, 1906.

Kuhn, K. "Erinnerungen an die Vorlesungen von W. C. Röntgen und L. Grätz." *Phys. Bl.* 18 (1962): 314~316.

_________. Gehard C. Schmidt." *Naturwiss. Rundschau* 4 (1951): 41.

_________. "Johannes Stark." *Phys. Bl.* 13 (1957): 370~371.

Kuhn, Thomas S. *Black-Body Theory and the Quantum Discontinuity 1894~1912.* New York: Oxford University Press, 1978.

_________. "Einstein's Critique of Planck." In *Some Strangeness in the Proportion,* edited by Harry Woolf, 186~191.

_________. *The Essential Tension: Selected Studies in Scientific Tradition and Change.* Chicago: University of Chicago Press, 1977.

_________. "The Function of Measurement in Modern Physical Science." In *Quantifiation*, edited by Harry Woolf, 31~63. New York: Bobbs-Merrill, 1961.

_________. "Mathematical versus Experimental Traditions in the Development of Physical Science." *Joural of Interdisciplinary History* 7 (1976): 1~31. Reprinted in *The Essential Tension*, 31~65.

_________. John L. Heilbron을 보라.

Kundt, August. "Antrittsrede." *Sitzungsber. preuss. Akad.*, 1889, pt. 2, 679~683.

_________. *Vorlesungen über Experimentalphysik.* Edited by Karl Scheel. Braunschweig: F. Vieweg, 1903.

Kurylo, Friedrich, and Charles Süsskind. *Ferdiand Braun: A Life of the Nobel Prizewinner and Inventor of the Cathode-Ray Oscilloscope*. Cambridge, Mass.: MIT Press, 1981.

Kuznetsov, Boris. *Einstein.* Translated by V. Talmy. Moscow: Progress Publishers, 1965.

Lampa, Anton. "Ludwig Boltzmann." *Biographisches Jahrbuch und Deuyscher Nekrolog* 11 (1908): 96~104.

Lampe, Hermann. *Die Entwicklung und Differenzierung von Fachabteilungen auf den Versammlungen von 1828 bis 1913* .Vol 2 of Schriftenreihe zur Geschichte der Versammlungen deutscher Naturforscher und Ärzte. Hildesheim: Gerstenberg, 1975.

_________. *Die Vorträge der allgemeinen Sitzungen auf der 1.-85. Versammlung 1822~1913*. Vol. 1 of Schriftenreihe zur Geschichte der Versammlungen deutscher Naturforscher und Ärzte. Hildesheim: Gerstenberg, 1972.

Landolt, Hans Heinrich, and Richard Börnstein, eds. *Physikalisch-chemische Tabellen* Berlin, 1883.

Lang, Victor von. *Einleitung in die theoretische Physik*. 2d rev. ed. Braunschweig, 1891.

_________. Obituary of Ludwig Boltzmann. *Almanach österreichische Akad.* 57 (1907): 307~309.

Laue, Max (von). *Gesammelte Schriften und Vorträge*. 3 vols. Braunschweig: F. Vieweg, 1961.

_________. "Heinrich Hertz 1857~1894." In *Gesammelte Schriften und Vorträge* 3: 247~256.

_________. "Mein physikalischer Werdegang. Eine Selbstdarstellung." In *Schöpfer des neuen Weltbildes,* edited by H. Hartmann. 178~210.

_________. "Paul Drude." *Math.-Naturwiss. Blätter* 3 (1906): 174~175.

_________. *Das physikalische Weltbild. Vortrag, gehalten auf der Kieler Herbstwoche 1921*. Karlsruhe: C. F. Müller, 1921.

_________. *Das Relativitätsprinzip*. Braunschweig: F. Vieweg, 1911. 2d ed. 2 vols. Vol. 2, *Die allgemeine Relativitätstheorie und Einsteins Lehre von der Schwerkraft*. Braunschweig: F. Vieweg, 1921.

_________. "Rubens, Heinrich." *Deutsches biographisches Jahrbuch*. Vol. 4, *Das Jahre 1922* (1929): 228~230.

_________. "Sommerfelds Lebenswerk." *Naturwiss.* 38 (1951): 513~518.

_________. "Über Hermann von Helmholtz." In *Forschen und Wirken. Festschrift … Humboldt-Universität zu Berlin*, vol. 1, 359~366.

_________. "Wien, Wilhelm." *Deutsches biographisches Jahrbuch*. Vol. 10, *Das Jahre 1928* (1931): 302~310.

_________. Max Born을 보라.

Lehmann, Otto, ed. *Dr. J. Fricks Physikalische Technik; oder, Anleitung zu Experimentalvorträgen sowie zur Selbstherstellung einfacher*

Demonstrationsapparate. 7th rev. ed. 2 vols. in 4. Braunschweig: F. Vieweg, 1904~1909.

_________. "Geschichte des Physikalischen Instituts der technischen Hochschule Karlsruhe." In *Festgabe* by the Karlsruhe Technical University, 207~265.

_________. *Molekularphysik mit besonderer Berücksichtigung mikroskopischer Untersuchungen und Anleitung zu solchen sowie einem Anhang über mikroskopische Analyse.* 2 vols. Leipzig, 888~889.

_________. *Physik und Politik.* Karlsruhe: Braun, 1901.

_________. "Vorrede." In *Dr. J. Fricks Physikalische Technik.* vol. 1. pt. 1, v~xx.

Leipzig. University, *Festschrift zur Feier des 500jährigen Bestehens der Universität Leipzig,* Vol. 4, *Die Institute und Seminare der Philosophischen Fakultät.* Pt. 2, *Die mathematisch-naturwissenschaftenliche Sektion.* Leipzig; S. Hirzel, 1909.

_________. *Die Universität Leipzig,* 1409~1909. *Gedenkblätter zum 30. Juli 1909.* Leipzig: Press-Ausschuss der Jubiläums-Kommission, 1909.

_________. *Verzeichniss der … auf der Universität Leipzig zu haltenden Vorlesungen.* Leipzig.

_________. Otto Wiener를 보라.

Lemaine, Gerard, Roy Macleod, Michael Mulkay, and Peter Weingart, eds. *Perspectives on the Emergence of Scientific Disciplines.* The Hague: Mouton, 1976.

Lenard, Philipp. "Einleitung." In Heinrich Hertz's *Gesammelte Werke* 1: ix~xxix.

_________. *Great Men of Science; A History of Scientific Progress.* Translated by H. Stafford Hatfield. New York: Macmillan, 1933.

_________. *Über Relativitätsprinzip, Äther, Gravitation.* Leipzig: S. Hirzel, 1918.

Lenz, Max. *Geschichte der Königlichen Friedrich-Wilhelms-Universität zu Berlin.* 4 vols. in 5. Halle a. d. S.: Buchhandlung des Waisenhauses, 1910~1918.

Lexis, Wilhelm, ed. *Die deutschen Universitäten.* 2 vols. Berlin, 1893.

_________. *Die Reform des höheren Schulwesens in Preussen.* Halle a. d. S.: Buchhandlung des Waisenhauses, 1902.

_________, ed. *Das Unterrichtswesen im Deutschen Reich.* Vol. 1. *Die Universitäten im Deutschen Reich.* Vol. 4, pt. 1. *Die technischen Hochschulen im Deutschen Reich.* Berlin: A. Asher, 1904.

Lichtenecker, Karl. "Otto Wiener." *Phys. Zs.* 29 (1928): 73~78.

Liebmann, Heinrich. "Zur Erinnerung an Carl Neumann." *Jahresber. d. Deutsch. Math.-Vereinigung* 36 (1927): 174~178.

"Life and Labors of Henry Gustavus Magnus." *Annual Report of the … Smithsonian Institution for the Year 1870*, 1872, 223~230.

Lindemann, Frederick Alexander, Lord Cherwell, and Franz Simon. "Walther Hermann Nernst (1864~1941)." *Obituary Notices of Fellows of the Royal Society* 4 (1942): 101~112.

Lommel, Eugen. *Experimental Physics.* Translated from the 3d German ed. of 1896 by G. W. Myers. London, 1899.

Lorentz, H. A. *Collected Papers*, 9 vols. The Hague: M. Nijhoff, 1934~1939.

_________. "Ludwig Boltzmann." *Verh. phys. Ges.* 9 (1907): 206~238. Reprinted in *Collected Papers*, vol. 9, 359~391.

_________. *Versuch einer Theorie der electrischen und optischen Erscheinungen in bewegten Körpern.* Leiden, 1895. Reprinted in *Collected Papers*, vol. 5, 1~137.

_________. Erwin Schrödinger를 보라.

Lorentz, H. A., Albert Einstein, Hermann Minkowski, and Hermann Weyl. *The Principle of Relativity: A Collection of Original Memoirs on the Special and General Theory of Relativity by H. A. Lorentz, A Einstein, H. Minkowski and H. Weyl.* Translated from the 4th German edition of 1922 by W. Perrett and G. B. Jeffery. London: Methuen, 1923. Reprint. New York: Dover, n.d.

Lorenz, Hans. *Technische Mechanik starrer Systeme.* Munich: Oldenbourg, 1902.

_________. "Die Theorie in der Technik mit besonderer Berücksichtigung der Entwickelung der Kreiselräder." *Phys. Zs.* 12 (1911): 185~191.

_________. “Der Unterricht in angewandter Mathematik und Physik an den deutschen Universitäten.” *Jahresber. d. Deutsch. Math.-Vereinigung* 12 (1903): 565~572.

Lorey, Wilhelm. “Paul Drude und Ludwig Boltzmann.” *Abhandlungen der Naturforschenden Gesellschaft zu Görlitz* 25 (1907): 217~222.

_________. “Die Physik an der Universität Giessen im 19. Jahrhundert.” *Nachrichten der Giessener Hochschulgesellschaft* 15 (1941): 80~132.

_________. *Das Studium der Mathematik an den deutschen Universitäten seit Anfang des 19. Jahrhunderts.* Leipzig and Berlin: B. G. Teubner, 1916.

Losch, P. “Melde, Franz Emil.” *Biographisches Jahrbuch und Deutscher Nekrolog* 6 (1901): 338~340.

Ludwig, Hubert. *Worte am Sarge von Heinrich Rudolf Hertz am 4. Januar 1894 im Auftrage der Universität gesprochen.* Bonn, 1894.

Lüdicke, Reinhard. *Die preussischen Kultusminister und ihre Beamten im ersten Jahrhundert des Ministeriums*, 1817~1917. Stuttgart: J. G. Cotta, 1918.

Lummer, Otto. “Physik.” In *Festschrift … Universität Breslau*, vol. 2, 440~448.

McCormmach, Russell. “Editor’s Foreword.” *HSPS* 7 (1976): xi~xxxv.

_________. “Einstein, Lorentz, and the Electron Theory.” *HSPS* 2 (1970): 41~87.

_________. “H. A. Lorentz and the Electromagnetic View of Nature.” *Isis* 61 (1970): 459~497.

_________. “Henri Poincaré and the Quantum Theory.” *Isis* 58 (1967): 37~55.

_________. “J. J. Thomson and the Structure of Light.” *Brit. Journ. Hist. Sci.* 3 (1967): 362~387.

_________. “Lorentz, Hendrik Antoon.” *DSB* 8 (1973): 487~500.

_________. *Night Thoughts of a Classical Physicist.* Cambridge, Mass,: Harvard University Press, 1982.

McGucken, William. *Nineteenth-Century Spectroscopy.* Baltimore: Johns Hopkins University Press, 1969

McGuire, J. E. “Forces, Powers, Aethers and Fields.” *Boston Studies in the Philosophy of Science* 14 (1974): 119~159.

Mach, Ernst. *Die Mechanik in ihrer Entwickelung. Historisch-kritisch dargestellt.* Leipzig, 1883. 2d. rev. ed. Leipzig, 1889. Translated as *The Science of Mechanics. A Critical and Historical Exposition of Its Principles* by T. J. McCormack. Chicago, 1893.

_________. *Populär-wissenschaftliche Vorlesungen.* Leipzig, 1896. Translated as *Popular Scientific Lectures* by T. J. MaCormack. Chicago, 1895.

_________. *Die Principien der Wärmelehre. Historisch-kritisch entwickelt.* Leipzig, 1896.

MacKinnon, Edward. "Heisenberg, Models, and the Rise of Matrix Mechanics." *HSPS* 8 (1977): 137~188.

Macleod, Roy. Gerard Lemaine을 보라.

Madelung, Erwin. *Die mathematischen Hilfsmittel des Physikers*. Vol. 4, Die Grundlehren der mathematischen Wissenschaften in Einzeldarstellungen mit besonderer Berücksichtigung der Anwendungsbebiete, edited by Richard Courant. Berlin: Springer, 1922.

Manegold, Karl-Heinz. *Universität, Technische Hochschule und Industrie.* Vol. 16 of Schriften zur Wirtschafts- und Sozialgeschichte, edited by W. Fischer. Berlin: Duncker und Humblot, 1970.

Marburg. University. *Catalogus professorum academiae Marburgensis; die akademischen Lehrer der Philipps-Universität in Marburg von 1527 bis 1910*. Edited by F. Gundlach. Marburg: Elwert, 1927.

_________. *Chronik der Königlich Preussischen Universität Marburg.* Marburg.

_________. *Die Philipps-Universität zu Marburg 1527~1927*. Edited by H. Hermelink and S. A. Kaehler. Marburg: Elwert, 1927.

Max-Planck-Gesellschaft. *50 Jahre Kaiser-Wilhelm-Gesellschaft und Max-Planck-Gesellschaft zur Förderung der Wissenschaften 1911~1961.* Göttingen: Max-Planck-Gesellschaft, 1961.

Maxwell, James Clerk. "Hermann Ludwig Ferdinand Helmholtz." *Nature* 15 (1877): 389~391.

_________. *Lehrbuch der Electricität und des Magnetismus.* Translated by Bernhard Weinstein. 2 vols. Berlin, 1883.

Mehra, Jagdish. "Albert Einsteins erste wissenschaftliche Arbeit." *Phys. Bl.* 27 (1971): 386~391.

_________. "Einstein, Hilbert, and the Theory of Gravitation." In *The Physicist's Conception of Nature*, edited by Jagdish Mehra, 194~278.

_________. ed. *The Physicist's Conception of Nature.* Dordrecht: D. Reidel, 1973.

_________. ed. *The Solvay Conferences on Physics: Aspects of the Development of Physics since 1911.* Dordrecht: D. Reidel, 1975.

Meissner, Walther. "Max von Laue als Wissenschaftler und Mensch." *Sitzungsber. bay. Akad.*, 1960, 101~121.

M[elde, Franz]. "Der Erweiterungs- und Umbau des mathematisch-physikalischen Instituts der Universität Marburg." *Hessenland. Zeitschrift für Hessische Geschichte und Literatur* 5 (1891): 141~142.

Mendelsohn, Kurt. The *World of Walther Nernst. The Rise and Fall of German Science, 1864~1941.* Pittsburgh: University of Pittsburgh Press, 1973.

Merz, John Theodore. *A History of European Thought in the Nineteenth Century.* 4 vols. 1904~1912. Reprint. New York: Dover, 1965.

Meyer, Oskar Emil. "Das physikalische Institut der Universität zu Breslau." *Phys. Zs.* 6 (1905): 194~196.

Meyer, Stefan. "Friedrich Hasenörl." *Phys. Zs.* 16 (1915): 429~433.

_________. ed. *Festschrift Ludwig Boltzmann gewidmet zum sechzigsten Geburstage/20. Februar 1904.* Leipzig: J. A. Barth, 1904.

Michelmore, Peter. *Einstein, Profile of the Man.* New York: Dodd, Mead, 1962.

Mie, Gustav. "Aus meinem Leben." *Zeitwende* 19 (1948): 733~743.

_________. *Die Einsteinsche Gravitationstheorie. Versuch einer allgemein verständlichen Darstellung der Theorie.* Leipzig: S. Hirzel, 1921.

_________. *Entwurf einer allgemeinen Theorie der Energieübertragung.* Vienna, 1898.

_________. *Lehrbuch der Elektrizität und des Magnetismus. Eine Experimentalphysik des Weltäther für Physiker, Chemiker, Elektrotechniker.* Stuttgart: F. Enke, 1910.

_________. *Die Materie. Vortrag gehalten am 27. Januar 1912 (Kaisers Geburstag) in der Aula der Universität Greifswald*. Stuttgart: F. Enke, 1912.

_________. "Die mechanische Erklärbarkeit der Naturerscheinungen. Maxwell. —Helmholtz. —Hertz." *Verhandlungen des naturwissenschaftlichen Vereins in Karlsruhe* 13 (1895~1900): 402~420.

_________. *Moleküle, Atome, Weltäther*. Leipzig: B. G. Teubner, 1904.

_________. *Die neueren Forschungen über Ionen und Elektronen*. Stuttgart: F. Enke, 1903.

Miller, Arthur I. *Albert Einstein's Special Theory of Relativity*. Reading, Mass." Addison-Wesley, 1981.

_________. "A. Study of Henri Poincaré's 'Sur la Dynamique de l'Electron," *Arch. Hist. Ex. Sci.* 10 (1973): 207~328.

_________. "Visualization Lost and Regained: The Genesis of the Quantum Theory in the Period 1913~1927." In *On Aesthetics in Science*, edited by J. Wechsler, 73~101. Cambridge, Mass.: MIT Press, 1978.

Minkowski, Hermann. *Briefe an David Hilbert/Hermann Minkowski*. Edited by L. Rüdenberg and H. Zassenhaus. Berlin, Heidelberg, and New York: Springer, 1973.

_________. *Gesammelte Abhandlungen* Edited by David Hilbert. 2 vols. Lepzig and Berlin: B. G. Teubner, 1911.

_________. "Peter Gustav Lejeune Dirichlet und seine Bedeutung für die heutige Mathematik." In Minkowski's *Gesammelte Abhandlungen*, vol. 2, 447~461.

_________. H. A. Lorentz를 보라.

Mohl, Robert von. *Lebens-Erinnerungen*. Vol. 1. Stuttgart and Leipzig: Deutsche Verlags-Anstalt, 1902.

Mott, Nevill, and Rudolf Peierls. "Werner Heisenberg. 5 December 1901~1 February 1976." *Biographical Memoirs of Fellows of the Royal Society* 23 (1977): 213~242.

Mrowka, B. "Richard Gans." *Phys. Bl.* 10 (1954): 512~513.

Müller, J. A. von. "Das physikalisch-metronomische Institut." In *Die wissenschaftlichen Anstalten der Ludwig-Maximilians-Universität zu München,* 278~279.

Müller, J. J. C. C. Christiansen을 보라.

Mulkay, Michael. Gerard Lemine을 보라.

Munich Technical University, ed. *Darstellungen aus der Geschichte der Technik, der Industrie und Landwirtschaft in Bayern*. Munich: R. Oldenbourg, 1906.

Munich. University. *Die Ludwig-Maximilians-Universität in ihren Fakultäten*. Vol. 1. Edited by L. Boehm and J. Spörl. Berlin: Duncker und Humblot, 1972.

__________. *Ludwig-Maximilians-Universität, Ingolstadt, Landshut, München, 1472~1972*. Edited by L. Boehm and J. Spörl. Berlin: Duncker und Humblot, 1972.

__________. *Die wissenschaftlichen Anstalten der Ludwig-Maximilians-Universität zu München.* Edited by Karl Alexander von Müller. Munich: R. Oldenbourg und Dr. C. Woif, 1926.

__________. Clara Wallenreiter을 보라.

Narr, Friedrich. *Ueber die Erkaltung und Wärmeleitung in Gasen*. Munich, 1870.

Needell, Allan A. “Irreversibility and the Failure of Classical Dynamics: Max Planck’s Work on the Quantum Theory 1900~1915.” Ph. D. diss., Yale University, 1980.

__________. Martin J. Klein을 보라.

Nernst, Walther. “Antrittsrede.” *Sitzungsber. preuss. Akad.,* 1906, 549~552.

__________. “Development of General and Physical Chemistry during the Last Forty Years.” *Annual Report of the Smithsonian Institution,* 1908, 245~253.

__________. “Rudolf Clausius 1822~1888.” In *150 Jahre Rheinische Friedrich-Wilhelms-Universität zu Bonn 1818~1968*, 101~109.

__________. *Theoretische Chemie vom Standpunkte der Avogadroschen Regel und der Thermodynamik.* Stuttgart, 1893.

__________. *Das Weltgebäude im Lichte der neueren Forschung*. Berlin:

Springer, 1921.
Neuer Nekrolog der Deutschen.
Neuerer, Karl. *Das höhere Lehramt in Bayern im 19. Jahrhundert.* Berlin: Duncker und Humblot, 1978.
Neumann, Carl. *Beiträge zu einzelnen Theilen der mathematischen Physik, insbesondere zur Elektrodynamik und Hydrodynamik, Elektrostatik und magentischen Induction.* Leipzig, 1893.
__________. *Untersuchungen über das logarithmische und Newton'sche Potential.* Leipzig, 1877.
__________. "Worte zum Gedächtniss an Wilhelm Hankel." *Verh. sächs. Ges. Wiss.*, 51 (1899): lxii~lxvi.
Neumann, Franz. *Vorlesungen über mathematische Physik, gehalten an der Universität Königsberg.* Edited by his students. Leipzig, 1881~1894. 개별 권은 다음과 같다. *Einleiting in die theoretische Physik.* Edited by Carl Pape. Leipzig, 1883. *Vorlesungen über die Theorie der Capillarität.* Edited by Albert Wangerin. Leipzig, 1894. *Vorlesungen über die Theorie der Elasticität der festen Körper und des Lichtäthers.* Edited by Oskar Emil Meyer. Leipzig, 1885. *Vorlesungen über die Theorie des Magnetismus, namentlich über die Theorie der magnetischen Induktion.* Edited by Carl Neumann. Leipzig, 1881. *Vorlesungen über die Theorie des Potentials und der Kugelfunctionen.* Edited by Carl Neumann. Leipzig, 1887. *Vorlesungen über elektrische Ströme.* Edited by Karl Von der Mühll. Leipzig, 1884. *Vorlesungen über theoretische Optik.* Edited by Ernst Dorn. Leipzig, 1885.
Neumann, Luise. *Franz Neumann, Erinnerungsblätter von seiner Tochter.* 2d ed. Tübingen: J. C. B. Mohr (P. Siebeck), 1907.
Nisio, Sigeko. "The Formation of the Sommerfeld Quantum Theory of 1916." *Jap. Stud. Hist. Sci.* no. 12 (1973): 39~78.
Nitske, W. Robert. *The Life of Wilhelm Conrad Röntgen: Discoverer of the X Ray.* Tucson: Unversity of Arizona Press, 1971.
North, J. D. *The Measure of the Universe: A History of Modern Cosmolgy.* Oxford: Clarendon Press, 1965.

Obituary of Hermann Ebert. *Leopoldina* 18 (1913): 38.
Obituary of Hermann von Helmholtz. *Nature* 50 (1894): 479~480.
Obituary of Eduard Ketteler. *Leopoldina* 37 (1901): 35~36.
Obituary of Ludwig Matthiessen. *Leopoldina* 42 (1906): 158.
Obituary of Franz Melde. *Leopoldina* 37 (1901): 46~47.
Olesko, Kathryn Mary. "The Emergence of Theoretical Physics in Germany: Franz Neumann and the Königsberg School of Physics, 1830~1890." Ph. D. diss., Cornell University, 1980.
Oppenheim, A. "Heinrich Gustav Magnus." *Nature* 2 (1870): 143~145.
Ortwein, "Wilhelm Lenz 60 Jahre." *Phys. Bl.* 4 (1948): 30~31.
Ostwald, Wilhelm. *Aus dem wissenschaftlichen Briefwechsel Wilhelm Ostwalds.* Vol. 1, *Briefwechsel mit Ludwig Boltzmann, Max Planck, Georg Helm und Josiah Willard Gibbs.* Edited by Hans-Günther Körber. Berlin: Akademie-Verlag, 1961.
__________. "Gustav Wiedemann." *Verh. sächs. Ges. Wiss.*, 51 (1899): lxxvii~lxxxiii.
__________. *Lehrbuch der allemeinen Chemie.* 2d ed. 2 vols. in 4. Leipzig: W. Engelmann, 1891~1906.
__________. "Recent Advances in Physical Chemistry." *Nature* 45 (1892): 590~593.
Paalzow, Adolph, "Stiftungsfeier am 4. Januar 1896." *Verh. phys. Ges.* 15 (1896): 36~37.
Paschen, Friedrich. "Gedächtnisrede des Hrn. Paschen auf Emil Warburg." *Sitzungsber. preuss. Akad.,* 1932, cxv~cxxiii.
__________. "Heinrich Kayser." *Phys. Zs.* 41 (1940): 429~433.
Pasler, M. "Leben und wissenschaftliches Werk Max von Leues." *Phys. Bl.* 16 (1960): 552~567.
Paul, Wolfgang. Barbara Jaeckel을 보라.
Pauli, Wolfgang. "Albert Einstein in der Entwicklung der Physik." *Phys. Bl.* 15 (1959): 241~245.
__________. *Wolfgang Pauli. Wissenschaftlicher Briefwechsel mit Bohr, Einstein, Heisenberg u. a.* Vol. 1, *1919~1929*. Edited by Armin Hermann,

K. v. Meyenn, and V. F. Weisskopf. New York, Heidelberg, and Berlin: Springer, 1979.
Paulsen, Friedrich. *Die deutschen Universitäten und das Universitätsstudium.* Berlin: A. Asher, 1902.
Peierls, Rudolph, Nevill Mott를 보라.
Perron, Oskar, Constantin Carathéodory, and Heinrich Tietze. "Das Mathematische Seminar." In *Die wissenschaftlichen Anstalten … zu München*, 206.
Pfannenstiel, Max, ed. *Kleines Quellenbuch zur Geschichte der Gesellschaft Deutscher Naturforscher und Ärzte.* Berlin, Göttingen, and Heidelberg: Springer, 1958.
Pfaundler, Leopold, ed. *Müller-Pouillet's Lehrbuch der Physik und Meteorologie.* 9th rev. ed. 3 vols. Braunschweig, 1886~1898. 10th rev. ed. 4 vols. Braunschweig: F. Vieweg, 1905~1914.
Pfetsch, Frank. "Scientific Organization and Science Policy in Imperial Germany, 1871~1914: The Foundations of the Imperial Institute of Physics and Technology." *Minerva* 8 (1970): 557~580.
Philippovich, Eugen von. *Der badische Staatshaushalt in den Jahren 1868~1889.* Freiburg i. Br., 1889.
Planck, Max. *Acht Vorlesungen über theoretische Physik*. Leipzig: S. Hirzel, 1910. Translated as *Eight Lectures on Theoretical Physics Delivered at Columbia University in 1909* by A. P. Wills. New York: Columbia University Press, 1915.
__________. "Antrittsrede." *Sitzungsber. preuss. Akad.*, 1894, 641~644. Reprinted in *Physikalische Abhandlungen und Vorträge* 3: 1~5.
__________. "Arnold Sommerfeld zum siebzigsten Geburstag." *Naturwiss.* 26 (1938): 777~779. Reprinted in *Physikalische Abhandlungen und Vorträge* 3: 368~371.
__________. *Die Entstehung und bisherige Entwicklung der Quantentheorie.* Leipzig: J. A. Barth, 1920. Reprinted in *Physikalische Abhandlungen und Vorträge* 3: 121~134.
__________. "Gedächtnisrede auf Heinrich Hertz." *Verh. phys. Ges.* 13 (1894):

9~29. Reprinted in *Physikalische Abhandlungen und Vorträge* 3: 321~323.

_________. "Gedächtnisrede des Hrn. Planck auf Heinrich Rubens." *Sitzungsber. preuss. Akad.*, 1923, cviii~cxiii.

_________. *Grundriss der allgemeinen Thermochenmie*. Breslau, 1893.

_________. "Helmholtz's Leistungen auf dem Gebiete der theoretischen Physik." *ADB* 51 (1906): 470~472. Reprinted in *Physikalische Abhandlungen und Vorträge*, 3: 321~323.

_________. "Das Institut für theoretische Physik." In *Geschichte der … Universität zu Berlin*, edited by Max Lenz, vol. 3, 276~278.

_________. "James Clerk Maxwell in seiner Bedeutung für die theoretische Physik in Deutschland." *Naturwiss.* 19 (1931): 889~894. Reprinted in *Physikalische Abhandlungen und Vorträge* 3: 352~357.

_________. "Max von Laue. Zum 9. Oktober 1929." *Naturwiss.* 17 (1929): 787~788. Reprinted in *Physikalische Abhandlungen und Vorträge* 3: 350~351.

_________. "Paul Drude." *Ann.* 20 (1906): i~iv.

_________. "Paul Drude." *Verh. phys. Ges.* 8 (1906): 599~630. Reprinted in *Physikalische Abhandlungen und Vorträge* 3: 289~320.

_________. *Physikalische Abhandlungen und Vorträge*. 3 vols. Braunschweig: F. Vieweg, 1958.

_________. Das Princip der Erhaltung der Energie. Leipzig, 1887.

_________. "Theoretische Physik." In *Aus fünfzig Jahren deutscher Wissenschaft*, edited by Gustav Abb, 300~309. Reprinted in *Physikalische Abhandlungen und Vorträge* 3: 209~218.

_________. *Über den zweiten Hauptsatz der mechanischen Wärmetheorie*, Munich, 1879.

_________. "Verhältnis der Theorien zueinander." In *Physik*, edited by Emil Warburg, 732~737.

_________. *Vorlesungen über die Theorie der Wärmestrahlung*. Leipzig: J. A. Barth, 1906.

_________. *Vorlesungen über Thermodynamik*. Leipzig, 1897. Translated as *Treatise on Thermodynamics* by A Ogg. London, New York, and Bombay:

Longmans, Green, 1903.
__________. *Wissenschaftliche Selbstbiographie*. Leipzig: J. A. Barth, 1948. Reprinted in *Physikalische Abhandlungen und Vorträge* 3: 374~401.
__________. Erwin Schrödinger를 보라.
Plücker, Julius. *Gesammelte physikalische Abhandlungen.* Edited by Friedrich Pockels. Leipzig, 1896.
Pockels, Friedrich. "Gustav Robert Kirchhoff." In *Heidelberger Professoren aus dem 19. Jahrhundert*, vol. 2, 243~263.
__________. *Lehrbuch der Kristalloptik.* Leipzig and Berlin: B. G. Teubner, 1906.
__________. *Über die partielle Differentialgleichung* $\Delta u+k^2u=0$ *und deren Auftreten in der mathematischen Physik.* Leipzig, 1891.
Poggendorff, Johann Christian. *J. C. Poggendorff's biographisch-literarisches Handwörterbuch zur Geschichte der exacten Wissenschaften.* Leipzig, 1863~.
__________. "Meine Rede zur Jubelfeier am 28. Februar 1874." In *Johann Christian Poggendorff* by Emil Frommel, 68~72.
Preston, David Lawrence. "Science, Society, and the German Jews: 1870~1933." Ph. D. diss., University of Illinois, 1971.
Pringsheim, Peter. "Gustav Magnus." *Naturwiss.* 13 (1925): 49~52.
Prutz, Hans. *Die Königliche Albertus-Universität zu Königsberg i. Pr. Im neunzehnten Jahrhundert. Zur Feier ihres 350jährigen Bestehens.* Königsberg, 1894.
Pyenson, Robert Lewis. "The Göttingen Reception of Einstein's General Theory of Relativity." Ph. D. diss., Johns Hopkins University, 1973.
__________. "Hermann Minkowski and Einstein's Special Theory of Relativity." *Arch. Hist. Ex. Sci.* 17 (1977): 71~95.
__________. "Mathematics, Education, and the Göttingen Approach to Physikal Reality, 1890~1914." *Europa* 2 (1979): 91~127.
__________. "Physics in the Shadow of Mathematics: The Göttingen Electon-Theory Seminar of 1905." *Arch. Hist. Ex. Sci.* 21 (1979): 55~89.
__________. "La réception de la relativité généralisée: disciplinarité et

institutionalisation en physique." *Revue d'histoire des sciences* 28 (1975): 61~73.

R., D. "Jolly: Philipp Johann Gustav von." *ADB* 55 (1971): 807~810.

Raman, V. V., and Paul Forman. "Why Was It Schrödinger Who Developed de Broglie's Ideas!" *HSPS* 1 (1969): 291~314.

Ramsauer, Carl. "Zum zehnten Todestag. Philipp Lenard 1862~1957." *Phys. Bl.* 13 (1957): 219~222.

Rees, J. K. "German Scietific Apparatus." *Science* 12 (1900): 777~785.

Reiche, F. "Otto Lummer." *Phys. Zs.* 27 (1926): 459~467.

Reid, Constance. *Courant in Göttingen and New York: The Story of an Improbable Mathematician.* New York: Springer, 1970.

__________. *Hilbert, With an Appreciation of Hilbert's Mathematical Work by Hermann Weyl.* Berlin and New York: Springer, 1970.

Reindl, Maria. *Lehre und Forschung in Mathematik und Naturwissenschaften, insbesondere Astronomie, an der Universität Würzburg von der Gründung bis zum Beginn des 20. Jahrhunderts.* Neustadt an der Aisch: Degener, 1966.

Reinganum, Max. "Clausius: Rudolf Julius Emanuel." *ADB* 55 (1971): 720~729.

Richarz, Franz. Wlater König를 보라.

Riebesell, P. "Die neueren Ergebnisse der theoretischen Physik und ihre Beziehungen zur Mathematik." *Naturwiss.* 6 (1918): 61~65.

Riecke, Eduard. "Friedrich Kohlrausch." *Gött. Nachr.*, 1910, 71~85.

__________. *Lehrbuch der Experimental-Physik zu eigenem Studium und zum Gebrauch bei Vorlesungen.* 2 vols. Leipzig, 1896.

__________. *Die Principien der Physik und der Kreis ihrer Anwendung.* Festrede. Göttingen, 1897.

__________. "Rede." In *Die physikalischen Institute der Universität Göttingen,* 20~37.

__________. "Rudolf Clausius." *Abh. Ges. Wiss. Göttingen* 35 (1888): appendix, 1~39.

__________. "Wilhelm Weber." *Abh. Ges. Wiss. Göttingen* 38 (1892): 1~44.

Riese, Reinhard. *Die Hochschule auf dem Wege zum wissenschaftlichen*

Grossbetrieb. Die Universität Heidelberg und das badische Hochschulwesen 1860~1914. Vol. 19 of Industrielle Welt, Schriftenreihe des Arbeitskreises für moderne Sozialgeschichte, edited by Werner Conze. Stuttgart: Ernst Klett, 1977.

Riewe, K. H. *120 Jahre Deutsche Physikalische Gesellschaft*. N. p., 1965.

Ringer, Fritz K. *The Decline of the German Mandarins: The German Academic Community, 1890~1933.* Cambridge, Mass.: Harvard University Press, 1969.

Röntgen, W. C. *W. C. Röntgen. Briefe an L. Zehnder.* Edited by Ludwig Zehnder. Zurich, Leipzig, and Stuttgart: Rascher, 1935.

Rohmann, H. "Ferdinand Braun." *Phys. Zs*. 19 (1918): 537~539.

Rosanes, Jakob. "Charakteristerische Züge der Entwicklung der Mathematik des 19. Jahrhunderts." *Jahresber. d. Deutsch. Math.-Vereinigung* 13 (1904): 17~30.

Roscoe, Henry. *The Life and Experiences of Sir Henry Enfield Roscoe, D. C. L., LL. D., F. R. S.* London and New York: Macmillan, 1906.

Rosenberg, Charles E. "Toward an Ecology of Knowledge: On Discipline, Context and History." In *The Organization of Knowledge in Modern America 1860~1920*, edited by A. Oleson and J. Voss, 440~455. Baltimore: Johns Hopkins University Press. 1979.

Rosenberger, Ferdinand. *Die Geschichte der Physik*. Vol. 3, *Geschichte der Physik in den letzten hundert Jahren*. Braunschweig, 1890. Reprint. Hildesheim: G. Olms, 1965.

Rosenfeld, Leon. "Kirchhoff, Gustav Robert." *DSB* 7 (1973): 379~383.

__________. "La première phase de l'évolution de la Théorie des Quanta." *Osiris* 2 (1936): 149~196.

__________. "The Velocity of Light and the Evolution of Electrodynamics." *Nuovo Cimento*, supplement to vol. 4 (1957): 1630~1669.

Rostock. University. Günter Kelbg를 보라.

Rubens, Heinrich. "Antrittsrede." *Sitzungsber. preuss. Akad.,* 1908, 714~717.

__________. "Das Physikalische Institut." In *Geschichte der … Universität zu Berlin*, edited by Max Lenz, vol. 3, 278~296.

Runge, Carl. "Woldemar Voigt." *Gött. Nachr.,* 1920, 46~52.

Runge, Iris. *Carl Runge und sein wissenschaftliches Werk.* Göttingen: Vandenhoeck und Ruprecht, 1949.

Salié, Hans. "Carl Neumann." In *Bedeutende Gelehrte in Leipzig,* vol. 2, edited by G. Harig, 13~23.

Schachenmeier, R. A. Schleiermacher를 보라.

Schaefer, Clemens. *Einführung in die theoretische Physik.* Vol. 1, *Mechanik materieller Punkte, Mechanik starrer Körper und Mechanik der Continua* (Elastizität und Hydrodynamik). Leipzig: Veit, 1914.

__________. "Ernst Pringsheim." *Phys. Zs.* 18 (1917): 557~560.

Schaffner, K. F. "The Lorentz Electron Theory [and] Relativity." *Am. J. Phys.* 37 (1969): 498~513.

Scharmann, Arthur. Wilhelm Hanre를 보라.

Scheel, Karl. "Bericht über den internationalen Katalog der wissenschaftlichen Literatur." *Verh. phys. Ges.* 1903, 83~86.

__________. "Die literarischen Hilfsmittel der Physik." *Naturwiss.* 16 (1925): 45~48.

__________. "Physikalische Forschungsstätten." In *Forschungsinstitute, ihre Geschichte, Organisation und Ziele,* edited by Ludolph Brauer, et. al., 175~208.

Scherrer, P. "Wolfgang Pauli." *Phys. Bl.* 15 (1959): 34~35.

Schlipp, P. A., ed. *Albert Einstein: Philosopher-Scientist.* Evanston: The Library of Living Philosphers, 1949.

Schlapp, R. N. Kemmer를 보라.

Schleiermacher, A., and R. Schachenmeier. "Otto Lehmann." *Phys. Zs.* 24 (1923): 289~291.

Schmidt, Gerhard C. "Eilhard Wiedemann." *Phys. Zs.* 29 (1928) 185~190.

__________. "Wilhelm Hittorf." *Phys. Bl.* 4 (1948): 64~68.

Schmidt, Karl. "Carl Hermann Knoblauch." *Leopoldina* 31 (1895): 116~122.

Schmidt-Ott, Friedrich. *Erlebtes und Erstrebtes, 1860~1950.* Wiesbaden: Franz Steiner, 1952.

Schmidt-Schönbeck, Charlotte. *300 Jahre Physik und Astronomie an der Kieler*

Universität. Kiel: F. Hirt, 1965.

Schmitt, Eduard. "Hochschulen im allgemeinen." In *Handbuch der Architektur*, pt. 4, sec. 6, no. 2aI, 4~53.

Schnabel, Franz. "Althoff, Friedrich Theodor." *Neue deutsche Biographie* 1 (1953): 222~224.

Schrader, "Wilhelm. *Geschichte der Friedrichs-Universität zu Halle*. 2 vols. Berlin, 1894.

Schröder, Brigitte. "Caractérisques des relations scientifiques internationals, 1870~1914." *Journal of World History* 19 (1966): 161~177.

Schrödinger, Erwin. *Collected Papers on Wave Mechanics*. Translated by J. F. Shearer from the 2d German ed. of 1928. London and Glasgow: Blackie and Son, 1928.

__________. *Science and the Human Temperament.* Translated by Murphy and W. H. Johnston. New York: W. W. Norton, 1935.

Schrödinger, Erwin, Max Planck, Albert Einstein, and H. A. Lorentz. *Letters on Wave Mechanics.* Edited by K. Przibram. Translated by Martin J. Klein. New York: Philosophical Library, 1967.

Schroeter, Joachim. "Johann Georg Koenigsberger (1874~1946)." *Schweizerische Mineralogische und Petrographische Mitteilungen* 27 (1947): 236~246.

Schuler, H. "Friedrich Paschen." *Phys. Bl.* 3 (1947): 232~233.

Schulz, H. "Otto Lummer." *Zs. für Instrumentenkunde* 45 (1925): 465~467.

Schulze, F. A. "Franz Richarz." *Phys. Zs*. 22 (1921): 33~36.

__________. "Wilhelm Feussner." *Phys. Zs.* 31 (1930): 513~514.

Schulze, Friedrichs. *B. G. Teubner 1811~1911. Geschichte der Firma in deren Auftrag*. Leipzig, 1911.

Schulze, O. F. A. "Zur Geschichte des Physikalischen Instituts." In *Die Philipps-Universität zu Marburg 1527~1927,* 756~763.

Schuster, Arthur. "International Science." *Annual Report of the Smithsonian Institution,* 1906, 493~514.

__________. *The Progress of Physics During 33 Years (1875~1908).* Cambridge: Cambridge University Press, 1911.

Schwalbe, B. "Nachruf auf G. Karsten." *Verh. phys. Ges.* 2 (1900): 147~159.

Schwarzschild, Karl. "Antrittsrede." *Sitzungsber. preuss. Akad.*, 1913, 596~600.

Scot, William T. *Erwin Schrödinger, An Introduction to His Writings.* Amherst: University of Massachussetts Press; 1967.

Seelig, Carl. *Albert Einstein: Eine dokumentarische Biographie*. Zurich: Europa-Verlag, 1952. Translated as *Einstein: A Documentary Biography* by M. Savill. London: Staples, 1956.

Segré, Emilio. *From X-rays to Quarks: Modern Physicists and Their Discoveries*. San Francisco: W. H. Freeman, 1980.

Serwer, Daniel. "Unmechanischer Zwang: Pauli, Heisenberg, and the Rejection of the Mechanical Atom, 1923~1925." *HSPS* 8 (1977): 189~256.

Siemens, Werner von. *Personal Recollections*. Translated by W. C. Coupland. New York, 1893.

Simpson, Thomas K. "Maxwell and the Direct Experimental Test of His Electromagnetic Theory." *Isis* 57 (1966): 411~432.

Skalweit, Stephan. "Gossler, Gustav Konrad Heinrich." *Neue deutsche Biographie* 6 (1964): 650~651.

Smith, F. W. F., Earl of Birkenhead. *The Professor and the Prime Minister: The Official Life of Professor F. A. Lindemann, Viscount Cherwell*. Boston: Houghton, Mifflin, 1962.

Solvay Congress. Instituts Solvay. Institut international de physique. *Electrons et photons. Rapports et discussions du cinquième conseil de physique tenu à Bruxelles du 24 au 29 octobre 1927.* Paris: Gauthier-Villars, 1928.

__________. *La théorie du rayonnement et les quanta. Rapports et discussions de la réunion tenue à Bruxelles, du 30 octobre au 3 novembre 1911*. Edited by Paul Langevin and Maurice de Broglie. Paris: Gauthier-Villars, 1912. Translated as *Die Theorie der Strahlung und der Quanten. Verhandlungen auf einer von E. Solvay einberufenen Zusammenkunft (30. Oktobre bis 3. November 1911). Mit einem Anhange über die Entwicklung der Quantentheorie vom Herbst 1911 bis zum Sommer 1913* by Arnold Eucken. Halle: Wilhelm Knapp, 1914.

Sommerfeld, Arnold. "Abraham Max." *Neue deutsche Biographie* 1: 23~24.

__________. *Atombau und Spektrallinien*. Braunschweig: F. Vieweg, 1919.

__________. "Die Entwicklung der Physik in Deutschland seit Heinrich Hertz." *Deutsche Revue* 43 (1918): 122~132.

__________. *Gesammelte Schriften*. 4 vols. Edited by F. Sauter. Braunschweig: F. Vieweg, 1968.

__________. "Das Institut für Theoretische Physik." In *Die wissenschaftlichen Anstalten … zu München,* 290~291.

__________. "Max Planck zum sechzigsten Geburtstage." *Naturwiss.* 6 (1918): 195~199.

__________. "Max von Laue zum 70. Geburstag." *Phys. Bl.* 5 (1949): 443.

__________. "Oskar Emil Meyer." *Sitzungsber. bay. Akad.* 39 (1909): 17.

__________. "Some Reminiscences of My Teaching Career." *Am. J. Phys.* 17 (1949): 315~316.

__________. "Überreichung der Planck-Medaille für Peter Debye." *Phys. Bl.* 6 (1950): 509~512.

__________. "Woldemar Voigt." *Jahrbuch bay. Akad.*, 1919 (1920): 83~84.

__________. Albert Einstein을 보라.

Stachel, John. "The Genesis of General Relativity." In *Einstein Symposion Berlin,* edited by H. Nelkowski, et al., 428~442. Lecture Notes in Physics, vol. 100. Berlin, Heidelberg, and New York: Springer, 1979.

Stäckel, Paul. "Angewandte Mathematik und Physik an den deutschen Universitäten." *Jahresber. d. Deutsch. Math.-Vereinigung* 13 (1904): 313~341.

Stein, Howard. "'Subtler Forms of Matter' in the Period Following Maxwell." In *Conceptions of Ether: Studies in the History of Ether Theories 1740~1900,* edited by G. N. Cantor and M. J. S. Hodge, 309~340.

Stevens, E. H. "The Heidelberg Physical Laboratory." *Nature* 65 (1902): 587~590.

Strassburg. University. *Festschrift zur Einweihung der Neubauten der Kaiser-Wilhelms-Universität Strassburg.* Strassburg, 1884.

Stuewer, Roger H. *The Compton Effect: Turning Point in Physics*. New York:

Science History Publications, 1975.
Sturm, Rudolf. "Mathematik." In *Festschrift* ··· *Breslau*, vol. 2, 434~440.
Süss, Eduard. Obituary of Josef Stefan. *Almanach. Österreichische Akad.* 43 (1893): 252~257.
Süsskind, Charles. "Hertz and the Technological Significance of Electromagnetic Waves." *Isis* 56 (1965): 342~355.
_________. "Observations of Electromagnetic-Wave Radiation before Hertz." *Isis* 55 (1964): 32~42.
_________. Friedrich Kurylo를 보라.
Swenson, Loyd S., Jr. *The Ethereal Ether: A History of the Michelson-Morley-Miller Aether-Drift Experiments, 1880~1930.* Austin and London: University of Texas Press, 1972.
Täschner, Constantin. "Ferdinand Reich, 1799~1884. Ein Beitrag zur Freiberger Gelehrten- und Akademiegeschichte." *Mitteilungen des Freiberger Altertumsvereins,* no. 51 (1916): 23~59.
Tammann, G. "Wilhelm Hittorf." *Gött. Nachr.*, 1915, 74~78.
Thiele, Joachim. "Einige zeitgenössische Urteile über Schriften Ernst Machs. Briefe von Johannes Reinke, Paul Volkmann, Max Verworn, Carl Menger und Jakob von Uexküll." *Philosophia Naturalis* 11 (1969): 474~489.
_________. "Ernst Mach und Heinrich Hertz. Zwei unveröffentlichte Briefe aus dem Jahre 1890." *NTM* 5 (1968): 132~134.
_________. "'Naturphilosophie' und 'Monismus' um 1900 (Briefe von Wilhelm Ostwald, Ernst Mach, Ernst Haeckel und Hans Driesch)." *Philosophia Naturalis* 10 (1968): 295~315.
Todhunter, Isaac. *A History of the Theory of Elasticity and of the Strength of Materials from Galilei to the Present Time.* Vol. 2, *Saint-Venant to Lord Kelvin*. Pt. 2. Cambridge, 1893.
Tomascheck, R. "Zur Erinnerung an Alfred Heinrich Bucherer." *Phys. Zs.* 30 (1929): 1~8.
Tonnelat, M. A. *Histoire du Prinzipe de Relativité*. Paris: Flmmarion, 1971.
Truesdell, C. "History of Classical Mechanics, Part II, the 19th and 20th Centuries." *Naturwiss*. 63 (1976): 119~130.

Tübingen. University. *Festgabe zum 25: Regierungs-Jubiläum seiner Majestät des Königs, Karl von Württemberg.* Tübingen, 1889.

Turner, R. Steven. "Helmholtz, Hermann von." *DSB* 6 (1972): 241~253.

Van der Waerden, B. L., ed. *Sources of Quantum Mechanics.* Amsterdam: North-Holland, 1967. Reprint. New York: Dover, 1968.

Van't Hoff, J. H. *Acht Vorträge über physikalische Chemie gehalten auf Einladung der Universität Chicago 20. Bis 24. Juni 1901.* Braunschweig: F. Vieweg, 1902.

_________. "Friedrich Wilhelm Ostwald." *Zs. f. phys. Chem.* 46 (1903): v~xv.

_________. *Vorlesungen über theoretische und physikalische Chemie.* 3 vols. Braunschweig: F. Vieweg, 1898~1900.

Van Vleck, J. H. "Nicht-mathematische theoretische Physik." *Phys. Bl.* 24 (1968): 97~102.

Vienna. University. *Geschichte der Wiener Universität von 1848 bis 1898.* Edited by the Akademischer Senat der Wiener Universität. Vienna, 1898.

Voigt, Woldemar. "Eduard Riecke als Physiker." *Phys. Zs.* 16 (1915): 219~221.

_________. *Elementare Mechanik als Einleitung in das Studium der theoretischen Physik*, 2d rev. ed. Leipzig: Veit, 1901.

_________. *Erinnerungsblätter aus dem deutsch-französischen Kriege 1870~1871.* Göttingen: Dietrich, 1914.

_________. *Die fundamentalen physikalischen Eingenschaften der Krystalle.* Leipzig, 1898.

_________. "Der Kampf um die Dezimale in der Physik." *Deutsche Revue* 34 (1909): 71~85.

_________. *Kompendium der theoretischen Physik.* Vol. 1, *Mechanik starrer und nichtstarrer Körper. Wärmelehre.* Leipzig, 1895. Vol. 2, *Elektricität und Magentismus. Optik.* Leipzig, 1896.

_________. *Lehrbuch der Kristallphysik (mit Ausschluss der Kristalloptik).* Leipzig and Berlin: B. G. Teubner, 1910.

_________. "Ludwig Boltzmann." *Gött. Nachr.*, 1907, 69~82.

_________. *Magneto- und Elektrooptik.* Leipzig: B. G. Teubner, 1908.

_________. "Paul Drude." *Phys. Zs.* 7 (1906): 481~482.

_________. *Physikalische Forschung und Lehre in Deutschland während der letzten hundert Jahre. Festrede im Namen der Georg-August-Universität zur Jahresfeier der Universität am 5. Juni 1912*. Göttingen, 1912.

_________. "Rede." In *Die physikalischen Institute der Unversität Göttingen,* 37~43.

_________. *Thermodynamik.* 2 vols. Leipzig: G. J. Göschen, 1903~1904.

_________. "Zum Gedächtniss von G. Kirchhoff." *Abh. Ges. Wiss. Göttingen* 35 (1888): 3~10.

_________. "Zur Erinnerung an F. E. Neumann, gestorben am 23. Mai 1895 zu Königsberg i/Pr." *Gött. Nachr.*, 1895, 248~265. Reprinted as "Gedächtnissrede auf Franz Neumann" in *Franz Neumanns Gesammelte Werke*, vol. 1, 3~19.

Voit, C. "August Kundt." *Sitzungsber. bay. Akad.* 25 (1895): 177~179.

_________. "Eugen v. Lommel." *Sitzungsber. bay. Akad.* 30 (1900): 324~339.

_________. "Leonhard Sohncke." *Sitzungsber. bay. Akad.* 28 (1898): 440~449.

_________. "Philipp Johann Gustav von Jolly." *Sitzungsber. bay. Akad.* 15 (1885): 119~136.

_________. "Wilhelm von Beetz." *Sitzungsber. bay. Akad.* 16 (1886): 10~31.

_________. "Wilhelm von Bezold." *Sitzungsber. bay. Akad.* 37 (1907): 268~271.

Volkmann, H. "Ernst Abbe and His Work." *Applied Optics* 5 (1966): 1720~1731.

Volkmann, Paul. *Einführung in das Studium der theoretischen Physik insbesondere in das der analytischen Mechanik mit einer Einleitung in die Theorie der physikalischen Erkenntniss.* Leipzig: B. G. Teubner, 1900.

_________. *Erkenntnistheoretische Grundzüge der Naturwissenschaften und ihre Beziehungen zum Geistesleben der Gegenwart. Allegemein wissenschaftliche Vorträge*. Leipzig, 1896. 2d. ed. Leipzig and Berlin: B. G. Teubner, 1910.

_________. "Franz Neumann als Experimentator." *Phys. Zs.* 11 (1910): 932~937.

_________. *Franz Neumann. 11. September 1798, 23. Mai 1895*. Leipzig,

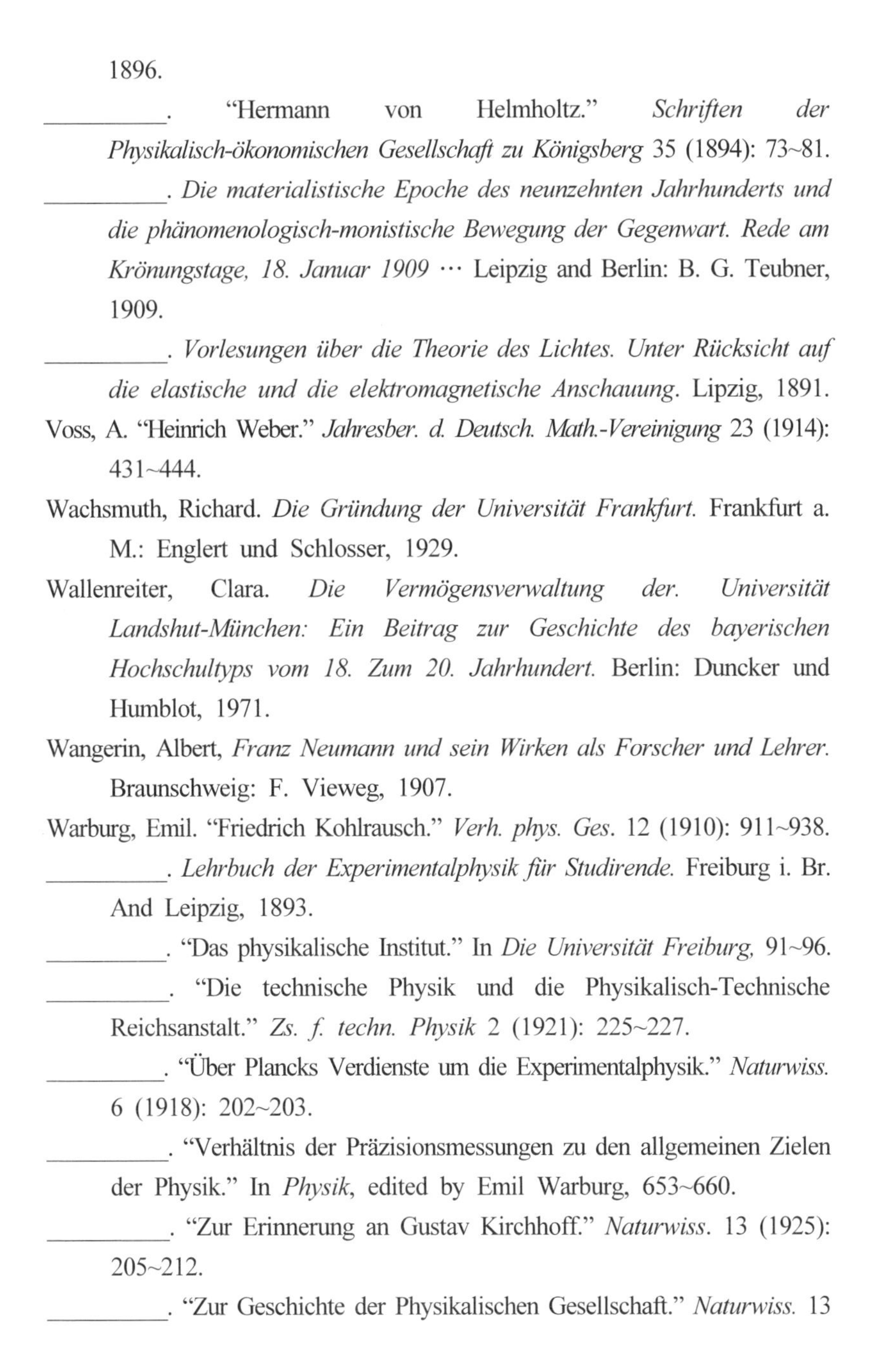

1896.

_________. "Hermann von Helmholtz." *Schriften der Physikalisch-ökonomischen Gesellschaft zu Königsberg* 35 (1894): 73~81.

_________. *Die materialistische Epoche des neunzehnten Jahrhunderts und die phänomenologisch-monistische Bewegung der Gegenwart. Rede am Krönungstage, 18. Januar 1909* ··· Leipzig and Berlin: B. G. Teubner, 1909.

_________. *Vorlesungen über die Theorie des Lichtes. Unter Rücksicht auf die elastische und die elektromagnetische Anschauung*. Lipzig, 1891.

Voss, A. "Heinrich Weber." *Jahresber. d. Deutsch. Math.-Vereinigung* 23 (1914): 431~444.

Wachsmuth, Richard. *Die Gründung der Universität Frankfurt.* Frankfurt a. M.: Englert und Schlosser, 1929.

Wallenreiter, Clara. *Die Vermögensverwaltung der. Universität Landshut-München: Ein Beitrag zur Geschichte des bayerischen Hochschultyps vom 18. Zum 20. Jahrhundert.* Berlin: Duncker und Humblot, 1971.

Wangerin, Albert, *Franz Neumann und sein Wirken als Forscher und Lehrer.* Braunschweig: F. Vieweg, 1907.

Warburg, Emil. "Friedrich Kohlrausch." *Verh. phys. Ges*. 12 (1910): 911~938.

_________. *Lehrbuch der Experimentalphysik für Studirende.* Freiburg i. Br. And Leipzig, 1893.

_________. "Das physikalische Institut." In *Die Universität Freiburg,* 91~96.

_________. "Die technische Physik und die Physikalisch-Technische Reichsanstalt." *Zs. f. techn. Physik* 2 (1921): 225~227.

_________. "Über Plancks Verdienste um die Experimentalphysik." *Naturwiss.* 6 (1918): 202~203.

_________. "Verhältnis der Präzisionsmessungen zu den allgemeinen Zielen der Physik." In *Physik*, edited by Emil Warburg, 653~660.

_________. "Zur Erinnerung an Gustav Kirchhoff." *Naturwiss*. 13 (1925): 205~212.

_________. "Zur Geschichte der Physikalischen Gesellschaft." *Naturwiss.* 13

(1925): 35~39.

_________. ed. *Physik.* Kultur der Gegenwart, ser. 3, vol. 3, pt. 1. Berlin: B. G. Teubner, 1915.

Weart, Spencer. Paul Forman을 보라.

Weber, Heinrich. *Die partiellen Differential-Gleichungen der mathematischen Physik. Nach Riemann's Vorlesungen.* 4th rev. ed. 2 vols. Braunschweig: F. Vieweg, 1900~1901.

Weber, Heinrich. *Wilhelm Weber. Eine Lebensskizze*. Breslau, 1893.

Weber, Leonhard. "Gustav Karsten." *Schriften d. Naturwiss. Vereins f. Schleswig-Holstein* 12 (1901): 63~68.

Weber, Wilhelm. *Wilhelm Weber's, Werke.* Edited by Königliche Gesellschaft der Wissenschaften zu Göttingen. Vol. 1, *Akustik, Mechanik, Optik und Wärmelehre*. Edited by Woldemar Voigt. Berlin, 1892. Vol. 2, *Magnetismus*. Edited by Eduard Riecke. Berlin, 1892. Vol. 3, *Galvanismus und Elektrodynamik, erster Theil*. Edited by Heinrich Weber. Berlin, 1893. Vol. 4, *Galvanismus und Elektrodynamik, zweiter Theil*. Edited by Heinrich Weber. Berlin, 1894. Vol. 5, with E. H. Weber, *Wellenlehre auf Experimente gegründet oder über die Wellen tropfbarer Flüssigkeiten mit Anwendung auf die Schall- und Lichtwellen.* Edited by Eduard Riecke. Berlin, 1893.

Weickmann, Ludwig. "Nachruf auf Otto Wiener." *Verh. sächs. Ges. Wiss*. 79 (1927): 107~118.

Weinberg, Steven. "The Search for Unity: Notes for a History of Quantum Field Theory." *Daedalus* 106 (1977): 17~35.

Weiner, Charles, ed. *History of Twentieth Century Physics*. New York: Academic Press, 1977.

Weiner, K. L. "Otto Lehmann, 1855~1922." In vol. 3, *Geschichte der Mikroskopie*, edited by H. Freund and A. Berg, 261~271. Frankfurt a. M.: Umschau, 1966.

Weingart, Peter. Gerard Lemaine을 보라.

Weinstein, Bernhard. *Einleitung in die höhere mathematische Physik*. Berlin: F. Dümmler, 1901.

Weis, E. "Bayerns Beitrag zur Wissenschaftsentwicklung im 19. und 20. Jahrhundert." In *Handbuch der bayerischen Geschichte*, vol. 4, pt. 2, 1034~1088.

Weyl, Hermann. "A Half-Century of Mathematics." *Amer. Math. Monthly* 58 (1951): 523~553.

_________. "Obituary: David Hilbert 1862~1943." *Obituary Notices of Fellows of the Royal Society* 4 (1944): 547~553. Reprinted in Weyl's *Gesammelte Abhandlungen,* edited by K Chandrasekharan, vol. 4, 121~129. Berlin: Springer, 1968.

_________. H. A. Lorentz를 보라.

Wheaton, Bruce R. "Philipp Lenard and the Photoelectric Effect, 1889~1911." *HSPS* 9 (1978): 299~322.

Whittaker, Edmund. *A History of the Theories of Aether and Electricity.* Vol. 1. *The Classical Theories*. Vol. 2, *The Modern Theories, 1900~1926.* Reprint. New York: Harper and Brothers, 1960.

Wiechert, Emil. "Eduard Riecke." *Gött. Nachr.,* 1916, 45~56.

_________. "Das Institut für Geophysik." In *Die physikalischen Institute der Universität Göttingen*, 119~188.

Wiedemann, Eilhard. "Die Wechselbeziehungen zwischen dem physikalischen Hochschulunterricht und dem physikalischen Unterricht an höheren Lehranstalten." *Zs. f. math. u. naturwiss. Unterricht* 26 (1895): 127~140.

Wiedemann, Gustav. *Ein Erinnerungsblatt*. Leipzig, 1893.

_________. "Hermann von Helmholtz' wissenschaftliche Abhandlungen." In Helmholtz' *Wissenschaftliche Abhandlungen,* vol. 3; xi~xxxvi.

_________. *Die Lehre von der Elektricität.* 2d rev. ed. 4 vols. Braunschweig, 1893~1898.

_________. "Stiftungsfeier am 4. Januar 1896." *Verh. phys. Ges*. 15 (1896): 32~36.

_________. "Vorwort." *Ann.* 39 (1890): i~iv.

Wiederkehr, K. H. *Wilhelm Eduard Weber. Erforscher der Wellenbewegung und der Elektrizität 1804~1891.* Vol. 32, Grosse Naturforscher. Stuttgart: Wissenschaftliche Verlagsgesellschaft, 1967.

Wien, Wilhelm. *Aus dem Leben und Wirken eines Physikers*. Edited by K. Wien. Leipzig: J. A. Barth, 1930.

_________. "Helmholtz' als Physiker." *Naturwiss.* 9 (1921): 694~699.

_________. "Mathias Cantor." *Phys. Zs.* 17 (1916): 265~267.

_________. "Das neue physikalische Institut der Universität Giessen." *Phys. Zs.* 1 (1899): 155~160.

_________. *Die neuere Entwicklung unserer Universitäten und ihre Stellung im deutschen Geisteleben.* Rede für den Festakt in der neuen Universität am 29. Juni 1914 ··· Würzbung: Stürtz, 1915.

_________. "Das physikalische Institut und Physikalische Seminar." In *Die wissenschaftlichen Anstalten ··· zu München,* 207~211.

_________. *Die Relativitätstheorie vom Standpunkte der Physik und Erkenntnislehre.* Leipzig: J. A. Barth, 1921.

_________. "Ein Rückblick." In *Aus dem Leben und Wirken eines Physikers,* 1~76.

_________. "Theodor Des Coudres." *Phys. Zs.* 28 (1927): 129~135.

_________. "Über die partiellen Differential-Gleichungen der Physik." *Jahresber. d. Deutsch. Math.-Vereinigung* 15 (1906): 42~51.

_________. *Über Elektronen. Vortrag gehalten auf der 77. Versammlung deutscher Naturforscher und Ärzte in Meran.* 2d rev. ed. Leipzig and Berlin: B. G. Teubner, 1909.

_________. *Universalität und Einzelforschung. Rektorats-Antrittsrede, gehalten am 28. November 1925.* Munich: Max Hueber, 1926.

_________. *Vergangenheit, Gegenwart und Zukunft der Physik. Rede gehalten beim Stiftungsfest der Universität München am 19. Juni 1926.* Munich: Max Hueber, 1926.

_________. *Vorlesungen über neuere Probleme der theoretischen Physik, gehalten an der Columbia-Universität* in New York im April 1913. Leipzig and Berlin: B. G. Teubner, 1913.

_________. *Vorträge über die neuere Entwicklung der Physik und ihrer Anwendungen. Gehalten im Baltenland im Frühjahr 1918 auf Veranlassung des Oberkommandos der achten Armee.* Leipzig: J. A.

Barth, 1919.
_________. "Ziele und Methoden der theoretischen Physik." *Jahrbuch der Radioaktivität und Elektronik* 12 (1915): 241~259.
Wiener, Otto. "Die Erweiterung unsrer Sinne." *Deutsche Revue* 25 (1900): 25~41.
_________. "Nachruf auf Theodor Des Coudres." *Verh. sächs. Ges. Wiss.* 78 (1926): 358~370.
_________. "Nachruf auf Wilhelm Hallwachs." *Verh. sächs. Ges. Wiss.* 74 (1922): 293~313.
_________. "Das neue physikalische Institut der Universität Leipzig und Geschichtliches." *Phys. Zs.* 7 (1906): 1~14.
Wigand, Albert. "Ernst Dorn." *Phys. Zs.* 17 (1916): 297~299.
Winkelmann, Adolph, ed. *Handbuch der Physik.* 2d ed. 6 vols. Leipzig: J. A. Barth, 1903~1909.
Wise, M. Norton. "German Concepts of Force, Energy, and the Electromagnetic Ether: 1845~1880." In *Conceptions of Ether: Studies in the History of Ether Theories 1740~1900*, edited by G. N. Cantor and M. J. S. Hodge, 269~307.
Witte, H. "Die Ablehnung der Materialismus-Hypothese durch die heutige Physik." *Annalen der Naturphilosophie* 8 (1909): 95~130.
_________. "Die Monismusfrage in der Physik." *Annalen der Naturphilosophie* 8 (1909): 131~136.
Wolf, Franz. "Aus der Geschichte der Physik in Karlsruhe." *Phys. Bl.* 24 (1968): 388~400.
_________. "Philipp Lenard zum 100. Geburtstag." *Phys. Bl.* 18 (1962): 271~275.
Wolkenhauer, W. "Karsten, Gustav." *Biographisches Jahrbuch und Deutscher Nekrolog* 5 (1900): 76~78.
Woodruff, A. E. "The Contributions of Hermann von "Helmholtz to Electrodynamics." *Isis* 59 (1968): 300~311.
Woolf, Harry, ed. *Some Strangeness in the Proportion.* Reading, Mass.: Addison-Wesley, 1980.

Wüllner, Adolph. *Lehrbuch der Experimentalphysik.* 4th rev. ed. 4 vols. Leipzig: 1882~1886.

Württemberg, Statistisches Landesamt, *Statistik der Universität Tübingen.* Edited by the K. Statistisch Topographisches Bureau. Stuttgart, 1877.

Würzburg. University. *Verzeichniss der Vorlesungen welche an der Königlich-Bayerischen Julius-Maximilans-Universität zu Würzburg … gehalten werden. Würzburg,* n.d.

_________. Maria Reindl와 W. C. Röntgen을 보라.

Zehnder, Ludwig. W. C. Röntgen을 보라.

Zenneck, J. "Ferdinand Braun (1850~1918)/Professor der Physik." In *Lebensbilder aus Kurhessen und Waldeck 1830~1930*, edited by Ingeborg Schnack, vol. 2, 51~62. Marburg: Elwert, 1940.

Ziegenfuss, Werner. "Helmholtz, Hermann von." In *Philosophischen-Lexikon*, 1: 498~501. Berlin: de Gruyter, 1949.

Zöllner, J. C. F. *Erklärung der universellen Gravitation aus den statischen Wirkungen der Elektricität und die allgemeine Bedeutung des Weber'schen Gesetzes. Mit Beiträgen von Wilhelm Weber.* 2d ed. Leipzig, 1886.

_________. *Principien einer elektrodynamischen Theorie der Materie*. Vol. 1, *Abhandlungen zur atomistischen Theorie der Elektrodynamik,* Leipzig, 1876.

Zurich. ETH. *Eidgenössische Technische Hochschule 1855~1955*. Zurich: Buchverlag der Neuen Zürcher Zeitung, 1955.

_________. *Festschrift zur Feier des fünfzigjährigen Bestehens des Eidg. Polytechnikums.* Pt. 1, *Geschichte der Gründung des Eidg. Polytechnikums mit einer Übersicht seiner Entwicklung 1855~1905* by Wilhelm Oechsli. Frauenfeld: Huber, 1905. Pt. 2, *Die bauliche Entwicklung Zürichs in Einzeldarstellungen*. Zurich: Zürcher & Furrer, 1905.

_________. *100 Jahre Eidgenössische Technische Hochschule. Sonderheft der Schweizerischen Hochschulzeitung* 28 (1955).

_________. A. Frey-Wyssling을 보라.

해제

독일 이론 물리학 수립의 대서사시

『자연에 대한 온전한 이해: 이론 물리학, 옴에서 아인슈타인까지』 *Intellectual Mastery of Nature: Theoretical Physics from Ohm to Einstein*를 집필한 융니켈 Christa Jungnickel과 맥코마크Russell McCormmach는 부부 과학사학자로서 이 걸출한 연대기로 명성을 얻었다. 융니켈은 독일에서 태어나 독일에서 교육받았고 19세기 독일의 과학 기관에 많은 관심을 두었다. 그녀는 남편과 함께 『캐번디시』*Cavendish*[1]를 저술했고 이 책을 보완하여 3년 뒤에는 『캐번디시: 실험실 생활』*Cavendish: The Experimental Life*[2]을 출간했다. 그녀의 남편이자 이 책의 공동 저자인 맥코마크는 1969년부터 1979년까지 과학사 학술지인 《물리 과학 역사 연구》*Historical Studies of Physical Sciences*의 편집을 맡아 꼼꼼함과 박식함으로 이 학술지를 세계 최고의 과학사 학술지로 만들었다. 그는 아내와 집필한 책 말고도 과학사 연구서와 논문들을 다수 출판했다. 특히 과학 인명사전*Dictionary of Scientific Biography*[3]의 "헨

---

1 [역주] Christa Jungnickel and Russell McCormmach, *Cavendish* (Diane Pub Co., 1996).

2 [역주] Christa Jungnickel and Russell McCormmach, *Cavendish: The Experimental Life* (Bucknell University Press, 1999).

3 [역주] Charles C. Gillispie, ed. *Dictionary of Scientific Biography,* 16 vols. (New York: Charles Scribner's Sons, 1971~1980).

리 캐번디시"Henry Cavendish 항목과 《미국 철학회보》*Proceedings of the American Philosophical Society*에 낸 논문 「캐번디시, 지구의 무게를 재다」Mr. Cavendish Weighs the World[4]에서 캐번디시에 대한 깊은 이해를 보여주었다. 또한 아내 융니켈과 함께 출판한 캐번디시에 대한 책들과 이후에 추가된 연구를 담은 『사색적 진실: 헨리 캐번디시, 자연철학, 현대 이론과학의 발흥』*Speculative Truth: Henry Cavendish, Natural Philosophy, and the Rise of Modern Theoretical Science*[5]을 내놓아 캐번디시 전문가로서 확고한 위상을 얻었다. 또한 독특한 접근법을 적용한 역사 소설 『어떤 고전 물리학자의 한밤중의 생각들』*Night Thoughts of a Classical Physicist*[6]을 집필하기도 했다. 이 책은 가상의 독일 물리학자인 야콥Victor Jacob을 등장시켜 1918년을 배경으로 한 독일 물리학계의 실상을 아카이브의 기록을 토대로 제시한 소설이다. 문학성의 결여로 비판을 받기도 했지만 역사적 자료에 근거한 역사 소설의 집필을 시도했다는 점에서 주목할 만하다. 이 두 저자가 이룩한 가장 탁월한 업적은, 그들에게 미국 과학사 학회의 파이저 상Pfizer Award을 안겨준 『자연에 대한 온전한 이해』*Intellectual Mastery of Nature*(1986)이다. 저명한 과학사학자 버크왈드Jed Buchwald는 이 책이 당시까지 사용되지 않은 1차 사료를 사용함으로써 생생한 역사를 보여주어 물리학사에서 가장 빼어난 저작 중에 들었다고 평가했다.

물리학사에서 길이 빛나는 탁월한 성과들이 수립된 시기를 들여다보

---

4 [역주] Russell McCormmach, "Mr. Cavendish Weighs the World," *Proceedings of the American Philosophical Society* 142 (September, 1998) 3: 355~366.

5 [역주] Russell McCormmach, *Speculative Truth: Henry Cavendish, Natural Philosophy, and the Rise of Modern Theoretical Science* (Oxford University Press, 2004).

6 [역주] Russell McCormmach, *Night Thoughts of a Classical Physicist* (Harvard University Press, 1982)

면서 이 책의 저자들은 특히 이론 물리학이 실험 물리학과 분리되어 별도의 연구 분야로 정립되는 과정을 추적했다. 어떤 과학 분야도 이론과 실험이 분리되어 추구되는 독특한 발전이 이루어진 사례가 없었기에, 저자들은 이러한 독특한 과정이 어떻게 진행되었는지, 과학의 내용, 인물, 제도, 기관에 대한 방대한 자료를 바탕으로 폭넓고 꼼꼼하게 살폈다. 수백 명의 등장인물과 수백 가지 사건을 다룸으로써 삼국지만큼이나 복잡하고 다양한 이야기 속에 당시 물리학자들이 처한 상황을 생생하고 상세한 장면으로 재현해 놓았다. 이 모든 것이, 독일 전역에 흩어져 있는, 당시까지 연구된 적이 없는 원자료들을 바탕으로 새롭게 구성되었다는 점에서 이 연구서의 가치가 높이 평가되었다.

1800년부터 1925년까지 독일에서 이론 물리학의 형성 과정을 추적한 이 저술은 125년의 기간을 4기로 구분한다. 1기는 1800년부터 1830년까지로 준비기에 해당한다. 정치적 격동을 겪은 후 독일 대학들이 정비되고, 독일보다 앞선 프랑스 물리학이 수입되고, 이러한 배경에서 성장한 물리학자들이 독일 내에서 교수 자리를 얻게 된다. 2기는 1830년부터 1870년까지로 물리학의 성장기에 해당한다. 물리학의 가능성이 과학적으로나 제도적으로나 널리 인식되고 물리 교육과 연구의 틀이 잡히는 시기이다. 3기는 1870년부터 1900년까지로 이론 물리학의 분리기라고 볼 수 있다. 그것은 1871년에 키르히호프Gustav Kirchhoff가 베를린 대학의 이론 물리학 교수로 임명되는 사건으로 상징화된다. 물리학은 정립된 분야가 되어 확고한 위상을 대학 내에서 얻은 한편 이론 물리학이 교육과 연구에서 전문화된 분야가 되었다. 이론 물리학과 실험 물리학의 분리가 일어난 것을 확실히 볼 수 있는 시기이다. 4기는 20세기 시작부터 1925년까지로 이론 물리학의 융성기라고 할 수 있다. 아인슈타인Albert Einstein과 플랑크를 비롯하여 양자론과 원자론을 전개한 이론 물리학자들에 의해 독일 물리학이 최고의 명성을 얻을 뿐 아니라 현대 물리학의 변혁을 선도한다. 1부는 1기와 2기, 2권은 3기와 4기를 다루도록 구성되어 있다.

이 책의 1부는 19세기 초 독일 물리학의 상황에 대한 서술로 시작한다. 독일은 분열된 군소 국가의 집합체에 불과했고 경쟁국인 프랑스나 영국보다 전반적으로 뒤처져 있었으며, 이러한 상황에서 프랑스와의 경쟁에서 이기기 위한 노력을 기울였다. 그러한 노력의 일환으로 대학이 개혁되고 물리학 또한 새로운 교육 목표를 달성하려는 노력, 즉 관료와 과학 교사, 약사, 의사 등의 엘리트를 양성하려는 노력에 힘을 보탰다. 이러한 목표를 달성하기 위해 독일의 물리학자들이 선진 프랑스의 실험적, 수학적 연구를 적극적으로 수용하는 과정을 묘사하면서 저자들은 옴G. S. Ohm과 베버Wilhelm Weber, 노이만Franz Neumann의 경력과 실험 물리학 및 이론 물리학에서의 성취를 추적한다. 독일의 여러 대학에서 새로운 학생 실험실 교육 체제가 등장했고, 물리 기구실이 발전하여 물리학 연구소가 수립되었으며, 물리 세미나를 통해 실험 물리학뿐 아니라 수리 물리학에서도 체계적인 교육이 정착되어 갔다. 그럼에도 수리 물리학의 교육적 가치는 널리 공유되지 않았기에, 이론 물리학 부교수 자리의 창출을 통하여 서서히 그 위상의 고양과 영역의 확장이 추구되었다. 저자들은 이와 더불어 학회와 학술지를 만들고 유지하면서 물리학이 제도적으로 정착되고 고전 물리학의 주요 이론들이 형성되는 과정을 보여준다. 1870년경이 되면 독일 물리학, 특히 이론 물리학은 오늘날과 유사한 제도적 형태를 갖추게 되고 지적으로도 물리적 세계에 대한 고전적인 묘사가 정교화되기에 이른다.

2부에서는 1870년 이후 이론 물리학의 제도적 정착과 성숙의 시기를 다룬다. 《물리학 연보》와 같은 학술지에서 이론 물리학의 위상과 수준은 헬름홀츠나 이후에 플랑크Max Planck와 같은 탁월한 이론 물리학자들의 편집 자문을 통하여 더욱 높아졌다. 베를린 대학의 이론 물리학 정교수 자리나 괴팅겐 대학의 이론 물리학 연구소 창설과 같은 제도 개선이 선도적으로 이루어지면서 이론 물리학은 독일 대학 내에서 부교수 자리의 수를 늘리고 정교수 자리를 창출할 뿐 아니라 유명한 이론 물리학 연구소도 잇따라 창설하며 실험 물리학에 비견될 만한 위상과 중요성을 확보했다. 이렇듯 독일 물리학이 역학, 광학, 열역학, 전자기학 등의 분야에서 실험적 발전과 이론적 발전의 병행으로 더욱 영향력과 수준을 높여가면서, 이 모든 하위 분야를 하나로 아우르는 일반론적 체계를 구축하려는 이론적 노력이 출현했다. 이 과정에서 역학을 모든 물리학의 기초와 중심으로 삼으려는 관점을 전도시켜 맥스웰의 전자기학의 기초 위에 모든 물리학을 세우려는 시도가 출현하기도 했다. 이러한 이론적 노력의 기초 위에서 20세기 초에 양자역학과 상대성 이론이라는 현대 물리학의 치적이 독일어권을 중심으로 달성될 수 있었다.

이 책을 집필하기 위해 저자들은 이 책에서 다루는 모든 독일어권 대학을 방문하고 물리학 연구소, 실험실 및 그 대학에서 근무한 과학자들의 관련 기록을 철저히 검토했다. 저자들은 이러한 철저한 사료 연구 결과를 직접적이고 선언적인 문장 스타일로 19세기부터 20세기 초 독일 물리학의 연대기로 엮어내었다. 이 책을 통해서 저자들은 이전에 물리학사에서 간과된 과학 외적 요인들이 과학 지식의 형성과 과학 연구 및 교육에 미치는 복잡한 연관 관계를 드러냄으로써 과학사 서술의 새로운 지평을 열었다. 이 책의 주된 주장은 물리학의 실행과 내용이 대학의 조직 체계에 의해 영향을 받았다는 것이다. 저자들은 서술된 125년 동안 이론 물리학이 교육과 연구를 위한 독립된 분야로 발전하게 되었음을 주장했는데 그것은 독일의 특수 상황에서 비롯된 것이었다. 그들의 목표는 과학적 작업과 제도적 배경이 통합된 설명을 제시하는 것이었는데 그러한 목적은 성공적으로 달성되었다.

이러한 시기를 다루면서 우선으로 살펴본 장소는 독일의 대학과 고등기술학교였고 그중에서도 물리학 연구소가 관심의 초점이었다. 이 책의 주된 등장인물은 이러한 기관을 이끌어간 물리학 정교수 및 부교수들이다. 모든 이야기의 전개는 이 물리학자들이 어떻게 특정한 자리에 임용되고 어떻게 교육과 연구를 수행하고 어떻게 다른 곳으로 옮기게 되었는가가 핵심을 이룬다. 이러한 논의를 중심으로 다루었다는 것은 다른 사회적 요인들, 가령, 정치적, 경제적, 문화적 요인은 주된 논의에서 벗어나 있다는 것이다. 이것이 이 저술이 갖는 뚜렷한 특색이며 이는 저자들의 독특한 역사관을 반영한다. 결국 외적 접근법을 쓰는 것 같지만 물리학자들이 독특한 배경에서 어떠한 실험과 어떠한 이론을 어떠한 방법을 써서 전개했는가를 다룸으로써 내적 접근법에도 균형을 맞춘다. 그럼에도 과학의 내용을 본격적으로 분석하는 데 초점을 맞추지는 않으며 기관과 직접 관련된 사항이 아니라면 외적 요인에 대해서는 거의 무관심하다. 이러한 독특한 태도는 이후의 과학사에서 좀처럼 찾아보기 어려운 독특한 연구 방법으로 남아 있다.

물론 내적 접근과 외적 접근은 동시에 구분 없이 추구되어야 한다는 생각이 이 선구적인 저작이 나온 이후에 더욱 보편적인 힘을 얻게 되었고, 이 책의 시도가 그러한 경향에 기여한 바가 크다고 할 수 있겠으나, 그러한 경향을 이 책에서만 독보적으로 채택한 것은 아니었다. 이 책이 나올 즈음에는 이미 내적 접근과 외적 접근이 배타적이어서는 안 된다는 데에 과학사학자들 사이에 폭넓은 공감대가 형성되어 있었다. 코이레Alexandre Koyré의 과학 혁명 연구에서는 내적 접근법만을,[7] 포먼Paul Forman의 「바이마르 문화, 인과율, 양자역학」[8]에서는 외적 접근법만을 사용함으로써 온전한 설명을 할 수 없었다는 데 공감했다. 그러한 조화로운 접근법이 어떠한 모습으로 하나의 연구에서 나타날 수 있는가를 예시해 주었다는 점에서, 이 책은 하나의 모범 사례를 보여준 것이었다. 그러나 이 책이 나왔을 즈음에 예견된 것처럼 비슷한 방식의 연구가 비슷한 시기에 프랑스나, 영국, 미국 등의 다른 지역을 배경으로 이루어질 수 있겠다는 바람은 아직 제대로 성취되지 못했다. 이 책이 나온 지 30년이 다 되어 가지만 이 책이 이룩한 방대한 작업을 비슷하게라도 성취하는 다른 연구는 나오지 않고 있다. 이 책에 전개된 것처럼 국가 규모에서 어떤 과학 전문 분야의 '전기'라고 할 수 있는 서술을 성공적으로 수행하는 것은 좀처럼 흉내 내기 어려운 과업임을 세월이 입증한 셈이다.

1980년대와 1990년대에 과학사학계를 크게 추동한 것은 과학사회학으로부터 몰아친 구성주의였다. 구성주의는 과학의 내용에 비과학적 요소들이 미치는 영향을 다양한 방면에서 보여주었는데, 그 요소들은 사회적 인자뿐만 아니라 실험실 내의 기구를 포함하여 과학자들의 과학 활동에 영향을 미치는 다양한 인자의 형태로 다면적으로 나타났다. 그런 점에서 이 책은 이러한 경향과는 다소 유사하면서도 거리를 두는 연구로서 그 자체의 의미를 갖게 되었다. 고용 환경이 과학 활동, 과학 방법론과 과학의 내용에 미치는 영향처럼 그동안 살펴보지 못했던 측면을 들여다

---

7 [역주] Alexandre Koyré, *Galileo Studies* (1939) (trans. John Mepham; Atlantic Highlands, N.J.: Humanities Press, 1978); *The Astronomical Revolution* (trans. R. E. W. Maddison; Ithaca, N.Y.: Cornell Univ. Press: 1973) *From the Closed World to the Infinite Universe* (Baltimore: Johns Hopkins University Press, 1957) 등이 대표적이다.

8 [역주] Forman, Paul. "Weimar Culture, Causality, and Quantum Theory: Adaptation by German Physicists and Mathematicians to a Hostile Environment," *Historical Studies in the Physical Sciences* 3 (1971), 1~115.

본 것이 바로 이 책의 특징이다. 그렇지만 이 책은 그러한 고용 환경이 과학의 내용을 구성한다는 주장까지 할 정도로 급진적이지는 않다. 그런 점에서 구성주의와는 어느 정도의 거리를 둔 관점에서 대안적인 과학사 방법론을 제시하는 입장을 취했다고 볼 수 있다.

이후에 물리학사에서 전개된 바대로 과학의 내용과 과학 외적 요소의 영향을 독특한 시각으로 살펴보는, 주목받는 저작인 갤리슨Peter Galison의 『이미지와 논리』*Image and Logic*에도 이 책은 영향을 주었다. 갤리슨 자신이 고백했듯이 사회학과 인류학에서 많은 영향을 받아 독특한 시각으로 현대 물리학사를 조망한 이 저작은 다양한 전통이 접촉하는 "교역 지대"trading zone에서 이루어지는 독특한 커뮤니케이션에 관심을 집중했다. 각기 상이한 전통이 접촉할 때 피진이나 크레올이 만들어져 의사소통이 이루어지는 과정을 밝혀 과학에 대한 이해의 폭을 더욱 넓혔다. 이러한 저술에 이 책『자연에 대한 온전한 이해』가 직접적인 영향을 미쳤다고 말하기는 어려워도, 이 성공적인 저술이 과학 활동에 교육적, 제도적 요인이 미치는 영향을 어떻게 다루어야 할지 지침을 제공했다는 점을 인정할 수 있을 것이다.

두 부로 되어 있는 이 책의 첫 부 제목은 "수학의 횃불"이다. 이는 옴의 연구를 특성화하는 말로 처음 나타나 2부의 마지막 장에 아인슈타인에 대한 논의에서 다시 언급됨으로써 이 책 전체를 관통하는 중요한 주제이다. 이론 물리학 전체를 관통하는 중요한 방법상의 혁신으로서 수학의 횃불은 자연을 온전히 이해하는 강력한 무기로서 지속적으로 기여했다.[9] 실험 결과를 대수식으로 표현하는 방식으로부터, 연역적 추론

9 [역주] "수학의 횃불"이라는 용어는 19세기 독일 이론 물리학의 형성 과정에서 이루어진 "수학화"라는 독특한 혁신을 지칭하는 용어로 사용된다. Salvo D'Agostino, *A History of the Ideas of Theoretical Physics: Essays on the*

과정을 거쳐서 수식을 찾아내는 방식, 미분 방정식의 수립과 풀이로부터 식을 찾는 수리 해석학적 방법, 연산자의 사용과 비유클리드 기하학의 도입에 이르기까지, 이론 물리학은 다양한 수학적 도움을 얻었는데, 이는 '수학화'라는 개념으로 표현된다. 100년이 넘도록 이론 물리학은 실험 물리학에 비하여 그 독립된 지위를 획득하지 못하다가 마지막 시기에 도달해서야 제도적으로 독립된 대학의 교수직과 독립된 연구소를 확보함으로써 안정적인 독립적 지위를 누리게 되었다. 옴의 연구에서 물리학의 새로운 방법으로서 등장한 수학적 탐구 방식은 우여곡절을 거치면서 점차 그 영역을 확장해 나갔고 19세기 독일 물리학 성과의 주된 내용을 점차 차지하게 되었다.

이 책이 이론 물리학의 형성 과정이 독일어권에서 일어났다는 것을 말하고자 한 것은 아니다. 19세기와 20세기 초에 걸쳐서 이론 물리학이 독립된 연구분야이자 교육 분야로서 정립되는 과정은 독일어권 밖인 프랑스와 영국에서도 일어났다. 프랑스에서 앙페르André-Marie Ampère의 전자기학이 만들어지고, 영국에서 윌리엄 톰슨William Thomson에 의해 열역학이 수립되고, 맥스웰James Clerk Maxwell에 의해 전자기학이 수립되는 과정은 물리학사에서 뺄 수 없는 중요한 이론적 발전이었다. 또한 프랑스, 영국, 아일랜드 출신의 수학자들, 가령 푸아송Siméon-Denis Poisson, 코시Augustin Louis Cauchy, 그린George Green, 스토크스G. G. Stokes, 해밀턴William Rowan Hamilton 등이 이론 물리학의 토대가 될 수학적 도구들을 개발함으로써 이론 물리학의 기초를 놓은 것도 중요하다. 이런 국가에서 일어난 이러한 변화들이 독일에서 뒤이어 변화가 일어나는 데 지대한 영향을 미쳤다. 그렇지만 비중 면에서 본다면 독일어권에서 일어난 변화가 중심

Nineteenth and Twentieth Century Physics (Dordrecht: Kluwer, 2000).

이었다는 것을 부인할 수는 없다. 그 정도로 19세기 후반에 독일 물리학은 세계 최고 수준이었고 상당수의 혁신적 발전이 독일어권에서 일어난 것이다. 그런 점에서 이 책의 논의가 독일어권에 한정되어 있음에도 그 논의하는 바가 지극히 중요하다고 판단할 수 있다.

이 책을 잘 이해하기 위해서는 이 책의 배경이 되는 독일의 사회 정치적 변혁에 대한 사전 이해가 필요하다. 1806년에 나폴레옹 전쟁에서 프로이센이 패한 후 1818년까지, 대학 개혁은 학문주의Wissenschaftideologie에 따라 진행되었다. 이는 도덕성과 미적 감각을 갖춘 전인적 인간의 양성을 위하여 빌둥Bildung을 갖추도록 돕기 위한 개혁이었다. 1809년에 베를린 대학이 설립되고 1818년에 본 대학이 설립되면서 이러한 이상이 구현될 길이 열렸다. 그러나 훔볼트의 시대는 1819년 종식되고 프로이센 대학에 카를스바트 선언문[10]에 따른 검열과 억압 조치가 내려졌다. 이는, 부정적 측면과 함께, 정부의 행정력이 대학에 직접 미치는 결과를 가져왔다. 대학 교원의 임용에서 정부의 권한이 강화되면서 임용 요건으로서 전문 분야에서의 기여도가 중시되기 시작했다. 이로부터 연구는 교수로 임용되는 데 중요한 조건으로 새롭게 주목되기 시작했다. 1848년 3월에 정치적 소요가 발생하기 전까지 "3월 이전"Vormärz 시대는 연구가 대학 내에서 정착되는 중요한 시기였다. 국가 간의 치열한 경쟁 속에서 독일 대학의 독특한 체제가 형성되었는데, 1870년 독일이 통일되면서 프로이센을 중심으로 하는 체제가 성립되었다. 독일 대학 제도는 이전보

---

[10] [역주] 여러 영방국가 장관들이 보헤미아의 카를스바트(지금의 카를로비바리)에서 열린 회의에서 발표한 일련의 결의안(1819. 8. 6~31). 빈 체제를 주도하던 오스트리아 재상 메테르니히가 주도하였다. 주요 내용은 급진주의자들의 취업 제한, 학생회(Burschenschaften) 및 체육협회의 해산, 대학에 감시자 파견, 출판물을 엄격하게 검열할 것 등으로, 빈 체제에 반대하는 음모를 탄압할 것을 결의하였다.

다 좀 더 차별성이 줄어들어 균일한 속성을 띠게 되었다. 1887년에 제국 물리 기술 연구소Physikalisch-Technische Reichsanstalt의 성립은 물리학이 갖게 된 균질성의 축이 되었다. 이로써 실제적인 응용보다 순수 과학을 지향하고 이론과 실험을 긴밀하게 연관시키는 경향이 물리학을 지배했다. 그렇지만 기본적으로 제국 안에서 국가 간의 경쟁이 지속되면서 대학에서 더 좋은 물리학자를 유치하고 더 낳은 연구 성과를 내놓으려는 경쟁 또한 계속되었다.

우리가 애초에 왜 이론 물리학에 관심을 두게 되었는가를 따져보면 이 분야의 발전이 인류의 삶에 끼친 깊은 영향력 때문이다. 그런 점에서 이러한 논의 자체가 의미가 있다는 것을 이해하기 위해서는 이론적 발전에 대한 이해가 선행되어야 한다. 그러한 연구가 기존에 충분히 나와 있기에 이 책에서는 그러한 측면들이 배경 설명처럼 피상적으로 다루어져서, 19세기 독일 이론 물리학의 발전을 이해하고자 하는 대중적 관심사를 충족하기에는 부족한 측면이 있다. 이런 점을 보완하려고 역주에서 핵심적인 설명을 덧붙이기도 했지만, 일관된 설명이 미흡한 점을 고려하여 여기에서 19세기 물리학의 주요 발전을 정리하는 것이 이 책을 충실하게 이해하고자 하는 독자에게 도움이 될 것이다.

19세기 초 물리학의 발전은 전자기학에서의 중요한 혁신에서 비롯된다. 그 혁신은 1800년부터 사용되기 시작한 볼타 전지를 통해 연구자들이 전류를 손에 넣은 것이었다. 전지는 그 이전까지 정전기로만 취급되던 전기를 일정하고 지속적인 세기를 갖는 흐름으로 다룰 수 있게 해주었고, 이로써 전기에 대한 연구자들의 취급 능력이 현격하게 높아졌다. 이 덕분에 독일에서는 전류와 전기 저항과 전압의 관계에 대한 옴Georg Ohm의 정식화가 이루어졌고, 전류 주위에 자기장이 형성된다는 외르스테드Hans Christian Oersted의 발견에 힘입어 프랑스에서는 전류의 자기 작용을 정식화한 앙페르의 연구가 나왔다. 이어진 영국의 패러데이Michael Faraday의 연구는 전기를 가지고 수행할 수 있는 모든 실험을 연구의 목록에 올렸다. 그중에서 전류에 의한 자기 유도 법칙의 발견과 자기장의 변화에 의한 전류의 유도 실현은 이후 발전기와 전동기의 개선을 통해 전기 산업의 기초가 되었다. 이론적 측면에서 패러데이는 대륙의 전기학자들과 유리된 상태에서 독창적인 연속체 관념에 입각하여 역선과 장의 개념을 통해 전기 자기 현상의 이해를 도모했고 이는 이후 맥스웰에 의해 수학화되어 맥스웰 방정식의 수립과 전자기파의 예견으로 이어졌다. 한편 독일에서는 베버Wilhelm Weber와 노이만Franz Neumann 등에 의해 전기동역학의 수학화가 진행되었는데, 원격 작용에 토대를 두고 전기 현상을 이해했다는 점에서 이들은 영국의 접근 방식과 차별화되었다. 헬름홀츠는 이러한 대륙의 전자기학과 맥스웰이 수립한 영국의 전자기학을 접목해 이해하려는 시도를 했다. 이러한 노력의 연장선에서 헬름홀츠의 제자인 헤르츠Heinrich Hertz는 1888년에 전자기파를 검출해 냄으로써 맥스웰의 접근법의 우수성을 여실히 입증해 내었고 이후 무선통신이 발전할 토대를 놓았다.

1840년대 에너지 보존 법칙의 수립과 엔트로피라는 개념의 정립, 그리고 열역학 제2법칙의 성립 과정은 물리학사에서 매우 중요한 사건이었다. 에너지 보존 법칙의 발견은 동시 발견의 예로 주로 거론되는바 영국의 줄James Prescott Joule, 독일의 생리학자 마이어Julius Robert Mayer, 독일의 물리학자 헬름홀츠 등이 독립적으로 유사한 결론에 도달했다고 인정을 받는다. 헬름홀츠는 사실상 생리학적인 연구를 통해 에너지 보존 법칙을 착안하게 되었는데, 이 법칙을 정립하는 데 수학적인 접근을 추구함으로써, 수학화가 이론 물리학적 성과로서 중요하게 인식되게 된다. 영국에서 줄이 열기관의 효율을 높이려는 실용적인 목적에서 연구를 수행한 반면, 헬름홀츠는 동물의 열 발생을 생리화학적으로 연구하면서 유사한 결론에 도달했다. 에너지 보존 법칙은, 여러 종류의 변환 과정에 모두 적용되는 변하지 않는 통일적인 원리를 추구했다는 점에서, 낭만주의적 사조로서 독일 지식인을 사로잡고 있었던 자연철학주의Naturphilosophie의 영향을 받았다고 알려져 있다.

열역학 제2법칙의 발견도 역시 열기관의 열효율에 대한 문제를 고찰하면서 나왔다. 자연 상태에서 열은 고열원에서 저열원으로 흐르며 열효율은 두 열원의 온도 차에만 관계되고 작용물질과는 무관하다는 사실에서, 에너지의 자연적 흐름의 방향성, 즉 에너지 낭비의 경향이 있음이 인지되었다. 영국의 윌리엄 톰슨William Thomson이 이 개념을 천착하는 동안 독일의 클라우지우스Rudolph Gottlieb Clausius는 이러한 경향을 수학적으로 정량화하기 위한 이론적 고찰을 거듭한 끝에 엔트로피라는 개념을 창시하고 엔트로피 증가의 경향이라는 말로 열역학 제2법칙을 수립하는 데 성공했다. 오스트리아의 볼츠만Ludwig Boltzmann은 클라우지우스의 엔트로피 개념에 통계역학적으로 접근하여 상태의 수의 증가라는 개념에 의거해 엔트로피를 새롭게 정의했다. 이는 통계역학이라는 새로운 접근법의 수립과 병행하여 이루어졌다. 맥스웰은 다수의 입자가 모여 있는 기체의 운동을 다루면서 속도 분포에 대한 이론적 논의를 통계적 접근법을 써서 성공적으로 제시한 데 비해, 볼츠만은 여기에 시간의 차원을 넣어서 이러한 분포가 어떻게 바뀌어 갈 수 있는지를 논의함으로써 열역학 제2법칙에 이르게 되었다.

19세기 물리학의 큰 특징은 일반 이론을 추구하는 경향이었으며, 그러한 과정에서 이론 물리학은 중심적인 역할을 했다. 그중에서도 역학 위에 물리학을 세우고자 하는 움직임이 광범하게 일어났다. 많은 물리학자가 열역학을 역학적으로 설명하고자 시도했으며, 이러한 과정에서 통계역학이라는 새로운 시각의 물리학이 창출되었다. 처음에는 전자기학을 역학적으로 설명하고자 시도했으나 결국에 맥스웰의 전자기학이 자체로서 서게 되었고 그 엄밀성의 확보는 확고하여 역학조차도 전자기학으로 환원하려는 시도를 하는 이들이 상당히 많았다. 이러한 흐름에서 선두에 섰던 이가 네덜란드의 물리학자 로렌츠H. A. Lorentz로, 물질 내부의 구성물로 전하를 띤 입자인 전자를 가정함으로써 전기 역학적 접근으로 물체의 변형을 다루어, 로렌츠 변환식을 얻기에 이르렀는데 이것은 나중에 아인슈타인이 고속으로 움직이는 물체에 대하여 상대론적으로 얻은 것과 일치했다.

20세기 초 독일 물리학의 탁월한 공헌은 양자역학과 상대성 이론의 창안에 있었다. 양자 개념은 1900년에 플랑크가 흑체 복사를 설명하는 식을 만들면서 도입한 가정에서 시작되었다. 빛이 띄엄띄엄 떨어진 에너지 양자를 갖는다는 생각은 근본적으로 새로운 사고였기에 그 의미에 대한 많은 논의가 이어졌고, 1908년에 아인슈타인의 광양자(빛양자) 이론을 통해 광전 효과를 성공적으로 설명함으로써 그 함의가 더욱 확장되었다. 1913년에 보어의 수소 모형에 도입된 불연속적 준위의 가정에서 분광학적 측정값으로 제시된 발머 계열에 대한 일관된 설명을 통해 양자 개념은 원자 물리학에 도입되었다. 조머펠트Arnold Sommerfeld는 타원 궤도를 전자에 부여함으로써 측정치와 더욱 일치되는 양자 모형을 만들어 내었고 하이젠베르크는 행렬을 사용하는 새로운 수학적 방법을 통해 양자역학을 체계적으로 수립했다. 한편 슈뢰딩거는 운동 방정식을 사용하는 더 전통적인 방법으로 미시적 세계를 기술하려 시도했고, 이것이 하이젠베르크의 행렬 역학과 일치된 결과를 낸다는 것이 알려짐으로써 양자역학은 더욱 완결된 형식을 얻게 되었다. 보른Max Born은 양자역학의 상태함수의 제곱이 확률 밀도 함수로서 특정한 위치에서 입자가 발견될 확률을 나타낸다는 것을 발견하여, 파동함수란 곧 존재 확률의 파동이라는 이해를 낳게 되었다. 이는 이후 보어에 의해 정교화된 양자역학에 대한 코펜하겐 해석의 기초였다.

아인슈타인의 상대성 이론은 맥스웰의 전자기 이론에서 출발했다. 도선 주위에서 자기장이 움직이는 경우와 자기장에 대하여 도선이 움직이는 경우에서, 맥스웰의 이론에 따라 대칭적인 해석이 가능하도록 하려는 노력에서 아인슈타인은 역학의 변혁을 요구했다. 이는 광속 불변과 상대성 원리라는 공준postulate에서 출발하여 등속으로 운동하는 좌표계에 논의를 한정했기에 특수 상대성 이론이라고 불렸다. 이것이 근본적으로 시공간의 변혁을 함축한다는 것은 한때 아인슈타인의 스승이었던 수학자 민코프스키Hermann Minkowski의 해석에 의해 분명해졌고, 플랑크의 적극적인 도움으로 특수 상대성 이론은 이후 많은 추가 연구를 촉발시켰다. 아인슈타인은 속도가 변하는 좌표계 사이의 상대성을 다루는 일반 상대성 이론을 중력 이론과 연관해 전개했고, 이를 위해 필요한 수학적 도구인 텐서를 활용하기 위하여 수학자 그로스만Marcel Grossmann의 도움을 받았다. 그렇게 하여 1915년에 수립된 일반 상대성 이론은 다양한 예측을 내어 놓았고 그중에서 태양에 의한 별빛의 굴절(꺾임)의 예측은 1919년에 영국의 천문학자인 에딩턴Arthur Eddington의 팀에 의해 검증됨으로써 세계적인 명성을 아인슈타인에게 안겨주었다.

이 책의 약점이자 장점은, 제도적 측면에 초점이 맞추어져 있어 개념적 발전의 흐름을 상세히 살피지는 않는다는 점이다. 실제로 과학사에서 오랫동안 관심의 초점이 된 것은 이러한 개념의 역사였다. 과학의 흐름을 새로운 개념의 출현과 발전 과정으로 읽었던 것이다. 그러다가 1990년대에 들어와 실행practice으로 과학을 보고자 하는 새로운 조류가 생겨났다. 과학은 단지 머릿속에서만 일어나는 과정이 아니라 사람의 몸과 관련된 활동이기도 하다는 인식이 이러한 흐름을 이끌었다. 이러한 조류는 한편으로는 관찰과 실험이라는 실행적 측면에 대한 역사가들의 관심을 증폭시켰고 또 한편으로는 과학이라는 실행의 배경이 되는 제도적 측면에 대한 관심으로 나타났다. 이러한 맥락에서 이 책은 대학의 교수직과 연구소, 그리고 학술지에 초점을 맞추어 이론 물리학의 전개 과정을 살펴보았다. 이전까지 탐구된 적이 없었던 1차 자료들을 분석함으로써 이전에 세상에 알려지지 않았던 새로운 측면을 찾아내 이론 물리학의 역사에 새로운 내용을 더했다. 그런 점에서 이 책은 신기원을 이루었고 이후의 과학사 연구 방향에 중요한 영향을 미쳤다. 제도적 측면을 이 책의 방식으로 탐구하는 데 모범이 된 것이다.

그런 점에서 과학사를 연구하고자 하는 학생이나 연구자는 이 책을 통하여 과학의 제도적 측면을 살피는 좋은 실례를 배울 수 있다. 물론 과학자들을 비롯하여 관심 있는 일반 독자는 이 책을 통하여 과학이라는 것이 어떤 배경에서 자라나고 어떠한 상호 작용을 통하여 육성될 수 있는지를 발견할 수 있다. 물론 현대 물리학의 형성 과정에서 결정적으로 기여한 유명한 독일 물리학자들의 생생한 삶의 이야기와 난관들을 실감나게 살필 기회와 적지 않은 재미도 가져다줄 것이다.

[인명 찾아보기]

[용어 찾아보기]

ㅂ

ㅈ

지은이

융니켈(Christa Jungnickel)과 맥코마크(Russell McCormmach)는 부부 과학사학자로서 『자연에 대한 온전한 이해』(Intellectual Mastery of Nature, 1986)로 미국 과학사학회의 파이저 상(Pfizer Award)을 수상하였다.

크리스타 융니켈(Christa Jungnickel)

융니켈은 독일에서 태어나 독일에서 교육받았고 19세기 독일의 과학 기관에 대해서 많은 연구를 하였다. 남편과 함께 『캐번디시』(Cavendish, 1996)를 저술하였고 이 책을 보완하여 3년 뒤에는 『캐번디시: 실험실 생활』(Cavendish: The Experimental Life, 1999)을 출간하였다.

러셀 맥코마크(Russell McCormmach)

맥코마크는 1969년부터 1979년까지 과학사 학술지인 《물리 과학 역사 연구》(Historical Studies of Physical Sciences)를 편집하였고 길리스피(Charles C. Gillispie)의 과학 인명사전(Dictionary of Scientific Biography, 1971~1980) 중 "헨리 캐번디시"(Henry Cavendish) 항목을 집필, 《미국 철학회보》(Proceedings of the American Philosophical Society)에 낸 논문 "캐번디시 지구의 무게를 재다"(Mr. Cavendish Weighs the World, 1998), 연구서 『사색적 진실: 헨리 캐번디시, 자연철학, 현대 이론 과학의 발흥』(Speculative Truth: Henry Cavendish, Natural Philosophy, and the Rise of Modern Theoretical Science, 2004)을 내놓아 캐번디시 전문가로서 확고한 위상을 얻었다. 역사 소설 『어떤 고전 물리학자의 한밤중의 생각들』(Night Thoughts of a Classical Physicist, 1982)을 집필하기도 하였다.

옮긴이 **구자현**

1966년 서울에서 태어나 서울대학교 물리학과를 졸업하고 같은 대학 대학원에서 서양 과학사로 박사학위를 받았다. 현재 영산대학교 자유전공학부 교수로 재직하고 있다. 2007년에 한국과학사학회 논문상을 수상했으며 2010년에 "개인의 총체적 쾌감인 행복을 위한 사회적 조건"으로 제1회 한국창의연구논문상 장려상(한국연구재단)을 수상했다. 또한 논문 "기구의 용도와 형태: 레일리의 음향학 실험의 공명기와 소리굽쇠"로 2010년에 교과부 선정 「연구개발사업 기초 연구 우수성과」(교과부 장관상)와 2012년에 한국연구재단 선정 「인문사회 기초학문육성 10년 대표성과」로 선정되었다. 국제적으로는 과학 분야에서 교육자, 번역가, 저자로서의 우수한 업적을 인정받아 세계 3대 인명정보기관인 마르퀴즈 후즈후(Marquis Who's Who), 국제인명센터(International Biographic Centre), 미국인명연구소(American Biographical Institute)에서 편찬하는 다수의 인명사전에 2009년부터 연속으로 등재되었다. 주요 저서로는 『레일리의 음향학 연구의 성격과 성과』, 『레일리의 수력학 전기학 연구』, 『쉬운 과학사』, 『앨프레드 메이어와 19세기 미국 음향학의 발전』, 『공생적 조화: 19세기 영국의 음악 과학』, 『음악과 과학의 만남: 역사적 조망』, *Landmark Writings in Western Mathematics, 1640~1940*(공저)가 있으며 주요 논문으로는 *Annals of Science*에 게재된 "British Acoustics and Its Transformation from the 1860s to the 1910s," "Uses and Forms of Instruments: Resonator and Tuning Fork in Rayleigh's Acoustical Experiments," "Alfred M. Mayer and Acoustics in the Nineteenth-Century America"가 있다.